KB083022

『향약구급방』에 鄕藥救急方

나오는 고려시대 식물들

지은이

신현철 申鉉哲, Shin, Hyunchur

서울대학교 식물학과를 졸업하고 같은 학교 대학원에서 이학박사를 취득했다. 1994년부터 대학교에서 학생들에게 강의하면서 이들과 함께 이 땅에서 자라는 식물들에 대한 연구를 하다가, 2023년 8월 은퇴했다. 『시경』에 나오는 식물 가운데 초(椒), 저(樗), 고(栲), 권이(卷耳) 등의 실체를 규명한 논문들과, 「『향약구급방』에 근거한 『삼국유사』에 나오는 식물명 산(蒜)의 재검토」와 「일제 강점기 문헌에 나오는 식물명의 재검토 – 황정(黃精)과 위유(萎蕤)를 중심으로」 등의 우리나라에서 사용된 한자 식물명의 실체를 규명한 논문들을 발표했다. 이밖에 다윈이 쓴 『종의 기원』을 번역하고 주석을 단 『종의 기원 톺아보기』와 다윈의 식물 연구 일대기를 다룬 『다윈의 식물들』도 썼다.

『향약구급방』에 나오는 고려시대 식물들

초판인쇄 2024년 3월 1일 **초판발행** 2024년 3월 15일

지은이 신현철

펴낸이 박성모 **펴낸곳** 소명출판 **출판등록** 제1998-000017호

주소 서울시 서초구 사임당로14길 15 서광빌딩 2층

전화 02-585-7840 **팩스** 02-585-7848

전자우편 somyungbooks@daum.net **홈페이지** www.somyong.co.kr

값 39,000원

ISBN 979-11-5905-864-6 03480

『향약구급방』에 鄕藥救急方 나오는 고려시대 식물들

신현철 지음

신아출판

일러두기

1. 『향약구급방』에 나오는 약재에 대한 설명은 가능한 한 원본을 인용하려고 했으나, 일부 해독이 힘든 경우에는 여러 사람이 타당하다고 판단한 글자로 표기했다.
2. 이두식으로 표기된 이름은 [ ] 안에 한글로 표기했으나, 이두로 표기된 이름을 한 글자 한자로 읽을 경우에는 ( ) 안에 한글로 표기했다. 예를 들어, 加火左只라는 이름의 경우 이름 전체는 "加火左只[가화좌지]"로 표기했고, 이름을 설명하는 부분에서는 加(가), 火(화), 左(좌), 그리고 只(지)로 표기했다.
3. 학명은 일반적으로 속명(屬名, generic name), 종소명(種小名, species epithet), 그리고 명명자(命名者) 세 단어로 구성된다. 예를 들어 *Artemisia capillaris* Thunberg라는 학명의 경우, *Artemisia*는 속명이고, *capillaris*는 종소명, 그리고 Thunberg는 명명자가 된다. 그리고 이러한 학명이 본문 중에 맨 처음 나올 때에는 *Artemisia capillaris* Thunberg처럼 속명 + 종소명 + 명명자를 모두 표기했으나, 두 번째 나올 때부터는 속명을 한 글자로 줄이고, 명명자는 삭제해서 *A. capillaris*로 줄여서 썼다. 학명들 사이에 간혹 보이는 "≡"는 ≡의 앞뒤 학명이 같은 생물을 지칭하는 서로 다른 이름이라는 의미이다. 사람의 경우 일부 개명하기도 하는데, ≡의 앞 이름이 개명 후 이름이라면, 뒤 이름은 개명 전 이름이다.
4. 식물의 형태를 설명하는 부분에 있는 주석의 한자로 표기된 부분은 한의학고전DB를 참고했으나, 일부 글자는 원본을 확인한 다음 수정했다.

차례

제3장 「방중향약목 초부」의 식물

제4장 『향약구급방』, 「본문」에만 나오는 식물들

제1장

『향약구급방』과 식물

『향약구급방鄕藥救急方』은 고려 고종1212~1259 시기에 편찬되어 현재까지 존재하는 한국의 의학 관련 문헌 가운데 가장 오래된 것으로 알려져 있다. 이 시기 이전인 삼국시대에도 여러 종류의 의서가 발간되었을 것으로 추정되나, 이들은 모두 전해지지 않고 있다. 단지 중국이나 일본에서 편찬된 문헌에 있는 내용으로 파악해보면 『고려노사방高麗老師方』, 『백제신집방百濟新集方』, 『신라법사방新羅法師方』, 『신라법사류관비밀요술방新羅法師流觀秘密要術方』 그리고 『신라법사비밀방新羅法師秘密方』 등이 있었던 것으로 간주되고 있다.[1]

물론 『향약구급방』이 편찬되기 전에 우리나라에서 사용된 약재들이 중국 문헌에서 발견되기는 한다. 중국 남북조시대에 살았던 도홍경陶弘景, 456~536이 저술한 『명의별록名醫別錄』에는 우리나라 삼국시대에 사용된 약재들이 소개되어 있으나, 이 책 역시 원형 그대로는 전해지지 않는다. 단지 이 책의 내용이 당나라 소경蘇敬, 599~674이 편찬한 『신수본초新修本草』와 송나라 당신미唐愼微, 1056~1136가 편찬한 『경사증류비급본초經史證類備急本草』[2] 등에 『명의별록』의 내용이 담겨있는데, 주로 고구려와 백제의 약재로 알려져 있다. 신라의 약재는 진장기陳藏器, 687~757가 편찬한 『본초습유本草拾遺』에도 소개되어 있다.[3]

---

1 신순식(1995), 31쪽.

2 이하 『증류본초』로 표기한다.

3 이현숙(2015), 261~262쪽.

그러나 식물 약재의 수는 많지 않다. 『신농본초경神農本草經』에 토사자菟絲子 1종이 있고, 『증류본초』에는 세신細辛, 오미자五味子, 관동화款冬花, 여여藺茹, 백부자白附子, 무이蕪荑, 남등근藍藤根, 가소假蘇 등 8종류에 불과하다.[4] 일본의 옛 의서인 『의심방醫心方』에도 우리나라 옛 문헌의 흔적들이 발견되며, 식물 약재명도 나온다. 단지 『의심방』에 나오는 우리나라 약재로는 『백제신집방』의 내용을 인용한 부분에 국엽菊葉과 황기黃耆, 『신라법사방』의 내용을 인용한 부분에 속수자續隨子, 내동화耐冬花 등이 있을 뿐이다.[5] 그런가 하면, 일본에서 편찬된 『속일본기續日本紀』에는 725년 신라인 김태렴이 일본에 가져간 물품을 정리한 「매신라물해買新羅物解」가 있는데, 여기에 인삼人蔘, 계심桂心, 대황大黃, 필발畢拔, 감초甘草, 원지遠志 등의 약재가 포함되어 있다.[6] 이렇듯 자료들이 단편적일 수밖에 없고, 그에 따라 고려시대 이전에 우리나라에서 사용했던 식물 약재의 종류나 규모 등은 정확하게 파악할 수가 없는 실정이다.

이런 점에서 볼 때, 실질적으로 우리나라에서 사용해 왔던 식물 약재에 대한 연구는 우리나라 최고의 의서인 『향약구급방』으로부터 시작될 수밖에 없을 것이다. 실제로 이 책 말미에 있는 「방중향약목 초부方中鄕藥目草部」에는 146종류의 식물 약재가 아주 간략하게 소개되어 있다. 그리고 일부 약재에는 고려시대 당시에 불렀던 식물 이름, 즉 민간 이름俗云이 이두 형식으로 표기되어 있어, 우리나라 식물의 실체와 식물명의 유래를 파악할 수 있는 중요한 자료로 간주될 수 있을 것이다. 그럼에도 『향약구급방』에 대한 연구는 국어학자나 사학자들에 의해 국어사적,[7] 의사학적,[8] 한

4 이현숙(2015), 266~277쪽.

5 신순식(1995), 34 · 38쪽.

6 박남수(2009), 359쪽.

의학적[9] 관점에서 의미나 해설에 그쳐왔을 뿐, 식물학이라는 관점에서의 연구는 극히 미진한 실정이다.

단지 이덕봉에 의해 1963년에 수행된 ①외국에서 들여온 약재의 실체,[10] ②약재의 향명과 해독,[11] 그리고 ③약재의 고증[12]과 관련되어 3편으로 나누어 발표된 연구 논문만 있을 뿐이다. 하지만 이후 우리나라에 분포하는 식물들을 대상으로 많은 식물분류학적 연구 결과들이 발표되었으며, 또한 옛 문헌에 나오는 식물명의 분류학적 실체를 규명할 수 있는 자료도 많이 발굴되어 『향약구급방』에 나오는 식물에 대한 재검토가 시급히 필요함에도 불구하고, 지금까지 수행되지 못하고 있다.

1. 『향약구급방』

『향약구급방』은 고려시대에 편찬된 것으로 알려져 있으나, 처음 편찬된 원간본 또는 초간본은 전해지지 않고 있다. 대신 조선시대 초기에 다시 편찬된 중간본만이 전해지는데, 중간본 발문에 "황명 영락 정유년 칠월에 조

---

7 이기문(1963)의 「13세기 중엽의 국어 자료－향약집성방의 가치」, 남풍현(1981)의 『가차자표기법 연구－향약구급방의 향명표기를 중심으로』, 손병태(1996)의 「식물성 향약명 어휘 연구」와 이은규(2009)의 「향약명 어휘의 변천 연구」에 『향약구급방』에 나오는 식물명을 포함하여 어휘의 변천 과정이 규명되어 있다.

8 1994년 신영일이 자신의 박사논문으로 「향약구급방에 대한 연구(복원 및 의사학적 고찰)」를 발표했다. 2018년 이경록이 『국역 향약구급방』을 발간하면서, 『향약구급방』의 성격과 의의를 고찰했다.

9 녕옥청이 2010년 자신의 석사논문으로 「향약구급방에 대한 연구」를 발표했다.

10 이덕봉a(1963), 339~364쪽.

11 이덕봉b(1963), 169~217쪽.

12 이덕봉c(1963), 40~57쪽; 이덕봉d(1963), 55~67쪽; 이덕봉e(1963) 34~57쪽.

봉대부 안동 유학교수관 윤상은 삼가 발한다"[13]라고 되어 있어, 조선 태종 17년인 1417년에 중간된 것으로 파악하고 있다. 하지만 이 중간본은 일본 궁내청 자료실에 보관되어 있을 뿐이며,[14] 우리나라에는 국립중앙도서관에 마이크로필름 상태로 보관되어 있는 것으로 알려져 있다.[15]

『향약구급방』은 구급할 때 사용하는 처방을 모아 놓은 것으로,[16] 우리나라에 현존하는 구급의서로써의 출발점으로 평가된다.[17] 구급의서는 일상생활에서 경각을 다투는 급한 증상이 나타났을 때, 이런 상황을 타개하려고 편찬된 책이다. 이런 구급의서의 의도는 갈홍이 편찬한 『주후비급방肘後備急方』의 서문에 "쉽게 구할 수 있는 약, 고급 의학 지식을 필요로 하지 않는 치료법을 모아 모두 쉽게 이용할 수 있도록 한다"는 것으로 드러나 있다.[18]

이런 의도는 『향약구급방』 발문에 "수록한 여러 약재는 우리나라 백성들이 쉽게 알아볼 수 있고, 쉽게 구할 수 있는 것이며, 약을 만들어 복용하는 방법도 일찍이 경험한 것들이다. 만약에 서울과 같은 큰 도성이라면 의사라도 있지만, 멀리 떨어진 고을이나 벽지에서 갑자기 매우 급한 병이라도 생기면 좋은 의사라도 고치기가 어려울 것이다. 이런 때에 이 책이라도 가지고 있다면 편작[19]이나 의원을 기다리지 않고서도 스스로 능히 치료할 수 있을 것이다"[20]라고 쓴 점에서도 알 수 있다.

13 皇明永樂丁酉七月日 朝奉大夫安東儒學教授官 尹祥 謹跋.

14 신영일(1994), 2쪽.

15 이노국(1995), 23쪽.

16 이현숙·권복규(2007), 598쪽.

17 정순덕(2009), 24쪽.

18 정순덕 외(2003), 108쪽.

19 扁鵲(편작, BC401~310). 중국의 춘추전국시대에 살았던 의사이다.

20 所載諸藥 皆東人易知易得之物 而合藥服法亦所嘗經驗者也 若京師大都則醫師有之 蓋在窮鄕僻郡者忽遇蒼卒 病勢甚緊 良醫難致 當此時 苟有是方 則不待扁緩 人皆可能救之矣. 번역은 신영일(1994)에서 따와 일부 수정한 것이다.

『향약구급방』은 두 부분, 즉 질병마다 한두 종류의 약재를 사용하여 치료하던 당시의 방법이 소개되어 있는 상, 중, 하 3권으로 이루어진 「본문」[21]과 여기에서 질병을 치료할 때 사용했던 약재를 설명하는 「방중향약목 초부」[22]로 구분되어 있다.

2. 「방중향약목 초부」

이 부분에는 각종 질병을 치료할 때 사용하던 약재들이 설명되어 있다. 예를 들어, 첫 번째 나오는 창포菖蒲에 대해 "민간 이름俗云은 송의마松衣亇이며, 맛은 맵고, 성질은 차갑다. 음력 5월 5일이나 음력 12월에 뿌리를 채취하여 그늘에 말려 쓰는데, 땅 위에 노출된 뿌리는 사용하지 않는다"[23]고 설명되어 있다. 또한 난자䕩子에 대해서는 "민간 이름俗云은 월을로月乙老이며, 맛은 맵고, 성질은 따뜻하나 독이 있으며, 음력 5월 5일에 채취하라"[24]고 설명되어 있다.

그런데 약재로 사용한 식물을 지칭하는 이름들이 「초부」에는 민간 이름, 즉 "속운俗云"으로 표기된 반면 「본문」 중에는 약재 이름, 즉 "향명鄕名"으로 다르게 표기되어 있고, 실제로 이두식 표기도 서로 다른 부분이 여럿 나타나고 있어, 「방중향약목 초부」는 『향약구급방』 초간본에는 없던 내

21 『향약구급방』에 "본문"이라는 표현은 없다. 단지 「방중향약목 초부」와 비교하기 위하여 본 연구에서 "「본문」"으로 표기했다. 신영일(1991, 128쪽)도 병을 치료하는 처방을 방문(方文)이라고 부르면서, 방문으로 이루어진 『향약구급방』 상, 중, 하권에 있는 내용을 "본문(本文)"이라고 불렀다.

22 이하 「초부」로 표기한다.

23 俗云松衣亇 味辛溫 五月五日十二月採根 陰乾 露根不用.

24 俗云月乙老 味辛溫有毒 五月五日採之.

용으로 간주하고 있다.[25] 예를 들어, 조협皂莢의 경우 「본문」 중에는 "鄕名향명 注也邑주야읍"으로 표기되어 있으나, 「방중향약목 초부」에는 "俗云속운 鼠厭木實서염목실"로 표기되어 있다. 또한 독주근獨走根 항목에는 鄕名향명이 勿叱隱阿背물질은아배로, 俗云속운은 勿兒隱提良물아은제량으로 표기되어 있다.

한편 조선시대 세종 때에 편찬된 『향약집성방鄕藥集成方』에는 『향약구급방』의 내용이 인용되어 있으나, 『향약집성방』의 「향약본초각론鄕藥本草各論」에는 「초부」의 내용이 인용되어 있지 않다. 따라서 「초부」는 비록 『향약구급방』에 같이 붙어 있기는 하지만, 다른 시대에 또는 다른 사람이 쓴 것으로 추정하고 있으며,[26] 그 연대는 조선 태종 17년1417보다 조금 앞선 시기에 『향약구급방』 중간본이 간행되면서 합본된 것으로 파악하고 있다.[27]

3. 『향약구급방』, 「본문」

『향약구급방』에는 1~2개 정도의 극소수의 약재로 질병을 치료하는 처방이 나열되어 있는데, 대다수의 처방은 약재 1개만을 사용하는 단방單方으로 알려져 있다.[28] 실제 처방당 약재수는 평균 1.37개에 불과하고,[29] 『향약구급방』에 나오는 식물 약재 146종의 1/3에 해당하는 49종이 단 한 번만 사용되었다.[30] 이런 점은 『향약구급방』이 급한 상황을 벗어나기

25 신영일(1994), 173쪽.
26 신영일(1994), 173쪽.
27 이경록(2018), 25쪽.
28 이경록(2018), 33쪽.
29 오재근(2013), 5쪽.
30 녕옥청(2010)의 논문에서 1회 사용된 약재의 수를 센 결과이다.

위한 구급서의 성격을 지니고 있음을 보여준다. 또한 우리나라를 대표하는 약재인 인삼이 「본문」에는 한 번도 나타나지 않는 점으로 볼 때, 전문 의료인이 왕족이나 양반을 치료하려고 만든 책이 아니라 사대부가 일반 백성을 치료하라고 만든 책이라는 특징을 보여준다.

이런 점에서 볼 때, 긴급한 상황에서 사용해야 할 약재의 고증은 그 무엇보다 중요한 일이었을 것이다. 「본문」 마지막 부분에 나오는 우전록험방右傳錄驗方에는 다음과 같이 설명되어 있다.

> 지금까지 설명한 53개 항은 모두 급한 상황에서 쉽게 얻을 수 있는 약재이며, 표리냉열을 다시 살피지 않더라도 쉽게 알 수 있는 질병과 관련된 내용을 기록한 것이다. 비록 효과가 있는 단방이더라도, 표리냉열을 살핀 다음에 써야 하는 단방은 기록하지 않았다. 잘못 사용하여 해를 입을까 걱정해서이다. 사대부들이 잘 살펴 쓰기를 바랄 뿐이다.[31]

실제로 『향약구급방』 「상권上卷」에 "고기를 먹고 생긴 중독육독肉毒"을 치료하는 부분에서 "남藍은 향명鄕名이 青苔청태이고, 민간 이름俗云으로 青乙召只청을소지라고 부르는데 이는 잘못이다"[32]라는 설명이 반글자로 쓰여진 세주細註로 나온다. 이는 상이한 약재를 식물이름으로 구분하려는 세심한 노력으로 평가되고 있다.[33] 그리고 『향약구급방』에는 약재로 사용된 蒜산

31 右摠五十三部 皆倉卒易得之藥 又不更尋表裏冷熱 其病皆在易曉者錄之 雖單方效藥 審其表裏冷熱 然後用者 亦不錄焉 恐其誤用致害也 庶幾士大夫 審而用之. 신영일(1994)의 130쪽에 있는 번역문을 일부 수정한 것이다.

32 藍鄕名青苔俗云青乙召只非也.

33 이경록(2018), 43쪽. 그러나 青乙召只[청을소지]가 어떤 식물인지는 추후 검토가 필요하다.

에 대해 "蒜산은 大蒜대산"이라고 설명되어 있고, "小蒜소산은 月老월로"라고 설명되어 있다. 오늘날 대산大蒜은 마늘로, 月老월로라는 민간 이름으로 불렸던 소산小蒜은 달래로 간주한다.[34] 이와 같은 설명 또한 산蒜이라는 글자가 혼란을 야기할 수 있어, 이 두 종류를 명확하게 구분했던 것이다. 또한 胡桃호도를 唐楸子당추자라는 鄕名향명으로 부르는데 민간에서 楸子추자라고 부르는 것은 확실히 楸子추자가 아니라 胡桃호도라고 설명하고 있다.[35] 고려에서는 당추자라고 불렀으나, 중간본을 내던 조선 초에는 추자라고 불렀는데, 추자가 아니라 호도가 맞다는 의미일 것이다.

그리고 藺茹여여와 狼毒낭독의 경우도 있다. 『향약구급방』에 狼毒낭독 항목은 없고 藺茹여여 항목만 있는데, 藺茹여여의 민간 이름이 五得浮得오득부득 또는 烏得夫得오득부득으로 표기되어 있다. 그런데 『향약채취월령』에는 狼毒낭독과 藺茹여여의 이름으로 『향약구급방』의 藺茹여여의 민간 이름과 비슷하게 吾獨毒只오독독지라고 표기되어 있어, 얼핏 보면 狼毒낭독과 藺茹여여가 같은 식물로 간주할 수 있게 만들었다. 하지만 이후 『향약집성방』에는 狼毒낭독 항목이 사라졌다. 狼毒낭독과 여여藺茹가 다른 약재임이 판명되면서 狼毒낭독 항목을 누락한 것으로 파악하고 있다.[36] 이후 『동의보감』에는 狼毒낭독의 우리말 이름으로 오독뽀기가 병기되어 있을 뿐, 藺茹여여에는 우리말 이름이 누락되어 있다. 시간이 흐르면서 향명과 약재 사이의 착오가 나타나자 이를 바로 잡으려고 한 것이다.[37] 단방으로 사용한 식물 약재를 명확하게 구분하라는 당부의 설명으로 보인다.

34 134번 항목 난자(亂子)와 136번 항목 대산[大蒜]을 참조하시오.

35 胡桃. 鄕名唐楸子 今俗云楸子 亦非楸子 乃胡桃.

36 이경록(2011), 233쪽.

37 이경록a(2010), 298쪽.

그럼에도 오늘날 창포를 식물분류학에서는 *Acorus calamus* Linnaeus로 간주하나,[38] 국가생약정보에는 석창포*A. gramineus* Solander가 공정서 생약으로 소개되어 있어, 차이를 보이고 있다. 또한 소산小蒜을 중국에서는 다른 말로 小根蒜소근산이라고 부르며[39] *Allium macrostemon*으로 간주하고 있는데,[40] 이 종을 우리나라에서는 산달래로 부르고 있다.[41] 그런데 『향약구급방』에는 亂子난자의 민간 이름이 月乙老월을로로 표기되어 있고, 『향약집성방』에는 蒜산의 뿌리를 亂子난자로 부른다고 설명되어 있으면서 향명鄕名으로 月乙賴伊월을뢰이가 병기되어 있다. 오늘날 月乙老월을로와 月乙賴伊월을뢰이는 달래로 해독되므로,[42] *A. macrostemon*을 달래로 불러야 하는데 산달래로 부르고 있다. 대신 달래라는 이름은 *A. monanthum* Maximowicz의 국명으로 사용되고 있다.[43]

또한 川椒천초의 경우, 중국에서는 우리나라에는 분포하지 않은 花椒화초, *Zanthoxylum bungeanum* Maximowicz로 간주하고 있으며, 松송의 경우, 우리나라에서는 소나무*Pinus densiflora* Siebold & Zuccarini로 간주하고 있으나, 소나무는 우리나라를 비롯하여 일본과 중국의 만주 일대에만 분포하고 있어, 옛 중국에서 소나무를 약재로 사용하였는지 의심스럽다. 일부 식물들은 우리나라에는 분포하지 않은 반면, 역으로 중국에는 분포하지 않을 수도 있다. 이처럼 일부 약재로 사용된 식물명의 경우 현재 사용하고 있는 식물명에서 차이가 나고 있는 상황이라 보다 상세한 검토가 필요한 실정이다.

38 신현철 외(2017), 154쪽.
39 https://baike.baidu.com/item/小根蒜/1909749?fr=aladdin
40 『中國植物志』 14卷(1980), 265쪽.
41 이우철a(1996), 1239쪽.
42 홍문화(1972), 5쪽.
43 이우철a(1996), 1239~1240쪽.

4. 향명鄕名의 의미

향명鄕名은 중국에서 편찬된 의서의 처방을 활용하면서 약효 비교를 통해 중국 약재와, 이를 당재唐材라고 부르는데, 동일하다고 인정받게 된 토산약재, 즉 향재鄕材의 이름으로 간주되며,[44] 민간 이름俗云은 민간에서 부르는 이름으로 간주된다. 아마도 중국에 분포하는 식물과 우리나라에 분포하는 식물이 다름에도 약재로 사용하기 위하여, 약효 비교를 통해 중국 약재와 동일한 효과를 내는 우리나라 식물에 향명鄕名을 부여한 것으로 추정된다. 다른 한편으로 향명鄕名은 고려시대에 중앙이나 국가사업 등의 경우에 사용된 약물에 대한 우리말의 표기이나, 민간 이름俗云은 각 지방에서 약초를 부르는 이름으로도 간주하고 있다.[45]

이러한 구분은 민간에서 부르는 이름과 약재로 사용한 이름의 상이함을 명확하게 하려는 노력의 일환으로 보이는데, 이미 우리나라에 존재하던 토산물들이 효능이 있는 약재로 재인식되면서 이 땅의 질병은 이 땅의 약재로 치료하겠다는 의토성宜土性에 대한 자각으로도[46] 풀이된다. 이런 점은 조선 정종 원년1399에 편찬된 『향약제생집성방』 서문에 풍속과 음식이 중국과 다르므로 병을 치료할 때에도 마땅히 약재를 달리해야 한다고[47] 쓰여 있는 것으로도 알 수 있다.

우리나라 약재명인 향명鄕名과 중국의 약재명인 당명唐名을 일치시킨다는 것은 우리나라에서 산출된 약재인 향재鄕材가 정확히 중국에서 산출

44 이경록(2018), 43쪽.
45 신영일(1994), 173쪽.
46 이경록c(2010), 217쪽.
47 이경록c(2010), 217쪽.

된 당재唐材와 상응한다는 것으로, 조선 초기에 편찬된 『향약집성방』에 수록된 처방과 향재를 완전히 신뢰할 수 있다는 의미이다.[48] 그런데 이러한 향명은 『향약구급방』을 편찬할 때 단번에 부여한 것이 아니라, 오래전부터 토산 약재에 대한 지식이 축적되어 있는 상태에서 만들어진 것으로 평가되고 있다. 즉, 향명을 부여하기 전부터 토산 약재를 가차표기로 널리 부르고 있었고, 외래 약재에 상응하는 토산 약재를 찾는 과정이 오랜 기간 진행되어 있었으며,[49] 이러한 향명 부여가 어느 정도 축적되어 『향약구급방』에 향명과 민간 이름이 구분되어 표기된 것으로 추정된다.

향명을 부여하면서 무엇보다 눈길을 끄는 점은 약재들에 대한 설명을 일부 변경한 것이다. 『향약구급방』에는 나오지 않으나, 『향약집성방』에 나오는 진교秦艽는 중국 감숙성 등에서 산출되며, 우리나라에는 자라지 않는다. 그럼에도 고려 후기인 1226년에 의학자 최종준이 편찬한 『신집어의촬요방新集御醫撮要方』의 보생환保生丸에는 진범秦艽이 등장한다. 오늘날 중국에서는 진교秦艽를 *Gentiana macrophylla* Pallas로 간주하나, 우리나라에서는 중국에는 분포하지 않는 진범秦艽을 *Aconitum pseudolaeve* Nakai로 간주하고 있다. 이처럼 진교를 진범으로 변경하는 것은 외국산 약재, 즉 당재唐材를 한국산 토산 약재, 즉 향재鄕材로 대체하는 사례에 해당한다.[50] 약재를 생략하거나 다른 약재로 변경하는 것은 외래 약재 수급이 완벽할 수 없는 상황과 관련이 있을 것이다.

한편 향재와 당재의 실체를 파악하려는 노력도 진행되었다. 조선의 만

48 이경록(2019), 27쪽.
49 이경록(2019), 10쪽.
50 이경록(2019), 7쪽.

병통치약으로 여겨졌던 신선태을자금단神仙太乙紫金丹이라는 약[51]과 관련된 내용을 포함한 『神仙太乙紫金丹方신선태을자금단방』[52]이라는 의서의 일부 내용에서 이러한 노력을 알 수 있다. 다음은 山茨菰산자고의 실체를 파악하기 어렵다고 토로하는 대목이다.

> 山茨菰산자고는 중국에서 뿌리가 작은 점이 흡사하여 '가마귀물옷'이라 하는 老鴉蒜노아산으로 잘못 사용되고, 우리나라의 의사들도 馬蒜마산을 사용하니 우스운 일이다. 馬蒜마산은 잎과 뿌리가 커서 중국의 臞仙구선이 말하는 山茨苽산자고와는 전혀 다른 것인데, 『救急簡易方구급간이방』에서 山茨苽산자고 아래에 '믈믈옷' 곧 馬蒜마산이라 써 놓았으니 매우 탄식할 일이다. 저자는 『本草본초』, 『外科精要외과정요』, 『活人心方활인심방』 등 의약서를 보고 그 잘못임을 알게 되어 산과 들을 헤매서 알게 되었는데, 아이들이 鵲蒜작산 곧 '가치마늘'이라 하여 날로 먹는 식물이 바로 그것이다. 작은 뿌리, 맛, 껍질, 싹에서 열매 맺기 등이 모두 중국의 臞仙구선이 말하는 바와 같고 저자가 실지로 그것을 캐서 약을 만들어 시험한 결과 효험이 있으므로 스스로 망녕되지 않음을 믿고 비로소 세상에 전한다.[53]

이종준은 신선태을자금단에 들어가는 약재 가운데 잘못 이해되고 있는 산자고와 다른 약재를 구분할 수 있도록 식물의 모습을 생육 시기별로 구분하여 그림으로 그려가면서 설명해서, 일반 사람들이 산자고를 채취하여 사용하는 데 도움이 되도록 한 것으로 평가된다.[54]

---

51 김성수(2012), 81쪽.

52 1497년 이종준(李宗準)이 편찬한 것으로 알려져 있다.

53 김호(1999), 140쪽.

54 김성수(2012), 94쪽.

山茨菰산자고는 중국 식물 도감에서 검색이 되지 않는다. 대신 山茨菇산자고가 검색되는데, 광시 지방에서만 자라는 *Asarum sagittarioides* C.F. Liang으로 간주하나,[55] 우리나라에는 자라지 않는다. 그리고 老鴉蒜노아산은 석산*Lycoris radiata* (L'Héritier) Herbert으로, 鵲蒜작산은 산자고*Tulipa edulis* (Miquel) Baker로 검색된다. 馬蒜마산은 검색되지 않는데, 말믈옷이라는 우리말 이름으로 불렸던 것으로 보아, 우리나라에 자생하는 식물로 추정되나, 오늘날 어떤 식물인지는 확인이 되지 않고 있다.

이렇듯 우리나라에서는 약재로 사용하는 식물들을 정확하게 감별하려고 많은 노력을 기울여왔다. 조선 세종 시절에는 수시로 의관을 중국으로 파견해 우리나라의 향약과 중국의 당약을 대조해서 사용 여부를 판단했고, 당시 우리나라 약재의 분포 상황을 조사해서 『세종실록지리지』도 편찬했다.[56] 조선시대 의관인 노중례는 세종 5년1423과 12년1430에 향재와 당재가 동일한지를 문의하러 중국에 다녀왔다. 세종 5년에는 漏蘆누로, 柴胡시호, 木通목통, 威靈仙위령선, 白斂백렴, 藁本고본 등 6종의 향재가 당재와 일치한다는 인증을 받았으나, 丹蔘단삼, 防己방기, 厚朴후박, 紫莞자완, 芎藭궁궁, 通草통초, 獨活독활, 京三棱경삼릉 등 8종은 일치하지 않음을 확인했다. 이후 세종 12년에도 일치하는 향재와 일치하지 않은 향재를 구분했는데, 厚朴후박, 獨活독활 등 10종은 일치하는 약재로, 丹蔘단삼, 食茱萸식수유 등 10종은 일치하지 않은 약재임을 확인했다.[57]

이러한 노력이 조선시대를 거치면서 지속적으로 진행되었고, 오늘날에도 수행되고 있다. 단지 약재나 식물에 대한 정보가 한자로 아주 간단

55 『中國植物志』 24卷(1988), 190쪽.

56 朱承宰(1998), 14쪽.

57 이경록(2011), 231쪽.

하게 기록되어 있어, 오늘날 어떤 식물을 지칭하는지 파악하기가 매우 어려운 상황이다. 우리나라에서는 일제강점기에 일본인 학자 이시도야가 『조선한방약료식물조사서朝鮮韓方藥料植物調査書』를 편찬하면서, 옛 문헌에 한자나 한글로 기록된 식물명을 현대의 식물분류학이라는 관점에서 학명scientific name과 일치시키는 작업이 시작되었다. 학명과 옛날 식물명을 일치시키는 일을 흔히 식물의 분류학적 실체를 규명하는 연구로 간주하는데, 이시도야 이후 많은 사람들이 옛 문헌에 나오는 약재로 사용된 식물의 실체를 규명해왔다. 하지만, 최근에도 우리나라에서 사용하는 한약재들이 이름은 같아도 실제 기원식물로 알고 있는 한약재의 종species이 다른 것도 많아 위품이 혼용, 혼합되기도 하여 품질에 대한 논란이 많은 문제로 대두되고 있다.[58]

58 신정식(2002), 236쪽.

제2장

『향약구급방』에 나오는 식물명의 실체 규명

『향약구급방』에서 약재로 사용한 식물들의 실체를 파악하기 위해서 제일 먼저 『향약구급방』에서 약재로 사용된 식물 항목들은 신영일의 『향약구급방에 대한 연구－복원 및 의사학적 연구』[1]에서 추출하고, 이경록의 『국역 향약구급방』[2]과 녕옥청의 『향약구급방에 대한 연구』[3] 내용과 비교해서 검토할 필요가 있다.

그리고 첫 번째로 이렇게 추출된 한자로 표기된 약재명 또는 식물명을 중국 자료에서 검색해야 한다. 이는 『향약구급방』의 「방중향약목 초부」에 기록된 약재명의 순서가 대체로 『증류본초』의 순서와 비슷하며, 또한 민간 이름俗云을 제외한 약재를 설명하는 내용이 『증류본초』에 그대로 나오기 때문이다.[4] 또한 약재의 채집 시기는 다른 어느 것보다 『도경본초』의 설을 따르고 있으며, 일부 약재의 경우 산지의 이름도 중국 지명이 그대로 나타나고 있기 때문이다.[5] 그리고 최근에 규명된 중국 자료는 주로 중문판 『중국식물지』와 영문판 『*Flora of China*』에서 검색해야 하며, 중국의 검색 사이트 百度Baidu.com와 중국에서 발표된 본초 관련 문헌들을 참고할 필요가 있다.

두 번째로, 중국 자료에서 검색된 식물의 실체를 우리나라의 식물과 비

1 신영일(1994).
2 이경록(2018).
3 녕옥청(2010).
4 신영일(1994), 135쪽.
5 신영일(1994), 134쪽.

교, 검토해야 한다. 식물명이 같더라도 중국에서 지칭하는 식물과 우리나라에서 지칭하는 식물이 다를 수 있기 때문이다. 실례를 들면, 소나무를 지칭하는 松송과 초피나무를 지칭하는 川椒천초가 있다. 초피나무와 소나무는 중국에서는 만주 일대에만 분포할 뿐, 옛 중국의 당송시대 지역에는 자라지 않기 때문이다. 우리나라 식물에 관한 정보는 국내에서 발간된 논문들과 단행본들에서 검색해야 한다.

세 번째로, 『향약구급방』에 있는 식물에 대한 설명이 거의 없어 식물의 실체를 파악할 수가 없었으므로, 『향약구급방』 이후에 편찬된 『향약집성방』과 『동의보감』에 있는 식물에 대한 설명과 비교해야만 한다. 이때, 이들 문헌에서 설명하는 식물들이 같은 식물임을 확인하려면, 『향약구급방』에 나오는 俗云속운, 『향약집성방』에 나오는 鄕名향명, 그리고 『동의보감』에 나오는 우리말 이름의 연결성을 파악해야만 한다. 俗云속운과 鄕名향명의 경우 이두로 표기되어 있어, 이들의 한글로 전환된 표기를 확인해야 하며, 『동의보감』에 우리말 이름 표기와 오늘날 표기와의 연결성을 파악해야 한다. 이 책에서는 『향약집성방鄕藥集成方』은 한국학중앙연구원 장서각 소장본[6]과 『국역 향약집성방』[7]을, 『동의보감東醫寶鑑』은 한국학중앙연구원 장서각 소장본과[8] 『신편, 대역 동의보감, 탕액편, 침구편, 색인』[9]을 참고했으며, 한의학고전DB에 번역된 내용을 검토했고, 번역된 내용의 일부는 본 연구에서 인용했으나, 인용한 항목들이 너무 많아 하나하나 상세한 인용 내역은 명기하지 않았다. 이밖에 고려대학교 해외한국학자료

6 김일권(2019), 96쪽.

7 신민교 외(1998).

8 김일권(2021), 171쪽.

9 허준, 동의문헌연구실 역(2005).

센터 소장 『향약채취월령鄕藥採取月令』과 국립중앙도서관에 소장된[10] 『훈몽자회訓蒙字會』, 1800년대에 편찬된 것으로 알려진 유희의 『물명고物名考』와 연대 미상의 『광재물보廣才物譜』[11]를 참고했다.

마지막으로 파악된 식물의 실체를 최근에 발간된 각종 문헌, 특히 본초서와 비교, 검토하여 실체를 확정해야만 한다. 특히 최근에 한의학연구원에서 발간한 『본초감별도감』을 비롯하여 한약재와 관련된 문헌들을 참고할 필요가 있으며, 식품의약품안전처에서 운영하는 국가생약정보 http://nifds.go.kr/nhmi/main.do에 나오는 공정서 생약과 민간생약과 비교해야만 한다. 공정서 생약은 대한민국약전 및 대한민국약전 외 생약규격집에 등재된 생약을 의미하며, 민간생약은 공정서에는 등재되지 않으나 전통적으로 사용되어 온 생약을 의미한다.

10 "古3111 4"라는 라벨이 붙어 있다.

11 정양완 외(1997).

제3장

「방중향약목 초부」의 식물

01 창포 菖蒲
02 국화 菊花
03 지황 地黃
04 인삼 人蔘
05 백출 白朮
06 토사자 兎絲子
07 우슬 牛膝
08 시호 柴胡
09 충울자 茺蔚子
10 맥문동 麥門冬
11 독활 獨活
12 승마 升麻
13 차전자 車前子
14 서여 薯蕷
15 의이인 薏苡人
16 택사 澤瀉
17 원지 遠志
18 세신 細辛
19 남칠 藍漆
20 남즙 藍汁
21 궁궁 芎藭
22 질려자 蒺藜子
23 황기 黃耆
24 포황 蒲黃
25 결명자 決明子
26 사상자 蛇床子
27 지부묘 地膚苗
28 계화 戒火
29 인진호 茵蔯蒿
30 창이 蒼耳
31 갈근 葛根
32 괄루 栝樓
33 고삼 苦蔘
34 당귀 當歸
35 통초 通草
36 작약 芍藥
37 여실 蠡實
38 구맥 瞿麥
39 현삼 玄蔘
40 모추 茅錐
41 백합 百合
42 황금 黃芩
43 자완 紫菀
44 석위 石韋
45 애엽 艾葉
46 토과 土瓜
47 부평 浮萍
48 지유 地楡
49 수조 水藻
50 제니 薺苨
51 경삼릉 京三稜
52 모향화 茅香花
53 반하 半夏
54 정력 葶藶
55 선복화 旋覆花
56 길경 桔梗
57 여로 藜蘆
58 사간 射干
59 백렴 白斂
60 대극 大戟
61 상륙 商陸
62 택칠 澤漆
63 낭아 狼牙
64 위령선 威靈仙
65 견우자 牽牛子
66 파초 芭蕉
67 비마자 萆麻子
68 삭조 蒴藋
69 천남성 天南星
70 노근 蘆根
71 학슬 鶴虱
72 여여 閭茹
73 작맥 雀麥
74 독주근 獨走根
75 회향자 茴香子
76 연지 燕脂
77 목단피 牧丹皮
78 목적 木賊
79 연과욱 燕覆薁
80 칠고 漆姑
81 전초 剪草
82 송 松
83 괴 槐
84 오가피 五加皮
85 구기 枸杞
86 복령 茯苓
87 황벽 黃蘗
88 무이 蕪荑
89 저실 楮實
90 상근백피 桑根白皮
91 치자 梔子
92 담죽엽 淡竹葉
93 지실 枳實
94 진피 秦皮
95 산수유 山茱萸
96 천초 川椒
97 욱리인 郁李人
98 목관자 木串子
99 상실 橡實
100 야합화 夜合花
101 조협 皂莢
102 수양 水楊
103 풍 楓
104 오수유 吳茱萸
105 류 柳
106 건우 乾藕
107 대조 大棗
108 호도 胡桃
109 우 芋
110 도인 桃人
111 호마 胡麻
112 적소두 赤小豆
113 생곽 生藿
114 대두황 大豆黃
115 녹두 菉豆
116 소맥 小麥
117 서미 黍米
118 대맥 大麥
119 교맥 蕎麥
120 나미 糯米
121 부비화 腐婢花
122 마자 麻子
123 편두 藊豆
124 만청자 蔓菁子
125 과체 瓜蔕
126 동과 冬瓜
127 나복 蘿蔔
128 숭 菘
129 소자 蘇子
130 마치현 馬齒莧
131 박하 薄荷
132 고호 苦瓠
133 형개 荊芥
134 난자 蘭子
135 낙소 落蘇
136 대산 大蒜
137 해 薤
138 번루 蘩蔞
139 구 韭
140 규자 葵子
141 와거 萵苣
142 백거 白苣
143 동규자 冬葵子
144 총 葱
145 양하 蘘荷
146 산조 酸棗
147 천문동 天門冬

『향약구급방』의 「초부」에 기록된 식물 약재는 147개 항목이다. 이 가운데 담자균류에 속하는 버섯인 茯苓복령을 제외한 146개 항목이 고등식물에 해당한다. 맨 마지막에 나오는 天門冬천문동은 「초부」에서 식물 항목이 끝난 다음 동물 항목을 설명한 다음에 장황하게 설명되어 있다. 약재와 식물에 대한 풀이 순서는 「초부」에 나열된 순서를 따랐다. 첫 번째에 나오는 菖蒲창포부터 81번째에 나오는 剪草전초까지는 초본식물이며, 82번째에 나오는 松송부터 105번째에 나오는 柳류까지는 목본식물, 그리고 106번째에 나오는 乾藕건우부터 146번째에 나오는 酸棗산조까지는 미곡류, 채소류, 과일류 등의 재배하는 식물이다. 단지 86번째 나오는 茯苓복령과 92번째에 나오는 淡竹葉담죽엽은 목본식물이 아님에도 「방중향약목 초부」에 목본식물들과 함께 나열되어 있어, 목본으로 간주했다. 그리고 86번째 나오는 茯苓복령의 경우는 식물이 아닌 균류로 간주되어, 목록에만 추가했는데, 추후 검토가 필요할 것이다.

01 창포菖蒲

향약구급방	俗云松衣亇味辛溫 五月五日十二月採根 陰乾 露根不用.
국명	**창포**
학명	*Acorus calamus* Linnaeus
생약정보	석창포(*Acorus gramineus* Solander ex Aiton[1])

「초부」에는 식물에 대한 설명이 없다. 단지 민간 이름은 松衣亇송의마이며, 음력 5월 5일에 뿌리를 캐서 그늘에 말린 다음 사용하는 것으로 설명되어 있다. 그리고 「본문」 중에는 消衣亇소의마라는 이름이 표기되어 있다. 『향약구급방』 이후에 발간된 『향약채취월령』에는 松衣亇송의마가 향명鄕名으로 기록되어 있으며, 『동의보감』에는 우리말 이름으로 셕창포가 병기되어 있다. 松衣亇송의마와 消衣亇소의마는 모두 숑이마로 읽히나 어원은 확인할 수가 없다.[2] 단오를 지칭했던 수리에서 유래한 것,[3] 또는 돌 사이에 있는 마라는 의미를 지닌 석창포로 불렀던 셕이마에서 유래한 것으로[4] 추정하는데 명확하지는 않다. 그러나 松衣亇송의마라는 이름이 『향약집성방』과 『동의보감』에 나타나지 않는 점으로 보아, 조선 초기 이후부터 사용하지 않은 것으로 판단된다.

한편 『동의보감』에 菖蒲창포의 우리말 이름으로 기록된 셕창포는 石菖蒲석창포를 우리말로 옮긴 것으로 보인다. 그리고 『훈몽자회』에는 蓀손은

1 문헌에 따라 명명자를 Aiton, Solander 또는 Solander ex Aiton을 사용하는데, 정확한 명명자 표기는 Solander ex Aiton이 맞으며, 줄여서 Aiton만 사용해도 맞다.

2 남풍현(1981), 125쪽.

3 이덕봉a(1963), 170쪽.

4 손병태(1996), 161쪽.

菖草창초라고도 부르면서, 石菖蒲석창포와 비슷하나 잎에 맥이 뚜렷하지 않는 것으로[5] 설명되어 있다. 또한 菖창은 부들이나 菖蒲창포라고도 부르는 것으로[6] 설명되어 있고, 蒲포는 석창포로 약 3cm에 9개의 마디가 있는 종류가 좋은 약재로[7] 설명되어 있다. 따라서 조선 중기에는 창포 종류를 蓀손과 菖창, 그리고 蒲포 등으로 구분한 것으로 추정되며, 석창포를 蒲포라고도 불렀던 것으로 추정된다.

그러나 『훈몽자회』 이전에 발간된 조선 초기 의약서인 『향약집성방』에는 이러한 구분이 없이 菖蒲창포라는 이름으로만 설명되어 있고, 『동의보감』에는 菖蒲창포의 우리말 이름으로 셕창포를 사용하고 있다. 아마도 창포菖蒲라는 이름이 ①蓀손 또는 菖草창초, ②부들, ③蒲포 또는 石菖蒲석창포 등 여러 종류의 식물을 지칭했기 때문에,[8] 이러한 혼란을 피하려고 菖蒲창포의 우리말 이름으로 셕창포를 사용한 것으로 판단된다. 실제로 『향약구급방』 「상권上卷」 후비喉痺[9] 항목에서 蠡花여화[10]가 菖蒲花창포화와 비슷하다고[11] 했으며, 중국에서 사용하는 이름인 唐菖蒲당창포, 黃菖蒲황창포, 花菖蒲화창포는 菖蒲창포와는 전혀 다른 식물에 적용되어 있다.[12]

---

5 一名菖草似石菖蒲而葉無脊.

6 又부들亦曰菖蒲.

7 石菖蒲一寸九節者良藥.

8 1800년대에 편찬된 것으로 알려진 유희의 『물명고』에는 菖蒲(창포)에 대해 "한 종이 아니다(種類不一)"고 설명되어 있다.

9 목안이 벌겋게 붓고 아프며 막힌 감이 있는 인후병을 통틀어 후비라고 한다. 신영일(1994), 35쪽.

10 37번 항목 여실(蠡實)을 참조하시오.

11 蠡則馬藺也 如菖蒲花 青紫色.

12 唐菖蒲(당창포)는 글라디올러스(*Gladiolus gandavensis*)를, 黃菖蒲(황창포)는 노랑꽃창포(*Iris pseudacorus*)를, 花菖蒲(화창포)는 꽃창포(*Iris ensata*)를 지칭하는 이름으로 사용되고 있다.

이후 일제강점기에 이시도야는 *Acorus gramineus* Aiton의 지하경을 菖蒲창포 또는 石菖蒲석창포라고 불렀고,[13] Mori는 *A. calamus* Linnaeus에 菖蒲창포, 白菖백창, 창포라는 이름을, *A. gramineus*에 石菖蒲석창포와 셕창포라는 이름을 일치시켰다.[14] 그리고 이시도야는 처음과는 달리 菖蒲창포와 石菖蒲석창포를 구분해서, 菖蒲창포를 *A. calamus*로, 石菖蒲석창포를 *A. gramineus*로 간주했다.[15] 계속해서 임태치와 정태현은 석창포를 이시도야의 견해처럼 *A. gramineus*로 간주했고,[16] 정태현 등도 *A. calamus*에는 菖蒲창포와 장포를, *A. gramineus*에는 石菖蒲석창포와 석장포라는 이름을 일치시켰다.[17] 『동의보감』에는 菖蒲창포와 석창포가 한 식물을 지칭하는 이름이었고, 이시도야도 처음에는 같은 식물로 간주했음에도 불구하고, Mori 이후 이 두 식물에는 각기 다른 식물을 지칭하는 이름이 사용되었고, 정태현 등도 이러한 처리를 수용해서, 오늘에 이르고 있다.

이러한 혼동을 반영하듯, 우리나라에서는 지금까지 약재명 창포菖蒲를 석창포*Acorus gramineus*로 간주해 왔고,[18] 국가생약정보에는 공정서 생약으로는 석창포*A. gramineus*만 설명되어 있으며, 민간생약으로 장창포藏菖蒲는 창포*A. calamus*로 간주되어 있으며, 석창포는 중국석창포*A. tatarinowii* Schott로 간주되어 있다. 이덕봉도 菖蒲창포를 石菖蒲석창포, *A. gramineus*로 간주하면서도, 석창포는 산지가 남부 지방에 한정되어 있고 생산량도 적은 반면, 창포는 분포 지역도 넓고 생산량도 많으므로 석창포와 창포를 섞어서 사용

13 이시도야(1917), 46쪽.

14 Mori(1922), 78쪽.

15 이시도야(1934), 3~4쪽.

16 임태치·정태현(1936), 42쪽.

17 정태현 외(1937), 26쪽.

18 서강태(1997), 63쪽; 이경우(2002), 88쪽; 노정은(2007), 46쪽; 신전휘·신용욱(2013), 18쪽; 신민교(2015), 623쪽.

했을 것으로 추정했다.[19]

그러나 최근 『향약집성방』과 『동의보감』에 나오는 약재명 菖蒲창포의 우리말 이름이 석창포이고, 원식물이 *Acorus calamus*이므로, 지금까지 석창포라고 불렀던 *A. gramineus*는 석창포라는 이름 대신 수창포로 부르는 것이 타당하다는 주장이 제기되었다.[20] 창포의 잎에는 잎맥이 분명하게 발달하나, 수창포의 잎에는 잎맥이 뚜렷하게 발달하지 않고 있으며, 또한 중국에서 편찬된 『증류본초』에는 진짜 창포를 잎맥이 뚜렷하게 발달한 것으로, 『본초강목』에서는 잎맥이 뚜렷한 창포 종류를 석창포로도 부르는 것으로 설명되어 있기 때문으로 풀이된다. 본 연구에서는 이러한 주장을 받아들여 「초부」에 나오는 菖蒲창포를 *A. calamus*로 간주했다. 단지 석창포를 *A. tatarinowii* Schott로 간주하기도 하나,[21] 이 학명은 오늘날 *A. gramineus*의 분류학적 이명으로 처리되고 있다.[22] 그리고 최근 창포*A. calamus*의 효능이 석창포*A. gramineus*보다 상대적으로 높다는 보고도 있어,[23] 『향약구급방』, 『향약집성방』과 『동의보감』 등의 옛 문헌에 나오는 창포菖蒲는 *A. calamus*로 간주해야 할 것이다.

19 이덕봉c(1963), 43쪽.

20 신현철 외(2017), 154쪽.

21 신민교(2015), 623쪽.

22 『*Flora of China*』 Vol. 23(2010), 1~2쪽.

23 최고야(2011), 63쪽; 최고야는 자신의 논문에서 *A. calamus*를 수창포로, *A. gramineus*를 석창포라고 불렀다.

02 국화菊花

향약구급방	味苦甘 莖紫爲眞 正月採根 三月採葉 五月採莖 九月採花 十一月採實 皆陰乾.
국명	국화
학명	*Chrysanthemum morifolium* Ramatuelle
생약정보	국화(*Chrysanthemum morifolium* Ramatuelle)

「초부」에는 민간 이름은 없는데, 줄기는 자주색이고 꽃은 9월에 피며 열매는 11월에 성숙하는 식물로만 설명되어 있다. 그러나 「본문」 중에는 국엽菊葉으로 1회 나온다. 『향약집성방』에는 개울이나 못가, 들에서 자라는[24] 것으로 설명되어 있고, 식물에 대한 설명은 중국 문헌에 나열되어 있는 감국甘菊의 특성이 인용되어 있다. 국화에는 두 종류가 있는데, 그중 하나는 줄기가 자주색이고 냄새가 향기로우며 잎에서 단맛이 나는 반면, 다른 하나는 줄기가 굵고 푸르며 艾蒿애호[25] 냄새가 나며 잎에서 쓴맛이 나서 먹지 못해, 이 종류를 苦薏고의라고 부르는[26] 것으로 설명되어 있다.

한편 『동의보감』에는 菊花국화 항목이 없고 대신 甘菊花감국화가 표제어로, 白菊花백국화와 苦薏고의 항목이 감국화甘菊花에 따른 부수 항목으로 설명되어 있다. 우리말 이름이 강셩황으로 표기된 甘菊花감국화는 꽃이 작고 황

24 生川澤, 及田野.

25 艾蒿(애호)를 흔히 쑥 종류로 간주하고 있는데, 애(艾)와 호(蒿)를 구분하기도 한다. 애(艾)는 45번 항목 애엽(艾葉)을 참조하시오.

26 菊有兩種. 一種, 莖紫氣香, 而味甘, 葉可作羹食者, 爲眞. 一種, 靑莖而大作蒿艾, 氣味苦, 不堪食者, 名苦薏, 非眞. 其華正相似, 唯以味苦甘, 別之爾.

색이며, 잎은 진한 녹색에다 작고 얇으며[27] 맛이 단 특징을 지닌 것으로 설명되어 있는 반면, 苦薏고의는 꽃이 작으면서 몹시 향기롭고 줄기가 푸르며[28] 쓴맛이 나는 것으로 설명되어 있다.

『향약집성방』에는 2종류의 菊花국화가 있다고 설명되어 있는데, 菊花국화, 甘菊花감국화, 野菊花야국화, 白菊花백국화 등의 이름이 나오며, 『동의보감』에는 종류가 많다고 설명되어 있는데, 『향약집성방』에 나오는 국화 4종류가 모두 설명되어 있다. 이 가운데 菊花국화를 중국에서는 국화*Dendranthema morifolium* (Ramatuelle) Tzvelev로 간주하고 있는데,[29] *Chrysanthemum morifolium* Ramatuelle라는 학명으로 표기하기도 한다.[30]

우리나라에서는 일제강점기에 Mori가 *Chrysanthemum sinense* Sabine var. *hortensis* Makino ex Matsumura를 菊국, 菊花국화, 그리고 국화라고 불렀고,[31] 이후 정태현 등은 *C. sinense*를 재배하는 국화로 간주했다.[32] 그런데 오늘날에는 *C. sinense*와 *C. sinense* var. *hortensis*는 모두 *C. morifolium*과 같은 종으로 처리되고 있다.[33] 그리고 *C. morifolium*의 우리말 이름으로 국화를 사용하고 있다.[34] 국가생약정보에는 菊花국화의 공정서 생약으로 국화*C. morifolium*가 소개되어 있다. 그럼에도 이덕봉은 菊花국화를 원예종인 국화*C. morifolium*보다는 산지에 자생도 하고 재배도 하는 감국*C. indicum*

27 花小而黃, 葉綠色深, 小而薄,

28 花小氣烈莖青者.

29 『中國植物志』 76(1)卷(1983), 35쪽.

30 속명으로 *Dendranthema*와 *Chrysanthemum*를 혼용하는데, 학자에 따라 둘 중 하나를 사용한다.

31 Mori(1922), 354쪽.

32 정태현 외(1937), 164쪽.

33 『中國植物志』 76(1)卷(1983), 35쪽; http://www.theplantlist.org/tpl1.1/record/gcc-149542

34 이우철a(1996), 1123~1124쪽.

Linnaeus 으로 간주하기도 했으나,[35] 최근에는 菊花국화 를 국화C. morifolium 로 간주하고 있다.[36]

정확한 저자와 발행 연도를 알 수는 없으나 백제 때 간행된 의서로 추정되는 『백제신집방』의 일부 내용이 982년 일본의 단바 야스요리가 편찬한 『의심방』에 전해지는데, 국화의 잎과 줄기를 약재로 사용한 것으로 알려져 있다.[37] 단지 '국화'로 번역하고 있으나, 원문에는 菊葉국엽 으로만 되어 있고 식물에 대한 설명이 없으므로, 정확하게 어떤 종인지는 추후 확인이 필요하다.

03 지황地黃

향약구급방	味甘苦寒无毒 二八月採根 陰乾.
국명	지황
학명	*Rehmannia glutinosa* (Gaertner) Liboschitz ex Fischer & C. A. Meyer
생약정보	지황(*Rehmannia glutinosa* (Gaertner) Liboschitz ex Steudel)

「초부」에는 민간 이름도 식물에 대한 설명도 전혀 없다. 『향약집성방』에는 乾地黃건지황 과 生地黃생지황 항목이 있고, 『동의보감』에는 生地黃생지황 과 熟地黃숙지황 항목이 있다. 『증류본초』에는 乾地黃건지황 항목에 生地黃생지황 이 나오고, 『동의보감』에는 生地黃생지황 으로 熟地黃숙지황 을 만드

35 이덕봉c(1963), 43쪽.

36 『본초감별도감, 제2권』(2015), 50쪽.

37 이현숙(2015), 283쪽.

는 방법이 소개되어 있어, 生地黃생지황은 지황의 말리지 않은 덩이뿌리, 乾地黃건지황은 말린 덩이뿌리, 그리고 熟地黃숙지황은 찐 덩이뿌리로 간주되고 있다.[38]

중국에서는 *Rehmannia glutinosa* (Gaertner) Liboschitz ex Fischer & C. A. Meyer를 地黃지황으로 간주하고 있는데,[39] 우리나라에는 자라지 않는다. 단지 『동의보감』에는 地黃지황이 어느 곳에나 심을 수 있는 것으로[40] 설명되어 있어, 한반도에서 옛날부터 재배했던 것으로 추정된다. 실제로 『세종실록지리지』와 『신증동국여지승람』에도 우리나라 곳곳의 토산물로 지황이 기록되어 있다. 地黃지황이 우리나라에 분포한다는 주장도 있으나, 중국이 원산지로 우리나라 중남부 지역에서 약용으로 식재하는 식물로 알려져 있다.[41]

또한, 지황을 *Rehmannia glutinosa* var. *purpurea* Makino & Nemoto로 간주하기도 하나,[42] 이 학명은 국제적으로 식물의 학명을 정리한 목록에서 검색되지 않는다.[43] 대신 *Rehmannia glutinosa* f. *purpurea* Matsuda라는 학명이 검색되는데, 이 학명은 *Rehmannia glutinosa*의 분류학적 이명으로 간주되고 있어,[44] 추후 분류학적 재검토가 필요하다. 地黃지황은 『향약구

38 신민교(2015), 247~252쪽.

39 『中國植物志, 67(2)卷』(1979), 214쪽.

40 處處種之.

41 유강수(1965), 233쪽; 이상훈(2019), 471쪽.

42 서강태(1997), 50쪽; 이경우(2002), 89쪽.

43 식물분류학에 새로운 분류군으로 발표될 학명은 국제식물이름색인(International Plant Names Index; http://ipni.org)에서 검색되며, 학명의 변경 사항은 식물목록(The Plant List; http://www.theplantlist.org)에서 검색되나, 이 두 홈페이지에서 *Rehmannia glutinosa* var. *purpurea* Makino & Nemoto라는 학명은 검색되지 않는다.

44 『*Flora of China*』 Vol. 18(1998), 53쪽.

급방』에서 가장 많이 나오는 약재명인데, 16회 사용되었다.[45] 국가생약정보에는 지황地黃의 공정서 생약으로 지황R. glutinosa이 소개되어 있다.

04 인삼人蔘

향약구급방	味甘微寒溫无毒 二四八月採根 以竹刀去土 日乹 无令見風.
국명	인삼
학명	*Panax ginseng* C. A. Meyer
생약정보	인삼(*Panax ginseng* C. A. Meyer)

「초부」에는 식물에 대한 설명이 없으나, 『향약집성방』과 『동의보감』에는 중국 문헌에 있는 人蔘인삼에 대한 설명이 나열되어 있다. 분류학적 고찰이 필요 없는 식물로, 학명은 *Panax ginseng* C. A. Meyer이다. 인삼의 학명으로 *P. schinseng* Nees를 사용하기도 하나,[46] 이 종은 우리나라에 분포하지 않고 인도, 중국, 네팔, 부탄과 미얀마 등지에 분포하는 *P. pseudo-ginseng* Wallich와 같은 종으로 간주된다.[47] 단지 『향약집성방』과 『동의보감』에는 표제어가 人蔘인삼으로 표기되어 있다. 국가생약정보에는 인삼*P. ginseng*으로 간주되어 있다.

45 녕옥청(2010), 136쪽.

46 노정은(2007), 44쪽.

47 『*Flora of China*, Vol. 13』(2007), 491쪽.

05 백출白朮

향약구급방	俗云沙邑菜 味甘辛溫无毒 二三八九月採根 日乹 大塊紫花者爲勝.
국명	삽주
학명	*Atractylodes japonica* (Koidzumi) Kitagawa
생약정보	삽주(*Atractylodes japonica* Koidzumi) 또는 백출(*A. macrocephala* Koidzumi)

「초부」에는 식물에 대한 설명이 없고, 단지 민간 이름으로 沙邑菜사읍채라고 부르는 것으로 설명되어 있으며, 「본문」에는 沙邑菜사읍채가 鄕名향명으로 설명되어 있다. 『향약집성방』에는 표제어가 朮출로 표기되어 있는데, 朮출이 바로 白朮백출이라고[48] 설명되어 있다. 그리고 朮출에는 白朮백출과 赤朮적출 두 종류가 있는데, 白朮백출은 잎이 크고 털이 있으며 가지를 치고 뿌리는 단맛이 나며 기름기가 적은 반면, 赤朮적출은 잎이 좁고 가지를 치지 않으며 뿌리는 작고 쓴맛이 나며 기름기가 많은 것으로 설명되어 있다.[49] 또한 蒼朮창출도 설명되어 있는데, 蒼朮창출은 그 길이가 엄지손가락이나 새끼손가락만 하며 살이 많고 딴딴하며 껍질은 갈색이고 냄새는 강한[50] 것으로 설명되어 있다. 한편 『동의보감』에는 표제어가 白朮백출로 표기되어 있으며, 白朮백출과 蒼朮창출 두 종류로 구분되어 있다. 그러나 식물에 대한 특별한 설명이 없고, 白朮백출의 우리말 이름으로 삽듯불휘가

48 朮卽白朮.

49 朮乃有兩種 白朮葉大有毛而作椏 根甜而少膏 可作丸散用 赤朮葉細無椏 根小苦而多膏 可作煎用.

50 蒼朮其長如大小指肥實皮色褐氣味辛烈須.

병기되어 있으며, 『증류본초』에는 蒼朮창출과 白朮백출 두 이름이 없었으나, 최근에 白朮백출을 더 많이 사용하고 있다고[51] 설명되어 있다.

『향약구급방』에 향명과 민간 이름으로 표기된 沙邑菜사읍채는 삽취로 해독되며, 이 이름이 삽듀로 변했다가 삽주로 변천했을 것이라고 추정하고 있는데,[52] 삽취와 출朮에서 기원한 듈이 합하여, 즉 "삽취+듈"이 삽듀가 되었을 것으로 해석하고 있다.[53] 『동의보감』에 나오는 샵듓불휘라는 한글 표기는 샵듀의 불휘, 즉 삽주의 뿌리라는 의미로 풀이되며, 白朮백출이 오늘날 부르는 삽주라는 식물과 관련되어 있음을 알려준다.

중국에서는 *Atractylodes macrocephala* Koidzumi를 白朮백출로 간주하고 있는데, 蒼朮창출을 *A. lancea* (Thunberg) Candolle로 간주하면서 약재로 사용하고 있다.[54] 우리나라에서는 *A. japonica* (Koidzumi) Kitagawa를 삽주로 간주하고 있는데, 이 식물이 중국에서는 화북지방인 흑룡강과 길림성 일대에만 분포할 뿐,[55] 다른 지역에서는 자라지 않는다. 이런 점은 중국과 우리나라에서 서로 다른 식물에 白朮백출이라는 같은 이름을 사용했음을 암시하는데, 실제로 우리나라를 비롯하여, 중국과 일본, 그리고 북한에서 백출과 창출의 기원식물을 서로 다르게 간주하고 있다.[56]

「본문」에는 白朮백출과 蒼朮창출을 모두 약재로 사용하는 것으로 설명되어 있음에도 「방중향약목 초부」에는 白朮백출만 설명되어 있고, 『동의보감』에는 蒼白창백 두 이름이 없었으나, 최근에 白朮백출을 더 많이 사용하고

51 本草無蒼白之名近世多用白朮.
52 이덕봉b(1963), 171쪽.
53 남풍현(1981), 79쪽.
54 『中國植物志, 78(1)卷』(1987), 28·25쪽; 林有潤(1996), 405쪽.
55 『中國植物志, 78(1)卷』(1987), 29쪽.
56 이재현 외(2002), 62쪽.

있다는 『증류본초』의 설명이 인용되어 있다. 그런데, 우리나라에는 중국에서 白朮백출이라고 부르는 *Atractylodes macrocephala*와 蒼朮창출이라고 부르는 *A. lancea*가 자라지 않는 반면,[57] 중국의 경우 화북지방을 제외한 지역에는 삽주*A. japonica*가 자라지 않는다.[58]

그럼에도 우리나라에서는 白朮백출을 삽주*Atractylodes japonica*의 새롭게 만들어진 둥그런 뿌리와 큰꽃삽주, 즉 중국에서 白朮백출이라고 부르는 *A. macrocephala*의 뿌리줄기로 간주하고 있다.[59] 또한 우리나라 중·북부 고산의 능선자락과 남쪽 섬의 산에서 자생하는 *A. macrocephala*를 白朮백출로 간주하거나,[60] 白朮백출을 삽주*A. japonica*의 주피를 제거한 뿌리줄기로 간주하거나,[61] *A. japonica* 또는 *A. macrocephala*의 뿌리줄기를 백출로 간주하고 있다.[62] 이밖에도 우리나라에서는 처음에 백출과 창출을 구분해서 사용하다가 삽주가 백출과 창출을 지칭하게 된 것이라는 주장도 있고,[63] 최근 *A. japonica*를 *A. lancea*의 분류학적 이명으로 간주하거나,[64] 독립된 종으로[65] 간주하고 있어, 추후 상세한 조사가 더 요구된다. 그러나 중국에서 白朮백출이라고는 식물들이 우리나라에는 분포하지 않으므로, 『향약구급방』에 나오는 白朮백출을 중국과는 다르게 삽주*A. japonica*로 간주하는 것이 타당할 것이다. 한편, 약전에는 약재명이 백출가루로만 되어 있

57 『The genera of vascular plants of Korea』(2007, 977쪽)에 *A. lancea*라는 종은 없다.

58 『中國植物志, 78(1)卷』(1987), 29쪽.

59 신전휘·신용욱(2013), 29쪽.

60 신민교(2015), 172쪽.

61 서강태(1997), 88쪽.

62 권동열 외(2020), 786쪽.

63 이경우(2002), 54쪽.

64 『*Flora of China*, Vol. 20~21』(출판 예정).

65 http://www.theplantlist.org/tpl1.1/record/gcc-114498

을 뿐, 학명을 정확하게 기재하지 않고 삽주속*Atractylodes* 으로만 설명되어 있다. 그러나 추후 혼란을 피하려면 학명을 종소명까지 명확히 명기해야 할 것이다.

이러한 혼란은 우리나라에서 창출蒼朮과 白朮백출, 삽주 등을 모두 같은 식물로 간주했기 때문으로 풀이된다. 우리나라에서는 일제강점기에 이시도야가 *Atractylodes ovata* Thunberg에 『동의보감』에 나오는 삽두라는 이름을 일치시키고 이 식물의 뿌리를 白朮백출 또는 蒼朮창출이라고 부른다고 설명하면서,[66] 삽주, 백출, 창출이라는 이름에 혼란이 생긴 것으로 판단된다. 이후 Mori[67]와 정태현 등[68]도 같은 견해를 피력했다. 단지 오늘날 *A. ovata*라는 학명은 중국명 蒼朮창출, *A. lancea*의 분류학적 이명으로 간주되고 있다.[69] 그리고 이덕봉은 우리나라에서는 白朮백출이 나지 않아, *A. japonica*를 삽주, 蒼朮창출, 白朮백출로 간주해왔다고 설명하면서, 뿌리의 특징으로 창출과 백출을 구분해왔다고 주장했다. 즉, 백출白朮은 분질이 많고 조직이 충실한 반면, 창출은 염주처럼 생겼으며 단면이 황갈색이고 조직이 충실하지 않아 구분된다고 설명한 것이다.[70] 그럼에도 최근 *A. japonica*를 *A. lancea*와 같은 종으로 간주하기도 한다.[71]

또한 창출을 *Atractylodes lancea* 또는 *A. chinensis* Koidzumi로 간주하거나,[72] *A. japonica*를 창출蒼朮로 간주하면서 삽주라고 부르고 있지만,[73] 이

66 이시도야(1917), 5쪽.
67 Mori(1922), 340쪽.
68 정태현 외(1937), 161쪽.
69 『*FloraofChina*』 Vol. 20~21(출판중).
70 이덕봉c(1963), 45쪽.
71 『*FloraofChina*』 Vol. 20~21(출판중).
72 신전휘 · 신용욱(2013), 30쪽; 권동열 외(2020), 379쪽.
73 신민교(2015), 174쪽.

러한 상황을 해결할 수 있는 정보가 우리나라 옛 문헌에 누락되어 있어, 우리나라에서 사용한 白朮백출의 실체는 *A. lancea*와 *A. japonica*의 분류학적 재검토가 수행되어야만 파악할 수 있을 것이다.

국가생약정보에는 백출白朮의 공정서 생약으로 백출*Atractylodes macrocephala*이 소개되어 있으면서 동시에 삽주*A. japonica*도 백출로 소개되어 있다. 그리고 백출가루의 공정서 생약으로는 삽주*A. japonica*와 백출*A. macrocephala* 두 종으로 소개되어 있어 재검토가 필요할 것이다.

06 토사자兎絲子

향약구급방	俗云鳥伊麻 味甘无毒 六七月結子 九月採 日乾 蔓豆苗者良.
국명	실새삼 → 새삼으로 수정 요
학명	*Cuscuta australis* R. Brown
생약정보	갯실새삼(*Cuscuta chinensis* Lamarck)

「초부」에는 민간 이름이 鳥伊麻조이마로 표기되어 있으며 덩굴로 자라는 식물로 설명되어 있다. 『향약집성방』에는 표제어가 菟絲子토사자로 되어 있어 『향약구급방』의 한자 표기와는 다르나, 『동의보감』에는 兔絲子토사자로 되어 있어, 兔토와 菟토를 혼용한 것으로 추정된다. 『향약집성방』에는 鄕名향명으로 鳥麻조마가, 『동의보감』에는 우리말 이름으로 새삼씨가 병기되어 있다. 『향약구급방』에 나오는 민간 이름 鳥伊麻조이마의 경우, 鳥조와 麻마를 새와 삼으로 훈독해서 새삼으로 해석하거나,[74] 사이삼으로 불러왔던 식물명을 이두로 표기한 것으로 해석하는데,[75] 『동의보감』에 나오

는 새삼과 연결된다.

『동의보감』에는 兎絲子토사자가 어디에서나 자라는데 흔히 콩밭 가운데서 자라며, 뿌리가 없어 다른 식물에 기생하며 황색으로 가늘고 길게 뻗어 자라는 식물로, 씨는 음력 6~7월에 여무는데 몹시 잘아서 누에알과 같은[76] 것으로 설명되어 있다. 중국에서는 우리나라에서 갯실새삼이라고 부르는 *Cuscuta chinensis* Lamarck를 菟絲子토사자로, 새삼이라고 부르는 *C. japonica* Choisy를 日本菟絲子일본토사자 또는 菟絲子토사자로, 실새삼이라고 부르는 *C. australis* R. Brown을 南方菟絲子남방토사자로 부르고 있다.[77] 그러나 약재명으로 菟絲子토사자는 실새삼과 갯실새삼의 건조한 성숙한 씨로 간주하고 있다.[78]

우리나라에는 새삼*Cuscuta japonica*을 비롯하여 실새삼*C. australis*과 갯실새삼*C. chinensis*이 분포하는데, 새삼과 실새삼은 우리나라 전역에 걸쳐 분포하나, 갯실새삼은 함남, 경기, 경남, 제주 등지의 바닷가 근처에 분포한다.[79] 그런데 『동의보감』에 따르면 兎絲子토사자의 씨가 누에알과 같은 크기,[80] 즉 약 1.3mm 정도로 설명되어 있어, 兎絲子토사자는 갯실새삼 또는 실새삼으로 추정된다. 새삼의 씨는 2.15~2.57mm 정도인 반면, 갯실새삼의 씨는 1.23~1.48mm 정도이고, 실새삼의 씨는 1.21~1.55mm 정도

74 남풍현(1981), 131쪽.

75 이덕봉b(1963), 171쪽.

76 處處有之, 多生豆田中, 無根, 假氣而生, 細蔓黃色, 六七月結實, 極細如蠶子.

77 『中國植物志, 64(1)卷』(1979), 143~144쪽.

78 https://baike.baidu.com/item/菟丝子/2205835?fr=aladdin

79 『The genera of vascular plants of Korea』(2007), 794쪽.

80 누에알은 길이 1.3~1.4mm, 폭 1.0~1.2mm, 두께 0.5~0.6mm 정도이다. 부안누에타운 홈페이지(https://www.buan.go.kr/nuetown/index.buan?menuCd=DOM_000002804002003001&&cpath=%2Fnuetown)에 있는 내용이다. 중국의 검색 사이트인 百度(Baidu.com)에서 蚕子(잠자)를 검색하면 길이 약1mm, 폭0.5mm 정도로 검색된다.

인데, 새삼속*Cuscuta* 식물들은 씨의 크기와 형태를 이용해서 세 무리로 구분되기 때문이다.[81] 그러나 갯실새삼은 주로 바닷가에서 자라기 때문에, 우리나라 어디에서나 자란다는 『동의보감』의 설명과는 다소 상충되므로 『동의보감』에서 설명하는 兎絲子토사자는 중국과는 다르게 실새삼*C. australis*을 지칭했던 것으로 판단된다.

우리나라에서는 새삼을 *Cuscuta japonica*로 간주하고 있는데, 일제강점기에 이시도야가 *C. japonica*에 『동의보감』에 나오는, 오늘날 새삼으로 읽히는, 식삼이라는 이름을 병기하고 식삼의 종자를 兎絲子토사자라고 부른다고 설명하면서[82] 나타난 결과로 보인다. 이후 정태현 등은 우리나라 식물명을 정리하면서 *C. japonica*에는 새삼, 菟絲토사라는 이름을, *C. chinensis*에는 실새삼, 菟絲토사라는 이름을 병기했다.[83] 이러한 이유로 이덕봉은 *C. chinensis*를 실새삼이라고 부르면서 『향약구급방』에 나오는 兎絲子토사자로 간주했다.[84] 그런데 정태현 등이 *C. chinensis*로 간주한 종은 후일 *C. australis*를 지칭한 것으로 파악되어 *C. australis*에 실새삼이라는 이름이, *C. chinensis*에는 갯실새삼이라는 이름이 부여되었다.[85]

한편 『증류본초』에는 菟絲子토사자가 조선 땅의 하천, 늪지, 밭과 들에서 자라고 있다는 『신농본초경』의 자료가 인용되어 있는데,[86] 오늘날 새삼이라고 부르는 *Cuscuta japonica*는 산기슭에서 주로 자라는 반면, 실새삼이라고 부르는 *C. australis*는 들판이나 밭두둑에서 자라고 있어,[87] 약재로 사

81 김창석 외(2000), 258쪽.
82 이시도야(1917), 16쪽.
83 정태현 외(1937), 138쪽.
84 이덕봉c(1963), 46쪽.
85 이우철a(1996), 917~918쪽.
86 生朝鮮川澤田野.
87 신전휘·신용욱(2013), 31쪽.

용한 식물은 *C. japonica*라기 보다는 *C. australis*로 추정된다. 따라서 『향약구급방』, 『향약집성방』 그리고 『동의보감』에서 설명하는 兎絲子토사자 또는 菟絲子토사자는 *C. australis*이며, 이를 실새삼이 아닌 새삼으로 불러야만 할 것이다.

우리나라에서는 菟絲子토사자를 새삼*Cuscuta japonica*과 실새삼*C. australis*의 잘 익은 씨로,[88] 새삼*C. japonica*의 씨만으로,[89] 또는 갯실새삼*C. chinensis*의 종자로[90] 간주하고 있다. 그리고 국가생약정보에는 갯실새삼*C. chinensis*을 금사초金絲草로 부르면서 토사자로 간주하고 있는데,[91] 우리나라에서는 갯실새삼을 거의 전량 수입하여 충당하고 있으며, 새삼속*Cuscuta* 종에 따른 효능 차이에 대하여 과학적인 검정이 수행되지 않아, 이에 대한 검토가 필요한 실정이다.[92] 한편 국가생약정보에는 토사자의 공정서 생약으로 갯실새삼*C. chinensis*이, 민간생약으로 실새삼*C. australis*과 새삼*C. japonica*이 소개되어 있다.

그런데 중국에서 편찬된 『명의별록』에는 兎絲子토사자가 조선에 자라는데, 색이 노랗고 연약한 종류와 색이 밝고 단단한 종류 두 종류가 있는 것으로 설명되어 있다.[93] 그리고 국내에 분포하는 새삼*Cuscuta japonica*은 줄기가 육질성으로 직경이 1~2mm이나,[94] 실새삼*C. australis*과 갯실새삼*C. chinensis*은 줄기 직경이 1mm정도로 가는 것으로 보고되어,[95] 우리나라에서는

88 신전휘・신용욱(2013), 31쪽; 『본초감별도감, 제1권』(2014), 370쪽.

89 신민교(2015), 222쪽.

90 권동열 외(2020), 845쪽.

91 식품의약품안전처에서 운영하는 의약품통합정보시스템(https://nedrug.mfds.go.kr/ekphome)에서는 토사자, 새삼이 검색되지 않는다.

92 이상인・윤성중(1991), 64쪽.

93 生朝鮮田野, 蔓延之上. 色黃而細為赤網, 色淺而大為菟累.

94 『中國植物志, 64(1)卷』(1979), 147쪽.

95 『中國植物志, 64(1)卷』(1979), 144쪽; 『中國植物志, 64(1)卷』(1979), 145쪽.

새삼, 실새삼, 갯실새삼을 정확하게 구분하지 않고 모두 약재로 혼용한 것으로 보인다.[96] 따라서 『향약구급방』에서 설명하는 兎絲子토사자는 이들 모두를 지칭했을 가능성도 있다.

07 우슬牛膝

향약구급방	俗云牛膝草 味苦酸无毒 莖紫節大者雄爲勝 二八十月採根 陰乾.
국명	쇠무릎
학명	*Achyranthes bidentata* Blume var. *japonica* Miquel
생약정보	쇠무릎(*Achyranthes japonica* Nakai) 또는 우슬(*A. bidentata* Blume)

「초부」에는 민간 이름으로 牛膝草우슬초라고 부르며 줄기에 자주색 마디가 있다는 설명이 있다. 『향약집성방』에는 鄕名향명으로 牛無樓邑우무루읍이 병기되어 있으며, 식물에 대한 설명은 중국에서 편찬된 문헌에 있는 내용이 인용되어 있다. 줄기는 60~90cm 정도 자라며 청자색 마디가 있는데 학이나 소의 무릎 같다고 해서 牛膝우슬이라고 부르며, 잎은 서로 마주 보며 달리고 잎끝은 뾰족하며 숟가락처럼 둥글고, 마디 사이에 수상화서가 달리고 가을에 작은 열매가 달리는 것으로[97] 설명되어 있다. 『동의보감』에도 이와 비슷한 설명이 있으며, 우리말 이름으로 쇠무룹디기가

96 이경우(2002, 64쪽)는 『名醫別錄(명의별록)』에 조선에 있는 두 종류의 새삼류의 기능이 같다는(功用竝同) 표현이 있다고 주장하고 있으나, 中國哲學書電子化計劃(Ctex.org)에서 검색한 『명의별록』에는 이러한 표현이 없다. 추후 검토가 필요하다.

97 莖高二三尺 青紫色有節如鶴膝 又如牛膝狀以此名之 葉尖圓如匙兩兩相對 於節上生花作穗 秋結實甚細此.

병기되어 있다.

『향약구급방』에 나오는 민간 이름 牛膝草우슬초의 경우, 牛우는 쇼로, 膝슬은 무룹으로, 草초는 플로 훈독되어 쇠무룹풀로 해독된다.[98] 그리고 『향약집성방』에 나오는 鄕名향명 牛無樓邑우무루읍의 경우, 無무는 무라는 음으로, 樓루는 루로, 邑읍은 ㅂ으로 발음되기에 쇼무룹으로 해독된다. 『동의보감』에 나오는 우리말 이름 쇠무룹디기는 디기가 플에 대응하므로 쇠무룹풀 또는 쇼무룹에 상응하는 이름으로 간주할 수 있을 것이다.[99]

중국에서는 牛膝우슬을 털쇠무릎*Achyranthes bidentata* Blume으로 간주한다.[100] 우리나라에는 쇠무릎속*Achyranthes*에 쇠무릎*A. japonica* (Miquel) Nakai 한 종만이 분포하는 것으로 알려져 있었으나, 최근 털쇠무릎과 쇠무릎 모두 분포하는 것으로 확인되었다.[101] 한편, 털쇠무릎은 충청남도를 중심으로 한반도 중부 지방에 널리 분포하는 반면, 쇠무릎은 남해안과 서해안 지역을 중심으로 나타난다. 그런데 이 두 종은 동일한 지역에서 모두 분포할 뿐만 아니라 변종 수준에서 구분되고 있으므로,[102] 옛 문헌 정보만으로는 이 두 변종 가운데 어떤 변종을 牛膝우슬로 지칭했는지는 확실하게 구분할 수가 없다.

그런데 지금까지의 보고와는 달리 쇠무릎이 한반도에는 분포하지 않는다는 주장도 있으며,[103] *Achyranthes japonica*와 *A. bidentata*를 같은 종으로 간주하면서 학명으로 *A. bidentata*를 사용하기도 한다.[104] 그러나 쇠무릎*A. japonica*을 털쇠무릎*A. bidentata*의 변종, 즉 *A. bidentata* var. *japonica*로 간

98 남풍현(1981), 103쪽.

99 손병태(1996), 154~155쪽.

100 『中國植物志, 25(2)卷』(1979), 228쪽.

101 안영섭(2012), 470쪽.

102 『*Flora of China*, Vol. 5』(2003), 426쪽.

103 『*Flora of China*, Vol. 5』(2003), 426쪽.

104 http://www.theplantlist.org/tpl1.1/record/kew-2617607

주하기도 하고,[105] 오랫동안 국내에는 쇠무릎*A. japonica* 한 종만이 분포하는 것으로 알려져 왔으며,[106] 옛 문헌에 있는 정보만으로는 쇠무릎과 털쇠무릎을 구분할 수가 없어, 『향약구급방』에서 설명하는 牛膝우슬을 중국과는 달리 쇠무릎*A. bidentata* var. *japonica* ≡ *A. japonica* 으로 간주했다.

지금까지 우리나라에서는 牛膝우슬을 쇠무릎*Achyranthes japonica* 의 뿌리로 간주하거나,[107] 쇠무릎과 털쇠무릎*A. bidentata* 을 같은 종으로 간주하면서 털쇠무릎의 뿌리로,[108] 또는 이 두 종 모두를 우슬牛膝로 간주했다.[109] 국가생약정보에는 牛膝우슬의 공정서 생약으로 쇠무릎*A. japonica* 과 우슬*A. bidentata* 두 종 모두를 소개하고 있으며, 우슬경엽牛膝莖葉이라는 이름의 민간생약으로는 쇠무릎*A. bidentata* var. *japonica* 을 소개하고 있다. 그러나 우슬과 쇠무릎이 한 종의 식물 이름이므로 검토가 필요한데, *A. japonica*를 토우슬로, *A. bidentata*를 회우슬로 구분해서 부르기도 한다.[110]

105 『*Flora of China*, Vol. 5』(2003), 426쪽.
106 안영섭(2012), 466쪽.
107 신전휘·신용욱(2013), 32쪽.
108 신민교(2015), 539쪽.
109 권동열 외(2020), 612쪽; 이덕봉c(1963), 46쪽.
110 『본초감별도감, 제2권』(2015), 210쪽.

08 시호柴胡

향약구급방	俗云山叱水乃立 又椒菜 味苦微寒无毒 七八月採根 日乾 療傷寒
국명	시호, 묏미나리
학명	*Bupleurum komarovianum* Linczevski
생약정보	시호(*Bupleurum falcatum* Linnaeus)

「초부」에는 식물에 대한 설명은 없고, 민간 이름으로 山叱水乃立산질수내립과 椒菜초채가 병기되어 있는데, 「본문」 중에는 향명鄕名으로 靑玉菜청옥채가, 민간 이름으로 猪矣水乃立저의수내립이 나열되어 있다. 『향약집성방』에는 鄕名향명이 없고 식물에 대한 설명은 중국 문헌의 내용이 인용되어 있다. 음력 2월에 새싹이 나며, 향기가 강하다. 줄기는 청자색이며, 잎은 대나무 잎 비슷하나 약간 작아 갸름한 蒿호[111]와 비슷하며, 麥門冬맥문동[112]과도 비슷하나 짧다. 음력 7월에 노란 꽃이 핀다. 뿌리는 붉은색으로 前胡전호[113]와 비슷하나 굳고 노두에 쥐꼬리 비슷한 붉은 털이 있는 것으로[114] 설명되어 있다. 『동의보감』에도 이와 비슷한 내용이 설명되어 있는데, 우리말 이름으로 묏미나리가 병기되어 있다.

한편 『향약구급방』에 나오는 민간 이름 猪矣水乃立저의수내립의 경우, 猪저는 돝으로 훈독되고, 矣의는 의로 음가되고 水乃立수내립은 믈나립으로 훈

111 쑥속(*Artemisia*) 식물이다.

112 중국에서는 *Ophiopogon japonicus* (Linnaeus f.) Ker Gawler로 간주한다. 우리나라에서는 소엽맥문동으로 부르고 있는데, 10번 항목 맥문동(麥門冬)을 참조하시오.

113 중국에서는 *Peucedanum praeruptorum* Dunn을 지칭한다. 우리나라에서는 백화전호라고 부르고 있다.

114 二月生苗甚香 莖靑紫 葉似竹葉稍緊亦有 似邪蒿亦有 似麥門冬而短者 七月開黃花生 根赤色似前胡而強蘆頭有赤毛 如鼠尾.

독되어 도틱믈나립으로 해독되는데, 돌미나리의 원형으로 추정된다.[115] 도틱믈나립과 묏미나리는 형태상 차이는 있지만, 조어의 동기가 되는 의미론적 배경은 같은 것으로 간주되는데, 돝猪과 뫼山는 모두 야생성을 나타낸다. 그러나 鄕名향명으로 표기된 靑玉菜청옥채는 중국에서 불렸던 이름으로 추정되나,[116] 이에 대한 기록은 찾을 수가 없으며, 민간 이름으로 표기된 椒菜초채 역시 해독 정도에 대한 검토 결과는 검색되지 않는다.

중국에서는 시호속*Bupleurum* 식물 대부분을 약용으로 사용했는데, 특히 북시호*B. chinense* DC와 참시호*B. scorzonerifolium* Willdenow 두 종을 오래전부터 약용으로 사용해온 식물로 간주하고 있다.[117] 이 중 북시호는 국내 문헌에 소개되지 않아 국내에서 자생하지 않은 것으로 추정된다. 참시호의 경우 전남과 인천, 제주 등지에 분포한다는[118] 주장이 있는 반면, 이들 지역에 분포하지 않는다는[119] 주장도 제기되고 있다. 한편, 시호를 *B. falcatum* Linnaeus로 간주하면서 국내에도 분포하는 것으로 알려져 왔으나,[120] *B. falcatum*은 유럽에 분포하는 종으로 중국, 일본과 한국에서 분포하는 종과는 다른 종일 가능성이 있는데,[121] 시호가 *B. komarovianum* Linczevski일 것이라는 주장이 제기되기도 했다.[122] 실제로 북한에서는 시호의 학명으로 *B. komarovianum*을 사용하고[123] 있으며, 최근 이러한 견해가 타당하

115 손병태(1996), 148~149쪽.
116 남풍현(1981), 96~97쪽.
117 『*Flora of China*, Vol. 14』(2005), 60~74쪽.
118 김윤식과 윤창영(1990), 216쪽.
119 안진갑 외(2008), 30쪽.
120 김윤식과 윤창영(1990), 216쪽; 안진갑 외(2008), 30쪽.
121 Wang et al. (2008), 114쪽.
122 안진갑 외(2008), 27쪽.
123 『조선식물지, 5』(1998), 173쪽.

다는 주장도 제기되었다.[124] 따라서 『향약구급방』, 『향약집성방』 그리고 『동의보감』에 나오는 柴胡시호는 중국과는 다르게 우리나라에 분포하는 시호B. komarovianum로 간주하는 것이 타당할 것이다. 단지 오늘날에는 *B. falcatum*을 일본 등지에서 들여와 약용 작물로 재배하면서 시호라고 부르나,[125] 재배하는 *B. falcatum*에 대해서는 시호라는 이름을 사용하면 안 되고, 다른 이름을 부여해야만 할 것이다.

한편 『향약구급방』에 병기된 山叱水乃立산질수내립의 경우 山산은 뫼, 叱질은 사이시옷ㅅ, 水수는 믈, 乃내는 나, 立립은 립으로 훈독되기에 묏믈나립으로 해독되며, 후대로 가면서 묏미나리로 변천된 것으로 추정되고 있다.[126] 『동의보감』에 나오는 뫼미나리는 이런 변천 과정에서 나온 표기로 추정된다. 그런데 오늘날 묏미나리라는 이름은 시호Bupleurum komarovianum와는 전혀 다른 *Ostericum sieboldii* (Miquel) Nakai라는 학명의 국명으로 부여되어 있다.[127] 일제강점기에 이시도야가 *B. falcatum*의 이름으로 묏미나리를 일치시키면서, 우리나라 여러 산지에서 자라는 것으로 설명했으며,[128] 이후 Mori도 동일하게 정리했다.[129] 그리고 임태치와 정태현은 *B. falcatum*을 柴胡시호로 간주하면서 묏미나리와 시호라는 이름을 한 식물에 일치시켰으나,[130] 이후 정태현 등은 *Angelica miqueliana* Maximowicz에는 묏미나리라는 이름을 일치시켰고, *B. falcatum*에는 柴胡시호와 시호라는 이름을 일치시켰다. 묏미나리와 시호가 같은 식물을 지칭하는 이름이었

124 김경희(2019), 208쪽.
125 김관수 외(2000), 235쪽.
126 손병태(1996), 148~149쪽.
127 이우철a(1996), 802~803쪽.
128 이시도야(1917), 18쪽.
129 Mori(1922), 269쪽.
130 임태치 · 정태현(1936), 174쪽.

으나, 서로 다른 식물에 부여된 것이다.

우리말 이름이 묏미나리였음에도 불구하고, 柴胡시호와 묏미나리가 서로 다른 식물명으로 사용된 것이다. 이후 *Angelica miqueliana*는 *Ostericum sieboldii*의 분류학적 이명으로 처리되면서,[131] 우리나라에서는 *O. sieboldii*를 묏미나리로 부르게 된 것으로 추정된다. 그러나 柴胡시호의 우리말 이름이 묏미나리이며, 柴胡시호의 꽃은 『향약집성방』의 설명에 따르면 노랗게 피나, *O. sieboldii*는 하얗게 피기 때문에 *O. sieboldii*에는 묏미나리 대신 새로운 이름이 부여되어야만 할 것이다.

그럼에도 최근 우리나라에서는 柴胡시호를 *Bupleurum falcatum*으로,[132] 또는 *B. chinense*로 간주하고 있는데,[133] 국가생약정보에는 공정서 생약으로 시호는 *B. falcatum*으로 소개되어 있으며, 민간생약으로 시호는 두메시호*B. chinense*로 소개되어 있다. 그러나 두메시호*B. chinense*는 우리나라에는 분포하지 않는다. 한편 국가생약정보에는 은시호銀柴胡도 나오나, 이는 시호柴胡와는 전혀 상관이 없는 석죽과Caryophyllaceae에 속하는 은시호*Stellaria dichotoma* Linnaeus var. *lanceolata* Bunge와 대나물*Gypsophila oldhamiana* Miquel을 지칭하므로, 검토가 필요하다.

131 『Flora of Japan, Vol. IIc』(1999), 289쪽.

132 권동열 외(2020), 172쪽; 신전휘·신용욱(2013), 35쪽; 이덕봉c(1963), 46쪽; 『본초감별도감, 제1권』(2014), 215쪽.

133 신민교(2015), 362쪽.

09 충울자茺蔚子

향약구급방	俗云目非也次 味辛甘微寒无毒 五月採苗不令著土 日乾
국명	익모초
학명	*Leonurus japonicus* Houttuyn
생약정보	익모초(*Leonurus japonicus* Houttuyn)

「초부」에는 식물에 대한 설명은 없고, 민간 이름으로 目非也次목비야차가 병기되어 있는데, 「본문」 중에는 茺蔚子충울자가 아니라 茺蔚草충울초로 표기되어 있으며, 민간 이름도 目非阿叱목비아질[134]로 표기되어 있다. 『향약집성방』에는 目非也叱목비야질로 표기되어 있으며, 『동의보감』에는 암눈비얏씨로 표기되어 있다. 암눈비얏씨는 암눈비야의 씨, 즉 씨로 추정된다. 민간 이름에 나오는 目목은 눈을 표기한 것으로 보이는데,[135] 『향약집성방』에 茺蔚子충울자의 효능으로 눈을 맑게 해주고 정신을 보충해준다고[136] 설명되어 있다. 따라서 『향약구급방』에 나오는 目非也次목비야차나 目非阿叱목비아질은 눈비얏 정도로 해독된다.[137] 한편 『동의보감』에는 益母草익모초와 野天麻야천마라는 한자명도 나열되어 있다. 우리말로 부르던 식물 이름과

134 남풍현(1981, 128쪽)은 目非阿次[목비아차]로, 신영일(1994, 13쪽)은 目非問以[목비문이]로, 녕옥청(2010, 11쪽)은 目非問以[목비문이]로, 이경록(2018, 76쪽)은 目非問叱[목비문질]로 간주했다. 단지 이경록은 問(문)은 阿(아)의 오각으로 간주했다. 신영일의 논문 13~14쪽 사이의 쪽 번호가 없는 쪽에 있는 원본을 보면 問(문)으로 간주하는 것이 타당하나, 마지막 글자는 以(이)보다는 次(차)나 叱(질)에 더 비슷하게 보이는데, 『향약채취월령』에는 目非也叱[목비야질]로 되어 있어, 마지막 글자는 叱(질)로 간주하는 것이 타당해 보인다.

135 남풍현(1981), 129쪽.

136 明目益精.

137 남풍현(1981), 129쪽.

한자명이 혼용되다가 우리말 이름은 사라지고 한자명만 남은 것으로 추정하고 있다.[138]

중국에서는 *Leonurus artemisia* (Lour.) S. Y. Hu를 益母草익모초 또는 野天麻야천마라고 부르는데,[139] 이 분류군이 최근 *L. japonicus* Houttuyn과 같은 종으로 간주되었고,[140] 이 종을 우리나라에서는 익모초라고 부르고 있다. 茺蔚子충울자를 *L. sibiricus* Linnaeus로 간주하기도 하나,[141] 이 종은 국내에는 분포하지 않고 중국 허베이와 내몽고, 몽고 등지에 분포하는 것으로 알려져 있어,[142] 추후 재검토가 필요할 것이다.

우리나라에서는 일제강점기에 이시도야가 *Leonurus sibiricus*를 암눈비얏이라고 부르면서 줄기와 잎을 益母草익모초, 종자를 茺蔚子충울자라고 설명한 이후,[143] Mori와 정태현 등도 같은 견해를 피력했다.[144] 그리고 오늘날에도 *L. sibiricus*를 茺蔚子충울자로 간주하기도 하나,[145] *L. japonicus*로 간주하는 것이 타당할 것이다. 실제로 일부 본초학 문헌에는 *L. japonicus*를 益母草익모초로 간주하고 있으며,[146] 국가생약정보에도 표제어가 茺蔚子충울자가 아닌 익모초益母草, *L. japonicus*로 되어 있다.

138 손병태(1996), 165쪽.

139 『中國植物志, 65(2)卷』(1977), 508쪽.

140 『*Flora of China*, Vol. 17』(1994), 162~165쪽.

141 서강태(1997), 49쪽; 이경우(2002), 89쪽; 이덕봉c(1963), 46쪽.

142 『*Flora of China*, Vol. 17』(1994), 163쪽.

143 이시도야(1917), 14쪽.

144 Mori(1922), 302쪽; 정태현 외(1937), 141쪽.

145 신전휘·신용욱(2013), 33쪽.

146 신민교(2015), 544쪽; 권동열 외(2020), 605쪽.

10 맥문동麥門冬

향약구급방	俗云冬沙伊 味甘微寒无毒 二三八九十月採根 陰乾
국명	소엽맥문동 → 맥문동으로 수정 요
학명	*Ophiopogon japonicus* (Linnaeus f.) Ker Gawler
생약정보	맥문동(*Liriope platyphylla* Wang & Tang)와 소엽맥문동(*Ophiopogon japonicus* Ker Gawler)

「초부」에는 식물에 대한 설명은 없고 민간 이름으로 冬沙伊동사이가 병기되어 있고, 「본문」 중에는 민간 이름이 冬乙沙伊[147]동을사이로 표기되어 있다. 『동의보감』에는 우리말 이름으로 겨으사리불휘가 표기되어 있는데, 겨우살이의 뿌리라고 불렀던 것으로 추정된다. 『향약구급방』에 나오는 민간 이름 冬乙沙伊동을사이의 경우, 冬동은 겨슬로, 乙을은 'ㄹ'로, 沙사는 사로, 伊이는 이로 해독되어 겨슬사리를 표기한 것으로 추정하고 있는데,[148] 『동의보감』의 겨으사리와 연결된다.

한편 『향약집성방』과 『동의보감』에는 중국 문헌에 있는 식물 설명이 나열되어 있으나, 『동의보감』에는 우리나라의 경우 경상도, 전라도, 충청도에서 나는데, 기름진 땅에서 나며 섬에서도 자라는[149] 것으로 설명되어 있다. 『향약집성방』과 『동의보감』에는 특이하게 뿌리가 구슬을 꿴 것 같

147 신영일(1994, 99쪽)과 넝옥청(2010, 83쪽)은 冬口士伊로 해독했으나, 남풍현(1981, 67쪽)은 冬乙?伊로 해독하면서 세 번째 글자가 판독불가인데, 「방중향약목 초부」에 나오는 冬沙伊로 볼 때 沙(사)로 추정했다. 손병태(1996, 132쪽)는 冬乙沙伊로 해독했고, 이경록(2018, 219쪽)은 冬口沙伊로 口는 乙(을)의 오각이라고 주장했다.

148 남풍현(1981), 68쪽.

149 我國慶尙全羅忠淸道有之, 生肥土及海島中.

아서 麥門冬맥문동이라는 이름이 붙었다는[150] 설명이 있다. 그리고 조선시대 후기 농학 가문의 문신인 서명응이 집필하기 시작하여 손자 서유구가 편찬한 전통 생활 기술집인 『고사십이집攷事十二集』에는 맥문동이 충남 홍주지금의 홍성와 면천지금의 당진, 경북 영천, 경남 고성과 언양, 전북 김제와 부안, 전남 영광과 보성, 그리고 제주도 등지의 토산물로 설명되어 있다.

오늘날 우리나라에서는 맥문동을 *Liriope platyphylla* Wang & Tang으로 간주하고 있다.[151] 그러나 중국에서는 *Ophiopogon japonicus* (Linnaeus f.) Ker Gawler를 麥冬맥동, 麥門冬맥문동으로 부르고,[152] *L. platyphylla*를 闊叶山麦冬활엽산맥동으로 부르고 있는데,[153] *L. platyphylla*를 *L. muscari* (Decaisne) L. H. Bailey와 같은 종으로 간주하기도 한다.[154]

맥문동*Liriope platyphylla*의 지하부는 괴경으로 발달하면서 옆으로 기면서 자라지 않으나, 소엽맥문동*Ophiopogon japonicus*의 뿌리는 옆으로 기면서 자라며 육질성 괴근으로 발달하여 연주상連珠狀으로 되어 있다.[155] 또한 소엽맥문동은 주로 남부 지방에 분포하는 반면, 맥문동은 중부 이남의 산지에 널리 분포하는 생물지리학적 차이를 보인다.[156] 따라서 『향약구급방』, 『향약집성방』, 『동의보감』에서 설명하는 麥門冬맥문동은 맥문동*L. platyphylla*이 아니라 소엽맥문동*O. japonicus*으로 간주해야만 할 것이다.[157] 실제로 중

150 『향약집성방』에는 "根黃白色有鬚根 作連珠形似穬麥顆 故名麥門冬"으로, 『동의보감』에는 "根作連珠, 形似穬麥顆, 故名麥門冬"으로 설명되어 있다.

151 『The genera of vascular plants of Korea』(2007), 1295쪽.

152 『中國植物志, 15卷』(1978), 163쪽.

153 『中國植物志, 15卷』(1978), 128쪽.

154 『*Flora of China*, Vol. 24』(2000), 251쪽.

155 김재환과 주영승(1996), 151쪽.

156 신정식 외(2002), 28쪽.

157 김재환과 주영승(1966)은 "본초학 실습서에 나타난 *Liriope platyphylla* Wang & Tang의 식물형태를 보면 근경이 횡주하고 잎의 길이가 15~30cm, 너비가 2~4mm, 꽃이 작고 아

국과 일본에서는 우리나라에서 소엽맥문동*O. japonicus* 으로 부르는 종을 약용으로 사용하고 있다.[158]

그럼에도 우리나라에서는 麥門冬맥문동을 *Liriope platyphylla*나[159] *Ophiopogon japonicus*로[160] 간주하거나, 또는 이 두 종 모두를 맥문동으로 간주하고[161] 있다. 그리고 국가생약정보에는 맥문동麥門冬이 맥문동*L. platyphylla*과 소엽맥문동*O. japonicus* 두 종으로 소개되어 있으며, 한국한의학연구원에서 운영하는 한의학고전DB[162]에도 『동의보감』에 나오는 麥門冬맥문동을 검색하면, 맥문동*L. platyphylla*과 소엽맥문동*O. japonicus* 두 종류로 설명되어 있다.

이런 혼란은 일제강점기에 우리나라 식물명에 학명을 부여하는 과정에서 나타난 실수로 보이는데, 이시도야가 *Liriope graminifolia* Baker를 『동의보감』에 나오는 겨우사리로 간주하고, 이 식물의 뿌리를 麥門冬맥문동이라고 부른다고 주장하면서[163] 혼란이 시작되었다. 이후 Mori는 *L. graminifolia*, *L. koreana* Nakai, *Ophiopogon japonicus* 등에 모두 麥門冬맥문동이라는 이름을 붙였고,[164] 정태현 등은 *L. graminifolia*에는 麥門冬맥문동, *L. koreana* Nakai에는 개맥문동, 그리고 *O. japonicus*에는 소엽맥문동이라는 이름을 일치시켰다.[165] 그런가 하면 *L. graminifolia*와 *L. spicata*를 동일한

래로 처져 달리는 등의 제반 기록의 내용 대부분이 *Ophipogon japonicus* Ker Gawler, 즉 소엽맥문동을 설명한 것으로 볼 수 있어 이에 대한 정리가 필요하다"고만 언급했다.

158 신정식(2002), 236쪽.

159 신전휘 · 신용욱(2013), 36쪽.

160 신민교(2015), 264쪽.

161 권동열 외(2020), 886쪽; 『본초감별도감, 제2권』(2015), 84쪽.

162 https://mediclassics.kr/

163 이시도야(1917), 44쪽.

164 Mori(1922), 91~92쪽.

165 정태현 외(1937), 33쪽.

종으로 간주하면서 麥門冬맥문동으로 간주하기도 했다.[166] 그러나 *L. graminifolia*는 우리나라에 분포하지 않으며, *L. koreana*는 *L. spicata* (Thunberg) Loureiro의 분류학적 이명으로 간주되고 있다.[167]

맥문아재비속*Ophiopogon*에 속하는 식물에 붙여야 할 맥문동麥門冬이라는 이름을 처음에는 서로 비슷한 맥문동 종류에 모두 붙였다가 이를 하나하나 세분하면서 맥문동속*Liriope*에 붙였고, 이들보다 잎이 조금 작은 실제 麥門冬맥문동에는 소엽맥문동이라는 이름을 붙인 것이다. 그러나 약재명 麥門冬맥문동의 약효는 구슬을 꿴 것처럼 생긴 뿌리에 있으며, 조선시대까지는 약재명 麥門冬맥문동과 식물명 맥문동이 일치했지만, 일제강점기를 거치면서 일치하지 않게 된 것으로 판단된다. 약재명과 식물명의 일치가 필요할 것이다.

한편, 오늘날 겨우살이라는 이름은 麥門冬맥문동과는 전혀 상관없는 *Viscum coloratum* (Komarov) Nakai라는 종의 국명으로 사용되고 있다. 이 과정은 추후 검토가 필요할 것이다.

166 이덕봉c(1963), 46쪽.

167 『*Flora of China*, Vol. 24』(2000), 250~251쪽.

11 독활獨活

향약구급방	俗云虎驚草 味苦甘微溫无毒 生川谷 無風而動 二八月採根 日乾
국명	**땅두릅, 독활**
학명	*Aralia cordata* Thunberg var. *cordata*
생약정보	독활(*Aralia continentalis* Kitagawa) 뿌리

「초부」에는 식물에 대한 설명이 거의 없는데, 단지 민간 이름으로 虎驚草호경초라고 부르며, 냇가나 골짜기에서 자라고, 바람이 없을 때에도 움직이는 것으로 설명되어 있다. 『향약집성방』에는 향명鄕名이 地頭乙戶邑지두을호읍으로, 『동의보감』에는 우리말 이름이 뜻둘흡으로 표기되어 있다. 그리고 『동의보감』에는 자줏빛이고 마디사이가 짧은 종류를 羌活강활로, 노란색이고 덩어리로 된 종류를 獨活독활로 구분했으며,[168] 특히 강원도에는 羌活강활과 獨活독활 모두 자라는 것으로 羌活강활 항목에 설명되어 있다.[169]

『향약집성방』에 나오는 민간 이름 地頭乙戶邑지두을호읍의 경우, 地지를 따로, 頭乙두을을 둘로, 戶邑호읍을 흡으로 해독하여[170] 오늘날 땃두릅 또는 땅두릅으로 읽혀질 수 있는 것으로 보이나, 『향약구급방』에 나오는 虎驚草호경초는 17세기에 사라진 이름으로 알려져 있다.[171] 이밖에 『산림경제』에는 獨活독활의 한글 이름으로 멧두릅이 나열되어 있다.[172] 봄에 눈에서 싹이 나오고 얼마 되지 않았을 때 근경을 식용하기에, 땅에서 나는 두릅이라는

168 今人以紫色節密者爲羌活, 黃色而作塊者爲獨活.

169 강활(羌活) 항목 : 我國, 惟江原道, 獨活羌活俱産焉.

170 손병태(1996), 129쪽.

171 이은규(2009), 511쪽.

172 『국역 산림경제, 2』(2007), 242쪽.

의미로 땃두릅이라는 이름이 獨活독활에 붙여진 것으로 풀이하고 있다.[173]

獨活독활은 중국의 고전 의서인 『신농본초경』에서부터 나타나는 식물로, 오늘날 중국에서는 *Angelica biserrata* (Shan & Yuan) Yuan & Shan≡ *A. pubescens* Maximowicz for. *biserrata* Shan & Yuan으로 간주하고 있다.[174] 또한 우리나라 고전에 나오는 獨活독활을 이 식물로 간주하기도 하는데,[175] 『세종실록』 5년1423년 3월 22일 계묘 4번째 기사에는 獨活독활을 중국의 약재와는 다른 것으로 간주했다가,[176] 이후 세종 12년1430년에는 중국산 독활과 우리나라 독활이 같은 약재로 확인되었던 점에[177] 근거한 것으로 추정된다. 그러나 중국에서 獨活독활로 간주되는 *A. biserrata*는 한국산 당귀속 *Angelica* 식물 목록에 없으며,[178] 재배하지도 않고 있다.[179] 따라서 우리나라에서는 중국과는 다른 식물을 獨活독활로 사용했던 것으로 판단된다.

오늘날 우리나라에서는 독활이라는 이름을 강원도를 비롯하여 전국적으로 분포하는 *Aralia cordata* Thunberg var. *continentalis* (Kitagawa) Chu≡ *A. continentalis* Kitagawa와 일치시키고 있다.[180] 국가생약정보에도 독활의 공정서 생약으로 *A. continentalis*가 소개되어 있는 반면, 민간생약으로는 우리나라에는 분포하지 않은 중치당귀*Angelica biserrata*와 땅두릅*Aralia cordata*이 소개되어 있다. 그러나 獨活독활의 한글명인 땃두릅 또는 땅

173 이덕봉b(1963), 173쪽.

174 『中國植物志, 55(3)卷』(1992), 37쪽; 신명섭 외(2009), 67~76쪽.

175 신민교(2015), 327쪽.

176 大護軍金乙玄, 司宰副正盧仲禮, 前敎授官朴堧等入朝, 質疑本國所産藥材六十二種內, 與中國所産不同丹蔘, 漏蘆, 柴胡, 防己, 木通, 紫菀, 葳靈仙, 白斂, 厚朴, 芎藭, 通草, 藁本, 獨活, 京三陵等十四種, 以唐藥比較, 新得眞者六種.

177 이경록(2011), 231쪽.

178 『The genera of vascular plants of Korea』(2007), 1294쪽.

179 최혜운 외(2005), 118~121쪽.

180 『The genera of vascular plants of Korea』(2007), 732쪽; 『본초감별도감, 제1권』(2014), 84쪽.

두릅을 *A. cordata* var. *cordata*로 간주하고 있어,[181] 한 가지 식물을 지칭했던 이름이 오늘날에는 한 종류 이상의 식물을 부르는 이름으로 사용되고 있다. 또한 *Oplopanax elatus* (Nakai) Nakai도 땃두릅나무 또는 땅두릅나무로,[182] 또는 뫼두릅으로[183] 부르고 있어, 이에 대한 정리가 필요하다.

이러한 혼란은 쌋둘훕이라는 우리말 이름이 『동의보감』의 五加皮오가피 항목에도 병기되어 있었고, 그에 따라 일제강점기에 우리나라 식물명에 학명을 부여하는 과정에서 나타난 실수로 추정된다. 일제강점기에 이시도야가 *Acanthopanax sessiflorus* Seeman에 『동의보감』에 나오는 쌋둘훕이라는 이름을 일치시켰음에도 불구하고, *Aralia cordata* Thunberg에도 『동의보감』에 나오는 닷둘훕과 『방약합편』에 나오는 묏둘훕이라는 이름을 일치시켰고, 또한 *Acanthopanax sessiflorus*의 줄기와 껍질을 五加皮오가피로, *Aralia cordata*의 뿌리를 獨活독활로 부른다고 설명했다.[184] 이후 Mori는 *Acanthopanax spinosum* Miquel에 쌋두릅, 셧두릅이라는 한글명을, *Aralia cordata* Thunberg에는 獨活독활이라는 한자명과 함께 독활과 토당귀라는 한글명을 병기했다.[185] 이후 정태현 등은 *Aralia cordata*에는 獨活독활과 독활을, *Echinopanax elatum* Nakai에는 따드릅나무를 일치시켰는데,[186] 따드릅나무는 땃두릅나무의 다른 이름으로 알려져 있다.[187]

이시도야가 초본식물인 *Aralia cordata*를 『동의보감』에 나오는 닷둘훕과 『방약합편』에 나오는 묏둘훕으로 부르면서, 이 식물의 뿌리를 獨活독활

181 『The genera of vascular plants of Korea』(2007), 732쪽.
182 이우철a(1996), 776쪽.
183 『한반도관속식물목록 ver. 20190306』(동북아생물연구소, 2019).
184 이시도야(1917), 19~20쪽.
185 Mori(1922), 266쪽.
186 정태현 외(1937), 123~124쪽.
187 이우철(2005), 201쪽.

이라고 주장한 이후, Mori, 정태현 등도 모두 같은 의견을 제시했으나, 이들은 땃둘훕에서 유래했을 것으로 추정되는 식물명을 초본식물에는 나열하지 않았다. 그러다 해방 이후인 1949년 정태현 등은 *A. cordata*에 땃두릅과 獨活독활이라는 이름을 나열했고,[188] 같은 해에 박만규는 *A. continentalis*에 독활이라는 이름을 일치시키면서 *A. cordata*를 언급하지 않았다.[189] 박만규는 이 두 종을 하나의 종으로 간주했던 것으로 추정되는데, 실제로 이 두 종을 하나의 종으로 간주하기도 한다.[190] 두 종을 한 종으로 간주할 경우 국명의 문제는 해결되나, 최근 두 종을 변종[191] 또는 종 수준에서[192] 서로 독립된 분류군으로 분류하고 있다.

최근에는 *Aralia cordata* var. *cordata*에는 땅두릅이라는 국명을, *A. cordata* var. *continentalis* (Kitagawa) Y.C. Chu에는 독활이라는 국명을 부여하고 있다.[193] 한자명 獨活독활에 해당하는 우리말 이름이 땃둘훕, 즉 땅두릅인데, 같은 식물을 지칭하는 이름이 서로 다른 식물에 적용되고 있는 것이다. 그럼에도 우리나라에서는 지금까지 이 두 종을 구분하지 않고, *A. cordata*를 獨活독활로 간주하거나,[194] *A. continentalis*를 獨活독활로 간주하고 있는데,[195] 한의학연구원에서 출판한 『본초감별도감』에도 *A. cordata*는 언급되지 않고 *A. continentalis*가 독활로 간주되어 있다. 그런데 이 두 변종을 종으로 인식하고 있는 『중국식물지』와 『Flora of China』에는 *A. cordata*

188 정태현 외a(1949), 91쪽.
189 박만규(1949), 171쪽.
190 이우철a(1996), 771·960쪽.
191 『The genera of vascular plants of Korea』(2007), 732쪽.
192 『*Flora of China*, Vol. 13』(2007), 488쪽.
193 『The genera of vascular plants of Korea』(2007), 732쪽.
194 이덕봉c(1963), 47쪽.
195 김홍준 외(2006), 102쪽.

를 약용으로 사용한다고 설명되어 있으나, *A. continentalis*에는 이런 설명이 없다.[196] 따라서 *A. cordata*와 *A. continentalis*를 독립된 두 분류군으로 간주할 경우, 『향약구급방』, 『향약집성방』, 『동의보감』에서 설명하는 獨活독활, 즉 쌋둘흡은 오늘날 *A. cordata* 또는 *A. cordata* var. *cordata*를 지칭하는 것으로 간주하는 것이 타당할 것이며, *A. continentalis* 또는 *A. cordata* var. *continentalis*에는 새로운 국명이 부여되어야만 할 것이다. 그러나 *A. cordata*가 『중국식물지』와 『Flora of China』에는 우리나라에 분포하지 않은 것으로 되어 있어, 추후 이에 대한 연구가 수행되어야만 할 것이다.

한편, 이시도야가 목본인 *Acanthopanax sessiflorus*에도 『동의보감』에 나오는 쌋둘흡이라는 식물명을 부여한 것은 『동의보감』의 五加皮오가피 항목에 쌋둘흡이라는 우리말 이름이 병기되어 있었기 때문으로 추정된다. 오늘날 五加皮오가피는 *A. sessiflorus*를 의미한다.[197] 『동의보감』에는 쌋둘흡이 한 종류의 식물을 지칭하는 이름이 아니라 최소 2종류, 즉 五加皮오가피와 獨活독활의 우리말 이름으로 사용된 것이다. 단지 五加皮오가피는 木部목부에 소개되어 있으나, 獨活독활은 草部초부에 소개되어 있는 차이를 보인다. 이런 점에서 볼 때 이시도야가 쌋둘흡이라는 우리말 이름에 두 종의 학명을 일치시킨 것은 타당한 것으로 판단된다.

한편 Mori는 *Acanthopanax spinosum*에 쌋두릅, 셧두릅이라는 한글명을 일치시키면서 분포지로 제주도를 명기했으나,[198] 오늘날 이 학명 대신 *Eleutherococcus spinosus* (Linnaeus fil.) S.Y. Hu를 사용하며 일본 고유종으

196 『*Flora of China*, Vol. 13』(2007), 482쪽.

197 『The genera of vascular plants of Korea』(2007), 730쪽; 84번 항목 오가피(五加皮)를 참조하시오.

198 Mori(1922), 266쪽.

로 알려져 있다.[199] Mori가 이 종의 분포지로 우리나라에서는 제주도만을 언급하고 있는데, 이 종은 제주도에만 드물게 분포하는 섬오갈피나무 *E. gracilistylus* (W.W. Sm.) S.Y. Hu로 추정된다. Mori가 이 종에 쌋두릅, 셧두릅이라는 한글명을 일치시킨 것은 잘못된 처리로 판단된다.

정태현 등은 1937년에는 *Echinopanax elatum*에 따드릅나무라는 이름을 일치시켰는데,[200] 1949년에는 *Oplopanax elatum* Nakai라는 종에 땃두릅나무라는 이름을 일치시켰다.[201] 그런데, *O. elatum*은 *E. elatum*의 속의 위치를 변경한 명명법상 이명으로, 명명자가 "(Nakai) Nakai"로 표기되어야 함에도 불구하고 단순히 "Nakai"라고만 표기되어 있어 약간의 혼란을 가중시켰다. 최근에는 *O. elatum*을 정명으로 사용하고 있다.[202] 이 종의 이름으로 따드릅나무 또는 땃두릅나무를 정태현 등이 『조선식물향명집』에서 처음 사용한 것으로 파악되는데,[203] 『조선식물향명집』과 『조선식물명집』에서 *Acanthopanax sessiliflorus*에 오갈피나무라는 이름이 제시된 점으로 미루어볼 때,[204] 정태현 등이 『동의보감』에 五加皮오가피의 우리말 이름으로 병기된 쌋둘훕에서 기원한 땃두릅나무라는 이름을 오가피와는 다른 종인 *O. elatum*에도 적용한 것으로 추정된다. 따라서 *O. elatum*에 땃두릅나무를 적용하면 안 되고, 다른 이름을 부여해야 할 것이다.

199 『Flora of Japan, Vol. IIc』(1999), 263쪽.
200 정태현 외(1937), 124쪽.
201 정태현 외a(1949), 78쪽.
202 『The genera of vascular plants of Korea』(2007), 729쪽.
203 이우철a(1996), 776쪽.
204 정태현 외(1937), 123~124쪽; 정태현 외a(1949), 78쪽.

12 승마升麻

향약구급방	俗云雉骨木 又雉鳥老草 味甘苦微寒无毒 二八月採根 日乹
국명	승마
학명	*Cimicifuga heracleifolia* Komarov var. *heracleifolia*
생약정보	승마(*Cimicifuga heracleifolia* Komarov), 촛대승마(*C. simplex* Wormskjord), 눈빛승마(*C. dahurica* Maximowicz) 그리고 황새승마(*C. foetida* Linnaeus)

「초부」에는 식물에 대한 설명은 없으나, 민간 이름으로 雉骨木치골목과 雉鳥老草치조로초가 병기되어 있다. 그러나 「본문」 중에는 雉骨木치골목이 향명鄕名으로 표기되어 있다. 『향약집성방』에는 중국 문헌의 내용이 소개되어 있는데, 뿌리는 자주색으로 蒿호[205]의 뿌리와 비슷하나 잔뿌리가 많으며, 잎은 麻마[206]의 잎과 비슷하며, 꽃은 음력 4~5월에 栗율[207]의 꽃차례처럼 생긴 꽃차례에 하얗게 피며, 음력 6월이 지나면 검은 열매가 달리는 것으로 설명되어 있으나,[208] 향명은 없다. 『동의보감』에는 잎이 麻마와 비슷하여 升麻승마라고 부른다는[209] 설명과 함께 씌덜가릿불휘라는 우리말 이름이 있다.

『향약구급방』에 나오는 민간 이름 雉骨木치골목의 경우, 雉치는 씌로 훈독되며, 骨골은 골로 음독되고, 木목은 나모로 훈독되기에 씌골나모로 해

205 쑥속(*Artemisia*) 식물이다.

206 대마(*Cannabis sativa*)이다. 122번 항목 마자[麻子]를 참조하시오.

207 밤나무(*Castanea crenata*)이다.

208 葉似麻葉竝青色. 四月五月著花, 似粟穗白色. 六月以後結實黑色, 根紫如蒿根多鬚.

209 其葉如麻, 故名爲升麻.

독되며, 雉鳥老草치조로초의 경우, 鳥조는 됴로 음독되고, 老로는 로로 음독되며. 草초는 플로 훈독되기에 ᄭᅵ됴로플로 해독된다.[210] 한편 『동의보감』에 나오는 ᄭᅵ덜가릿불휘는 ᄭᅵ덜가리의 불휘, 즉 뿌리로 해독되는데, ᄭᅵ덜은 ᄭᅵ골에서, 가리는 脚각의 훈독으로 추정하고 있어, 雉骨木치골목과 ᄭᅵ덜가리는 같은 식물명으로 추정된다. 또한 『향약채취월령』에는 雉骨木치골목과 雉鳥老草치조로초로도 부르는 것으로 설명되어 있다. 升麻승마 뿌리가 닭뼈鷄骨, 즉 치골雉骨과 비슷하여 雉骨木치골목이라는 이름이 붙은 것으로 추정하고 있다.[211] 이런 이름들은 升麻승마가 우리나라에 분포했음을 보여주는 증거로 보인다.

중국에서는 升麻승마를 *Cimicifuga foetida* Linnaeus로 간주하는데,[212] 이 종을 우리나라에서는 황새승마로 부르며 강원도 일대에 분포하는 것으로 보고되었다.[213] 그러나 한반도에서 채집되어 *C. foetida*로 동정된 표본들은 모두 *C. heracleifolia* Komarov var. *heracleifolia*라는 주장도 있으며,[214] 이 종을 승마라고 부르기도 하는데,[215] *C. foetida*는 우리나라에 분포하지 않은 것으로 보고되었다.[216]

우리나라에서는 일제강점기에 이시도야가 *Cimicifuga dahurica* Turczaninow의 지하경을 升麻승마라고 부르며, *C. heracleifolia* Komarov를 『동의보감』에 나오는 ᄭᅵ멸가리라고 주장했다.[217] 이후 Mori는 *C. dahurica*에 升

210 손병태(1996), 146쪽.
211 손병태(1996), 146쪽.
212 『中國植物志, 27卷』(1979), 101쪽.
213 박종휘 · 김정묘(2008), 208쪽.
214 이현우 · 박종욱(1994), 120쪽.
215 『The genera of vascular plants of Korea』(2007), 174쪽.
216 『*FloraofChina*, Vol. 6』(2001), 146쪽.
217 이시도야(1917), 33~34쪽.

麻승마, *C. foetida*에 升麻승마, *C. heracleifolia*에 升麻승마, 승마, 씌멸가릿불휘 등을 각기 일치시켜,[218] 升麻승마를 여러 종의 이름으로 사용했다. 이후 정태현 등은 *C. dahurica*에는 눈빛승마, *C. foetida*에는 황새승마, 그리고 *C. heracleifolia*에는 승마, 끼멸가리, 升麻승마 등의 이름을 일치시켜,[219] 종마다 서로 다른 이름을 부여했고, 오늘날까지 이런 처리를 받아들이고 있다.

단지 *Cimicifuga foetida*를 升麻로,[220] *C. heracleifolia*를 비롯하여 *C. simplex*, *C. dahurica*, *C. foetida*의 뿌리줄기를 승마升麻로,[221] 그리고 *C. heracleifolia*를 비롯하여 왜승마*C. acerina* (Siebold & Zuccarini) Tanaka, *C. simplex*의 뿌리를 升麻승마로 간주하고 있다.[222] 그리고 이런 상황을 반영하여 국가생약정보에도 *C. heracleifolia*, *C. simplex*, *C. dahurica*, *C. foetida*의 뿌리줄기를 승마升麻로 간주하고 있는 것으로 추정된다. 실제로 약재 시장에서 판매되는 승마升麻는 여러 종의 뿌리줄기로, 이들의 뿌리줄기가 대부분 절단되어 있어 육안으로 종의 구분이 불가능한 것으로 알려져 있다.[223] 또한 옛 문헌에 다양한 승마속*Cimicifuga* 식물을 구분하는 데 필요한 정보가 누락되어 있어, 추후 보다 상세한 연구가 수행되어야 할 것이다. 단지 민간 생약으로 승마초는 눈개승마*Aruncus sylvester* Kosteletzky ex Maximowicz라고 소개되어 있다.

그런데 우리나라에 분포하는 승마속*Cimicifuga* 식물로는 눈빛승마*C. dahurica*, 승마*C. heracleifolia* var. *heracleifolia*, 세잎승마*C. heracleifolia* var. *bifida*, 촛대승마

218 Mori(1922), 154쪽.
219 정태현 외(1937), 66쪽.
220 신민교(2015), 360쪽.
221 권동열 외(2020), 174쪽; 이덕봉c(1963), 47쪽; 『본초감별도감, 제2권』(2015), 172쪽.
222 신전휘 · 신용욱(2013), 38쪽.
223 박종희와 김종묘(2008), 212쪽.

C. simplex, 나제승마C. austrokoreana H.-W. Lee & C.-W. Park, 그리고 왜승마C. japonica 등 6분류군이 분포하는데,[224] 이 가운데 세잎승마와 왜승마는 잎이 3갈래로 나누어지므로, 잎이 5~11갈래로 나누어진 麻마의 잎과는 상당히 달라 옛 문헌에 나오는 升麻승마는 아닐 것으로 판단된다. 또한 *C. foetida*는 우리나라에 분포하지 않으므로, 이 역시 옛 문헌에 나오는 升麻승마는 아닐 것이다. 그리고 이들을 제외한 4종 가운데 升麻승마라고 부르는 식물이 있을 것이나, 옛 문헌에 있는 자료만으로는 升麻승마를 규명하는 것이 매우 곤란하다. 단지, 우리라나에서는 升麻승마를 중국과는 다르게 잎이 드물지만 11~15갈래로 갈라지는 승마C. heracleifolia var. heracleifolia로 간주했던 것으로 추정된다.

13 차전자車前子

향약구급방	俗云吉刑菜實 味甘醎无毒 五月五日採 陰軋.
국명	질경이
학명	*Plantago asiatica* Linnaeus
생약정보	질경이(*Plantago asiatica* Linnaeus)와 털질경이(*P. depressa* Willdenow)

「초부」에는 식물에 대한 설명은 없고, 민간 이름으로 吉刑菜實길형채실만 나오는데, 「본문」 중에는 大角古□[225]대각고□가 표기되어 있다. 『향약집성

224 『The Flora of Korea, Vol. 2a. Magnoliidae』(2017), 38~42쪽.

225 남풍현(1981, 123쪽)은 大角古□[대각고□]로, 손병태(1996, 159쪽)는 大伊古尖[대이

방』에는 잎이 땅에서 퍼져 올라오며 숟가락 비슷하고, 길이 30cm 정도로 커지는데 마치 쥐꼬리 같으며, 꽃은 매우 작고 청색이며, 씨는 약간 검붉은색으로[226] 설명되어 있으며, 향명鄕名으로 布伊作只포이작지가 병기되어 있다. 『동의보감』에는 잎이 크고 이삭이 길며 길가에서 잘 자라고 소달구지 바퀴자국에서 나서 자라므로 車前차전이라는 이름이 붙은 것으로[227] 설명되어 있으며, 우리말 이름으로 길경이씨가 병기되어 있다.

『향약구급방』에 병기된 민간 이름 吉刑菜實길형채실의 경우, 吉길은 길로 음가되고, 刑형은 형으로 음가되고, 菜채는 나믈로 훈독되고, 實실은 씨로 훈독되므로 길형나믈씨로 해독되어,[228] 『동의보감』의 길경이씨로 연결되며, 오늘날 질경이로 이어진다. 그럼에도 이 민간 이름의 어원은 확인되지 않고 있다.[229] 한편 『향약집성방』에 나오는 향명鄕名 布伊作只포이작지의 경우, 布포는 뵈로 훈독되며, 伊이는 'ㅣ'라는 음가로, 作작은 자로 약음가되며, 只지는 기로 음가되므로 뵈자기로 해독되며, 아이들이 질경이 잎으로 베짜기 놀이를 하는 것을 뵈짱이라고 하는데, 뵈자기와 뵈짱이가 서로 연결된다.[230]

소달구지 바퀴자국에서 나서 자라며, 잎이 크고 이삭이 길게 자란다는 특성은 오늘날 질경이속*Plantago* 식물을 설명하는 것으로 추정된다. 중국

고첨]으로, 신영일(1994, 75쪽)은 大伊古皮[대이고피]로, 이경록(2018, 178쪽)은 大角古□로, 녕옥청(2010, 63쪽)은 大伊古皮[대이고피]로 해독했다. 남풍현은 大角(대각)이 大伊(대이)의 오기라고 주장했고, 네 번째 글자는 속자(俗字)이나 정자(正字)를 알 수가 없다고 했으며, 손병태는 大伊古尖[대이고첨]이 무엇인지 알 수가 없다고 설명하고 있다. 본 연구에서는 판독이 불가능한 글자(□)로 처리했다.

226 葉布地如匙面, 累年者長及尺餘, 如鼠尾. 花甚細青色微赤. 結實如葶藶, 赤黑色.

227 大葉長穗, 好生道傍. 喜在牛跡中生, 故曰車前也.

228 손병태(1996), 160쪽.

229 남풍현(1981), 123쪽.

230 손병태(1996), 160쪽.

에서는 *P. asiatica* Linnaeus를 車前차전이라고 부른다.[231] 단지 우리나라에서는 *P. asiatica* var. *densiuscula* Pilger를 질경이로 간주하기도 하나,[232] 이 변종은 *P. asiatica*와 같은 분류군으로 처리되고 있다.[233]

우리나라에서는 일제강점기에 이시도야가 *Plantago japonica* Franchet & Savatier와 *P. major* Linnaeus var. *asiatica* Decaisne를 모두 길경이와 쌔장이라고 부르고, 특히 *P. asiatica*의 종자를 車前子차전자라고 부른다고 설명하면서[234] 車前子차전자의 실체가 파악되기 시작했다. 이후 Mori는 *P. japonica*에는 길경이, *P. major* var. *asiatica*에는 길경이, 칠장구, 차전車前, 차전초車前草, 차륜채車輪菜라는 이름을 일치시켰고,[235] 정태현 등은 *P. japonica*에는 왕질경이, *P. major* var. *asiatica*에는 질경이, 길장구, 빼부장, 배합조개, 그리고 車前차전이라는 이름을 부여하면서,[236] 두 종의 식물명으로 사용되던 질경이를 한 종에만 일치시켰다. 오늘날 이러한 처리를 받아들이고 있는데, 단지 *P. major* var. *asiatica*라는 학명보다는 *P. asiatica*라는 학명을 널리 사용하고 있다.

지금까지 우리나라에서는 車前子차전자를 학자에 따라 달리 간주해왔다. 車前子차전자를 질경이*P. asiatica*와 왕질경이*P. major* Linnaeus var. *japonica* (Franchet & Savatier) Miyabe 두 종으로,[237] 질경이*P. asiatica*만을,[238] 또는 질경이*P. asiatica*와 털

231 『中國植物志, 70卷』(2002), 325쪽.
232 서강태(1997), 51쪽; 이경우(2002), 89쪽.
233 『*Flora of China*, Vol. 19』(2011), 497쪽.
234 이시도야(1917), 11쪽.
235 Mori(1922), 321~322쪽.
236 정태현 외(1937), 149~150쪽.
237 신전휘·신용욱(2013), 39쪽.
238 신민교(2015), 692쪽.

질경이P. depressa 두 종으로[239] 간주해왔다. 그리고 국가생약정보에는 차전자車前子의 공정서 생약으로 질경이P. asiatica와 털질경이P. depressa Willdenow의 잘 익은 씨로 간주하고 있다. 그러나 털질경이의 잎은 장타원형으로 잎이 난형인 질경이와 구분되는데, 『향약집성방』에 車前子차전자의 잎이 숟가락 모양이라고 언급하고 있어, 털질경이를 車前子차전자로 간주하는 것은 다소 무리라고 판단된다. 한편, 왕질경이는 바닷가에 자라는 유형으로 알려져 있어,[240] 길가에서 잘 자라고 소달구지 바퀴자국에서 나서 자란다는 『동의보감』의 車前子차전자의 설명과는 다소 들어맞지 않는 것으로 판단된다. 이밖에도 국가생약정보에는 차전자의 민간 생약으로 미국질경이P. virginica Linnaeus, 왕질경이P. major var. japonica, 창질경이P. lanceolata Linnaeus 그리고 개질경이P. camtschatica Link 등이 소개되어 있다.

239 권동열 외(2020), 414쪽; 『본초감별도감, 제2권』(2015), 302쪽.

240 『Flora of Japan, Vol. IIIa』(1993), 385쪽.

14 서여薯蕷

향약구급방	俗云亇支 味甘溫无毒 二八月採根 日乾 白色者佳
국명	마
학명	*Dioscorea polystachya* Turczaninow
생약정보	산약(山藥), 마(*Dioscorea batatas* Decaisne)와 참마(*D. japonica* Thunberg)

「초부」에는 식물에 대한 설명이 없고, 민간 이름으로 亇支[241]마지가 병기되어 있다. 『향약집성방』에는 다른 이름으로 山藥산약이라고 부르는 것으로 설명되어 있으며, 중국 문헌의 내용이 인용되어 있다. 덩굴로 뻗으며 줄기는 자색이고, 잎은 푸르면서 세모꼴로 끝이 뾰족하여 牽牛견우[242] 잎처럼 생겼지만, 더 두껍고 광택이 나고, 꽃은 조그맣게 흰색으로 피는데 棗조[243] 꽃과 아주 비슷하고, 가을에 잎 사이에서 방울 비슷한 열매가 맺는[244] 것으로 설명되어 있으나, 향명鄕名은 없다. 『동의보감』에도 식물에 대한 특별한 설명은 없으나, 薯蕷서여라는 이름이 중국의 왕 이름과 음이 같아 이것을 피하기 위하여 山藥산약이라고 부르는 것으로 설명되어 있고, 우리말 이름으로는 마가 병기되어 있다.

『향약구급방』에 나오는 亇支마지의 경우 亇마는 마로, 支지는 디로 해독

241 支[지]를 남풍현(1981, 88쪽)은 攴(복, ?)으로 간주했으나, 해독 불가능하다.

242 나팔꽃(*Ipomoea nil*)이다. 65번 항목 견우자(牽牛子)를 참조하시오.

243 대추(*Ziziphus jujuba*)이다. 107번 항목 대조(大棗)를 참조하시오.

244 蔓延籬援, 莖紫, 葉靑有三尖角, 似牽牛, 更厚而光澤. 夏開細白花, 大類棗花. 秋生實於葉間, 狀如鈴.

되어 마디로 읽히다가,[245] 마로 변한 것으로 추정된다. 단지 『구급간이방』에는 늘마로 표기되어 있다가, 『촌가구급방』에는 마로 기록되었고, 『동의보감』에도 마로 기록되어 있어, 13세기 형태가 오늘날까지 사용된 것으로 알려졌다.[246]

중국에서는 薯蕷서여를 *Dioscorea opposita* Thunberg로 간주하고 있는데,[247] 오늘날 이 학명이 비합법명으로 간주됨에 따라 *D. polystachya* Turczaninow라는 학명[248]을 사용한다. 우리나라에서는 마를 지칭하는 학명으로 *D. batatas* Decaisne[249] 또는 *D. oppositifolia* Linnaeus를 사용하는데,[250] *D. batatas*는 *D. polystachya*보다 늦게 발표된 비합법명이고,[251] *D. oppositifolia*는 인도에 분포하는 종으로 간주되고 있어,[252] 薯蕷서여, 즉 마는 *D. polystachya*를 지칭하는 것으로 판단된다.

우리나라에서는 마*Dioscorea polystchya*와 참마*D. japonica* Thunberg를 흔히 마라고 부르는데, 이 두 종 모두를 山藥산약으로 간주하여[253] 약용식물로 재배하고 있다.[254] 참마를 薯蕷서여로 간주하기도 하는데,[255] 일제강점기에 이시도야가 *D. japonica*를 『동의보감』에서 설명하는 마로 부르며, 뿌리를 山

245 남풍현(1981), 88쪽. 攴는 히로 읽히기도 하여 마히라고 부르기도 한다. 최범영(2010), 180쪽.

246 이은규(2009), 492쪽.

247 『中國植物志, 166(1)卷』(1985), 103쪽.

248 『*Flora of China*, Vol. 24』(2000), 291쪽.

249 오용자 외(1995), 28쪽.

250 『The genera of vascular plants of Korea』(2007), 1337쪽.

251 정대희와 정규영(2015), 387쪽.

252 『*Flora of China*, Vol. 24』(2000), 291쪽.

253 『본초감별도감, 제2권』(2015), 148쪽.

254 강영민 외(2014), 25쪽.

255 노정은(2008), 17쪽.

藥산약 또는 薯蕷서여라고 부른다고[256] 했기 때문으로 풀이된다. 이후 Mori는 *D. batatas*에는 薯蕷서여, 山藥산약, 山芋산우, 마, 그리고 산약이라는 이름을, *D. japonica*에는 薯蕷서여와 마라는 이름을 일치시켜,[257] 혼란을 야기했다. 이후, 임태치와 정태현은 *D. japonica*에 山藥산약, 마, 薯蕷서여라는 이름을 일치시켜 정리했으나,[258] 다시 정태현 등은 *D. batatas*에는 山藥산약과 참마라는 이름을, *D. japonica*에는 薯蕷서여와 마라는 이름을 일치시키면서,[259] 원래 한 식물을 지칭했던 山藥산약과 薯蕷서여, 그리고 마라는 이름을 서로 다른 두 종류의 식물에 부여되었다. 그리고 해방 이후, 1949년 정태현 등이 *D. japonica*에는 참마, 山藥산약, 薯蕷서여라는 이름을, *D. batatas*에는 마와 山藥산약이라는 이름을 일치시켰고,[260] 오늘에 이르고 있다.

그에 따라 山藥산약과 薯蕷서여의 이름이 고정된 것이 아니라 서로 반대로 사용하는 경우도 있다고 설명하면서, *Dioscorea japonica*와 *D. batatas* 모두를 약용 또는 식용한다는 주장도 제기되었다.[261] 또한 국가생약정보에는 산약山藥이 마*D. batatas*와 참마*D. japonica* 두 종으로 소개되어 있다. 또한 우리나라에서는 *D. japonica*를 서여薯蕷로 간주하거나,[262] *D. opposita*≡ *D. polystachya*와 *D. japonica* 두 종 모두를 서여薯蕷로 간주해왔다.[263]

그런데 마*Dioscorea polystachya*와 참마*D. japonica*의 경우, 잎의 형태가 마는 삼각형인 반면 참마는 길이와 너비의 비율이 2:1 이상인 좁은 삼각형이며,

256 이시도야(1917), 43쪽.
257 Mori(1922), 97쪽.
258 임태치 · 정태현(1936), 58쪽.
259 정태현 외(1937), 36쪽.
260 정태현 외a(1949), 183쪽.
261 이덕봉c(1963), 47쪽.
262 노정은(2007), 17쪽.
263 신민교(2015), 178쪽; 신전휘 · 신용욱(2013), 40쪽; 권동열 외(2020), 790쪽.

열매의 너비가 마는 16.6~17.9mm이나 참마는 24.6~29.5mm로 차이가 나며, 또한 화경의 형태가 마는 자화경이 지그재그로 발달하는 반면 참마는 곧게 발달하는 차이점으로 구분되나,[264] 이러한 형질상태의 차이를 옛 문헌에서는 확인할 수가 없다. 단지 마는 한반도 전역에 고루 분포하는 반면, 참마는 제주도 및 남해안 일대 섬 지역에서 한정적으로 분포하므로, 『향약구급방』, 『향약집성방』 그리고 『동의보감』에 나오는 薯蕷서여, 山藥산약 그리고 마는 *D. polystachya*로 간주하는 것이 타당할 것으로 판단된다. 그리고 참마라는 이름은 정태현 등이 *D. japonica*에 부여했는데, 옛날부터 마라고 불렀던 식물과 참마라는 이름이 혼동될 수 있으므로 사용해서는 안 될 것이며, *D. japonica*에는 새로운 이름을 부여해야만 할 것이다.

15 의이인薏苡人

향약구급방	俗云伊乙梅 味甘微寒无毒 八九十月採實 採根無時
국명	율무
학명	*Coix lacryma-jobi* Linnaeus var. *mayuen* (Romanet du Caillaud) Stapt
생약정보	율무(*Coix lacryma-jobi* var. *mayuen* (Romanet du Caillaud) Stapt)

「초부」에는 식물에 대한 설명이 없고, 대신 민간 이름으로 伊乙梅이을매라고 부르는 것으로 설명되어 있으며, 「본문」 중에는 豆訟두송과 伊乙每이

264 정대희와 정규영(2015), 387쪽.

을매로 부른다고 되어 있다.[265] 『향약집성방』에는 薏苡仁의이인으로 표기되어 있으며, 중국 문헌에 있는 내용이 인용되어 있다. 薏苡仁의이인은 높이 약 1m 정도 자라며, 잎은 黍서[266]와 비슷하고 꽃은 이삭을 이루어 붉게 피며, 음력 5~6월에 열매가 달리는데 청백색이며, 모양은 구슬 같은데 약간 긴[267] 것으로 설명되어 있다. 『동의보감』에도 식물에 대한 설명은 없고, 우리말 이름으로 율ᄆᆡᄡᆞᆯ이 병기되어 있다.

『향약구급방』에 나오는 민간 이름 伊乙梅이을매의 경우, 伊이는 이라는 음가, 乙을은 을이라는 음가, 그리고 梅매는 ᄆᆡ라는 음가로 해독되어 일ᄆᆡ로 읽히며,[268] 『향약채취월령』에는 有乙梅유을매로 표기되어 있어 율ᄆᆡ로 추정되는데,[269] 이후 율무로 전환된 것으로 판단된다. 단지 豆訟두송의 경우 어떻게 해독되는지 파악되지 않고 있다.[270] 한편 『향약구급방』에는 人인으로, 『향약집성방』에는 仁인으로 표기되어 있는데, 이 두 글자를 혼용한 것으로 판단하고 있다.[271]

중국에서는 薏苡의이를 *Coix lacryma-jobi* Linnaeus로 간주하며, 이의 변종 var. *mayuen* (Romanet du Caillaud) Stapt를 薏米의미로 부르고 있는데,[272] 우리나라에서는 변종인 var. *lacryma-jobi*를 염주로, 변종인 var. *mayuen*을 율무로 부르고 있어,[273] 중국과 다소 차이가 난다. 국가생약정보에는 이

265 김종덕(2012), 91쪽.

266 기장(*Panicum miliaceum*)이다. 117번 항목 서미(黍米)를 참조하시오.

267 莖高三四尺, 葉如黍, 開紅白花, 作穗子. 五月六月結實, 靑白色, 形如珠子而稍長.

268 손병태(1996), 157쪽.

269 남풍현(1981), 110쪽.

270 김종덕(2012), 91쪽; 남풍현(1981), 110쪽.

271 손병태(1996), 157쪽.

272 『*Flora of China*, Vol. 22』(2006), 648~649쪽.

273 『The genera of vascular plants of Korea』(2007), 1188쪽.

의인이 *C. lacryma-jobi* var. *mayuen*으로 소개되어 있다. 『동의보감』에 "唐[당]"이라는 표기가 없는 것으로 보아, 외래식물인 율무를 이전부터 널리 재배했던 것으로 판단된다.

16 택사澤瀉

향약구급방	俗云牛耳菜 味甘醎寒无毒 五六八月採根 陰乾
국명	질경이택사 → 소귀나물, 택사로 수정 요
학명	*Alisma orientale* Juzepczuk
생약정보	질경이택사(*Alisma orientale* Juzepczuk)

「초부」에는 식물에 대한 설명이 없고, 민간 이름은 牛耳菜[우이채]로 표기되어 있다. 『향약집성방』에는 향명으로 牛耳菜[우이채]가 병기되어 있으며, 중국 문헌에 있는 내용이 인용되어 있다. 주로 얕은 물에서 자라며, 잎은 牛舌草[우설초][274] 비슷하고, 줄기는 길게 한 줄기로 자라며, 꽃은 가을에 하얗게 무리지어 피는데 穀精草[곡정초][275]와 비슷한[276] 것으로 설명되어 있다. 『동의보감』에는 못에서 자라는 것으로 설명되어 있고, 우리말 이름으로 쇠귀ᄂᆞ물불휘가 병기되어 있다.

274 牛舌草(우설초)는 *Anchusa italica* Retz를 지칭하는데 잎은 장타원형 내지는 피침형으로 길이 10~30cm, 폭 5~6cm이며, 가장자리는 밋밋하다. 『中國植物志, 64(2)卷』(1989, 68쪽)를 참조하시오.

275 穀精草(곡정초)는 *Eriocaulon buergerianum* Koern을 지칭하는데 꽃이 동그랗게 무리지어 피며 암꽃과 수꽃이 따로 핀다. 『中國植物志, 13(3)卷』(1997, 52쪽)를 참조하시오.

276 多在淺水中. 葉似牛舌草, 獨莖而長, 秋時開白花作叢, 似穀精草.

『향약구급방』에 나오는 민간 이름 牛耳菜우이채의 경우, 牛우는 소로, 耳이는 귀로, 菜채는 나물로 읽힐 수 있을 것이다. 牛耳菜우이채는 훈독자들로 이루어진 표기로 추정되는데, 『동의보감』의 쇠귀ᄂᆞ믈과 연결된다.[277] 불휘는 뿌리의 고어이다. 따라서 『향약구급방』, 『향약집성방』, 『동의보감』에 나오는 澤瀉택사의 우리말 표기는 소귀나물이 될 것이다.

澤瀉택사는 물에서 자라는 식물로, 곡정초와 비슷한 단자엽식물이며, 잎은 장타원형으로 갈라지지 않는 특징을 지닌 것으로 판단된다. 중국에서는 *Alisma plantago-aquatica* Linnaeus를 澤瀉택사로 간주하고 있다.[278] 우리나라에서는 일제강점기에 이시도야가 *Sagittaria sagittifolia* Linnaeus에 『동의보감』에 나오는 쇠귀나말이라고 표기했으며, 이 식물의 뿌리를 澤瀉택사라고 부른다고[279] 설명하면서부터 澤瀉택사의 실체가 잘못 규명되기 시작했다. 이후 Mori는 *A. plantago* Linnaeus[280] var. *stenophyllum* Schersson & Graebner에 澤瀉택사와 쇠ᄃᆡ나물이라는 이름을 나열했고, 동시에 *S. sagittifolia* Linnaeus var. *sinensis* Makino에도 澤瀉택사라는 한자명과 자고, 석고나물이라는 한글명을 나열했다.[281] 그리고 이후 임태치와 정태현은 *S. trifolia* Linnaeus에 소귀나물, 野茨菰야자고, 水茨菰수자고라는 이름을 일치시켰고,[282] 정태현 등은 택사라는 이름을 *S. sagittifolia*에 붙였고, 쇠귀나물이라는 이름은 慈姑자고라는 이름과 함께 *S. saggittifolia* var. *sinensis*에 붙였다.[283]

277 남풍현(1981), 130쪽.

278 『中國植物志, 8卷』(1992), 141쪽.

279 이시도야(1917), 48쪽.

280 Mori는 *Alisma plantago*의 명명자로 Linnaeus를 지칭했으나, 오늘날의 *A. plantago-aquatica*를 오기한 것으로 풀이하고 있다.(https://www.ipni.org/n/101459-3)

281 Mori(1922), 34쪽.

282 임태치·정태현(1936), 35쪽.

283 정태현 외(1937), 16쪽.

해방 이후 정태현 등은 *A. canaliculatum* A. Braun & C.*D.* Bouché에 택사, 쇠태나물, 澤瀉택사라는 이름을, *A. orientale* (Samuelsson) Juzepczuk에 질경이택사, 그리고 *S. trifolia* var. *sinensis* Makino form. *coerulea* Makino에 쇠귀나물과 慈姑자고라는 이름을 일치시켰다.[284] 결국 澤瀉택사와 소귀나물이 한 식물을 지칭했던 이름이었으나, 두 종류 이상의 식물 이름으로 사용되었다.

그런데 이시도야가 澤瀉택사와 소귀나물로 간주했던 *Sagittaria sagittifolia*를 중국에서는 野茨菰야자고, *S. trifolia* var. *trifolia*를 오동정한 결과로 간주하고 있는데,[285] *S. sagittifolia*는 유럽에서 시베리아에 걸친 지역에 분포하는 것으로 알려져 있을 뿐,[286] 중국과 우리나라에는 자라지 않는다. 그리고 Mori가 澤瀉택사와 쇠듸나물이라고 불렀던 *Alisma plantago* var. *stenophyllum*은 *A. lanceolatum* Withering으로 간주하는데,[287] 우리나라에는 자라지 않는다. 한편, Mori가 澤瀉택사, 자고, 석고나물이라고 불렀던 *Sagittaria sagittifolia* var. *sinensis*의 명명자는 "Makino"가 아니라 "(Sims) Makino"로 추정되는데, 이 분류군은 오늘날 벗풀*S. trifolia* subsp. *leucopetala* (Mquel) Q.F. Wang로 간주되거나,[288] *S. trifolia*의 이명으로 간주되고 있다.[289] 그리고 정태현 등이 쇠귀나물과 慈姑자고라고 불렀던 *Sagittaria trifolia* var. *sinensis* form. *coerulea* 역시 *S. trifolia*의 이명으로 간주되고 있다.[290] 이러한 결과는 우리나라에 분포하지 않은 식물을 澤瀉택사로 간주하거나, *S. trifolia*를 쇠귀나

284 정태현 외a(1949), 147~148쪽.

285 『*FloraofChina*』 Vol. 23(2010), 85쪽.

286 http://www.plantsoftheworldonline.org/taxon/urn:lsid:ipni.org:names:30074004-2

287 http://www.theplantlist.org/tpl1.1/record/kew-294813

288 『*FloraofChina*』 Vol. 23(2010), 85쪽.

289 http://www.theplantlist.org/tpl1.1/record/kew-310281

290 http://www.theplantlist.org/tpl1.1/record/kew-310743

물, 택사 등으로 간주했음을 보여주는데, *S. trifolia*의 잎은 소의 귀처럼 생긴 것이 아니라 화살촉처럼 갈라져 있어 『향약집성방』에서 설명하는 잎과는 많은 차이가 있다.

그럼에도 오늘날 우리나라에서는 *Sagittaria sagittifolia* var. *edulis* Rataj를 소귀나물로, *Alisma canaliculatum*을 택사로 간주하고 있어,[291] 한자로 표기된 식물명 澤瀉택사의 한글명이 소귀나물임에도 서로 다른 두 종류의 식물에 택사와 소귀나물이라는 이름이 각기 부여되어 있는 실정이다.

한편 정태현 등은 *Alisma plantago* var. *angustifolia* Kunth에 물택사라는 한글명을, *A. plantago* var. *parviflora* Torrey[292]에는 질경이택사라는 이름을 붙였다.[293] 그런데 *A. plantago*라는 학명은 그 실체가 모호한 것으로 알려져,[294] 최근에는 *A. plantago-aquatica*라는 학명을 사용하고 있다.[295] 또한 *A. plantago* var. *angustifolia*와 *A. plantago* var. *parviflora*는 전 세계에서 발표된 학명의 데이터베이스인 국제식물명색인[296]에서 검색되지 않아 정확한 실체를 파악할 수가 없다.

단지 우리나라에는 택사속*Alisma*에 택사*Alisma canaliculatum*와 질경이택사*A. orientale*가 분포하고, 보풀속*Sagittaria*에 올미*S. pygmaea* Miquel, 보풀*S. aginashi* Makino, 벗풀*S. sagittifolia* var. *luecopetala*, 소귀나물*S. sagittifolia* var. *edulis* 등이 분포하고 있어, 이들 가운데 한 종이 澤瀉택사로 판단된다. 그런데, 보풀, 벗풀과 소귀나물은 잎이 화살촉으로 갈라져 있어, 잎이 소의 귀처럼 생긴 것으로

291 『The genera of vascular plants of Korea』(2007), 1072쪽.

292 이 학명은 검색되지 않는다. 단지, 국제식물명색인(www.ipni.org)에는 *Alisma plantago-aquatica* var. *parviflora* (Pursh) Torrey가 검색되므로, 이 학명을 잘못 쓴 것으로 판단된다.

293 정태현 외(1937), 15쪽.

294 http://www.theplantlist.org/tpl1.1/record/tro-900126

295 『*Flora of China*』 Vol. 23(2000), 87~88쪽.

296 www.ipni.org

알려진 澤瀉택사는 아닐 것으로 판단된다. 그리고 올미가 속하는 보풀속 Sagittaria을 중국에서는 慈姑屬자고속으로 부르고 있으며, 慈姑자고 역시 약재로 사용되므로, 澤瀉택사로 간주하기는 힘들 것이다. 따라서 남은 2종, 즉 택사와 질경이택사 가운데 한 종이 옛 문헌에서 설명하는 澤瀉택사로 추정되는데, 이들을 판별할 만한 정보를 옛 문헌이 제공하지 못하고 있다. 단지 질경이택사의 경우 잎이 다소 넓은 피침형에서 타원형인 반면, 택사의 경우 낫형에서 피침형이므로, 옛 문헌에 나오는 澤瀉택사는 잎이 소의 귀와 조금은 더 비슷한 질경이택사*A. orientale* (Samuelsson) Juzepczuk일 가능성이 더 높을 것으로 판단된다. 실제로 이덕봉은 중국 문헌에 삽입된 그림을 질경이택사로 간주하는 것이 타당하다고 주장했고,[297] 질경이택사를 진택사眞澤瀉라고도 불렀다.[298]

따라서 『향약구급방』, 『향약집성방』 그리고 『동의보감』에서 설명하는 澤瀉택사, 즉 소귀나물은 중국의 견해와는 다르게 질경이택사*A. orientale*로 간주하는 것이 타당할 것으로 판단된다. 그런데 *A. plantago-aquatica*가 유라시아에 분포할 뿐 국내에는 분포하지 않는다는 주장도 제기되었으나,[299] 최근 이 종이 국내에도 분포하는 것으로 보고되고 있어,[300] 추후 질경이택사와 택사, 그리고 *A. plantago-aquatica*에 대한 보다 상세한 연구가 필요할 것으로 생각된다. 그럼에도 *Alisma canaliculatum*에 부여된 택사라는 이름과 *Sagittaria sagittifolia* var. *edulis*에 부여된 소귀나물이라는 이름은 교체되어야 할 것이다.

297 이덕봉c(1963), 48쪽.
298 도정애(1995), 411쪽.
299 최홍근(1986), 124쪽.
300 『*Flora of China*』 Vol. 23(2000), 88쪽.

지금까지 국내에서는 澤瀉택사를 *Alisma canaliculatum*으로 간주하거나,[301] *A. orientale* (Samuelsson) Juzepczuk≡ *A. plantago-aquatica* subsp. *orientale* (Samuelsson) Samuelsson으로 간주해 왔다.[302] 약전에는 택사를 택사속*Alisma* 식물의 땅속줄기로 간주하고 있으나, 국가생약정보에는 공정서 생약으로 택사澤瀉를 질경이택사*A. orientale*로 소개하고 있으며, 민간생약으로는 택사*A. canaliculatum*가 소개되어 있다. 그리고 실제로 질경이택사를 택사澤瀉로 간주하고, 약효[303]와 재배[304], 그리고 중국산 澤瀉택사와의 비교[305] 실험 등이 진행되었다.

17 원지遠志

향약구급방	俗云非師豆刀草 又阿只草 味苦溫无毒 四月採根葉 陰乹
국명	원지, 애기풀
학명	*Polygala tenuifolia* Willdenow
생약정보	원지(*Polygala tenuifolia* Willdenow)

「초부」에는 식물에 대한 설명이 없고, 민간 이름으로 非師豆刀草비사두도초와 阿只草아지초 두 개가 나열되어 있다. 『향약집성방』에는 중국 문헌에

301 서강태(1997), 91쪽; 노정은(2008), 17쪽.

302 권동열 외(2020), 402쪽; 이경우(2002), 89쪽; 신민교(2015), 679쪽; 신전휘·신용욱(2013), 43쪽; 이덕봉c(1963, 48쪽)은 변종으로, 『본초감별도감, 제1권』(2014, 368쪽)은 아종으로 간주했다.

303 장향숙(2013), 96쪽.

304 김금숙 외(1993), 139쪽.

305 이동영 외(2013), 344쪽.

있는 내용이 인용되어 있는데, 뿌리는 황색으로 쑥 뿌리와 유사하며, 싹은 麻黃마황[306]과 비슷하며 청색이고, 뿌리는 길이 30cm 정도 자라며, 잎은 蓽豆필두[307] 잎과 비슷하거나 大靑대청[308] 비슷한데 조금 작은 편이며, 음력 3월에 흰 꽃이 피는[309] 것으로 설명되어 있다. 『동의보감』에는 산에서 자라며 잎이 麻黃마황과 비슷한 것으로 설명되어 있고, 우리말 이름으로 아기플불휘가 병기되어 있다.

『향약구급방』에 병기된 非師豆刀草비사두도초라는 이름은 비ᄉ두도플 정도로 해독되나, 15세기에 사라진 이름이기에[310] 의미는 파악할 수 없는 것으로 알려져 있다.[311] 반면 阿只草아지초의 경우, 阿아는 음가인 아로, 只지는 음가인 기로, 草초는 훈독하여 플로 해독되어,[312] 오늘날 표기로 하면 아기풀로 추정된다.

중국에서는 *Polygala tenuifolia* Willdenow를 遠志원지로 간주하고 있으며,[313] 이 종 이외에 *P. japonica* Houttuyn을 遠志원지라는 이름으로 사용하기도 한다.[314] 우리나라에서는 *P. japonica*를 애기풀로 부르면서 遠志원지로 간주하고 있으나,[315] 이러한 처리는 잘못된 설명이라는 주장도 제기되

306 마황(*Ephedra sinica*)이다.

307 완두라는 설명과 필발이라는 설명 등이 검색되는데, 추후 검토가 필요하다.

308 대청(*Isatis tinctoria*)이다. 그러나 大靑(대청)을 임태치 · 정태현(1936, 85쪽)은 장군풀(*Rheum undulatum* Linnaeus)로 간주하고 있어, 추후 검토가 필요하다.

309 根黃色, 形如蒿根. 苗名小草, 似麻黃而靑, 又如蓽豆葉, 亦有似大靑而小者. 三月開花白色, 根長及一尺.

310 남풍현(1981), 105~106쪽.

311 이덕봉b(1963), 174쪽.

312 손병태(1996), 156쪽.

313 『中國植物志, 43(3)卷』(1997), 181쪽.

314 蒲雅浩 외(2017), 217쪽.

315 서강태(1997), 92쪽.

었다.[316] 일제강점기에 이시도야가 *P. japonica*에 『동의보감』에 나오는 아기풀이라고 설명하면서부터[317] *P. japonica*를 애기풀로 간주한 것으로 판단되는데, 그는 *P. sibirica* Linnaeus의 뿌리도 遠志원지라고 부른다고 설명했다.[318]

이후 Mori는 *Polygala japonica*에 瓜子金과자금과 아가풀이라는 이름을, *P. tenuifolia*에는 遠志원지와 아기풀이라는 이름을 일치시켰다.[319] 민간 이름 阿只草아지초에서 유래한 것으로 보이는 아가풀과 아기풀이 서로 다른 식물에 적용된 것인데, 이후 정태현 등은 *P. japonica*에는 영신초와 아기풀, 靈神草영신초를, *P. tenuifolia*에는 원지와 遠志원지라는 이름을 일치시켰고,[320] 오늘날에 이르고 있다.[321] 그런데 *P. tenuifolia*는 높이 15~50cm 정도 자라며 뿌리의 길이만 해도 10cm 정도 되고, 잎은 길이 1~3cm, 폭 0.5~1mm 정도로 작은 반면, *P. japonica*는 높이 15~20cm 정도 자라며, 잎은 길이 1~2.3cm, 폭 5~9mm 정도로[322] 식물체 높이는 작아도 잎은 상대적으로 큰 편이다. 그리고 『본초강목』에 삽입된 遠志원지의 그림도 *P. japonica*보다는 *P. tenuifolia*와 가깝다는 주장도 있다.[323]

한편 麻黃마황의 경우, 잎이 줄기에 흔적처럼 달려 있어, 잎의 특징은 *Polygala japonica*보다는 줄기에 잎이 흔적처럼 달려 있는 *P. tenuifolia*와 더 비슷하다. 그리고 우리나라 고전에서 설명하는 遠志원지는 높이 30cm 정

316 이상인(1992), 24쪽.
317 이시도야(1917), 23쪽.
318 이시도야(1917), 23쪽.
319 Mori(1922), 232쪽.
320 정태현 외(1937), 105쪽.
321 이우철a(1996), 649~650쪽.
322 『*Flora of China*, Vol. 11』(2008), 152~153쪽.
323 이덕봉c(1963), 48쪽.

도 자라며 잎이 마황처럼 흔적으로 되어 있는 특징을 지니는 것으로 알려져 있어, *P. japonica*로 간주하는 것보다는 *P. tenuifolia*로 간주하는 것이 더 타당할 것이다. 따라서 원지와 아기풀이라는 이름은 *P. tenuifolia*에 적용시키고, 애기풀이라고 부르는 *P. japonica*에는 애기풀 말고 새로운 이름이 부여되어야만 할 것이다. 단지 『향약집성방』에 遠志원지의 꽃색을 흰색으로 설명하고 있으나, 우리나라에 분포하는 애기풀속*Polygala* 식물들의 꽃은 모두 자색으로 피기 때문에 이에 대한 검토가 추후 수행되어야 할 것이다.

한편 이시도야가 遠志원지로 간주했던 두메애기풀*Polygala sibirica*의 경우 잎이 길이 1~2cm, 폭 3~6mm로 *P. tenuifolia*와 *P. japonica*보다 더 크고 길기 때문에, 우리나라 옛 문헌에서 설명하는 遠志원지에 해당하지 않을 것으로 판단된다. 지금까지 우리나라에서는 *P. tenuifolia*를 원지遠志로 간주해 왔다.[324] 국가생약정보에도 원지의 공정서 생약으로 *P. tenuifolia*가 소개되어 있는데, 민간생약으로 두메애기풀*P. sibirica* Linnaeus이 소개되어 있다.

324 신전휘 · 신용욱(2013), 44쪽; 신민교(2015), 665쪽; 권동열 외(2020), 716쪽.

18 세신細辛

향약구급방	俗云洗心 味辛溫无毒 二八月採根 陰乾
국명	족도리풀
학명	*Asarum sieboldii* Miquel
생약정보	민족도리풀(*Asiasarum heterotropoides* (F. Schmidt) F. Maekawa var. mandshuricum (Maximowicz) F. Maekawa)과 서울족도리(*A. sieboldii* Miquel var. *seoulensis* Nakai[325])

「초부」에는 식물에 대한 설명이 없고, 민간 이름으로 洗心세심이라고 부르며, 「본문」에는 향명鄕名도 洗心세심이라고 부른다고 설명되어 있다. 『향약집성방』에는 중국 문헌에 있는 내용이 인용되어 있는데, 뿌리가 매우 가늘다는[326] 특징만 있을 뿐, 나머지 설명은 細辛세신을 대용하나 조심해야 하는 杜衡[327]두형이라는 식물에 대한 내용이다. 『동의보감』에도 산이나 들에서 자라며 뿌리가 아주 가늘다는[328] 설명 외에는 없다. 『향약집성방』과 『동의보감』에는 향명鄕名이나 우리말 이름이 병기되어 있지 않다. 『향약구급방』에 병기된 민간 이름 洗心세심은 세심으로 읽히며,[329] 세신으로도

325 의약품통합정보시스템에는 *Asiasarum sieboldii* Miquel var. *seoulensis* Nakai로 표기되어 있으나, 이 학명은 검색이 되지 않는다. 단지 *Asarum sieboldii* Miquel var. *seoulense* Nakai라는 학명만 검색된다. *Asarum*과 *Asiasarum*이라는 두 속명을 혼용하면서 잘못 표기된 것으로 보이는데, 추후 확인이 필요하다.

326 其根細.

327 중국에서는 杜衡(두형)을 *Asarum forbessi* Maximowicz로 간주하나, 우리나라에는 자라지 않는다.

328 生山野, 其根細而其味極辛, 故名之曰細辛.

329 남풍현(1981), 92쪽.

읽힐 수 있지만,[330] 오늘날에는 사용되지 않고 있다.

중국에서는 細辛세신을 *Asarum sieboldii* Miquel로 간주하고 있고,[331] 우리나라에서는 이 종을 족도리풀 또는 세신으로 부르고 있다.[332] 우리나라에서는 일제강점기에 이시도야가 *A. sieboldii*를 소로리풀, 萬病草만병초라 부르면서, 이 식물의 땅속줄기, 뿌리, 잎 등을 細辛세신이라고 불렀으며, *A. sieboldii* var. *seoulensis* Nakai도 소로리풀과 萬病草만병초로 불렀다.[333] 이후 Mori는 *A. sieboldii*에 조리풀과 세신, 細辛세신을, *A. sieboldii* var. *seoulensis*에는 한글명을 붙이지 않았다.[334] 그리고 정태현 등은 *A. sieboldii*에는 민족도리풀, 세신, 萬病草만병초를, *A. sieboldii* var. *seoulensis*에는 족도리풀, 세신, 細辛세신, 萬病草만병초를 일치시켰고,[335] 이덕봉은 이 두 분류군을 모두 『향약구급방』에 나오는 細辛세신으로 간주했다.[336] 그런데, 최근 변종인 서울족도리풀var. *seoulensis*을 분류학적으로 독립된 변종으로 인정하지 않고 있으며, *Asarum sieboldii*를 족도리풀로 부르기도 한다.[337]

단지 『동의보감』에 나오는 細辛세신을 털족도리풀*Asiasarum heteropoides* F. Schmidt Maekawa var. *mandshuricum* (Maximowicz) Maekawa로[338] 또는 개족도리풀*Asarum maculatum* Nakai로[339] 간주하기도 하는데, 전자는 우리나라에 분포하지 않고

330 손병태(1996), 145쪽.
331 『中國植物志, 24卷』(1988), 176쪽.
332 오병운(2008), 264쪽; 신민교(2015), 334쪽; 신전휘 · 신용욱(2013), 46쪽.
333 이시도야(1917), 39쪽.
334 Mori(1922), 128쪽.
335 정태현 외(1937), 53쪽.
336 이덕봉c(1963), 48쪽.
337 이우철a(1996), 365쪽.
338 서강태(1997), 27쪽; 이경우(2002), 89쪽.
339 노정은(2008), 18쪽.

중국과 일본에만 분포하는 종으로 알려져 있으며,[340] 후자는 우리나라에만 분포하는 고유종으로 알려져 있어,[341] 추후 검토가 필요할 것이다. 한편, 털족도리풀을 비롯하여 서울족도리풀, 족도리풀 모두를 細辛세신으로 간주하기도 한다.[342] 국가생약정보에는 세신의 공정서 생약으로 털족도리풀*Asiasarum heteropoides* var. *mandshuricum*과 서울족도리풀*A. sieboldii* var. *seoulensis*이 소개되어 있으나,[343] 추후 재검토가 필요하다.

19 남칠藍柒

향약구급방	本名藍藤根 味辛溫无毒 本草云生新仒 八月採乹
국명	솜방망이 → 가사새로 수정 요(추후 검토가 필요함)
학명	*Tephroseris kirilowii* (Turczaninow ex Candolle) Holub(추후 검토가 필요함)
생약정보	항목 없음

『향약구급방』에는 藍柒남칠의 본명은 藍藤根남등근이며, 新仒신라에서 자라는 것으로 설명되어 있다. 『향약집성방』에는 뿌리는 細辛세신[344]과 비슷하며 신라국에서 나는 것으로 설명되어 있고, 鄕名향명으로 加士草가사초가 병기되어 있고, 『동의보감』에는 우리나라 어느 곳에나 있는 것으로 설명

340 『*Flora of China*, Vol. 5』(2003), 251쪽.
341 『The genera of vascular plants of Korea』(2007), 155쪽.
342 『본초감별도감, 제2권』(2015), 168쪽.
343 권동열 외(2020, 150쪽)도 같은 견해를 피력했다.
344 족도리풀(*Asarum sieboldii*)이다. 18번 항목 세신(細辛)을 참조하시오.

되어 있으며, 우리말 이름으로 가ᄉᆞ새가 병기되어 있다. 新亼신라는 우리나라 삼국시대의 신라로 추정하고 있다.[345] 조선 초기에 편찬된 『본조경험방』[346]에는 藍漆남칠을 약재로 처방했다는 기록이 있으며,[347] 『향약채취월령』에는 이름이 加士中가사초로 표기되어 있다. 그리고 『경상도지리지』에는 藍漆남칠이라는 이름으로 경상도 일대의 약재로 설명되어 있으며,[348] 『세종실록지리지』에는 藍漆남칠이 경기도, 충청도, 전라도, 황해도, 함길도의 산야에서 채취하는 향약재로 기록되어 있다.[349]

『향약집성방』에 나오는 鄕名향명 加士草가사초라는 이름은 가사새로 읽히는데, 식물명의 어원으로 첫 번째는 식물이 덩굴이며 잎이 승려가 장삼 위에 왼쪽 어깨에서 오른쪽 겨드랑이 밑으로 걸쳐서 입는 가사袈裟를 연상할 수 있기에 범어에서 차용되었거나, 두 번째는 잎의 가장자리 모양이 가위의 톱날을 연상할 수 있다고 설명하고 있다.[350] 그럼에도 뿌리가 細辛세신과 비슷하다는 특징만으로는 加士草가사초라고 부르는 식물의 실체는 파악할 수 없던 것으로 알려져 왔다.[351]

그런데 중국에서 편찬된 『증류본초』에도 藍藤根남등근이 신라에서 유래한 약재로 뿌리가 細辛세신과 비슷하다고 설명되어 있으며,[352] 『본초습유』에는 藍藤根남등근이 大葉藻대엽조, 昆布곤포와 함께 조선산 약재로 기록되어

345 이경록(2018), 283쪽.

346 고려말에 편찬되었다는 주장도 있어, 추후 확인이 필요하다.

347 이경록b(2010), 351쪽.

348 이경록c(2010), 222쪽.

349 손홍열(1996), 256~258쪽.

350 손병태(1996), 124쪽.

351 이덕봉b(1963), 175쪽; 이덕봉c(1963), 49쪽.

352 生新羅國, 根如細辛(https://ctext.org/wiki.pl?if=en&chapter=887160); 이현숙(2015), 277쪽.

있다는 보고가 있을 뿐,[353] 藍藤根남등근 또는 藍藤남등은 중국식물지에서 검색되지 않는다. 우리나라에서 민간 속방으로 사용하던 것이 채록되어 전해지다가 조선 중기 이후 사용한 기록이 없는데, 약재의 품귀와 효능의 미비로 사용되지 않은 것으로 추정되고 있으나,[354] 『세종실록지리지』에는 강원도와 평안도를 제외한 지역의 토산 약재로 기록되어 있으며,[355] 대체로 채취가 쉬운 약재로 간주된다.[356]

단지 중국 百度Baidu.com에서 검색하면 藍藤남등이 청나라 때 편찬된 『식물명실도고植物名實圖考』에 근거해서 南藤남등의 다른 이름으로 처리되어 있고, 南藤남등은 국내에는 분포하지 않은 *Piper wallichii* (Miquel) Handel-Mazzetti로 간주되고 있다.[357] 그리고 이런 견해를 받아 들여 우리나라에서도 藍藤남등을 *Piper wallichii* (Miquel) Handel-Mazzetti var. *hupehense* (DC) Handel-Mazzetti로 추정하기도 하나,[358] hupehense는 hupeense의 오기로 보이며, *Piper wallichii*와 동일한 종으로 간주되고 있다.[359] 그런데 『식물명실도고』 19권 19쪽에는 榼藤子합등자로 표기되어 있음에도, 檻藤子함등자로 풀이하고[360] 이를 藍藤남등으로 간주한 것으로 보인다. 그리고 『식물명실도고』에 榼藤子합등자는 베트남 등지의 남쪽 지방에서 자라는 것으로 설명되어 있으며, 『증류본초』에는 藍藤根남등근과는 독립적으로 榼藤子합등자 항목이 있어, 藍藤根남등근과 榼藤子합등자는 서로 다른 식물로 추정

353 中國醫學通史/隋唐五代中外醫藥交流 (http://cht.a-hospital.com)
354 남등근, 한국민족문화대백과사전(http://encykorea.aks.ac.kr/Contents/Item/E0011882)
355 손홍열(1996), 256~258쪽.
356 이경록b(2010), 351쪽.
357 http://www.zysj.com.cn/zhongyaocai/yaocai_n/nanteng.html
358 이경우(2002), 67쪽.
359 『*Flora of China*, Vol. 4』(1999), 127쪽.
360 https://ctext.org/library.pl?if=en&file=34580&page=19에서 확인한 내용이다.

된다. 이밖에 중국에서는 *Callerya reticulata* (Bentham) Schot을 藍藤根남등근의 기원식물로 간주하는 것으로 알려져 있는데,[361] 이 식물은 우리나라에서 자생하지 않는다.

우리나라에서는 藍藤根남등근을 쪽*Polygonum tinctorium* Aition으로 간주하기도 하나,[362] 쪽은 藍남이라고 부르며, 『향약구급방』, 『향약집성방』 그리고 『동의보감』에 독립된 항목으로 열거되어 있으며, 쪽이 중국에도 분포하고 있어, 신라에서 생산된 약재를 사용한다는 『증류본초』와 『본초습유』의 설명과는 상충된다. 한편 우리나라에는 후추속*Piper*에 속하는 식물로 후추등*Piper kadzura* Ohwi이 제주도 일대에 분포하나,[363] 후추등 역시 중국에도 분포하고 있다.

한편 일본에서는 藍柒남칠을 反魂草반혼초의 다른 이름으로 간주하며,[364] 反魂草반혼초는 삼잎방방이*Senecio cannabifolius* Lessing를 지칭하는 것으로 검색된다.[365] 삼잎방망이는 우리나라 북쪽 지방에서만 자라고 있어, 신라에서 자란다는 『향약집성방』과 우리나라 곳곳에서 자란다는 『동의보감』의 설명과는 차이가 난다. 그런데 이시도야가 일제강점기에 발표한 『조선한방약료식물조사서』에는 *Senecio campestris* DC의 이름으로 夏菊하국이 표기되어 있고, 꽃 부분만을 金沸草금불초로 부르면서 가래가 나오고 기침이 나올 때 먹는 것으로 설명되어 있다.[366] 『동의보감』에는 기침하는 것을 치료할 때 藍藤根남등근을 사용하는 것으로 설명되어 있어, 夏菊하국의 약효와 비

361 서강태(1997), 74쪽. 이 논문에서는 *Millettia reticulata* Benth.라는 학명을 사용했는데, 최근에는 사용하지 않고 있다.

362 노정은(2008), 18쪽.

363 이우철a(1996), 362쪽.

364 https://www.weblio.jp/content/藍漆

365 https://www.weblio.jp/content/反魂草

366 이시도야(1917), 8쪽.

슷하다. 그러나 夏菊하국은 旋覆花선복화[367]의 鄕名향명으로 『향약집성방』에 병기되어 있고, 『동의보감』에는 우리말 이름으로 하국이 병기되어 있다.

그런데 오늘날 夏菊하국은 금불초라고 부르는 *Inula japonica* Thunberg를 지칭하는 이름으로 간주되는 반면,[368] *Senecio campestris*는 *Tephroseris pseudosonchus* (Vaniot) C. Jeffrey & Y. L. Chen과 같은 식물로 간주되고 있어,[369] 서로 다른 두 종류의 식물의 한자명과 학명을 이시도야가 하나로 묶어 설명한 것으로 추정된다. 『향약구급방』, 『향약집성방』 그리고 『동의보감』에는 藍藤根남등근과는 독립된 항목으로 旋覆花선복화가 설명되어 있기 때문이다. 따라서 夏菊하국, 金沸草금불초, 旋覆花선복화 등은 *I. japonica*를 지칭하며, 藍藤根남등근은 *T. pseudosonchus*를 지칭하는 것으로 추정된다.

그러나 *Tephroseris pseudosonchus*는 우리나라에 분포하지 않은 반면, 『동의보감』에서는 藍藤根남등근이 우리나라 어느 곳에서나 자라고 있다고 설명하고 있다. 한편, 솜방망이속*Tephroseris* 식물로 우리나라에는 솜방망이*T. kirilowii* (Turczaninow ex Candolle) Holub를 비롯하여 4종이 분포하는데, 이 가운데 솜방망이만 전국에 걸쳐 분포하고 있으며,[370] 뿌리는 세신처럼 많은 잔뿌리들이 달린다.[371] 그런데 Mori는 *Senecio campestris*에 솜방망이와 풀솜나물이라는 이름을 부여했고,[372] 정태현 등도 *S. campestris*를 솜방망이라고

367 55번 항목 선복화(旋覆花)를 참조하시오.

368 『中國植物志, 75卷』(1979), 263쪽. 오늘날에는 *Inula britannica* Linnaeus var. *japonica* (Thunberg) Franchet & Savatier로 간주하고 있다.

369 『中國植物志, 77(1)卷』(1999), 148쪽.

370 『The genera of vascular plants of Korea』(2007), 1037~1038쪽.

371 『中國植物志, 77(1)卷』(1999), 155쪽.

372 Mori(1922), 369쪽.

부르고 있으나, 이 종은 오늘날 *T. pseudosonchus*로 간주되고 있어,[373] 藍藤根남등근은 오늘날 솜방망이라고 부르는 *T. kirilowii*를 지칭하는 것으로 가정하는 것도 타당할 것이다. 그리고 *T. kirilowii*의 국명으로 가사새를 사용하는 것이 타당할 것이다.

단지 藍藤根남등근을 일본에서 反魂草반혼초로 간주한 식물학적 근거가 모호하므로 이에 대한 재검토가 필요하며, 藍藤根남등근을 솜방망이*Tephroseris kirilowii*로 간주할 경우 가사새라는 이름을 추론했던 이유들에 대한 검토도 필요하다. 또한 솜방망이*T. kirilowii*가 우리나라 고유종이 아니라 중국과 일본에도 분포하고 있으며, 솜방망이를 중국에서는 狗舌草구설초라고 부르는데, 약의 성질이 쓰고苦, 찬寒 것으로 알려져 있어, 『동의보감』에서 설명하는 藍藤根남등근의 따뜻하고溫, 매운辛 것과는 차이가 있다.

이밖에도 紫菀자완을 反魂반혼이라는 이름으로 부르는 것으로 『향약구급방』에 설명되어 있고,[374] 유희는 『물명고』에서 紫菀자완을 풀소옴나물이 아니라 탱알이라고 설명하고 있다.[375] 紫菀자완을 풀소옴나물로 부르기도 했다는 의미로 추정되는데, 풀소옴나물의 실체도 명확하게 규명되어야 할 것이다. 단지 최근에는 풀소옴나물은 풀솜나물로 변했을 것으로 보이는데, *Gnaphalium japonicum* Thunberg를 풀솜나물로 부르나, 이 종을 약재로 사용했다는 기록이 『중국식물지』에는 나타나지 않는다.[376] 대신 이와 비슷한 떡쑥*G. affine* D. Don의 줄기와 잎은 진해, 거담, 천식, 기관지염 치료에 사용하고 있어,[377] 추후 검토가 필요하다.

373 정태현 외(1937), 168쪽.
374 43번 항목 자완(紫菀)을 참조하시오.
375 정양완 외(1997), 464쪽; 김태형a(2019), 121쪽.
376 『中國植物志, 75卷』(1979), 235쪽.
377 『中國植物志, 75卷』(1979), 225쪽.

20 남즙藍汁

향약구급방	俗云青台 是葉用藍也 主解諸毒 味苦寒无毒
국명	쪽
학명	*Polygonum tinctorium* Aition
생약정보	청대(青黛, *Persicaria tinctoria H.* Gross)와 마람(馬藍, *Baphicacanthus cusia* (Nees) Bremekamp)

「초부」에는 식물에 대한 설명은 없으나, 민간 이름으로 靑台청대라고 부르는 것으로 설명되어 있으며, 잎으로 염료를 만든다는 설명이 있다. 「본문」 중에는 鄕名향명으로 靑苔청태로 부르나, 민간에서 부르는 靑乙召只청을소지는 아니라고 설명되어 있다. 또한 「본문」에서는 蓼汁요즙이라는 이름의 약재를 사용하는 것으로 설명되어 있다. 『향약집성방』에는 중국 문헌에 있는 내용이 인용되어 있는데, 높이 60~90cm 정도 자라며, 잎은 水蓼수료[378]와 비슷하며 꽃은 홍백색이며 열매도 蓼요[379]와 비슷하나 조금 크고 검은색으로[380] 설명되어 있다. 『동의보감』에도 중국 문헌에 있는 내용이 인용되어 있는데, 씨가 여뀌 씨와 같으나 크고 검은색을 띠며,[381] 우리말 이름으로 족씨가 병기되어 있다.

한편, 『향약채취월령』에는 藍實남실이 靑黛청대라고 설명되어 있다. 그런데 『동의보감』에는 藍實남실 항목 다음에 葉汁엽즙, 靑黛청대, 藍澱남전, 靑布청

378 水蓼(수료)는 여뀌(*Polygonum hydropiper*)를 지칭한다.

379 蓼(요)는 흔히 여뀌속(*Polygonum*) 식물을 지칭한다.

380 高三二尺許. 葉似水蓼, 花紅白色, 實亦若蓼子而大黑色.

381 子若蓼子而大黑色.

포 등이 계속해서 설명되고 있어, 藍實남실에서 藍남은 식물을 지칭하며, 實실은 藍남의 열매나 씨를, 葉汁엽즙은 식물 藍남의 잎에서 추출한 즙액, 靑黛청대는 식물 藍남에서 추출한 청색의 물감, 藍澱남전은 물감을 추출하고 남은 앙금, 그리고 靑布청포는 靑黛청대로 염색한 천을 의미하는 것으로 보인다. 따라서 『향약구급방』에 있는 표제어 藍汁남즙은 藍남에서 추출한 염료로, 아마도 『동의보감』에서 설명하는 葉汁엽즙을 의미하는 것으로 추정된다. 한편 『동의보감』에 나오는 우리말 이름 족씨는 족의 씨란 의미이며, 족이 쪽으로 변한 것으로 풀이하고 있다.[382] 그런데 『향약구급방』에 靑台청대와 혼동되는 식물로 설명된 靑乙召只청을소지의 실체는 파악할 수가 없어, 추후 과제로 남겨둔다.

중국에서는 *Polygonum tinctorium* Aition을 蓼藍요람이라 부르며 약재 및 염료재로 사용하는 것으로 알려졌는데,[383] 우리나라에는 삼국시대 이전에 외국에서 들여와 염료식물로 널리 재배한 것으로 추정하고 있다.[384] 한편, 중국에서는 馬藍마람, *Baphicacanthus cusia* (Nees) Bremekamp[385]과 蓼藍요람, *P. tinctorium*, 그리고 菘藍숭람, *Isatis indigotica* Linnaeus 모두를 靑黛청대로 간주하고 있다.[386] 우리나라에서는 둥근대청*I. indigotica*과 대청*I. tinctoria* Linnaeus을 靑黛청대로 간주하고 있다.[387] 그러나 『동의보감』에서는 靑黛청대를 藍實남실에 부수된 항목으로 설명하고 있어, 『동의보감』에서 설명하는 靑黛청대는 쪽*P. tinctorium*으로 간주해야 할 것이다.

382 손병태(1996), 154쪽.
383 『中國植物志, 25(1)卷』(1998), 26쪽.
384 강춘기(1989), 279쪽.
385 오늘날에는 *Strobilanthes cusia* (Nees) Kuntze라는 학명으로 표기한다.
386 이경우(2002), 43쪽.
387 신민교(2015), 456쪽.

국가생약정보에서 남즙은 검색되지 않으나, 청대의 공정서 생약으로 요람*Polygonum tinctorium*과 마람*Baphicacanthus cusia*이, 민간생약으로 대청*Isatis indigotica*과 목람*Indigofera tinctoria* Linnaeus가 소개되어 있다.

21 궁궁窮芎

향약구급방	俗云蛇休草 又蛇避草 味辛溫無毒 三四月採 日乾 九十月採尤佳
국명	궁궁이, 천궁
학명	*Angelica polymorpha* Maximowicz
생약정보	천궁(*Cnidium officianle* Makino)과 중국천궁(*Ligusticum chuanxiong* Hort.)

「초부」에는 식물에 대한 설명이 없고, 蛇休草사휴초와 蛇避草사피초라는 민간 이름만 있을 뿐이며, 「본문」에는 芎芎草궁궁초라는 민간 이름도 나온다. 『향약집성방』에는 표제어가 芎藭궁궁으로 되어 있고, 냇가와 산에서 자라는데 뿌리는 단단하고 흑황색으로 가늘고, 꽃은 음력 7~8월에 하얗게 피는[388] 것으로 설명되어 있다. 『동의보감』에도 표제어가 芎藭궁궁으로 되어 있으며, 식물에 대한 설명은 없으나, 우리말 이름으로 궁궁이가 병기되어 있다. 『향약구급방』에 나오는 窮芎궁궁이라는 표기는 잘못된 것으로 판단된다. 단지 『동의보감』에는 雀腦芎작뇌궁, 貫芎관궁, 川芎천궁, 無芎무궁이라는 한자 이름도 芎藭궁궁 항목에서 설명하고 있다.

388 生川谷. 根堅瘦黃黑色. 七八月開白花. (순서는 원래 순서가 아니라, 「본문」에서 인용한 내용 순서임)

『향약구급방』에 나오는 민간 이름 芎芎草궁궁초의 경우 芎궁은 궁으로 음독되고 草초는 플로 훈독되기에 궁궁플로 해독되는데, 후일 플 대신 이가 부가되어 『동의보감』에 나오는 궁궁이로 변천한 것으로 추정하고 있으며, 蛇休草사휴초와 蛇避草사피초라는 이름은 『향약채취월령』에도 나오나, 蛇体草사체초로 표기되어 있으며, 이들 이름은 15세기 이후에 사라진 것으로 간주하고 있다.[389] 단지 蛇避草사피초의 경우 蛇사는 ᄇᆡ얌으로, 避피는 두르로, 草초는 플로 훈독되어 ᄇᆡ얌두르플로 해독되며, 蛇休草사휴초의 경우 休휴는 말로 훈독되어 ᄇᆡ얌마리플로 해독된다.[390] 그러나 이 이름들이 민간 이름인지 아니면 한자 이름인지 확실하지 않은데, 중국에서 川芎천궁의 다른 이름으로 사용한 것으로 검색된다.[391]

중국에서는 芎藭궁궁을 川芎천궁의 다른 이름으로 사용하는데,[392] 川芎천궁을 *Ligusticum chuanxiong* Hort.[393]라는 오래전부터 약용으로 재배한 식물로 간주하거나,[394] 藁本고본, *L. sinense* Oliver의 재배 품종 가운데 하나인 추만슝Chuanxiong으로 간주하고 있다.[395] 그러나 우리나라에서는 이 식물이 자생하지 않는다. 『세종실록』 5년1423년 3월 22일 계묘 4번째 기사에 芎藭궁궁은 중국의 약재와는 다르므로 약재로 사용을 금지한다는 내용이 있음에

389 손병태(1996), 122쪽.

390 남풍현(1981), 47쪽.

391 https://xuewen.cnki.net/R2009090440000658.html

392 https://baike.baidu.com/item/川芎/727831?fromtitle=芎藭&fromid=11026391&-fr=aladdin

393 『중국식물지(中國植物志)』에는 학명의 명명자로 재배종을 의미하는 "Hort."로 표기되어 있으나, 최근 "*S.H. Qiu, Y.Q. Zeng, K.Y. Pan, Y.C. Tang & J.M. Xu*"로 표기하고 있다. https://ipni.org/n/844410-1을 참조하시오.

394 『中國植物志, 55(2)卷』(1985), 144쪽.

395 『*Flora of China*, Vol. 14』(2005), 291쪽.

도[396] 1454년에 편찬된 『세종실록지리지』에 전라도, 황해도, 강원도, 평안도, 함경도 등지의 토산물로 기록되어 있는 점으로 볼 때, 우리나라와 중국에서 서로 다른 식물에 芎藭궁궁이라는 이름을 붙여 사용한 것으로 추정된다. 실제로 삼국시대부터 川芎천궁은 대량으로 중국으로 수출된 것으로 알려져 있다.[397] 또한 17~18세기에 일본은 조선에 약재를 구해달라고 청구했는데, 청구한 약재 목록에 川芎천궁이 포함되어 있었다. 당시 조선은 중국산 약재에 대한 구청을 허락하지 않았는데, 중국산 약재를 마련해서 지급하는 것이 번잡하므로 한 번 구청을 받아주면 계속해서 중국산 약재를 구청할 우려가 있으므로 처음부터 구청을 들어주지 않았던 것이다. 그러나 川芎천궁을 비교적 싸게 일본에 공급한 것으로 알려져 있다.[398]

우리나라에서는 이시도야가 *Cnidium officinale* Makino에 궁궁이, 川芎천궁이라는 이름을 부여한 이후,[399] *C. officinale*를 천궁으로 간주하면서 약용식물로 널리 재배한 것으로 알려져 있다.[400] 단지 이 학명은 1907년 마키노가 재배 작물을 근거로 『증정초목도설』에 신종으로 발표된 것으로, 그는 芎藭궁궁과 川芎천궁이라는 이름을 병기했다.[401] 이시도야가 마키노의 견해를 받아들인 것으로 추정된다. 이에 대해 川芎천궁은 원래 중국산이나, 일본으로 전래된 다음 다시 한반도로 전래되어 토착화되면서, 중

396 大護軍金乙玄, 司宰副正盧仲禮, 前敎授官朴堧等入朝, 質疑本國所産藥材六十二種內, 與中國所産不同丹蔘, 漏蘆, 柴胡, 防己, 木通, 紫莞, 葳靈仙, 白斂, 厚朴, 芎藭, 通草, 藁本, 獨活, 京三陵等十四種, 以唐藥比較, 新得眞者六種.

397 朱承宰(1998), 6쪽.

398 김경미(2015), 7쪽, 15쪽, 27쪽.

399 이시도야(1917), 19쪽.

400 김경희(2019), 245~246쪽.

401 마키노(牧野富太郎)(1907), 345~347쪽.

국에서 부르던 천궁*Ligusticum chuanxiong*[402] 과 비슷한 *C. officinale*를 천궁으로 부르게 되었다는 주장,[403] 芎藭궁궁은 *Angelica polymorpha* Maximowicz이나 우리나라에서 약재로 사용하는 川芎천궁은 *C. officinale*라는 주장,[404] *A. polymorpha*와 *C. officinale* 두 종 모두가 芎藭궁궁이라는 주장[405], 川芎천궁은 *C. officinale*이나 *A. polymorpha*를 대용품으로 사용한다는 주장[406] 등이 제기되어 매우 혼란스러운 상황이다.

또한 우리나라에서는 *Ligusticum chuanxiong*을 토천궁으로, *Cnidium officinale*를 일천궁으로,[407] 또는 *L. chuanxiong*을 중국천궁으로, *C. officinale*를 천궁으로[408] 부르고 있다. 그런가 하면 *C. officinale*를 일본천궁으로도 부르기도 한다.[409] 그리고 *Angelica polymorpha*를 궁궁이로 부르고 있는데, 川芎천궁의 대용품으로 사용하기도 한다.[410]

그런데, *Cnidium officinale*는 중국이 원산지로 알려져 있음에도[411] 중국 식물지에서는 이 학명이 검색되지 않으며, *C. officinale*의 원기준 표본도 확인되지 않고 있다. 우리나라에서는 *C. officinale*가 재배는 되나 성숙한 열매를 맺지 못하여,[412] 마키노가 지적한 것처럼 야생종이 아닌 재배

402 *Ligusticum sinense* 'Chuanxiong', 즉 *L. sinense*의 재배 품종으로 간주해야 함에도, 이를 독립된 종으로 간주한 것으로 보인다.

403 이경우(2002), 49쪽.

404 서강태(1997), 45쪽.

405 신전휘·신용욱(2013), 54쪽.

406 이덕봉c(1963), 49쪽.

407 박용기(1998), 103쪽; 이항우 외(1999), 55쪽; 『본초감별도감, 제1권』(2014), 334쪽.

408 한약재 품질표준화 연구사업단(연도미상), 1쪽.

409 신민교(2015), 547쪽.

410 송인근 외(2009), 1쪽; 신전휘·신용욱(2013), 54쪽.

411 김경희(2019), 246쪽; 『The genera of vascular plants of Korea』(2007), 746쪽.

412 김경희(2019), 245~246쪽.

품종으로 추정된다. 단지 *Ligusticum chuanxiong*과 *C. officinale* 두 종은 외부형태에는 차이가 있어도 내부형태에는 큰 차이가 없는 것으로 보고되었으나,[413] 최근 특별한 차이점이 없는 것으로 파악되어 *C. officinale*와 *L. chuanxiong*을 같은 계통의 식물로 추정하고 있다.[414] 또한 DNA 조사 결과도 이러한 결론을 뒷받침하였는데,[415] *C. officinale*는 *L. ibukiense* Yabe와 동일종으로 간주되거나[416] 속을 변경하여 *L. officinales* (Makino) Kitagawa로 불리고 있다.[417]

이러한 혼란을 해결하려면, 우리나라에서 보고한 우리나라 식물로서 芎藭궁궁 또는 川芎천궁에 대한 자료가 추후 더 확보되어야만 정확한 분류학적 실체를 규명할 수 있을 것으로 판단된다. 그러나 芎藭궁궁이 중국과 다른 약재라고 『세종실록』에 기록되어 있는 점, *Angelica polymorpha*를 천궁의 대용품 또는 芎藭궁궁이라는 이름으로 사용되고 있는 점, *Cnidium officinale*에 川芎천궁이라는 이름이 부여되었으나 이 종의 실체가 불분명한 점,[418] 『동의보감』에 중국에서 수입한 약재를 표시하는 "唐당"이라는 표기가 芎藭궁궁에 없는 점, 그리고 일본에서 편찬된 『대동유취방』에 있는 신라시대 의사 진명鎭明이 사용한 처방이 일부 전해져 오는데 이 처방에 천궁이 등장하는 점[419] 등으로 미루어, 『향약구급방』, 『향약집성방』, 『동의보감』에 언급된 芎藭궁궁은 오늘날 궁궁이라고 부르는 *Angelica polymorpha*로 추정된다. 단지 이러한 추정에 대한 식물학적 근거는 미흡하기에, 추후

413 이숙연(1980), 407쪽.
414 최정국 외(2005), 100쪽; 서영배 외(2016), 133쪽.
415 송인근 외(2009), 1쪽.
416 Hiroe(1979), 1048쪽,
417 http://www.theplantlist.org/tpl1.1/record/kew-2728977
418 서영배 외(2016), 135쪽; http://www.worldfloraonline.org/taxon/wfo-0000362443
419 이현숙(2015), 295쪽.

이에 대한 연구가 필요할 것이다.

한편, 『향약구급방』, 『향약집성방』 그리고 『동의보감』에 나오는 芎藭궁궁과 궁궁이는 같은 식물을 지칭하는 이름임에도 불구하고, 오늘날 궁궁이는 *Angelica polymorpha*에, 芎藭궁궁, 즉 천궁은 *Cnidium officinale*에 사용되고 있다.[420] 아마도 일제강점기에 Mori가 *A. polymorpha*에 川芎천궁, 천궁이라는 이름을 부여함과 동시에 *C. officinale*를 한국산 식물 목록에서 제외하면서 나타난 결과로 추정된다. 이후 정태현 등도 *A. polymorpha*에 川芎천궁과 궁궁이라는 이름을 일치시키면서, *C. officinale*를 목록에서 역시 제외했다가, 다시 정태현 등이 1949년에 *C. officinale*에 천궁川芎이라는 이름을 부여하면서[421] 나타난 혼란으로 추정된다. 비록 *C. officinale*의 명명자인 마키노가 이 학명에 川芎천궁과 芎藭궁궁이라는 한자명을 병기하였지만, 우리나라에서는 川芎천궁과 芎藭궁궁이라는 한자명을 *A. polymorpha*에 부여하는 것이 타당할 것이다.

국가생약정보에는 천궁의 공정서 생약으로 천궁*Cnidium officinale*과 중국천궁*Ligusticum chuanxiong* 두 종이, 민간생약으로 요고본*Conioselinum smithii* (H.Wolff) Pimenov & Kljuykov이 소개되어 있다.

420 이우철a(1996), 783쪽(*Angelica polymorpha*), 790쪽(*Cnidium officinale*).

421 정태현 외a(1949), 94쪽.

22 질려자蒺藜子

향약구급방	俗云古冬非居參 味辛溫无毒 七八月採實 日乾
국명	남가새
학명	*Tribulus terrestris* Linnaeus
생약정보	남가새(*Tribulus terrestris* Linnaeus)

「초부」에는 식물에 대한 설명이 없고, 민간 이름으로 古冬非居參고동비거삼이라고 부르는 것으로 설명되어 있다. 『향약집성방』에는 鄕名향명이 없으며, 중국 문헌에 있는 내용이 인용되어 있는데, 열매가 옛날 군인들이 쓰던 쇠망치 비슷하며, 땅에 덩굴이 퍼져 나가며, 잎은 가늘고 열매는 세모가 지는[422] 것으로 되어 있다. 특히 白蒺藜백질려는 잎이 푸르고 덩굴은 가늘며 바닷가 모래땅에서 자라는[423] 것으로 설명되어 있다. 『동의보감』에는 표제어가 白蒺藜백질려로 되어 있으며, 우리말 이름으로 납거ᄉᆡ가 병기되어 있다. 또한 蒺藜질려에는 두 종류가 있는데, 杜蒺藜두질려는 씨에 가시가 있으나, 白蒺藜백질려의 씨는 양의 콩팥처럼 생긴[424] 차이로 구분되어 있다. 『향약구급방』에 나오는 古冬非居參고동비거삼이라는 이름은 고ᄃᆞᆯ비거ᄉᆞᆷ으로 읽히는데,[425] 15세기까지만 나타나며 그 이후에는 사라졌고, 16세기에 납거ᄉᆡ라는 이름이 古冬非居參고동비거삼과는 상관없이 나타난 것으로 추정하고 있다.[426]

422 類軍家鐵蒺藜. (…중략…) 布地蔓生, 細葉, 子有三角, 刺人是也.

423 又一種白蒺藜, 綠葉細蔓綿布沙上. 七月開花黃紫色, 如豌豆花而小

424 杜蒺藜, 卽子有芒刺者, (…중략…) 白蒺藜, 出同州沙苑, 子如羊內腎,

425 남풍현(1981), 122쪽.

426 이은규(2008), 508쪽.

중국에서는 蒺藜질려와 白蒺藜백질려를 모두 *Tribulus terrestris* Linnaeus로 간주하며,[427] 杜蒺藜두질려도 같은 식물로 간주하고 있다.[428] 우리나라에서는 남가새라고 부르고 있으며, 해안가를 따라 분포한다.[429] 한편 『동의보감』에는 동주사원에서 나오는 것으로 설명된 白蒺藜백질려가 있는데, 이 식물이 沙苑蒺藜사원질려라는 주장도 있으며,[430] 중국에서는 沙苑蒺藜사원질려를 우리나라에는 분포하지 않은 *Astragalus complanatus* Bunge로 간주하고 있다.[431] 국가생약정보에는 질려자의 공정서 생약으로 남가새*T. terrestris*가 소개되어 있다.

23 황기黃耆

향약구급방	俗云數板麻 又目白甘板麻 二八十月採根 陰乹
국명	황기
학명	*Astragalus mongholicus* (Bunge) X. Y. Zhu var. *dahuricus* (DC) Podlech
생약정보	황기(*Astragalus membranaceus* Bunge)와 몽골황기(*A. membranaceus* var. *mongholicus* Hsiao)

「초부」에는 식물에 대한 설명이 없고, 민간 이름으로 數板麻수판마와 目

427 『中國植物志, 43(1)卷』(1998), 142쪽.

428 http://www.zysj.com.cn/zhongyaocai/yaocai_c/cijili.html

429 『The genera of vascular plants of Korea』(2007), 714쪽.

430 『신편 대역 동의보감』(2005), 3508쪽.

431 『中國植物志, 42(1)卷』(1993), 110쪽.

白甘板麻목백감판마라고 부르는 것으로 설명되어 있다. 『향약집성방』에는 중국 문헌에 있는 내용이 인용되어 있는데, 뿌리의 길이는 60~90cm이며, 줄기는 하나이나 무리를 지으며, 잎은 羊齒양치[432] 또는 蒺藜질려[433]를 닮았고, 음력 7월에 황자색 꽃이 피며, 3cm 정도 되는 열매가 달리는[434] 것으로 설명되어 있다. 鄕名향명으로 甘板麻감판마가 병기되어 있다. 『동의보감』에는 벌판과 들에서 자라는데 어느 곳에나 널리 자라는[435] 것으로 설명되어 있고, 우리말 이름으로 ᄃᆞ너삼불휘가 병기되어 있다.

『향약구급방』에 나오는 민간 이름 數板麻수판마는 수널삼으로, 目白甘板麻목백감판마는 눈힌ᄃᆞ널삼으로 해독된다.[436] 그리고 『향약집성방』에 나오는 鄕名향명 甘板麻감판마는 『동의보감』에 병기된 우리말 이름 ᄃᆞ너삼과 연결된다.[437] 그러나 數板麻수판마와의 연결은 확인이 불가능한데, 數수가 아니라 段단의 오기로 추정되며, ᄃᆞ너삼은 맛이 쓴 고삼, 즉 너삼과 비교하여 맛이 단 고삼이라는 의미로 풀이된다.[438]

중국에서는 黃耆황기를 *Astragalus membranaceus* (Fischer) Bunge[439] 또는 *A. propinquus* Schischkin으로[440] 간주하고 있는데, 최근 이 두 학명은 모두 *A. penduliflorus* Lam. subsp. *mongholicus* (Bunge) X. Y. Zhu var. *dahuricus*

432 양치식물을 지칭하는 것으로 보인다.

433 남가새(*Tribulus terrestris*)이다. 22번 항목 질려(蒺藜)를 참조하시오.

434 根長二三尺已來, 獨莖作叢生, 枝幹去地二三寸. 其葉扶疏作羊齒狀, 又如蒺藜苗. 七月中開黃紫花, 其實作莢子, 長寸許.

435 生原野, 處處有之

436 남풍현(1981), 139쪽.

437 손병태(1996), 169쪽.

438 이덕봉b(1963), 176쪽; 이덕봉c(1963), 49쪽.

439 『中國植物志, 42(1)卷』(1993), 131쪽.

440 https://baike.baidu.com/item/黄芪/9403696?fromtitle=%20黄芪&fromid=563358&fr=aladdin

(Fisch. ex DC.) X. Y. Zhu의 이명으로 간주되었고,[441] 우리나라에서는 이 학명을 다시 *A. mongholicus* var. *dahuricus*와 같은 이름으로 처리하였고, 이 종을 황기로 간주하고 있다.[442] 뿌리 이외에 잎과 줄기도 약재로 사용한다. 몽고황기*A. mongholicus* var. *mongholicus* 도 黃耆황기라는 약재로 사용하나,[443] 최근에는 var. *mongholicus*와 var. *dahuricus*라는 변종을 인정하지 않고 *Astragalus mongholicus*라는 종으로 간주하고 있다.[444] 국가생약정보에는 황기의 공정서 생약으로 황기*Astragalus membranaceus* 와 몽골황기*A. membranaceus* Bunge var. *mongholicus* Hsiao가 소개되어 있다.

24 포황蒲黃

향약구급방	俗云助背槌 味甘無毒
국명	부들
학명	*Typha orientalis* C. Presl
생약정보	부들(*Typha orientalis* C. Presl)

「초부」에는 식물에 대한 설명이 없고, 민간 이름으로 助背槌조배추라고 부르는 것으로 설명되어 있으며, 「본문」에서는 鄕名향명으로 蒲鎚上黃粉포추상황분이라고 부른다고 설명하고 있다. 『향약집성방』에는 蒲黃포황이 부들에

441 Zhu(2005), 289쪽.
442 최인수 외(2013), 16쪽.
443 『본초감별도감, 제2권』(2015), 390쪽.
444 『*Flora of China*, Vol. 10』(2010), 343쪽.

의 꽃가루라는[445] 설명이 있고, 중국 문헌의 내용이 인용되어 있다. 여름에 포기 가운데에서 꽃줄기가 돋아나며, 꽃들이 줄기를 둘러싸는데 마치 무사의 봉처럼 생겼고, 꽃가루를 蒲黃포황이라 부르는데 부드럽고 노란 것이 금가루와 비슷한[446] 것으로 설명되어 있다. 『동의보감』에는 부들숫ᄀᆞᄅᆞ라는 우리말 이름이 병기되어 있으며, 못에서 자라는데 어느 곳에나 있는[447] 것으로 설명되어 있다. 蒲鎚포추나 蒲槌포추는 부들로, 黃粉황분은 누런 가루, 즉 꽃가루로 풀이되는데,[448] 『동의보감』에는 부들꽃가루로 표기된 것으로 보인다.

『향약구급방』에 나오는 민간 이름 助背槌조배추는 도빈마치[449] 또는 조배로 해독되는데, 볼품이 없고 작고 둥근 것을 설명하는 것으로 풀이된다.[450] 한편, 『향약집성방』과 『동의보감』에는 蒲黃포황 항목에 이어서 香蒲향포 항목이 나오는데, 『향약집성방』에는 鄕名향명으로 次乙皆차을개라는 이름이 병기되어 있으며, 『동의보감』에는 부들의 싹이라고[451] 설명되어 있다. 따라서 蒲포는 香蒲향포를 지칭한 것으로 보인다. 『향약집성방』에 나오는 鄕名향명 次乙皆차을개는 잘기로 해석되며 부들의 싹으로 이해되나 정확한 것이 알려져 있지 않다.[452]

중국에서는 香蒲향포를 *Typha orientalis* C. Presl로 간주하고 있으며,[453]

445 卽蒲槌上黃粉.

446 至夏抽梗, 於叢葉中花抱梗端, 如武士棒杵. 故俚俗謂蒲槌, 亦爲之蒲釐花, 黃卽花中蕊屑也, 細若金粉.

447 生水澤中, 處處有之.

448 손병태(1996), 167쪽.

449 남풍현(1981), 134쪽.

450 손병태(1996), 167쪽.

451 蒲黃苗.

452 손병태(1996), 168쪽.

453 『中國植物志, 8卷』(1992), 3쪽.

우리나라에서는 이 종을 부들이라는 이름으로 부르고 있다.[454] 한편 蒲黃포황 항목에 敗蒲席패포석이라는 소항목이 나오는데, 蒲席포석이라고도 부르며 사람이 오래 깔고 누워 있던 것으로 설명하고 있다.[455] 아마도 蒲포, 즉 香蒲향포를 이용해서 만든 돗자리로 풀이되나, 추후 상세한 검토가 필요하다. 우리나라에는 부들 이외에 큰잎부들*T. latifolia* Linnaeus, 애기부들*T. angustifolia* Linnaeus, 꼬마부들*T. laxmannii* Lepechin 등도 분포하는데, 아마도 이들 모두를 蒲黃포황이라고 부르면서 약재로 사용했을 것으로 추정된다. 우리나라에 분포하는 부들속*Typha* 식물들의 실체가 최근에 규명되었으나, 이들을 구분할 수 있는 특징이 옛 문헌에 없다. 그러나 鄕藥향약이라는 관점에서 볼 때 분포가 넓은 부들*T. orientalis*을 蒲黃포황으로 간주하는 것이 타당할 것이라는 주장도 제기되었다.[456] 국가생약정보에는 포황의 공정서 생약으로 부들*T. orientalis*이, 민간생약으로 꼬마부들*T. laxmannii*, 큰잎부들*T. latifolia*, 애기부들*T. angustifolia* 등이 소개되어 있다.

454 『The genera of vascular plants of Korea』(2007), 1268쪽.
455 以久臥得人氣者爲佳.
456 이덕봉c(1963), 49쪽.

25 결명자決明子

향약구급방	俗云狄小豆 味鹹苦微寒無毒 十月十日採 陰乾百日
국명	결명자
학명	*Senna tora* (Linnaeus) Roxburgh
생약정보	결명차(*Cassia tora* Linnaeus)와 결명(*C. obtusifolia* Linnaeus)

「초부」에는 식물에 대한 설명이 없고 민간 이름으로 狄小豆적소두라고 부른다고 설명되어 있다. 「본문」에는 草決明초결명이라는 이름으로 표기되어 있다. 『향약집성방』에는 중국 문헌에 있는 내용이 인용되어 있는데, 뿌리는 자색이고, 줄기는 90~120cm 자라며, 잎은 苜蓿목숙[457]과 비슷하나 조금 크며, 꽃은 음력 7월에 황백색으로 피며, 열매는 콩꼬투리로 익으며, 씨는 綠豆녹두[458]와 비슷한[459] 것으로 설명되어 있다. 鄕名향명은 없다. 『동의보감』에는 『향약집성방』에 있는 설명이 비슷하게 나열되어 있으며, 우리말 이름은 초결명으로 표기되어 있다. 『향약구급방』에 나오는 민간 이름 狄小豆적소두는 『향약채취월령』에도 나오는데, 狄적은 되로, 小豆소두는 팟으로 읽히나,[460] 『동의보감』에 나오는 우리말 이름 초결명과는 연결이 되지 않는다.

중국에서는 決明子결명자를 *Cassia tora* Linnaeus로 간주하다가,[461] 최근에

457 자주개자리(*Medicago sativa* Linnaeus)로 간주되고 있다.

458 녹두(*Vigna radiata*)이다. 115번 항목 녹두(菉豆)를 참조하시오.

459 夏初生苗, 高三四尺許. 根帶紫色, 葉似苜蓿, 而六七月有花黃白色. 其子作穗如靑菉豆而銳.

460 남풍현(1981), 30쪽.

461 『中國植物志, 39卷』(1988), 126쪽.

는 *Senna tora* (Linnaeus) Roxburgh라는 학명을 사용하고 있다.[462] 열대 지방 원산으로 알려져 있는데, 중국에서는 *S. tora* var. *obtusifolia* (Linnaeus) X. Y. Zhu≡ *S. obtusifolia* (L.) H. S. Irwin & Barneby ≡ *Cassia obtusifolia* Linnaeus도 함께 재배하고 있다.[463]

우리나라에서는 *Senna obtusifolia*를 초결명으로, *S. tora*를 긴강남차로 부르거나,[464] *S. obtusifolia*를 강남차로,[465] *S. tora*를 결명차와 긴강남차로 부르고 있다.[466] 그러나 『동의보감』에 나오는 決明子결명자가 *S. tora*와 *S. obtusifolia* 두 종을 모두 지칭하는 것으로 보이는데,[467] 이 종들의 국내로의 전래 역사, 정확한 국명 등에 대한 연구가 추후 수행되어야 할 것이다. 단지 『향약집성방』 발간 이전인 1425년에 발간된 『경상도지리지』에 決明子결명자가 경상도에서 산출되는 약재로 기록되어 있어,[468] 조선 초기에 이미 決明子결명자를 외국에서 수입하여 재배했던 것으로 추정된다. 決明子결명자의 잎을 明茹명여라고 부르는데, 역시 약재로 사용한다고 『동의보감』에 설명되어 있다. 『향약구급방』에 나오는 決明子결명자를 *Cassia tora*로 간주한다는 견해를[469] 수용했으나, 국가생약정보에는 결명자*C. tora*와 결명*C. obtusifolia* 두 종이 공정서 생약으로 소개되어 있다.

462 『*Flora of China*, Vol. 10』(2010), 31쪽.
463 『*Flora of China*, Vol. 10』(2010), 31쪽.
464 이무진 외(2016), 333쪽.
465 신민교(2016), 394쪽.
466 이우철a(1996), 562쪽.
467 『본초감별도감, 제2권』(2015), 24쪽.
468 이경록c(2010), 222쪽.
469 이덕봉c(1963), 50쪽.

26 사상자蛇床子

향약구급방	俗云蛇音置良只菜實 味苦甘无毒 五月採實 陰乾
국명	벌사상자 → 사상자로 수정 요
학명	*Cnidium monnieri* (Linnaeus) Cusson
생약정보	벌사상자(*Cnidium monnieri* (Linnaeus) Cussion)와 사상자(*Torilis japonica* (Houttuyn) DC)

「초부」에는 식물에 대한 설명이 없고, 민간 이름으로 蛇音置良只菜實사음치량지채실로 부른다는 설명만 있으며, 「본문」 중에는 蛇牀子사상자와 蛇牀菜子사상채자라고 표기되어 있다. 『향약집성방』에는 鄕名향명으로 蛇都羅叱사도라질이 병기되어 있으며, 중국 문헌에 있는 내용이 인용되어 있다. 蛇床子사상자는 높이 90~120cm 정도 자라며, 잎은 무더기로 나오며, 가지는 蒿호[470]와 비슷하나 가지마다 꽃이 4~5월에 무리지어 하얗게 피는데 100여 개가 마치 하나의 꽃처럼 보여 馬芹類마근류[471]와 비슷하며, 씨는 황갈색이며 기장쌀과 비슷하나 가벼운[472] 것으로 설명되어 있다. 『동의보감』에도 이와 비슷한 설명이 인용되어 있으며, 우리말 이름으로 ᄇᆡ얌도랏ᄡᅵ가 병기되어 있다.

『향약구급방』에 나오는 蛇牀菜子사상채자의 경우, 蛇사는 사로 음독되고, 牀상도 상으로 음독되며, 菜채는 ᄂᆞᄆᆞᆯ로 훈독되고, 子자는 ᄡᅵ로 훈독되기에,

470 쑥속(*Artemisia*) 식물이다.

471 어떤 식물인지 확인이 되지 않는다.

472 高三四尺. 葉靑碎作叢, 似蒿枝. 每枝上有花頭百餘, 結同一窠, 似馬芹類. 四五月開白花, 仁似散水子, 黃褐色如黍米, 至輕虛.

사상ᄂᆞ믈씨로 해독된다. 또한 蛇音置良只菜實사음치량지채실은 蛇音置良只사음치량지가 식물이며, 菜實채실은 열매를 채취한다는 의미로 보이는데, 蛇音置良只사음치량지의 경우, 蛇사는 ᄇᆞ얌으로 훈독되고, 音음은 "ㅁ"으로 음가되고, 置치는 두로 훈독되고, 良량은 라로, 그리고 只지는 기로 읽히므로, ᄇᆞ얌두라기로 해독된다. 『향약집성방』에 나오는 蛇都羅叱사도라질이라는 이름은 『향약채취월령』에도 나오는데, 蛇사는 ᄇᆞ얌으로 훈독되고, 都도는 도라는 음가로, 羅라 역시 라라는 음가로, 叱질은 "ㅅ"으로 음가되므로 ᄇᆞ얌도랏으로 해독된다.[473] 따라서 『동의보감』에서 나오는 ᄇᆡ얌도랏씨는 ᄇᆡ얌도랏의 씨, 즉 씨로 풀이되며, 오늘날에는 뱀도랏으로 불리는데, 한자명 蛇床子사상자와 한때 같이 사용되었다.[474]

중국에서는 蛇床子사상자를 蛇床사상의 씨로 간주하며, 蛇床사상은 *Cnidium monnieri* (Linnaeus) Cusson으로 간주하고 있다.[475] 그러나 우리나라에서는 *Torilis japonica* (Houttuyn) de Candolle을 사상자로 간주하고 있으며,[476] *C. monnieri*를 벌사상자로 부르고 있다.[477]

이러한 혼란은 일제강점기에 이시도야가 *Torilis anthriscus* Bentham이라는 학명에 『동의보감』에 나오는 ᄇᆡ얌도랏이라는 우리말 이름을 일치시키면서 나타난 것으로 추정되는데,[478] 이 종은 오늘날 사상자*T. japonica*와 같은 종으로 처리되고 있다.[479] 이후 Mori는 *Cnidium monnieri*에 蛇牀사상이라는 이름을, 그리고 *T. japonica*에 蛇床子사상자와 사상ᄌᆞ라는 이름을 일

473 손병태(1996), 140쪽.
474 이덕봉b(1963), 177쪽.
475 『中國植物志, 55(2)卷』(1985), 221쪽.
476 김경희(2019), 178쪽; 이우철a(1996), 811~812쪽.
477 김경희(2019), 242쪽; 이우철a(1996), 789쪽.
478 이시도야(1917), 19쪽.
479 http://www.theplantlist.org/tpl1.1/record/kew-2438341

치시키면서,[480] 비슷한 이름을 전혀 다른 식물에 부여하여 혼란을 가중시켰다. 이후 정태현 등은 처음에는 *C. monnieri*를 우리나라 식물 목록에서 제외하면서 *T. japonica*를 사상자, 蛇床子사상자로 지칭했다가,[481] 후일 *C. monnieri*가 국내에도 분포하는 것으로 간주하면서 이 종에 벌사상자라는 이름을 붙였다.[482] Mori가 두 식물에 유사한 이름을 부여했고, 정태현 등이 *T. japonica*에만 사상자라는 이름을 붙이면서 혼란이 발생한 것이다.

그러나 『향약구급방』에 나오는 蛇床子사상자는 중국에서처럼 *Torilis japonica*가 아닌 *Cnidium monnieri*로 간주해야만 할 것이다. 실제로 蛇床子사상자가 *T. japonica*가 아니라 *C. monnieri*라는 점은 이미 국내에서 확인되었음에도[483] 불구하고, 일부 한의학계나[484] 식물분류학계에서[485] 아직도 수정하지 않고 있다. 벌사상자*C. monnieri*는 주로 북부 지방이나 남부의 산지에서 나는 반면, 사상자*T. japonica*는 풀밭에서 자라며, "어느 곳에나 다 있는데 작은 잎은 궁궁이와 비슷하며 꽃은 희고 열매는 기장 열매 같아 누렇고 흰빛이며 가볍고, 습지에서 나고 자란다[486]"라는 『동의보감』의 설명과 더 잘 일치하기 때문에 蛇床子사상자를 *T. japonica*로 간주해야 한다고 주장하고[487] 있는 것이다.

그런데 *Torilis japonica*의 씨는 길이 3~5mm, 폭 1.5~2mm에 이르고,

480 Mori(1922), 270쪽, 274쪽.

481 정태현 외(1937), 138쪽.

482 정태현 외a(1949), 94쪽.

483 이덕봉c(1963), 51쪽; 이영종(1985), 391~397쪽.

484 오명숙 외(2005), 103쪽.

485 Lee(2000), 287~301쪽. 이 논문은 영어로 작성되었기에 우리말 식물명은 나오지 않으나, 한글 제목에 연구 대상을 '사상자족'으로 표현하면서, 연구 재료로 *Torilis* 식물들이 포함되어 있어, 사상자를 *T. japonica*로 간주한 것으로 추정했다.

486 處處有之 似小葉芎藭花 白子如黍粒 黃白至輕 虛生下濕地.

487 이경우(2002), 46쪽.

조그만 가시들이 밀생하는 대신 가는 능선이 없으나, *Cnidium monnieri*의 씨는 길이 2mm, 폭 1mm에 불과하여 기장 열매처럼 작고, 『본초강목』에 蛇床子사상자의 경우 가는 능선이 있다고 되어 있는데 이러한 능선이 존재한다는 점,[488] 『동의보감』에 蛇床子사상자가 남자의 음기를 강하게 하는 역할을 하는 것으로 설명되어 있는데 이러한 효과가 *T. japonica*보다 *C. monnieri*에서 우수하게 나타나는 점,[489] *C. monnieri*의 쓴맛이 *T. japonica*의 쓴맛보다 강하게 나타나는 점,[490] 그리고 두 종 모두 전국에 걸쳐 분포하는 점[491] 등으로 볼 때, 『향약구급방』, 『향약집성방』, 『동의보감』에서 설명하는 蛇床子사상자는 *T. japonica*가 아니라 *C. monnieri*로 간주해야만 할 것이다. 따라서 식물명도 *C. monnieri*를 사상자로 부르고, *T. japonica*에는 새로운 이름이 부여되어야만 할 것이다. 우리나라에서는 국가생약정보를 비롯하여 일부 본초서에 蛇床子사상자를 *T. japonica*와 *C. monnieri* 두 종의 열매로 간주되어 있다.[492]

488 이영종(1985), 391~397쪽.
489 오지훈 외(2014), 115쪽.
490 김영화 외(2013), 12쪽.
491 김경희(2019), 183쪽, 246쪽.
492 『본초감별도감, 제2권』(2015), 122쪽.

27 지부묘地膚苗

향약구급방	俗云唐杻 三四五月採苗 八九月採實 陰乾
국명	댑싸리
학명	*Kochia scoparia* (Linnaeus) Schrader
생약정보	지부자. 댑싸리(*Kochia scoparia* (Linnaeus) Schrader)

「초부」에는 식물에 대한 설명은 없고, 민간 이름으로 唐杻당뉴라고 부르는 것으로 설명되어 있고, 「본문」 중에는 唐杻伊당뉴이로 표기되어 있다. 『향약집성방』과 『동의보감』에는 표제어가 地膚子지부자로 되어 있어, 차이를 보인다. 또한 『향약구급방』에서는 地膚지부의 어린 싹苗을 약재로 쓴다고 설명된 반면, 『향약집성방』과 『동의보감』에는 씨앗子을 약재로 쓰는 것으로 설명되어 있어, 차이를 보인다. 식물에 대한 설명으로 『향약집성방』과 『동의보감』에는 중국 문헌에 설명된 내용을 인용하고 있다.[493] 『동의보감』에는 地膚지부의 줄기는 붉은색이며, 잎은 푸른색이며 크기는 荊芥[494]형개와 비슷하고, 꽃은 음력 7월에 노랗게 피며, 씨는 청백색이며 한잠 자고 눈 누에똥과 비슷한[495] 것으로 설명되어 있다. 『동의보감』에는 우리말 이름이 대ᄡᆞ리로 병기되어 있다. 『향약구급방』에 나오는 민간 이름 唐杻당뉴의 경우, 唐당은 대로 훈독되고 杻뉴는 빠리로 훈독되어 대빠리로 해독되며, 唐杻伊당뉴이도 비슷한데,[496] 伊이는 단어 끝에 나오는 첨가어

493 한국학중앙연구원 장서각 소장 『향약집성방(鄕藥集成方)』에는 地膚子(지부자) 항목이 누락되어 있다.

494 133번 항목 형개(荊芥)를 참조하시오.

495 莖赤葉靑, 大似荊芥, 花黃白, 子靑白色, 似一眠起蚕沙.

496 손병태(1996), 159쪽.

로 唐柤伊당뉴이가 고유어 표기임을 보여주는 것으로 해석하고 있다.[497]

중국이나 우리나라 모두 *Kochia scoparia* (Linnaeus) Schrader를 地膚子지부자로 간주하고 있는데,[498] 최근에는 댑싸리로 부르고 있다.[499] 地膚子지부자 잎도 약재로 사용된다고 『동의보감』에서 설명하고 있다.

28 계화戒火

향약구급방	一名景天 俗云塔菜 味苦酸无毒 四月四日 七月七日 採花苗葉 陰
국명	꿩의비름
학명	*Sedum erythrostictum* Miquel
생약정보	경천(景天), 꿩의비름(*Hylotelephium erythrostictum* (Miquel) H. Ohba)

「초부」에는 식물에 대한 설명이 없고, 민간 이름으로 塔菜탑채라고 부르는 것으로 설명되어 있고, 다른 한자명 景天경천이 나열되어 있다. 『향약집성방』과 『동의보감』에는 표제어가 景天경천으로 표기되어 있으며, 『동의보감』에는 우리말 이름으로 집우디기가 병기되어 있다. 『향약집성방』과 『동의보감』에는 景天경천의 줄기는 연약하고, 잎은 馬齒莧마치현[500]과 비슷하나 층을 쌓듯이 나며, 꽃은 여름에 홍자색으로 피는[501] 것으로 설명되

497 남풍현(1981), 120쪽.
498 『中國植物志, 25(2)卷』(1979), 102쪽; 나상혁 외(2006), 557쪽.
499 이우철a(1996), 280쪽.
500 133번 항목 마치현(馬齒莧)을 참조하시오. 쇠비름(*Portulaca oleracea* Linnaeus)이다.
501 苗葉似馬齒莧而大, 作層而生, 莖極脆弱, 夏中開紅紫碎花.

어 있다.[502]

『향약구급방』에 나오는 민간 이름 塔菜탑채의 경우, 塔탑은 탑으로 음독되고, 菜채는 ᄂᆞᄆᆞᆯ로 훈독되어 탑ᄂᆞᄆᆞᆯ로 해독되는데, 잎이 층을 이루고 나기 때문에 塔탑이라는 글자를 사용한 것으로 추정하고 있다. 그런데 탑ᄂᆞᄆᆞᆯ은 『동의보감』에 나오는 집우디기와는 큰 상관이 없어 보이나, 지붕에 올려 불을 막는 풀로 해석된다.[503] 그리고 탑ᄂᆞᄆᆞᆯ은 오늘날 돋나물로 발달한 것으로 추정하고 있다.[504]

중국에서는 *Hylotelephium erythrostictum* (Miqeul) H. Ohba를 景天경천으로 간주하고 있는데,[505] 우리나라에서는 이 학명을 사용하거나[506] *Sedum erythrostictum* Miquel이라는 학명을 사용하며,[507] 꿩의비름으로 부르고 있다. 景天경천을 *Sedum alboroseum* Baker로 간주하기도 하는데,[508] 이 학명은 *S. erythrostictum*의 분류학적 이명으로 알려져 있다.[509]

우리나라에서는 일제강점기에 Mori가 *Sedum alboroseum* Baker를 景天경천으로 간주했으며, *S. sarmentosum* Bunge에는 돌나물이라는 이름을 일치시켰다.[510] 이후 정태현 등은 *S. alboroseum*에 꿩의비름이라는 우리말 이름을, *S. sarmentosum*에는 돌나물이라는 이름을 일치시켰다.[511] 『향약구급

502 한국학중앙연구원 장서각 소장 『향약집성방(鄕藥集成方)』에는 景天(경천) 항목이 누락되어 있다.
503 손병태(1996), 159쪽.
504 이덕봉b(1963), 178쪽.
505 『中國植物志, 34(1)卷』(1984), 54쪽.
506 『The genera of vascular plants of Korea』(2007), 514쪽.
507 이우철a(1996), 430쪽.
508 서강태(1997), 30쪽.
509 http://www.theplantlist.org/tpl1.1/record/tro-8901484
510 Mori(1922), 179쪽.
511 정태현 외(1937), 78~79쪽.

방』에는 景天경천의 우리말 이름으로 오늘날 돌나물의 어원으로 추정되는 塔菜탑채가, 즉 돋나물이 표기되어 있으나, 오늘날에는 景天경천과 돌나물이 서로 다른 식물에 적용되어 있어 문제이다.

이는 탑ᄂᆞᄆᆞᆯ이 오늘날 돋나물로 발달한 것으로 추정하면서 나타난 결과로 판단되는데, 13세기와 현대라는 시간적인 간격도 크고 음운상의 차이도 있으며,[512] 돌나물의 경우 땅위를 기면서 자라 잎이 층을 이루고 난다는 설명과는 상충되므로, 이 부분에 대한 재검토가 필요하다. 단지 돌나물은 탑ᄂᆞᄆᆞᆯ과는 무관하게 돌에 자라는 나물이라는 의미로 만들어진 식물명으로 받아들이는 것이 더 타당할 것으로 판단된다. 그리고 유희의 『물명고』와 저자 미상의 『광재물보』에는 景天경천과는 독립된 항목으로 佛甲草불갑초가 나열되어 있는데, 이 식물의 우리말 이름이 돌나물로 표기되어 있고,[513] 중국에서는 佛甲草불갑초를 돌나물*Sedum sarmentosum*과 같은 속에 속하는 *S. lineare* Thunberg로 간주하고 있다.[514] 따라서 탑ᄂᆞᄆᆞᆯ이 돌나물과는 상관이 없는 것으로 판단되며, 景天경천과 돌나물이라는 이름을 제각기 사용해도 상관없을 것이다.

그런데 『동의보감』에 나오는 景天경천의 우리말 이름인 집우디기가 昨葉荷草작엽하초 또는 瓦松와송이라고 부르는 식물의 우리말 이름으로도 사용되었다. 그리고 景天경천과 昨葉荷草작엽하초 모두 잎들이 층을 이루어 달리고 있어, 塔菜탑채라는 이름으로 부를 수도 있다. 그러나 『본초강목』에 있는 昨葉荷草작엽하초는 기와로 만든 지붕 위에서 자라는 것으로 그려져 있는 반면, 景天경천은 화분에 심어져 있는 상태로 그려져 있다. 『동의보감』

512 남풍현(1981), 35쪽.
513 정양완 외(1977), 237쪽.
514 https://baike.baidu.com/item/佛甲草/1727092?fr=aladdin

에도 昨葉荷草작엽하초라는 독립된 항목이 나오며, 지붕 위에 자란다고 설명되어 있다. 오늘날 중국에서는 *Orostachys fimbriata* (Turczaninow) A. Berger를 瓦松와송으로 간주하면서, 이 종이 우리나라에도 분포한다고 설명하고 있으나,[515] 이 종은 우리나라 식물 목록에는 없으며,[516] 바위솔*O. japonica* A. Berger을 와송으로 부르고 있어,[517] 추후 상세한 재검토가 필요하다.

29 인진호茵陳蒿

향약구급방	俗云加火左只 味苦微寒无毒 五七月採莖葉 陰乾
국명	사철쑥 → 더위지기로 수정 요
학명	*Artemisia capillaris* Thunberg
생약정보	사철쑥(*Artemisia capillaris* Thunberg)

「초부」에는 식물에 대한 설명이 없고, 민간 이름으로 加火左[518]只가화좌지로 부르는 것으로 설명되어 있다. 『향약집성방』에는 鄕名향명으로 加外左只가외좌지가, 『동의보감』에는 우리말 이름으로 더위자기가 병기되어 있다. 『향약집성방』과 『동의보감』에는 중국 문헌에 있는 내용이 인용되어 있는데, 茵陳蒿인진호의 줄기는 90~150cm 정도 자라고 蓬蒿봉호[519]와 비슷하며,

515 『*Flora of China*, Vol. 8』(2001), 207쪽.

516 『The genera of vascular plants of Korea』(2007), 518~519쪽.

517 신민교(2015), 594쪽; 노정은(2008), 27쪽.

518 신영일(1994, 138쪽)과 녕옥청(2010, 112쪽)은 尤(우)로 표기했으나, 이경록(2018, 286쪽)은 老(로)로, 남풍현(1981, 111쪽)은 左(좌)로 표기했다. 그런데 『향약집성방』에는 左(좌)로 표기되어 있어, 左(좌)로 간주했다.

519 중국에서는 쑥갓(*Chrysanthemum coronarium*)으로 간주한다.

잎은 매우 좁고 꽃과 열매는 관찰되지 않는데, 잎이 가을에 마르나 줄기가 겨울에도 죽지 않으므로 茵陳蒿인진호라는 이름이 붙은[520] 것으로 설명되어 있다.

『향약구급방』에 나오는 加火左只가화좌지의 경우, 加가는 더로 훈가되고, 火화는 블로 훈독되고, 左좌는 자로 음가되고, 只지는 기로 음가되어 더블자기로 해독된다. 『향약집성방』에 나오는 鄕名향명 加外左只가외좌지의 경우, 加가는 더로 약훈가되고, 外외는 외로 음가되고, 左좌는 자로 음가되고, 只지는 기로 음가되어, 더외자기로 해독되며, 모음조화를 고려하면 더위자기로 변형될 것이며, 계속해서 더위지기로 변천했을 것으로 추정하고 있다. 그러나 加火老只가화로지로 판독할 경우, 加가는 더로 훈가되고, 火화는 블로 훈독되며, 老로는 노로 음가되고, 只지는 기로 음가되어 더블노기로 해독되는데, 더블은 더울을 거쳐 더위로 발달했을 것으로 추정하고 있다.[521]

중국에서는 茵陳蒿인진호를 *Artemisia capillaris* Thunberg로 간주하고 있는데,[522] 우리나라에서는 이 식물을 사철쑥으로 부르고 있으며,[523] 눈이 내리는 겨울에도 살아 있어 사철쑥이라는 이름이 붙은 것으로 알려지고 있다.[524] 한편 우리나라에 분포하는 쑥속*Artemisia* 식물 가운데 사철쑥*A. capillaris*, 털산쑥*A. sacrorum* Ledebour, 비단쑥*A. lagocephala* (Fischer ex Besser) Candolle 등은 다년성 아관목으로 살아가기에,[525] 지상부의 아래쪽이 겨울에도 발견되기도 하여 마치 살아 있는 것처럼 보일 수가 있다. 이들 가운데 비단쑥

---

520 似蓬蒿而葉緊細, 無花實, 秋後葉枯, 莖幹經冬不死, 更因舊苗而生, 故名茵陳蒿.

521 손병태(1996), 157~158쪽.

522 『中國植物志, 76(2)卷』(1991), 216쪽.

523 이우철a(1996), 1085쪽.

524 http://www.yasangwha.co.kr/Skin/Productveiw.php?V_Name=사철쑥

525 박명순(2012), 21쪽.

A. lagocephala은 우리나라에서는 함북 지방에만, 중국에서는 헤이룽장과 지린 지역에만 분포하고 있어,[526] 『동의보감』 또는 중국 문헌에 있는 "어느 곳에나 있다"[527]라는 설명과는 상충된다. 그리고 털산쑥A. sacrorum은 독립된 종으로 간주되거나,[528] 더위지기A. gmelinii Weber ex Stechmann와 동일한 종으로 간주되기도 한데,[529] 중국에서는 털산쑥A. sacrorum을 白蒿백호 또는 白蓬蒿백봉호로 간주하고 있다. 그러나 사철쑥과 털산쑥, 또는 더위지기와의 차이를 규명할 만한 자료가 옛 문헌에 제시되어 있지 않아 정확한 실체 규명은 곤란한 실정이다. 실제로 어느 한 종을 茵陳蒿인진호로 단정하기에는 곤란하다는 지적도 있다.[530] 그러나 중국에서 피력된 분류학적 견해를 받아들여 茵陳蒿인진호를 *A. capillaris*로 간주하는 것이 타당할 것이다.

한편, 우리나라에서는 옛 문헌에서 사용하던 더위자기, 즉 더위지기라는 이름을 *Artemisia capillaris*와는 다른 종인 *A. gmelinii*에 부여하고 있다.[531] 이러한 혼란은 이시도야가 *A. sacrorum*에 『동의보감』에 나오는 더위자기라는 우리말 이름을 일치시키고 이 식물의 줄기와 잎을 茵陳蒿인진호라고 부른다고[532] 설명하면서 시작된 것으로 판단된다. 이후 Mori가 *A. capillaris*와 *A. apiacea* Hance에 한자명 茵陳蒿인진호와 한글명 ᄉᆞ철쑥을 병기하면서[533] 사철쑥과 더위지기라는 이름의 혼란이 더 크게 만들어진 것으로 판단된다. 茵陳蒿인진호라는 한자명에 이미 더위지기라는 한글명이

526 Park et al. (2016), 178쪽.

527 處處有之.

528 Park et al. (2016), 176쪽.

529 http://www.efloras.org/florataxon.aspx?flora_id=2&taxon_id=200023234

530 이덕봉c(1963), 52쪽.

531 이우철a(1996), 1087쪽.

532 이시도야(1917), 5쪽.

533 Mori(1922), 342쪽.

있음에도 불구하고, 이 한글명을 사용하지 않고 대신 ᄉᆞ철쑥이라는 새로운 이름을 부여한 것이다.

이후 정태현 등은 *Artemisia capillaris*를 사철쑥으로 부르면서, *A. messerschmidtiana* Besser var. *viridis* Besser에 더위지기라는 한글명과 茵陳蒿인진호라는 한자명을 병기했다.[534] Mori는 茵陳蒿인진호와 사철쑥을 같은 종으로 간주했으나, 정태현 등은 이 둘을 구분한 것이다. 오늘날 *A. messerschmidtiana* var. *viridis*는 *A. gmelinii* var. *gmelinii*와 동일한 분류군으로 간주되고 있으며,[535] 우리나라에서는 이 종을 더위지기라고 부르고 있다.[536] 그런데 Mori가 사용한 ᄉᆞ철쑥이라는 이름은 우리나라 고어사전에서 검색되지 않고 있어[537] 그 출처를 확인할 수가 없는데, 茵陳蒿인진호가 겨울에도 완전히 죽지 않고 살아 있다는 특성에 따라 Mori가 만든 이름으로 추정된다. 따라서 茵陳蒿인진호, 더위지기, 사철쑥이 모두 같은 식물을 지칭하는 이름임에도 불구하고, 오늘날에는 인진호와 사철쑥만 한 종에 부여되어 있고, 더위지기는 또 다른 종의 식물명으로 사용되고 있다.

실제로 국내에서 茵陳蒿인진호를 연구한 논문들 가운데 *Artemisia capillaris*사철쑥를 茵陳蒿인진호로 간주한 논문이 65편, *A. iwayomogi* Kitamura더위지기[538]를 茵陳蒿인진호로 간주한 논문이 30편으로 조사되었다.[539] 그러나 *A. iwayomogi*를 인진호로 간주하는 것은 잘못이며, 사철쑥A. capillaris을 인진호로 간주해야 한다는 주장이 제기되었음에도 불구하고,[540] 인진호를 *A.*

534 정태현 외(1937), 160쪽.

535 http://images.mobot.org/efloras/FloraData/002/Vol20~21/FOC20-21-Artemisia.pdf

536 이우철a(1996), 1087쪽.

537 남광우가 편찬한 『교학 고어사전』((주)교학사, 2017)에서 검색되지 않는다.

538 영문판 중국식물지에는 *A. gmelinii*와 같은 종으로 처리되어 있으나, 독립된 분류군이라는 주장도 있어 추후 검토가 필요하다.

539 나란희 외(2010), 362쪽.

*iwayomogi*로 간주해야 한다는 주장도 계속해서 나오고 있다.[541] 하지만 인진호, 사철쑥, 더위지기라는 이름은 *A. capillaris*에 부여하고, *A. gmelinii* 또는 *A. iwayomogi*에는 새로운 이름이 부여되어야 할 것이다. 한국한의학연구원에서 편찬한 『본초감별도감』에는 더위지기*A. gmelinii*를 한진호韓蔯蒿로 부른다고 설명되어 있으며,[542] 국가생약정보에는 인진호의 공정서 생약으로 사철쑥*A. capillaris*이, 민간생약으로 비쑥*A. scoparia* Waldstein & Kitaibel이 소개되어 있다.

30 창이蒼耳

향약구급방	俗云刀古休伊 味辛微寒有小毒 五月五 七月七 九月九採
국명	도꼬마리
학명	*Xanthium strumarium* Linnaeus
생약정보	창이자(蒼耳子), 도꼬마리(*Xanthium strumarium* Linnaeus)

「초부」에는 식물에 대한 설명이 없고 민간 이름으로 刀[543]古休伊도고휴이라고 부르는 것으로 설명되어 있으나, 「본문」 중에는 升古亇伊승고마이[544]라

540 이상인(1992), 24쪽.

541 서강태(1997), 94쪽.

542 주영승(2014), 274쪽.

543 신영일(1994, 138쪽)과 녕옥청(2010, 112쪽)은 石(석)으로 간주했으나, 남풍현(1981, 123쪽), 손병태(1996, 147쪽), 이경록(2018, 286쪽)은 刀(도)로 간주했다. 이 책에서는 현대어인 도꼬마리에 맞추어 刀(도)로 간주했으나, 石(석)으로 간주해도 石(석)은 돌로 훈가할 수 있어 큰 상관은 없을 것 같다.

544 신영일(1990, 12쪽)과 녕옥청(2010, 9쪽)은 伏古休伊(복고휴이)로 판독했으나, 이경록

는 이름이 나온다. 『향약집성방』에는 표제어가 葈耳實시이실로 되어 있는데, "곧, 창이이다"[545]라는 표현이 추가되어 있으며, 『동의보감』에는 돋고마리라는 우리말 이름이 병기되어 있다. 『향약집성방』에는 중국 문헌에 있는 식물에 대한 설명이 인용되어 있는데, 흰꽃이 피며 줄기는 가늘고 덩굴로 자라기도 하며, 잎은 胡荽호유[546]와 비슷하며,[547] 음력 4월에 열매가 달리는데, 마치 부인들의 귀고리처럼 생겼다고 해서 耳璫草이당초라고도 부른다는[548] 설명이 있다. 또한 蒼耳창이가 중국에는 없던 식물로 열매에 가시가 많아 양의 털에 묻어 중국으로 들어왔으므로 羊負來양부래라는 이름이 붙었다는[549] 설명이 있다.

『향약구급방』에 나오는 민간 이름 升古亇伊승고마이의 경우, 升승은 되로 훈가되고, 古고는 고로 음가되고, 亇마는 마로 음가되고, 伊이는 이로 음가되어 되고마이로 해독되며, 刀古休伊도고휴이의 경우 刀도는 도로 음가되고, 古고는 고로 음가되고, 休휴는 말로 훈가되고, 伊이는 이로 음가되어 도고말이로 해독된다.[550] 그리고 이러한 해독은 『동의보감』에 나오는 돋고마리로 연결되며, 오늘날 도꼬마리로 변천된 것으로 추정된다. 한편, 승升에

(2018, 72쪽)은 升古亇用(승고마용)으로, 남풍현(1981, 123쪽)과 손병태(1996, 147쪽)는 升古亇伊(승고마이)로 판독했다. 이경록(2018, 72쪽)은 用(용)은 伊(이)를 잘못 새긴 것으로 추정했다. 훗날 표기가 도꼬마리인 점으로 보면, 伏(복)보다는 되로 음가되는 升(승)이 더 타당할 것으로 판단된다.

545 卽蒼耳.

546 고수(*Coriandrum sativum*)를 지칭한다.

547 葉青白似胡荽, 白華細莖蔓生. 한의학고전DB에는 荽(유)가 菜(채)로 표기되어 있으나, 한국학중앙연구원 장서각 소장본 『향약집성방』에는 荽(유)로 표기되어 있다.

548 四月中生子, 正如婦人耳璫. 今或謂之耳璫草.

549 其實多刺, 因羊過之毛中粘綴, 遂至中國, 故名羊負來.

550 손병태(1996), 157~158쪽.

해당하는 고유어를 신라시대에는 刀도로 쓴 것으로 해석하고 있다.[551]

중국에서는 *Xanthium strumarium* Linnaeus를 葈耳시이로 간주하고 있는데,[552] 이 종을 우리나라에서는 도꼬마리라고 부르고 있다.[553] 단지 『중국식물지』에는 *X. sibiricum* Patrin ex Widder라는 학명을 사용하고 있으나, 이는 *X. strumarium*의 분류학적 이명이다. 한편 *X. strumarium* var. *japonicum* (Widder) Hara는 *X. japonicum* Widder를 변종으로 지위를 낮춘 분류군이며, 이 종을 오늘날 *X. strumarium*과 동일한 종으로 간주하고 있다.[554]

그런데 도꼬마리는 음력 4월에 열매나 씨앗을 만들지 않는다. 여름에 꽃이 피고 가을에 열매를 맺는데, 도꼬마리 열매에는 가시가 많다. 따라서 『향약집성방』에는 서로 상충되는 두 식물이 葈耳實시이실이라는 이름으로 설명되어 있다. 이런 혼란은 『詩經시경』에 나오는 卷耳권이라는 식물과 『신농본초경』에 나오는 葈耳시이라는 식물을 『廣雅광아』에서 하나의 식물로 간주하면서 나타난 결과이다.[555] 『시경』에 나오는 卷耳권이는 음력 4월에 가시가 없는 열매를 맺는 반면, 『신농본초경』에 나오는 葈耳시이는 여름에서 가을에 익는 열매에 가시가 있다. 이런 상황을 『향약집성방』에서 "시인詩人들은 권이卷耳라고 불렀고, 『이아爾雅』에서는 창이蒼耳라고 하였으며, 『광아』에서는 시이葈耳라고 했다"[556]고 설명하고 있는 것으로 판단된다. 오늘날 『시경』에 나오는 卷耳권이는 도꼬마리가 아니라 우리나라에는 분포하지 않은 권이*Cerastium arvense* Linnaeus var. *arvense*로 간주하고 있다.[557]

551 남풍현(1981), 124쪽.
552 『中國植物志, 75卷』(1979), 325쪽.
553 이우철a(1996), 1214쪽.
554 http://www.theplantlist.org/tpl1.1/record/gcc-113171
555 신현철과 홍승직(2022), 212쪽.
556 詩人謂之卷耳. 爾雅謂之蒼耳. 廣雅謂之 葈耳.
557 『中國植物志, 26卷』(1996), 92쪽. 우리말 이름은 없는데, 권이 정도가 좋을 것으로 생각

31 갈근葛根

향약구급방	俗云叱乙根 味甘无毒 花主消酒 葉主金瘡 五月採根 日乾
국명	칡
학명	*Pueraria montana* (Loureiro) Merrill var. *lobata* (Willdenow) Maesen & S.M. Almeida ex Sanjappa & Fredeep
생약정보	칡(*Pueraria lobata* Ohwi)

「초부」에는 식물에 대한 설명이 없고, 민간 이름으로 叱乙根질을근이라고 부르는 것으로 설명되어 있다. 『향약집성방』에는 중국 문헌에 있는 내용이 인용되어 있다. 봄에 싹이 돋아나서 덩굴이 뻗는데, 덩굴은 3~6m 정도 되고 자색을 띠며, 잎은 楸추[558] 잎과 비슷하며 푸르고, 豌豆완두[559] 꽃처럼 생긴 꽃은 7월에 피며, 열매는 달리지 않는 것으로[560] 설명되어 있다. 鄕名향명은 없다. 『동의보감』에는 식물에 대한 설명이 거의 없고, 우리말 이름으로 츩불휘가 병기되어 있다.

『향약구급방』에 나오는 민간 이름 叱乙根질을근의 경우, 叱질은 즈로 음가되고, 乙을은 "ㄹ"로 음가되고, 根근은 불휘로 훈독되기에 즐불휘로 해독되며, 『동의보감』에 병기된 우리말 이름 츩불휘라는 표기를 거쳐 오늘날의 칡뿌리로 변천된 것으로 추정된다.[561]

된다.

558 당개오동(*Catalpa bungei*)이다. 「본문」의 22번 항목 추(楸)를 참조하시오. 우리나라에서는 楸(추)를 가래나무로 간주하고 있으나, 『향약집성방』에는 중국 문헌의 내용이 인용되어 있으므로, 당개오동으로 간주하는 것이 타당할 것이다.

559 완두(*Pisum sativum*)이다.

560 春生苗引藤蔓長一二丈紫色 葉頗似楸葉而靑 七月着花似豌豆花 不結實.

561 손병태(1996), 114~116쪽.

중국에서는 *Pueraria lobata* (Willdenow) Ohwi를 葛갈로 간주하고 있으며,[562] 우리나라에서는 칡이라고 부르는데,[563] 최근에는 *P. lobata* 대신 *P. montana* (Loureiro) Merrill var. *lobata* (Willdenow) Maesen & S.M. Almeida ex Sanjappa & Fredeep이라는 학명을 사용한다. 『동의보감』에는 말리지 않은 뿌리, 열매껍질, 잎, 꽃, 꽃가루 등도 약재로 사용한다고 설명되어 있다.

32 괄루栝樓

향약구급방	俗云天乙根 味苦寒无毒 二八月採根 去皮 日乾二十日
국명	하늘타리
학명	*Trichosanthes kirilowii* Maximowicz
생약정보	하늘타리(*Trichosanthes kirilowii* Maximowicz)와 쌍변괄루(*Trichosanthes rosthornii* Harms)

「초부」에는 민간 이름으로 天乙根천을근이라고 부르는 것으로 설명되어 있을 뿐, 식물에 대한 설명이 없다. 단지 「본문」 중에는 括蔞괄루라고 표기하고 鄕名향명이 天原乙천원을이라고 설명되어 있으며, 또한 筈蔞괄루라고 표기하고 天叱月乙천질월을으로 부른다고 설명되어 있다. 『향약집성방』에는 표제어가 括蔞根괄루근으로 되어 있으며, 鄕名향명은 天叱月伊천질월이로 표기되어 있으며, 중국 문헌에 있는 식물에 대한 설명이 인용되어 있다. 括蔞

562 『中國植物志, 41卷』(1995), 224쪽.

563 이우철a(1996), 594쪽.

괄루는 잎이 瓜甜과첨[564]의 잎과 비슷하나 털이 있으며, 음력 7월에 胡蘆花호로화[565]와 비슷한 꽃이 연한 노란색으로 피며, 꽃 아래쪽에 열매가 달리는데 음력 9월에 익는[566] 것으로 설명되어 있다. 『동의보감』에는 식물에 대한 설명이 거의 없다. 단지 天花粉천화분, 果嬴과라 또는 天瓜천과라고 부르는 것으로 설명되어 있다. 우리말 이름으로 하ᄂᆞᆯ타리불휘가 병기되어 있다. 문헌에 따라 괄에 해당하는 한자가 栝, 括, 筈로 서로 다르게 나타나는데, 이들 모두 혼용한 것으로 판단된다.

『향약구급방』에 나오는 天叱月乙천질월을의 경우, 天천은 하ᄂᆞᆶ으로 표기되고, 질叱은 ᄉ으로, 月월은 ᄃᆞᆯ로, 乙을은 月월의 ᄅ을 첨가한 것으로 풀이되어, 하ᄂᆞᆶᄉᄃᆞᆯ이 되나, ᄉ은 탈락하여[567] 하ᄂᆞᆶᄃᆞᆯ로 해석되며, 후일 하ᄂᆞᆶᄃᆞᆯ이로 되었을 것으로 추정하고 있다. 天原乙천원을의 경우, 原원을 들로 풀이할 수가 있어 하ᄂᆞᆶᄃᆞᆯ 또는 하ᄂᆞᆯᄃᆞᆯ로 추정하고 있다.[568] 그리고 민간 이름 天乙根[천을근]은 하ᄂᆞᆯ불휘로 해독되는데, 『동의보감』에 병기된 우리말 이름 하ᄂᆞᆯ타리불휘를 거쳐 하늘타리로 변천된 것으로 추정하고 있다.[569]

중국에서는 *Trichosanthes kirilowii* Maximowicz를 栝楼괄루, 瓜蒌과루, 瓜楼과루 등으로 부르고 있는데,[570] 우리나라에서는 하늘타리 또는 하늘수박으로 부르고 있다.[571] 『동의보감』에는 하늘타리의 열매와 씨, 그리고 뿌리

---

564 참외(*Cucumis melo*)이다. 125번 항목 과체(瓜蔕)를 참조하시오.

565 박(*Lagenaria siceraria*)이다. 132번 항목 고호(苦瓠)를 참조하시오.

566 葉如甛瓜葉, 又有細毛. 七月開花, 似葫蘆花, 淺黃色. 實在花下, 大如拳, 生青, 至九月熟.

567 남풍현(1981, 38쪽)은 'ㅎ'이 탈락한다고 하였으나, 탈락된 다음 하ᄂᆞᆶᄃᆞᆯ로 표기하여, 'ᄉ'이 탈락한 것으로 간주하는 것으로 보았다.

568 남풍현(1981), 38쪽.

569 손병태(1996), 120쪽.

570 『中國植物志, 73(1)卷』(1986), 244쪽.

571 이우철a(1996), 746쪽.

를 가루로 만든 것도 약재로 사용한다고 설명되어 있다. 국가생약정보에는 우리나라에는 분포하지 않은 쌍변괄루*T. rosthornii* Harms도 괄루의 공정서 생약으로 소개되어 있으며, 한국한의학연구원에서 발간한 『본초감별도감』에도 약재로 사용된다고 설명되어 있다.[572]

33 고삼苦蔘

향약구급방	俗云板麻 味苦寒无毒 三八十月採根 日乾
국명	고삼
학명	*Sophora flavescens* Aiton
생약정보	고삼(*Sophora flavescens* Aiton)

「초부」에는 민간 이름으로 板麻판마가 설명되어 있을 뿐, 식물에 대한 설명은 없다. 그러나 「본문」 중에는 鄕名향명이 板麻판마[573]라고 설명되어 있다. 『향약집성방』에도 鄕名향명이 板麻판마로 병기되어 있으며, 중국 문헌에 게재된 식물에 대한 설명이 인용되어 있다. 뿌리는 황색이고 길이 15~21cm 정도이며, 굵기는 두 손가락 너비만 하며, 잔뿌리가 있으며, 줄기는 60~90cm 정도 자라며, 잎은 갈라져 있고[574] 청색을 띠는데 槐괴[575]

572 『본초감별도감, 제2권』(2015), 38쪽.

573 원문은 "卽以苦蔘鄕名板麻粉粉之"이다. 녕옥청(2010, 48쪽)은 향명을 板麻粉[판마분]으로 간주했으나, 남풍현(1981, 36쪽), 손병태(1996, 119쪽), 신영일(1994, 56쪽) 그리고 이경록(2018, 146쪽)은 모두 板麻[판마]만을 향명으로 간주했다.

574 葉碎青色(엽쥬청색)을 "잎이 주청색"으로 번역하기도 하나, 검토가 필요하다.

575 회화나무(*Sophora japonica*)이다. 83번 항목 괴(槐)를 참조하시오.

의 잎과 비슷하다. 꽃은 황백색이고, 음력 7월에 小豆소두[576] 같은 열매가 달리는[577] 것으로 설명되어 있다. 『동의보감』에는 잎이 槐괴와 비슷하다는 설명 이외에는 없으며, 우리말 이름으로 쁜너삼불휘가 병기되어 있다.

『향약구급방』에 나오는 민간 이름 板麻판마의 경우, 板판은 널로 훈독되고, 麻마는 삼으로 훈독되어 널삼으로 해독되는데, 15세기에는 너삼으로 변했을 것으로 추정하고 있다.[578] 黃耆황기를 단너삼으로 불렀던 것과 비교하여 苦蔘고삼에서 쓴맛이 나므로 쓴너삼, 즉 쁜너삼으로 변천된 것으로 추정된다.[579]

중국에서는 *Sophora flavescens* Aiton을 苦蔘고삼으로 간주하고 있는데,[580] 우리나라에서는 도둑놈의지팽이 또는 고삼으로 부르고 있다.[581] 아마도 Mori가 *S. flavescens*에 苦蔘고삼, 野槐야괴라는 한자명과 고삼, 도둑놈외지핑이라는 한글명을 병기했고,[582] 이후 정태현 등도 苦蔘고삼과 도둑놈의지팽이라고 부르면서부터,[583] *S. flavescens*를 쓴너삼 대신 도둑놈의지팽이로 부르게 된 것으로 추정된다. 도둑놈의지팽이의 어원에 대한 조사가 추후 수행되어야 할 것인데, 한때 이 이름을 일부 지방에서 사용했던 것으로 알려져 있다.[584] 『동의보감』에는 고삼의 열매도 약재로 사용한다고 설명되어 있다.

576 팥(*Vigna angularis*)이다. 112번 항목 적소두(赤小豆)를 참조하시오.

577 其根黃色, 長五七寸許, 兩指麤細. 三五葉並生. 苗高二三尺已來, 葉碎靑色, 極似槐葉, 故有水槐名. 春生冬凋. 其花黃白. 七月結實, 狀如小豆子.

578 남풍현(1981), 36쪽.

579 손병태(1996), 119쪽.

580 『中國植物志, 40卷』(1994), 81쪽.

581 이우철a(1996), 596쪽.

582 Mori(1922), 221쪽, 270쪽.

583 정태현 외(1937), 100쪽.

584 이덕봉b(1963), 180쪽.

34 당귀當歸

향약구급방	俗云且貴草 味甘辛溫无毒 二八月採根 陰乾
국명	당귀, 신감채 또는 승엄초
학명	*Angelica gigas* Nakai
생약정보	참당귀(*Angelica gigas* Nakai)

「초부」에는 민간 이름으로 且貴草차귀초라고 부르는 것으로 설명되어 있고, 「본문」에는 當歸菜根[585]당귀채근과 當歸[586]菜당귀채라는 이름이 표기되어 있으나, 식물에 대한 설명은 없다. 『향약집성방』에는 鄕名향명으로 僧庵草승암초가 병기되어 있으며, 중국 문헌에 있는 식물 설명이 인용되어 있다. 뿌리는 흑황색이고, 잎은 3갈래로 나누어지며 꽃은 음력 7~8월에 蒔蘿시라[587]와 비슷한 담자색으로 피는[588] 것으로 설명되어 있다. 『동의보감』

585 신영일(1994, 26쪽)과 녕옥청(2010, 22쪽)은 "當歸菜根"으로, 이경록(2018, 96쪽)은 "當歸葉根"으로, 손병태(1996, 126쪽)는 "當歸菜"로, 남풍현(1981, 39쪽)은 "當ㅁ菜根"으로 표기했다. 남풍현은 두 번째 글자를 해독할 수 없다고 했는데, 실제로도 신영일의 논문과 이경록의 책에 있는 원문은 해독하기가 어렵다. 본 연구에서는 당귀를 설명하는 부분이기에 歸로 간주했다. 그리고 세 번째 글자를 이경록은 葉(엽)으로 간주했으나, 菜(채)로 간주하는 것이 타당할 것으로 판단된다.

586 남풍현(1981, 59쪽)과 이경록(2018, 175쪽)은 두 번째 글자를 攰(귀)로 판독했으나, 신영일(1994, 72쪽)과 녕옥청(2010, 61쪽)은 歸(귀)로 읽었다. 신영일은 일본 궁내청에 보관된 원본을 토대로 歸(귀)로 판독했다고 주장하고 있어, 본 연구에서는 歸(귀)로 간주했다. 한편, 세 번째 글자로 대부분은 菜(채)로 판독하였으나, 녕옥청은 葉(엽)으로 해독했다. 세 번째 글자는 菜(채)로 읽는 것이 타당할 것으로 판단된다. 또한 이경록은 當攰菜(당귀채)를 향명으로 간주하였으나, 원문에 鄕名(향명)이라는 표기는 없어, 민간 이름(俗云)으로 판단했다.

587 딜(*Anethum graveolens*)이다. 산형과(Apiaceae)에 속하는 허브식물로 딜 또는 소회향이라 부른다.

588 根黑黃色. 綠葉有三瓣, 七八月開花似時蘿, 淺紫色.

에는 식물에 대한 설명이 없고, 우리말 이름으로 승엄초불휘가 병기되어 있다.

『향약구급방』에 나오는 민간 이름 當歸菜당귀채의 경우 當당은 당이라는 음가를, 歸귀는 귀라는 음가를, 菜채는 채로 음독해서 당귀채로 해독된다.[589] 한편, 且貴草차귀초의 경우는 且차가 아니라 旦단의 오각으로 추정하고 있어,[590] 旦貴草단귀초는 旦단을 단이라는 음가로 읽어 단귀초로 해독된다. 『향약집성방』에 병기된 僧庵草승암초의 경우, 僧승은 승으로 음독하고, 庵암은 암으로 음독하고, 草초는 초로 음독하여 승암초로 해독된다.[591] 한편 유희의 『물명고』에는 當歸당귀가 우리나라에서 승엄초 또는 辛甘菜신감채라고 부르는 것으로 설명되어 있어,[592] 當歸당귀와 僧庵草승암초, 승엄초, 辛甘菜신감채는 모두 한 식물을 지칭하는 이름으로 간주해야만 할 것이다.

중국에서는 *Angelica sinensis* (Oliver) Diels를 當歸당귀로 간주하나 이 종은 우리나라에 분포하지 않으며,[593] 대신 우리나라에서는 *A. gigas* Nakai를 당귀라고 부른다.[594] 중국과 우리나라에서 서로 다른 종류의 當歸당귀를 같은 이름으로 불렀던 것으로 판단된다. 실제로 1425년에 편찬된 『경상도지리지慶尙道地理志』에는 當歸당귀가 13회나 출현하고 있으며, 『세종실록지리지』에도 경기도에서만 6군데에서 재배했던 것으로 나오고 있어,[595] 이를 뒷받침한다. 그리고 중국에서 부르는 당귀와 구분하기 위하

589 손병태(1996), 126쪽. 남풍현(1981, 60쪽)은 歸(귀)를 敀(귀)로 판독하고, 당귀치로 해독했다.

590 이경록(2018), 287쪽.

591 손병태(1996), 126쪽.

592 김형태(2007), 150쪽.

593 『中國植物志, 55(3)卷』(1992), 41쪽.

594 김경희(2019), 381쪽; 『본초감별도감, 제1권』(2014), 60쪽.

595 이경록c(2010), 222쪽, 239쪽

여 우리나라에서 자라는 당귀는 조선당귀 또는 참당귀라고 부르며, 중국에서 자라는 당귀는 중국당귀라고 구분하는데,[596] 우리나라에서 판매되는 당귀는 참당귀*A. gigas*에 중국당귀*A. sinensis*가 부분적으로 섞여 있는 것으로 확인되었다.[597]

단지 『동의보감』 이전부터 當歸당귀를 승엄초로 불렀음에도 이 이름은 현재 우리나라 식물 이름에서 제외되어 있다.[598] 학명과 국명을 일치시키는 과정에서 누락된 것으로 추정된다. 일제강점기에 이시도야가 *Angelica uchiyamae* Yabe라는 학명에 新甘菜신감채, 승엄초라는 이름을 일치시켰고, 이 뿌리를 當歸당귀로 부른다고 설명했는데,[599] 新甘菜신감채는 辛甘菜신감채를 오기한 것으로 판단된다. 이후 Mori는 *A. uchiyamae*라는 종에[600] 當歸당귀, 당귀, 승엄초라는 이름을 부여했으나, 정태현 등은 이 종에 승엄초라는 이름을 제외하고 대신 신감채辛甘菜와 當歸당귀라는 이름을 부여했다.[601] 또한 1949년에는 정태현 등이 *A. gigas*에 참당귀朝鮮當歸라는 이름을, *A. uchiyamae*에는 신감채辛甘菜라는 이름을 부여했다.[602]

그런데 학명과 국명을 일치시키는 과정을 거치면서 *Angelica uchiyamae*가 궁궁이*A. polymorpha* Maximowicz와 같은 종으로 간주되었고, 그에 따라 신감채, 辛甘菜신감채, 당귀, 當歸당귀, 승엄초라는 이름은 모두 사라지고, 참당귀

596 박종희 외(2005), 141쪽.
597 박종희 외(2005), 143쪽.
598 이우철a(1996), 778~783쪽.
599 이시도야(1917), 18쪽.
600 이시도야와 Mori는 *Angelica uchiyamana* Nakai라고 표기했으나, 이 학명은 확인되지 않는다. *A. uchiyamae*의 종소명을 잘못 표기한 것으로 보인다.
601 정태현 외(1937), 125쪽.
602 정태현 외a(1949), 92쪽.

라는 이름만 *A. gigas*에 남게 된 것으로 판단된다.[603] 단지 최근에는 *A. gigas*를 당귀로 부르고 있는데,[604] 중국에서는 朝鮮當歸조선당귀라고 부른다.[605]

우리나라에서 당귀라고 부르는 *Angelica gigas*와 중국에서 當歸당귀라고 부르는 *A. sinensis*는 효능에서 차이가 있는 것으로 밝혀졌으나,[606] 중국에서 자라는 當歸당귀가 우리나라에는 분포하지 않으므로 중국에서 當歸당귀라고 부르는 종인 *A. sinensis*를 대신해서 우리나라에서는 참당귀A. gigas를 사용한 것으로 판단된다.[607] 그러나 참당귀라는 이름보다는 옛 문헌에 나오는 신감채나 승엄초를 사용하는 것이 더 타당할 것이다.

국가생약정보에는 당귀의 공정서 생약으로 참당귀Angelica gigas가, 민간생약으로 중국당귀A. sinensis가, 일당귀의 공정서 생약으로 *A. acutiloba* Kitagawa, *A. acutiloba* var. *sugiyamae* Hikino 등이 소개되어 있다.

---

603 우리나라 식물명을 총괄한 이우철a(1996)의 782쪽에는 *A. gigas*의 국명으로 참당귀만 나열되어 있다.

604 김경희(2019), 381쪽.

605 『中國植物志, 55(3)卷』(1992), 32쪽.

606 신민교(2015), 233쪽.

607 이경우(2002), 53쪽.

35 통초通草

향약구급방	俗云伊屹烏音 味辛甘无毒 正二月採枝 陰乹
국명	으름덩굴
학명	*Akebia quinata* (Houttuyn) Decaisne
생약정보	통탈목(*Tetrapanax papyrifer* (Hooker) K. Koch)

「초부」에는 민간 이름으로 伊屹烏音이흘조음이라고 부르는 것으로 설명되어 있으나, 「본문」 중에는 伊乙吾音蔓이을오음만으로 표기되어 있고, 식물에 대한 설명은 없다. 『향약집성방』에는 通草통초는 곧 木通목통이라고 설명되어 있으며, 중국 문헌에 있는 식물에 대한 설명이 인용되어 있다. 손가락 두께의 굵은 덩굴로 자라고 마디에서 2~3개의 가지가 나오며, 가지 끝에 5장의 잔잎이 모여 달리는데, 石葦석위[608] 또는 芍藥작약[609] 비슷하고, 이런 잎 3개가 서로 마주보며 달린다. 여름과 가을에 자색 또는 백색 꽃이 피고, 열매는 작은 木瓜모과[610]처럼 생겼으며, 씨의 겉은 검고 속은 희다고[611] 설명되어 있다. 그리고 사람들이 木通목통이라고 부르는 通草통초가 있는데, 이 通草통초는 通脫木통탈목으로 잎이 萞麻피마[612]와 비슷하며, 줄기 속은 비어있지만 속살은 희다고 설명되어 있다.[613] 『동의보감』에도 이와

608 석위(*Pyrrosia lingua*)이다. 44번 항목 석위(石葦)를 참조하시오. 『향약집성방』에는 葦로 표기되어 있으나, 한의학DB에는 韋로 나온다.

609 작약(*Paeonia lactiflora*)이다. 35번 항목 작약(芍藥)을 참조하시오.

610 모과(*Chaenomeles sinensis*)이다.

611 生作藤蔓, 大如指, 其莖幹大者經三寸. 每節有二三枝, 枝頭出五葉, 頗類石葦, 又似芍藥, 三葉相對. 夏秋開紫花, 亦有白花者. 結實如小木瓜, 核黑瓤白.

612 피마자(*Ricinus communis*)이다. 67번 항목 비마자(萞麻子)를 참조하시오.

613 今人謂之木通, 而俗間所謂通草, 乃通脫木也. 此木生山側, 葉如萞麻, 心空, 中有瓤, 輕白可愛,

비슷한 설명이 있으며, 우리말 이름으로는 이흐름너출이 병기되어 있다.

『향약구급방』에 나오는 伊乙吾音蔓이을오음만의 경우, 伊乙吾音이을오음과 伊屹烏音이흘조음은 모두 이을음으로 해독되고 蔓은 너출로 훈독되기에, 이을음너출로 해독되어,[614] 『동의보감』의 이흐름너출과 연결되며, 오늘날 으름덩굴로 변천한 것으로 풀이되고 있다.[615]

중국에서는 두 종류, 즉 *Tetrapanax papyrifer* (Hooker) K. Koch와[616] *Akebia quinata* (Houttuyn) Decaisne[617]를 通草통초라고 부르고 있는데, 『향약집성방』과 『동의보감』에 나오는 通草통초의 설명 역시 서로 다른 두 종류의 식물을 설명한다. 즉, 덩굴로 자라며 5장의 잔잎이 모여 하나의 잎을 이루는 한 종류와 피마자 잎과 비슷하며 줄기 가운데는 비어있으나 속은 하얀색인 다른 한 종류로 구분되는데, 덩굴로 자라는 종류는 *A. quinata*로, 줄기 속이 비어있는 종류는 *T. papyrifer*로 판단된다. 단지 개화시기와 꽃색 등은 *A. quinata*보다는 *T. papyrifer*에 더 가까운 설명으로 보인다.

우리나라에서는 *Akebia quinata*를 으름덩굴로,[618] *Tetrapanax papyrifer*를 통탈목으로[619] 부르면서, 이 두 종을 通草통초로 간주하거나,[620] *T. papyrifer*를 통탈목으로 부르며 통초通草로 간주하고[621] 있어 재검토가 필요하다. 『향약구급방』과 『동의보감』에는 통초通草라는 우리말 이름이 있으며, 『향

614 손병태(1996), 166쪽.
615 이덕봉b(1963), 180쪽.
616 『中國植物志, 54卷』(1978), 13쪽
617 『中國植物志, 29卷』(2001), 5쪽.
618 이우철a(1996), 354쪽.
619 이우철a(1996), 776쪽.
620 『본초감별도감, 제2권』(2014), 376쪽.
621 권동열 외(2020), 420쪽; 서부일(2012), 164쪽; 신민교(2015), 703쪽; 신전휘·신용욱(2013), 93쪽.

약집성방』에는 通草통초를 木通목통이라고 부르는 것으로 설명되어 있다. 조선시대에 通草통초라 부르던 약재는 중국산과 우리나라산이 서로 다른 것으로 알려져 우리나라에서는 사용이 금지되었는데,[622] 으름덩굴은 우리나라에 자생하나 통탈목은 제주도에 자라기는 해도 대만 원산으로 중국 남부 지방에 식재된 것으로 알려져 있다.[623] 우리나라에는 1976년에 통탈목이라는 이름이 처음 사용된 것으로 알려져 있는데,[624] 일제강점기인 1912~1945년 사이에 우리나라에 도입된 것으로 알려져 있기[625] 때문이다. 따라서 옛 문헌에 나오는 通草통초, 즉 木通목통을 우리나라에서는 으름덩굴*Akebia quinata*로 간주했던 것으로 판단된다.[626] 『동의보감』에는 木通목통의 열매와 뿌리도 약재로 사용한다고 설명되어 있는데, 열매를 연복자蕦覆子로 부르는 것으로 설명되어 있다. 그럼에도 오늘날 으름덩굴은 木通목통이라는 이름으로, 통탈목은 通草통초라는 약재명으로 구분하거나,[627] 通草통초라는 이름으로 두 종류의 식물을 지칭하고[628] 있다.

단지 정태현 등은 *Aristolochia manshuriensis* Komarov를 큰쥐방울, 등칙, 通脫木통탈목으로 불렀으나,[629] 이후에는 이 종을 우리나라 식물 목록에서 제외했다.[630] 그러나 이 종은 한반도 북부 산지에 분포하는 것으로 알려져 있으며, 通脫木통탈목이라는 이름은 제외하고 등칡으로 부르고 있다.[631]

---

622 이경록c(2010), 221쪽.

623 『*Flora of China*, Vol. 13』(2007), 440쪽.

624 이우철a(1996), 776쪽.

625 이휘재(1966), 82쪽.

626 김명 외(2014), 4쪽; 이덕봉c(1963), 53쪽; 『본초감별도감, 제2권』(2015), 92쪽.

627 권동열 외(2020), 417·420쪽; 신민교(2015), 702~703쪽.

628 신전휘·신용욱(2013), 92~93쪽.

629 정태현 외(1937), 53쪽.

630 정태현 외a(1949), 31쪽.

631 『조선식물지, 5권』(1998), 52쪽.

通脫木통탈목이라는 이름을 잘못 일치시킨 것으로 보인다. 그런데, 이 종을 중국에서는 木通馬兜鈴목통마두령, 關木通관목통으로 부르고 있어,[632] 목통木通으로 잘못 부를 수도 있으나, 이 종은 중국 동북 지역에서 약재로 습관적으로 사용했음에도 본초 문헌에 기재되지 않은 약재로서, 문헌에 기재된 木通목통은 아닌 것으로 파악되었다.[633] 국가생약정보에는 통초의 공정서 생약으로 통탈목*Tetrapanax papyrifer*이, 목통의 공정서 생약으로 으름*Akebia quinata*이 소개되어 있다.

한편, 『동의보감』에는 우리나라 강원도에서 나는 덩굴 종류를 木通목통이라고 부르기도 하나, 木通목통은 아니고 木防己목방기라고 부른다는[634] 설명도 通草통초 항목에 덧붙여 설명되어 있다. 木防己목방기를 중국에서는 *Cocculus orbiculatus* (Linnaeus) Candolle var. *orbiculatus*로 간주하고 있는데,[635] 우리나라에서는 *C. trilobus* (Thunberg) Candolle를 댕댕이덩굴이라고 부르고 있다.[636] 최근에는 이 두 종을 같은 종으로 처리하고 있으며, 정명으로 *C. orbiculatus*[637] 또는 *C. orbiculatus* var. *orbiculatus*를 사용한다. 추후 검토가 필요하다.

632 『中國植物志, 24卷』(1988), 210쪽.

633 김명 외(2014), 3쪽.

634 江原道出一種藤 名爲木通 別是一物也 或云 名爲木防己.

635 『中國植物志, 30(1)卷』(1996), 32쪽.

636 이우철a(1996), 355쪽.

637 http://www.theplantlist.org/tpl1.1/record/tro-20600641

36 작약芍藥

향약구급방	味苦酸微寒 有小毒 二八月採根 日乾
국명	작약
학명	*Paeonia lactiflora* Pallas
생약정보	작약(*Paeonia lactiflora* Pallas)

「초부」에는 식물에 대한 설명도 민간 이름도 없다. 『향약집성방』에는 大朴花대박화라는 鄕名향명이 있으며, 중국 문헌에 소개된 식물에 대한 설명이 인용되어 있다. 중국 곳곳에 흔하게 자라며, 봄에 붉은 싹이 돋아나고, 줄기 윗부분에 3개의 가지를 치는데, 가지에 5장의 잎이 돋아 牧丹목단[638]과 비슷하나 좁고 길고, 줄기는 30~60cm 정도 자라며, 꽃은 여름에 홍색, 백색, 자색 등 여러 가지로 피며, 씨는 牧丹목단과 비슷하나 작다고[639] 설명되어 있다. 『동의보감』에는 우리말 이름으로 함박곳불휘가 병기되어 있으며, 赤芍藥적작약과 白芍藥백작약이 있는데, 붉은 것은 소변을 잘 나오게 하고, 흰 것은 통증을 멎게 하고 어혈을 깨뜨리는[640] 것으로 설명되어 있다. 『향약집성방』에 나오는 大朴花대박화는 한박곳으로 읽히는데, 한이 함으로 변하여 함박곳으로 변천한 것으로 추정하고 있다.[641]

중국에서는 芍藥작약을 *Paeonia lactiflora* Pallas로 간주하는데,[642] 꽃색은

638 모란(*Paeonia suffruticosa*)이다. 77번 항목 목단피(牧丹皮)를 참조하시오.

639 春生紅芽作叢, 莖上三枝五葉, 似牧丹而狹長, 高一二尺. 夏開花, 有紅白紫數種, 子似牧丹子而小.

640 有兩種. 赤者, 利小便下氣, 白者, 止痛散血. 又云, 白者補, 赤者瀉.

641 이덕봉b(1963), 180쪽.

642 『中國植物志, 27卷』(1979), 51쪽.

야생에서 자라는 개체들에서는 백색과 분홍색이지만 정원에 심은 개체들은 다양하게 피는 것으로 알려져 있어,[643] 『동의보감』에서 설명하는 赤芍藥적작약과 白芍藥백작약은 芍藥작약을 꽃색으로 구분한 것으로 보인다. 우리나라에서는 작약이나 함박꽃으로 부르고 있다.[644] 작약 중 하얀색 꽃을 피우는 종류들을 *P. albiflora*로 간주해 왔으나, 최근에는 이들의 분류학적 실체를 인정하지 않고 모두 *P. lactiflora*로 간주하고 있다.[645]

한편 꽃이 하얗게 피는 종으로, 여러 송이가 무리지어 피는 작약과는 달리, 꽃이 꽃자루에 한 송이씩 피는 산작약*Paeonia obovata* Maximowicz도 있다. 산작약도 草芍藥초작약, 赤芍藥적작약, 적작약, 함박쏫으로 불렀는데,[646] 아마도 꽃색이 백색에서 분홍색, 자주색 등으로 다양하게 피어[647] 芍藥작약, *P. lactiflora* ≡ *P. albiflora*과 구분하지 못했기 때문으로 풀이된다. 그러나 우리나라에서는 산작약*P. obovata*을 白芍藥백작약으로 부르다가,[648] 산작약과 芍藥작약으로 구분해서 불렀고,[649] 오늘날에는 草芍藥초작약 또는 백산작약, 산작약이라고 부르며, 뿌리를 약재로 사용하고 있다.[650]

옛 문헌에 나오는 芍藥작약이 정확하게 작약*P. lactiflora*과 산작약*P. obovata* 가운데 어느 종인지는 확실하게 규명할 수는 없으나, 芍藥작약 또는 赤芍藥적작약은 *P. lactiflora*로, 白芍藥백작약은 *P. obovata*로 구분하는 것이 타당할 것이다. 국가생약정보에는 작약의 공정서 생약으로 작약*P. lactiflora*이, 민

643 『*Flora of China*, Vol. 6』(2001), 131쪽.
644 이우철a(1996), 365쪽.
645 『*Flora of China*, Vol. 6』(2001), 131쪽.
646 Mori(1922), 159쪽.
647 『*Flora of China*, Vol. 6』(2001), 130쪽.
648 임태치·정태현(1936), 99쪽.
649 정태현 외(1937), 68쪽.
650 신전휘·신용욱(2013), 95쪽.

간생약으로 산작약*P. obovata*, 백작약*P. japonica* (Makino) Miyabe & Takeda, 천작약*P. anomala* Linnaeus subsp. *veitchii* (Lynch) D.Y. Hong et K.Y. Pan 등이 소개되어 있다.

37 여실蠡實

향약구급방	馬藺子也 俗云苇花 味甘温無毒 三月採花 五月採實 竝陰乹
국명	타래붓꽃 → 붓꽃으로 수정 요
학명	*Iris lactea* Pallas var. *lactea*
생약정보	항목 없음

「초부」에는 蠡實여실을 한자로 馬藺子마린자라고도 표기하며, 민간 이름으로 苇花모화라고 부르고, 「본문」에서는 蠡實여실의 꽃인 蠡花여화가 菖蒲花창포화처럼 생겼고, 청자색으로 피며, 길가나 연못에서 자라는 것으로 설명되어 있다. 『향약집성방』에도 馬藺子마린자라는 한자 이름이 병기되어 있으며, 중국 문헌에 있는 식물에 대한 설명이 인용되어 있다. 뿌리는 가늘고 길며 황색이고, 잎은 薤菜해채[651]와 비슷하나 길고 두꺼우며, 음력 3월에 자벽색의 꽃이 피고 5월에 열매가 달리는데, 씨는 麻마[652]와 비슷하나 크고 붉으며 모가 나있는[653] 것으로 설명되어 있다. 『동의보감』에는 우리말 이름으로 붇곳여름이 병기되어 있으며, 식물에 대한 설명은 『향약집성방』의 설명과 비슷하다.

651 염교(*Allium chinense*)이다. 137번 항목 해(薤)를 참조하시오.

652 대마(*Cannabis sativa*)이다. 122번 항목 마자(麻子)를 참조하시오.

653 葉似薤而長厚. 三月開紫碧花, 五月結實, 作角子, 如麻大而赤色有稜, 根細長, 通黃色.

『향약구급방』에 나오는 민간 이름 茅花모화의 경우, 茅모와 筆필은 같은 글자이며, 蠡實여실의 꽃 형태가 붓과 같아 茅花모화 또는 筆花필화라는 이름이 붙었으며, 筆花필화의 筆필에서 붓을 따오고 花화에서 꽃을 따와 붇곳, 즉 붓꽃으로 부르게 된 것으로 추정하고 있다.[654] 그리고 『향약구급방』「본문」에 나오는 蠡花여화의 첫 글자를 筆필로 간주하기도 하나,[655] 筆필보다는 蠡여로 간주하는 것이 타당할 것으로 보인다. 또한 蠡實여실의 꽃을 창포화菖蒲花와 비슷하다고 설명되어 있는데, 이는 여러 종류의 식물을 창포菖蒲라는 이름으로 불렀다는 것을 보여준다.[656] 실제로 중국에서 사용하는 이름인 唐菖蒲당창포, 黃菖蒲황창포, 花菖蒲화창포는 蠡實여실과는 다른 식물에 적용되어 있다.[657]

중국에서는 蠡實여실 또는 馬藺子마린자를 *Iris lactea* Pallas var. *chinensis* (Fischer) Koidzumi로 간주했으나,[658] 최근에는 이 학명을 대신해서 *I. lactea* var. *lactea*로 표기한다.[659] 우리나라에서는 『동의보감』에서 붇곳, 즉 붓꽃으로 불렀던[660] 이 종을 붓꽃이 아닌 타래붓꽃으로 부르고 있다.[661] 아마도 Mori가 *I. ensata* Thunberg var. *chinensis* Maximowicz에 蠡實여실, 馬

654 이덕봉b(1963), 181쪽.

655 남풍현(1981), 98쪽.

656 1번 항목 창포(菖蒲)를 참조하시오.

657 唐菖蒲(당창포)는 글라디올러스(*Gladiolus gandavensis*)를, 黃菖蒲(황창포)는 노랑꽃창포(*Iris pseudacorus*)를, 花菖蒲(화창포)는 꽃창포(*Iris ensata*)를 지칭하는 이름으로 사용되고 있다.

658 『中國植物志, 16(1)卷』(1985), 156쪽.

659 『*Flora of China*, Vol. 24』(2000), 297~312쪽.

660 이은규(2009), 501쪽.

661 국내에서는 *Iris lactea* var. *chinensis*를 타래붓꽃으로 부르고 있으나, 이 분류군은 *I. lactea* var. *lactea*와 동일한 분류군으로 간주되고 있으며, 학명은 *I. lactea* var. *lactea*를 사용하고 있다. 이우철a(1996), 1301쪽을 참조하시오.

藺子마린자라는 이름을 붙였고, *I. sibirica* Linnaeus에 분꽃을, *I. rossii* Baker에 붓꽃과 산난초라는 이름을 붙이면서[662] 나타난 결과로 보인다. 오늘날 *I. ensata* var. *chinensis*는 *I. lactea* var. *lactea*와 같은 종으로, *I. sibirica*는 *I. sanguinea* Donn ex Horenmann과 같은 종으로 간주되고 있으며,[663] 우리나라에서는 *I. sanguinea*를 붓꽃으로 부르고 있다.[664]

정태현 등은 *Iris pallasi* Pursh var. *chinensis* Nakai라는 종에 타래붓꽃과 馬藺子마린자라는 이름을 붙이면서, *I. sibirica*에는 붓꽃을, *I. rossii*에는 애기붓꽃이라는 이름을 붙였다.[665] 그리고 이덕봉은 *I. pallasi* var. *chinensis*를 『향약구급방』에 나오는 蠡實여실로 간주했다.[666] 그런데 오늘날 *I. pallasi* var. *chinensis*는 *I. lactea* var. *lactea*와 같은 분류군으로 간주하고 있다.[667] 결국, 한 식물을 지칭했던 馬藺子마린자와 붓꽃이라는 이름이 *I. lactea* var. *lactea*에는 타래붓꽃과 馬藺子마린자로,[668] *I. sanguinea*에는 붓꽃으로, 그리고 *I. rossii*에는 붓꽃과 애기붓꽃으로 붙여지게 된 것이다.

그러나 『동의보감』에 나오는 蠡實여실 또는 馬藺子마린자는 중국 곳곳에서 자라는 것으로 알려져 있는데, *Iris sanguinea*는 중국의 동북 지방, 즉 헤이룽장, 지린, 랴오닝, 네이몽골 지방에, *I. rossii*는 랴오닝 지방에 분포하고 있는 반면, *I. lactea*는 중국 전체에 걸쳐 분포하고 있다.[669] 따라서 중국 문헌의 내용을 인용하여 편찬된 『향약집성방』과 『동의보감』에서 설명

662 Mori(1922), 98~99쪽.
663 『*FloraofChina*, Vol. 24』(2000), 297~312쪽.
664 이우철a(1996), 1304쪽.
665 정태현 외(1937), 37쪽.
666 이덕봉c(1963), 54쪽.
667 『*FloraofChina*, Vol. 24』(2000), 297~312쪽.
668 신민교 외(1998), 1802쪽.
669 『*FloraofChina*, Vol. 24』(2000), 297~312쪽.

하는 蠡實여실은 *I. lactea* var. *lactea*로 간주해야만 할 것이며, 그에 따라 *I. lactea* var. *lactea*를 타래붓꽃이 아닌 붓꽃으로 불러야 하고, *I. sanguinea*에는 새로운 이름이 부여되어야만 할 것이다.

38 구맥瞿麥

향약구급방	俗云鳩目花 又石竹花 味苦辛寒无毒 立秋后 子葉收採 陰乹
국명	패랭이꽃
학명	*Dianthus chinensis* Linnaeus
생약정보	술패랭이꽃(*Dianthus superbus* var. *longicalycinus* Williams)와 패랭이꽃(*D. chinensis* Linnaeus)

「초부」에는 민간 이름으로 鳩目花구목화 또는 石竹花석죽화라고 부르는 것으로 설명되어 있으나, 식물에 대한 설명은 없다. 『향약집성방』에는 鄕名향명으로 石竹花석죽화만 병기되어 있으며, 중국 문헌에 있는 식물에 대한 설명이 인용되어 있다. 뿌리는 흑자색으로 가는 蔓菁만청[670]과 비슷하며, 줄기는 30cm 정도 자라며, 잎은 뾰족하고 작으며, 꽃은 음력 2~5월에 映山紅영산홍[671]과 비슷한 적자색으로 피고, 7월에 보리이삭 같은 열매가 달리기에 瞿麥구맥이라고 부른다고[672] 설명되어 있다. 『동의보감』에는 우리

670 순무(*Brassicas rapa*)이다. 124번 항목 만청자(蔓菁子)를 참조하시오.

671 대만철쭉(*Rhododendron simsii*)이다. 우리말로 영산홍이라고 부르는 식물은 *R. indicum*이다.

672 苗高一尺以來, 葉尖小靑色, 根紫黑色, 形如細蔓菁. 花紅紫赤色, 亦似映山紅, 二月至五月開. 七月結實作穗, 子頗似麥, 故以名之.

말 이름으로 셕듁화가 병기되어 있고, 식물에 대한 설명은 『향약집성방』에 있는 내용의 일부만 있다.

『향약구급방』에 나오는 鳩目花구목화는 瞿麥구맥이라는 글자의 음이 와전되어 鳩目구목으로 표기된 것으로 추정하고 있으며, 石竹花석죽화의 경우, 石석은 석으로 음독하고, 竹죽은 듁으로 음독하고, 花화 역시 화로 음독하여 석듁화로 해독된다.[673] 이후 『동의보감』에 나오는 셕듁화로 연결되었다가 석죽화로 이어진 것으로 풀이되며, 요즘 사용하는 국명 패랭이꽃은 19세기에 발간된 물명 관련 책에서 피랑이꼿이라는 형태로 처음 나왔다가 패랭이꽃으로 변천된 것으로 추정하고 있다.[674] 『광재물보』에는 瞿麥구맥과 石竹석죽이 같은 식물로 간주되어 있으며, 우리말 이름은 펴랑이꼿으로 되어 있다.[675] 그리고 17세기 이후에는 瞿麥구맥과 관련된 이름보다는 펴랑이꼿과 셕듁화와 관련된 이름이 더 많이 사용된 것으로 알려졌다.[676]

그러나 유희는 『물명고』에서 이 둘을 서로 다른 식물로 간주했는데,[677] 실제로 중국에서는 *Dianthus superbus* Linnaeus를 瞿麥구맥으로,[678] *D. chinensis* Linnaeus를 石竹석죽으로 간주하고 있으며,[679] 둘 다 약재로 사용하고 있다. 우리나라에서는 *D. chinensis*를 패랭이꽃으로 부르고 있으나,[680] *D. superbus*가 국내에 분포하는지 여부는 의심스럽다는 주장이 제기되고 있다.[681] 대신 *D. superbus*처럼 꽃잎이 갈래갈래 갈라져 있는 술패랭이꽃*D.*

673 손병태(1996), 121쪽.
674 이덕봉b(1963), 181쪽.
675 정양완 외(1997), 63쪽, 286쪽.
676 이은규(2009), 486쪽.
677 정양완 외(1997), 286쪽.
678 『中國植物志, 26卷』(1996), 424쪽.
679 『中國植物志, 26卷』(1996), 414쪽.
680 이우철a(1996), 253쪽.

longicalyx Miquel은 국내에 분포한다.[682] 중국과는 달리 우리나라에서는 『향약구급방』부터 『향약집성방』, 『동의보감』에 이르기까지 瞿麥구맥과 石竹석죽을 구분하지 않고 같은 식물로 간주했으며, 중국에서 石竹석죽을 약재로 사용하고 있음에도 불구하고 국내 문헌에는 石竹석죽이 소개되어 있지 않으며, 술패랭이꽃의 꽃잎이 꽃술처럼 매우 특징적으로 깊게 갈라져 있음에도 불구하고 이에 대한 설명이 없는 점으로 보아, 우리 옛 문헌에 나오는 瞿麥구맥은 石竹석죽, 즉 오늘날의 패랭이꽃*D. chinensis*으로 간주하는 것이 타당할 것으로 판단된다. 『동의보감』에는 瞿麥구맥의 씨와 잎도 약재로 사용한다고 설명되어 있다.

실제로 일제강점기에 이시도야는 *Dianthus chinensis*를 픠랑이꼿이라고 불렀으나,[683] 이후 Mori는 *D. chinensis*를 石竹석죽, 셕쥭으로, *D. sinensis* Linnaeus를 瞿麥구맥, 잉믹, 셕쥭화, 패랭이풀로, 그리고 *D. superbus*를 瞿麥구맥, 石竹子석죽자, 셕듁으로 불렀다.[684] 그리고 정태현 등은 *D. chinensis*를 한국산 식물 목록에서 제외하고, *D. sinensis*에만 瞿麥구맥, 패랭이꽃, 석죽이라는 이름을 일치시켰고, *D. superbus*에는 술패랭이꽃이라는 이름을 일치시켰다.[685] 그런데, *D. sinensis*는 *D. chinensis*와 동일한 종으로 간주되고 있어,[686] 瞿麥구맥, 石竹석죽, 석죽, 패랭이꽃은 모두 *D. chinensis*를 부르던 이름으로 간주된다.

오늘날 본초학 문헌에서는 패랭이꽃*Dianthus chinensis*과 꽃술패랭이꽃*D. su-*

---

681 『The genera of vascular plants of Korea』(2007), 332쪽. 제주도에서 채집된 표본이 일본 도쿄대학교 식물표본관에 소장되어 있다는 보고가 있어, 추후 검토가 필요하다.

682 『The genera of vascular plants of Korea』(2007), 332쪽.

683 이시도야(1917), 36쪽.

684 Mori(1922), 143쪽.

685 정태현 외(1937), 60쪽.

686 http://www.theplantlist.org/tpl1.1/record/kew-2764027

perbus 두 종을 모두 구맥瞿麥으로 간주하거나,[687] 이 두 종에 흰술패랭이꽃 *D. superbus* for. *albiflora* Y. Lee까지도 瞿麥구맥으로 간주하고 있다.[688] 이덕봉은 *D. chinensis*를 『향약구급방』에 나오는 瞿麥구맥으로 간주하면서, *D. superbus*도 약재로 함께 사용한 것으로 풀이했다.[689] 또한 *D. longicalyx*를 술패랭이꽃이라고 부르며, 패랭이꽃*D. chinensis*과 함께 瞿麥구맥으로 간주하고 있는 실정이다.[690] 국가생약정보에는 구맥의 공정서 생약으로 술패랭이꽃*D. superbus* var. *longicalyx* (Maximowicz) F. N. Williams와 패랭이꽃*D. chinensis*이, 민간생약으로 꽃술패랭이꽃*D. superbus*이 소개되어 있다.

39 현삼玄蔘

향약구급방	俗云心廻草 味苦鹹微寒无毒 三八九月採根 曝乾 或云蒸過日乾
국명	현삼
학명	*Scrophularia buergeriana* Miquel
생약정보	현삼(*Scrophularia buergeriana* Miquel)과 중국현삼(*S. ningpoensis* Hemsley)

「초부」에는 민간 이름으로 心廻草[691]심회초라고 부르는 것으로 설명할 뿐, 식물에 대한 설명은 없다. 「본문」에는 心回草심회초라는 이름으로 부른

687 권동열 외(2020), 429쪽; 신민교(2015), 696쪽.
688 신전휘 · 신용욱(2013), 97쪽.
689 이덕봉c(1963), 54쪽.
690 『본초감별도감, 제3권』(2017), 32쪽.
691 원본 글자가 망가져 해독하기가 힘이 드나, 廻(회)로 간주할 수 있다.

다는 설명이 있다. 『향약집성방』에는 鄕名향명 으로 能消草능소초가 병기되어 있고, 중국 문헌에 있는 식물에 대한 설명이 인용되어 있다. 뿌리는 뾰족하고 길며 청백색이고 마르면 자흑색이며,[692] 줄기는 150~180cm 정도 자라는데 모가 나고 굵으며 자적색이고 잔털이 있으며 대나무 종류처럼 마디가 뚜렷하며, 잎은 손바닥만 하며 뾰족하고 길며 가장자리는 톱니 모양이고,[693] 꽃은 음력 7월에 청벽색으로 피나 흰꽃도 있으며, 열매는 8월에 검게 익는[694] 것으로 설명되어 있다. 『동의보감』에는 우리말 이름이 없으나, 우리나라에서는 경상도에서만 난다고 알려져 있는데, 사실인지 여부는 알 수 없다고[695] 설명되어 있다.

『향약구급방』에 나오는 민간 이름 心廻草심회초와 『향약집성방』에 나오는 鄕名향명 能消草능소초와의 상관관계나 변천 과정은 전혀 알려져 있지 않다. 13세기에는 心廻草심회초가 사용되었고, 15세기부터 20세기까지는 能消草능소초가 사용되었는데, 이 두 이름 모두 현재는 사용되지 않고 있다.[696] 그럼에도 心回草심회초와 心廻草심회초 모두 우리나라에서만 사용된 한자명으로 추정하고 있다.[697] 단지 能消草능소초는 『향약구급방』에 나오는 威靈仙[698]위령선의 한자명으로도 사용되었는데, 이들의 관계 역시 모호한 실정이다.

중국에서는 *Scrophularia ningpoensis* Hemsley를 玄蔘현삼으로 간주하고 있는데, 이 식물의 꽃은 갈자색으로 피며, 우리나라에는 분포하지 않는

692 其根尖長, 生靑白, 乾則紫黑.
693 莖方大, 紫赤色而有細毛, 有節若竹者, 高五六尺. 葉如掌大而尖長, 如鉅齒.
694 七月開花靑碧色. 八月結子黑色. 亦有白花.
695 我國惟慶尙道出焉, 未知眞否.
696 이은규(2009), 509쪽.
697 남풍현(1981), 136쪽.
698 64번 항목 위령선(威靈仙)을 참조하시오.

다.[699] 중국에서는 이 식물 말고도 北玄參*S. buergeriana* Miquel의 뿌리도 玄蔘현삼으로 부르며 약재로 사용하고 있다.[700] 그러나 옛 문헌에 나오는 현삼이 중국에 분포하는 玄蔘현삼에 대한 설명이므로, 이들 문헌에 나오는 식물학적 특성은 우리나라에 분포하는 현삼의 실체를 규명하는 데 도움이 되지 않는다. 그럼에도 우리나라에서는 꽃이 황녹색으로 피는 현삼*S. buergeriana*을 玄蔘현삼으로 간주하고 있는데,[701] 강원도 이북에 분포하나, 경북 일대에서 재배하고 있어,[702] 경상도에서만 난다고 보고한 『동의보감』의 설명과 다소 일치한다.

우리나라에서는 일제강점기에 이시도야가 *Scrophularia grayii* Maximowicz의 뿌리를 玄蔘현삼으로 부르며 강원도의 산야에서 자란다고 주장하면서,[703] 玄蔘현삼의 분류학적 실체가 규명되기 시작했다. 이후 Mori는 *S. grayii*에 한자명과 한글명을 부여하지 않은 대신 *S. koraiensis* Nakai와 *S. oldhami* Oliver에 玄蔘현삼과 현삼이라는 이름을 부여했는데,[704] 이 당시에는 玄蔘현삼의 정확한 실체를 파악하지 못했던 것으로 추정된다. 이후 정태현 등은 *S. koraiensis*에 토현삼과 土玄蔘토현삼이라는 이름을, *S. oldhami*에 현삼과 玄蔘현삼이라는 이름을 부여했는데, 그들은 *S. grayii*를 한국산 식물 목록에서 제외했다가,[705] 1949년에 *S. grayii*에 개현삼이라는 이름을 부여했다.[706]

699 『中國植物志, 67(2)卷』(1979), 55쪽.
700 http://www.zysj.com.cn/zhongyaocai/yaocai_x/xuanshen.html
701 이우철a(1996), 1006쪽.
702 장혜연 외(2011), 16쪽.
703 이시도야(1917), 12쪽.
704 Mori(1922), 316쪽.
705 정태현 외(1937), 147쪽.
706 정태현 외a(1949), 116쪽.

오늘날 *Scrophularia grayii*는 국제식물명색인IPNI과 국제식물목록The Plant List에서 검색이 되지 않는데, 철자와 명명자가 비슷한 *S. grayana* Maximowicz ex Komarov로 추정된다. 그러나 *S. grayana*는 오늘날 개현삼*S. alata* A. Gray과 같은 종으로 처리되고 있는데, 우리나라 북부 지방의 해안가와 일본, 러시아 등지에 분포할 뿐, 경상도 일대에서는 분포하지 않는다.[707] 그리고 토현삼*S. koraiensis*은 큰개현삼*S. kakudensis* Franchet의 분류학적 이명으로 간주되거나,[708] 우리나라 고유종으로 간주되는데, 강원도와 경상북도 일대에서 널리 자라고 있으며,[709] 큰개현삼*S. kakudensis* 역시 우리나라 중부 이남 지역 거의 전체에 걸쳐 분포하나, 괴근의 발달이 미약하다.[710] 한편 *S. oldhami*는 현삼*S. buergeriana*과 같은 종으로 처리되었는데, 약재로 사용될 수 있는 괴근의 수가 많고, 우리나라 북부 지방에 분포하나, 중부 이남 지역에서는 재배된 개체만 발견된다.[711]

이밖에 우리나라에는 앞에서 설명한 종류 이외에 섬현삼*Scrophularia takesimensis* Nakai, 좀현삼*S. kakudensis* var. *microphylla* Nakai, 몽울토현삼*S. cephalantha* Nakai 등 7종류가 분포하고 있다.[712] 그런데 섬현삼은 울릉도에만, 좀현삼은 제주도에만, 그리고 몽울토현삼은 강원도와 경상도 일대에만 분포하나 괴근의 발달이 미약하다. 따라서 우리나라에 자생하는 현삼속*Scrophularia* 식물 가운데 괴근이 발달하여 경상도를 비롯한 중부 이남 지역에서 널리 재배하는 현삼*S. buergeriana*을 『향약구급방』, 『향약집성방』, 『동의보감』에 나오

707 장현도(2016), 123~129쪽.

708 Wang, R. et al. (2015), 228쪽.

709 장현도(2016), 169~175쪽.

710 장현도(2016), 150~158쪽. *Scrophularia kakudensis* var. *kakudensis*를 의미한다.

711 『*Flora of China*, Vol. 18』(1998), 17쪽.

712 장현도와 오병운(2013), 271쪽.

는 玄蔘현삼으로 간주하는 것이 타당할 것으로 판단된다. 실제로 『동의보감』에는 중국에서 수입한 약재라는 표시인 "唐당"이라는 글자가 玄蔘현삼에 붙어 있지 않으며, 조선시대에 편찬된 『경상도지리지』에도 玄蔘현삼이 나오고 있어,[713] 우리나라에서는 중국과는 다르게 우리나라에 자생하는 현삼*S. buergeriana*을 약재로 사용하는 玄蔘현삼으로 간주했던 것으로 추정된다.

오늘날 우리나라에서는 현삼*Scrophularia buergeriana*과 중국현삼*S. ningpoensis* 모두를,[714] 또는 현삼*S. buergeriana*만을,[715] 또는 이 두 종에 개현삼*S. kakudensis*과 토현삼*S. koraiensis*도 포함하여[716] 생약 玄蔘현삼으로 간주하고 있다. 국가생약정보에는 현삼의 공정서 생약으로 현삼*S. buergeriana*과 중국현삼*S. ningpoensis* 두 종이 소개되어 있다.

713 이경록c(2010), 222쪽.

714 권동열 외(2020), 236쪽; 『본초감별도감, 제1권』(2014), 422쪽.

715 신민교(2015), 286쪽.

716 신전휘 · 신용욱(2013), 98쪽. 신전휘 · 신용욱은 개현삼의 학명으로 *Scrophularia kakudensis*를 사용하고 있으나, 국명과 학명에 대한 검토가 필요하다.

40 모추茅錐

향약구급방	茅香 其根潔白 甚甘美 无毒
국명	띠
학명	*Imperata cylindrica* (Linnaeus) Raeuschel
생약정보	모근(茅根), 띠(*Imperata cylindrica* (Linnaeus) Raeuschel var. *koenigii* Durand & Schinz ex A. Camus)

「초부」에는 茅香모향이라는 이름이 병기되어 있는데, 우리말 이름인지 한자 이름인지 명확하지가 않다.[717] 「본문」에서는 茅錐모추를 茅香모향에서 맨 처음 나온 잎으로[718] 설명하고 있다. 그리고 『향약구급방』에는 茅錐모추의 茅모가 들어간 茅香根모향근과 茅花모화가 「본문」에 나오며, 「방중향약목초부」에는 茅香花모향화가 독립된 항목으로 따로 존재한다.[719] 그리고 「본문」에는 茅香根모향근의 鄕名향명을 置伊存根치이존근으로 부르고, 茅花모화의 鄕名도 置伊存치이존으로 부른다고 설명되어 있어, 이 두 鄕名향명은 茅錐모추의 鄕名향명으로 간주될 수가 있을 것이다. 그리고 茅花모화는 茅錐모추 또는 茅모의 꽃으로 판단된다.

한편 『향약집성방』과 『동의보감』에는 茅錐모추 항목은 없고, 표제어가 茅根모근으로 되어 있으며, 『향약구급방』에서와 같이 茅香花모향화가 독립된 항목으로 설명되어 있다. 『향약집성방』에는 鄕名향명이 병기되어 있지

717 『향약구급방』에서 민간 이름을 지칭할 때에는 "俗云(속운)"이라는 표현을 사용했으나, 이 항목에서는 이런 표현이 없다.

718 茅香內初生葉

719 52번 항목 모향화(茅香花)를 참조하시오.

않고, 菅花관화라고도 부르는데, 도처에서 자라며, 봄에 새싹이 돋아서 퍼지는데 鍼침처럼 생겨 흔히 茅鍼모침이라고 부르며,[720] 여름에 하얀 꽃이 수북하게 피는[721] 것으로 설명되어 있다. 『동의보감』에는 白茅백모의 뿌리로 설명되어 있고, 茅鍼모침은 茅모의 어린 순으로 설명되어 있으며, 우리말 이름으로 띄불휘가 병기되어 있다.

그런데 茅錐모추를 검색해보면, 白茅백모에서 처음 나오는 꽃대로 설명되어 있으며,[722] 白茅백모는 *Imperata cylindrica* (Linnaeus) Raeuschel[723] 또는 *I. cylindrica* var. *cylindrica*로 검색된다.[724] 그러나 『향약구급방』에는 茅錐모추가 茅香모향에서 맨 처음 나온 잎으로 설명되어 있고, 茅香모향은 *Hierochloe odorata* (Linnaeus) Beauvois로 검색되어, 차이가 나타난다. 또한 『향약구급방』에는 茅香花모향화라는 항목이 독립되어 있어, 茅錐모추가 茅香모향에서 맨 처음 나온 잎이라는 『향약구급방』의 설명이 잘못된 것으로 판단된다.

따라서 『향약구급방』에 나오는 茅香根모향근의 鄕名향명 置伊存根치이존근과 茅花모화의 鄕名향명 置伊存치이존은 茅香모향의 鄕名향명이 아니라 白茅백모의 鄕名향명으로 추정된다. 그리고 置伊存치이존의 경우, 置치는 두로 훈가되고, 伊이는 이로 음가되고, 存존은 잇으로 훈가되어 뒤잇으로 해독되는데, 뒤가 띄로 변하고 오늘날의 띠로 변천된 것으로 추정하고 있다.[725] 또한 置伊存根치이존근의 경우, 根근은 불휘로 훈독되므로 뒤잇불휘로 해독되는데, 『동의보감』에 나오는 우리말 이름 띄불휘와 연결되며, 오늘날 띠의 뿌

720 今處處有之, 春生苗, 布地如鍼, 俗間謂之茅針.

721 夏生白花, 茸茸然.

722 https://zhongyibaike.com/amp/茅锥

723 『中國植物志, 10(2)卷』(1997), 31쪽.

724 『*Flora of China*, Vol. 22』(2006), 583쪽.

725 손병태(1996), 133~134쪽.

리로 연결되는 것으로 판단된다.

중국에서는 茅根모근을 茅草모초 또는 白茅菅백모관이라고도 부르는데,[726] 이들은 모두 *Imperata cylindrica* (Linnaeus) Raeuschel[727] 또는 *I. cylindrica* var. *cylindrica*를 지칭한다.[728] 우리나라에서는 *I. cylindrica* var. *koenigii* (Retzius) Bentham을 띠라고 부르고 있는데,[729] 이 변종은 *I. cylindrica*에 포함되거나,[730] *I. cylindrica* var. *major* (Nees) C.E. Hubbard와 같은 분류군으로 처리되고 있어,[731] 『동의보감』에 나오는 茅根모근을 띠로 간주해도 될 것이다. 『동의보감』에는 꽃과 어린 순도 약재로 사용한다고 설명되어 있다.

우리나라에서는 일제강점기에 이시도야가 *Imperata arundinaria* Cirillo를 쐬라고 부르고, 이 식물의 지하경을 茅根모근이라고 부른다고 설명하면서,[732] 茅錐모추 또는 茅根모근의 실체가 파악되기 시작했다. 이후 Mori는 *I. arundinaria* var. *koenigii* Bentham을 白茅백모, 茅針모침, 茅草모초, 빅빅, 모근 등으로 불렀고,[733] 정태현 등은 띄, 삘기라고 불렀다.[734] 그런데, 오늘날 *I. arundinaria*는 *I. cylindrica*의 분류학적 이명으로 간주되고 있다.[735] 국가생약정보에는 모근의 공정서 생약으로 띠*I. arundinaria* var. *koenigii*가 소개되어 있다.

---

726 https://baike.baidu.com/item/茅根/6891522?fr=aladdin
727 『中國植物志, 10(2)卷』(1997), 31쪽.
728 『*FloraofChina*, Vol. 22』(2006), 583쪽.
729 이우철a(1996), 1371쪽.
730 http://www.theplantlist.org/tpl1.1/record/kew-420127
731 『*FloraofChina*, Vol. 22』(2006), 583쪽.
732 이시도야(1917), 48쪽.
733 Mori(1922), 45쪽.
734 정태현 외(1937), 19쪽.
735 『*FloraofChina*, Vol. 22』(2006), 583쪽.

41 백합百合

향약구급방	俗云犬乃里花 味甘平無毒 二八月採根 日乾
국명	하늘나리 → 개나리로 수정 요
학명	*Lilium concolor* Salisbury var. *pulchelum* (Fischer) Regel
생약정보	참나리(*Lilium lancifolium* Thunberg), 백합(*L. brownii* var. *viridulun* Baker) 그리고 큰솔나리(*L. pumulium* DC)

「초부」에는 민간 이름으로 犬[736]乃里花견내리화라고 부른다는 설명 이외에 식물에 대한 설명은 없는데, 「본문」 중에는 犬伊那里根견이나리근이 표기되어 있다. 『향약집성방』에는 鄕名향명이 介伊日伊개이일이로 표기되어 있으며, 중국 문헌에 있는 식물에 대한 설명이 인용되어 있다. 중국 곳곳에 분포하며, 뿌리는 葫蒜호산[737]처럼 20~30개로 나누어져 있다.[738] 줄기는 수 척[739]까지 자라는데 줄기 아래쪽은 화살대처럼 굵고 사방에 닭의 며느리 발톱이나 柳류[740] 잎 같은 청색의 잎이 달리며, 줄기 가운데 잎은 연한 자색이고, 줄기 위쪽의 잎은 벽색 또는 흰색이다. 꽃은 음력 4~5월에 붉거나 하얗게 피는데 石榴석류[741] 열매에서 잔존하는 꽃받침처럼[742] 핀다.[743]

736 녕옥청은 犬(견)이 아니라 大(대)로 표기하고 있다.

737 마늘(*Allium sativum*)이다. 136번 항목 대산(大蒜)을 참조하시오.

738 根如胡蒜, 重疊生二十瓣.

739 1척(尺)은 약 30cm이다.

740 수양버들(*Salix babylonica*)이다. 105번 항목 류(柳)를 참조하시오.

741 석류(*Punica granatum*)이다.

742 「본문」에는 "石榴觜(석류취)"로 되어 있다. 백합속(*Lilium*) 식물들의 경우 화피편이 뒤로 젖혀지는 종류와 그렇지 않은 종류로 구분하는데, 石榴觜(석류취)라는 표현은 화피편이 뒤로 젖혀지지 않는 종류를 설명하는 것으로 보인다.

743 高數尺, 幹麄如箭, 四面有葉如雞距, 又似柳葉, 青色, 葉近莖微紫, 莖端碧白. 四五月開紅白

꽃이 황색 바탕에 검은 반점이 있는 종류도 있다고 설명되어 있다. 『동의보감』에는 개나리불휘라는 우리말 이름이 병기되어 있으며, 식물에 대한 설명은 『향약집성방』에 있던 설명의 일부가 있다.

『향약구급방』에 나오는 犬伊那里根견이나리근의 경우, 犬견은 가히로 훈독되며, 伊이는 이로 음가, 那나는 나로 음가, 里리는 리로 음가되고, 根근은 불휘로 훈독되어 가히나리불휘로 해독되며, 犬乃里花견내리화의 경우는 가히나리곶으로 해독된다. 그리고 『향약집성방』에 나오는 介伊日伊개이일이의 경우, 介개는 개로 음가, 伊이는 "ㅣ"로 음가, 日일은 날로 훈가하여 개날이로 해독된다. 한편, 가히가 개로 축약되어 가히나리는 개나리로 변천된 것으로 추정하고 있다.[744] 또한 犬乃里花견내리화의 乃내는 나로 읽는 것이 이두나 향찰의 전통으로 간주되고 있다.[745]

중국에서는 *Lilium brownii* F. E. Brown ex Miellez var. *viridulum* Baker를 百合백합으로 간주하고 있는데,[746] 이 식물은 우리나라에는 자생하지 않는다. 중국에서는 이 종이 널리 분포할 뿐만 아니라 재배되어 약용으로 사용되고 있는데, 잎은 서로 엇갈려 달리며, 화피편 전체가 뒤로 젖혀지지 않고 정단부만 조금 뒤로 젖혀지며, 화피편에 반점이 없는 특징을 지니고 있다.[747] 우리나라에서는 백합을 *L. longiflorum* Thunberg로 간주하고 있는데, 일본 원산으로 공원 등지에 심고 있다.[748] *L. longiflorum*이 언제 우리나라에 도입되었는지는 확실하지 않은데, 이 종은 『향약구급방』,

---

花, 如石榴觜而大.

744 손병태(1996), 139쪽.

745 남풍현(1981), 79쪽.

746 『中國植物志, 14卷』(1980), 121쪽.

747 『*Flora of China*, Vol. 24』(2000), 135~149쪽.

748 국립생물자원관, 한반도의 생물다양성, 한반도에 살고 있는 생물.

『향약집성방』 그리고 『동의보감』에 나오는 百合백합과는 다른 종으로 추정된다. 단지 유희의 『물명고』에는 흰놀이로, 저자 미상의 『광재물보』에는 흰나리로 우리말 이름이 소개되어 있어,[749] 우리나라에 분포하는 백합속*Lilium* 식물 중 하얀색 꽃이 피는 종류들을 지칭했던 것으로 추정된다.

우리나라에서는 일제강점기에 이시도야가 *Lilium tigrinum* Gawler를 『동의보감』에서 百合백합으로 간주하는 식물로 지칭했고, 기나리꼿이라고 부르면서,[750] 실체가 규명되기 시작했다. 이후 Mori는 *L. amabile* Palibin과 *L. callosum* Siebold & Zuccarini, *L. concolor* Salisbur var. *pulchelum* Elwes,[751] *L. davuricum* Gawler에 한글명으로 빅합을, *L. brownii*에는 百合백합, 野百合야백합, 나리, 당기나리를, *L. cernum* Komarov에는 빅합과 나리를, *L. tigrinum* Gawler에는 당기나리와 빅합이라는 이름을 각각 일치시켰다.[752] 아마도 백합속*Lilium* 식물들을 백합 또는 나리로 불렀던 것으로 추정되며, 당기나리는 중국에서 도입된 개나리라는 의미로 추정된다. 이후 임태치와 정태현은 *L. lancifolium* Thunberg를 百合根백합근, 나리, 당개나라 등으로 불렀고,[753] 정태현 등은 *L. brownii*에 당개나리를, *L. tigrinum*에는 참나리라는 이름을 일치시켰다.[754]

그런데, 이들 중 *Lilium tigrinum*, *L. amabile*, *L. callosum*, *L. cernum* 등은 화피편이 뒤로 젖혀지는 특징을 지니고 있고, *L. davuricum*과 *L. concolor* var. *pulchelum*은 중국 전체에 분포하지 않고 동북부 지방에만 분포하고

749 정양완 외(1997), 213쪽.
750 이시도야(1917), 45쪽.
751 Mori는 명명자로 Elwes를 사용했으나, (Fischer) Regel이 맞다.
752 Mori(1922), 89~91쪽.
753 임태치·정태현(1936), 54쪽.
754 정태현 외(1937), 31~32쪽.

있어, 『향약구급방』, 『향약집성방』 그리고 『동의보감』에 나오는 百合백합은 아닌 것으로 판단된다. 아마도 중국에서 百合백합을 들여와 재배했을 가능성이 있으나, 『세종실록지리지』에는 百合백합이 평안도, 강원도, 황해도 등지의 토산 약재로 기록되어 있다.[755] 따라서 『향약구급방』, 『향약집성방』, 『동의보감』에 나오는 百合백합, 즉 한글명으로 개나리는 중국에서 百合백합으로 간주하는 *Lilium brownii* var. *viridulum*이 아닌 우리나라 전역에 분포하는 백합속*Lilium* 식물로 판단된다.

우리나라에는 백합속*Lilium* 식물로 참나리*L. lancifolium*를 비롯하여 11종이 분포하고 있다.[756] 이 가운데 섬말나리*L. hansonii*, 하늘말나리*L. tsingtaunse* Gilg, 말나리*L. distichum* Nakai ex Kamibayashi 등은 잎들이 마디에 윤생하는 특징을 지니고 있으나, 『증류본초』에 있는 百合백합 그림을 보면 잎들이 윤생하고 있지 않다. 또한 참나리*L. lancifolium* Thunberg,[757] 털중나리*L. amabile*, 땅나리*L. callosum*, 솔나리*L. cernum*, 중나리*L. leichtlinii* Hooker var. *maximowiczii* (Regel) Baker 등은 화피편이 뒤로 젖혀지는 특징을 지니고 있고, 날개하늘나리*L. dauricum* Gawler는 줄기 전체가 녹색을 띠고 있다. 따라서 이들 10종은 모두 『향약구급방』, 『향약집성방』 그리고 『동의보감』에서 설명하는 百合백합은 아닐 것으로 판단되고, 남은 한 종, 즉 하늘나리*L. concolor* var. *pulchelum*는 잎이 윤생하지 않으며, 화피편이 뒤로 젖혀지지 않고, 줄기에 자줏빛이 돌기도 하므로 옛 문헌에서 설명하는 百合백합으로 판단된다. 따라서 *L. concolor* var. *pulchelum*을 하늘나리로 부르는 것보다는 『동의보감』에 나오는 개나리로 불러야 할 것이다.

---

755 朱承宰(1998), 60~62쪽.

756 『The genera of vascular plants of Korea』(2007), 1286~1289쪽.

757 오늘날에는 *L. tigrinum*과 같은 종으로 간주된다.

국가생약정보에는 백합의 공정서 생약으로 백합*L. brownii* var. *viridulum* Baker을 비롯하여 큰솔나리*L. pumulium*와 참나리*L. lancifolium*이, 민간생약으로 털중나리*L. amabile*를 비롯하여 중나리*L. leichtlinii* var. *maximowiczii*, 말나리*L. distichum*, 하늘나리*L. concolor*, 당나리*L. brownii* 등이 소개되어 있다. 또한 본초학 문헌에서는 참나리*L. lancifolium*와 백합*L. brownii* var. *viridulum* Baker 또는 큰솔나리*L. pumulium* DC를,[758] 또는 참나리와 백합만을,[759] 또는 백합만을[760] 옛 문헌에 나오는 百合백합으로 간주하고 있어, 재검토가 필요할 것으로 사료된다.

단지 개나리라는 이름이 오늘날 개나리속*Forsythia* 식물에 부여되어 있는데, 개나리속*Forsythia* 식물들을 개나리라고 부르는 것보다는 다른 이름을 부여하는 것이 좋을 것으로 판단된다. 이시도야가 사용했던 기나리나무,[761] 즉 개나리나무로 부르는 것도 한 가지 방법일 것이다.

758 권동열 외(2020), 901쪽.
759 신전휘·신용욱(2013), 101쪽.
760 신민교(2015), 266쪽.
761 이시도야(1917), 13쪽.

42 황금黃芩

향약구급방	俗云精朽草 味苦大寒 二八月採根 日乾 又三月三日採根 陰乾
국명	황금
학명	*Scutellaria baicalensis* Georgi
생약정보	속썩은풀(*Scutellaria baicalensis* Georgi)

「초부」에는 식물에 대한 설명은 없으나 민간 이름이 精朽草정후초로 기록되어 있고, 「본문」 중에는 所邑朽斤草소읍후근초로 기록되어 있다. 『향약집성방』에는 鄕名향명으로 裏朽斤草이후근초가 병기되어 있으며, 중국 문헌에 있는 식물 설명이 인용되어 있다. 뿌리는 知母지모[762]와 비슷하나 거칠고 가늘며 길이는 10~15cm 정도이며,[763] 줄기는 30cm 넘게 자라는데 젓가락 굵기 정도이며, 총생하는 잎은 紫草자초[764]와 비슷하며, 줄기에 달리는 잎은 두 장이 대생하고, 꽃은 음력 6월에 자색으로 피는[765] 것으로 설명되어 있다. 『동의보감』에는 우리말 이름이 속서근플로 병기되어 있으며, 줄기 속이 전부 썩어 있어 腐腸부장이라는 이름이 붙은 것으로 설명되어 있을 뿐, 식물에 대한 설명은 거의 없다.

『향약구급방』에 나오는 민간 이름 所邑朽斤草소읍후근초의 경우, 所소는 소라는 음가로, 邑읍은 "ㅂ"으로 약음가되고, 朽후는 석으로 훈독되고, 斤근은 근으로 음가되고, 草초는 플로 훈독되어 솝서근플로 해독되는데, 『향약집

762 지모(*Anemarrhena asphodeloides*)이다.

763 根黃如知母麁細, 長四五寸.

764 지치(*Lithospermum erythrorhizon*)이다.

765 苗長尺餘. 莖幹麁如筯, 葉從地四面作叢生, 類紫草, 高一尺許, 亦有獨莖者, 葉細長靑色, 兩兩相對, 六月開花紫色.

성방』에 나오는 裏朽斤草이후근초 도 숍서근플로 해독된다. 한편 精朽草정후초 의 경우, 精정 은 숍으로 훈독되므로 숍석은플로 해독되어,[766] 『동의보감』의 속서근플로 연결된다. 朽후 의 경우 석으로 읽히나 '석은'이라는 표기로 변한 것으로 추정하고 있다.[767]

중국에서는 *Scutellaria baicalensis* Georgi를 黃芩황금 으로 간주하고 있으며,[768] 우리나라에서는 일제강점기에 이시도야가 이 학명에 黃芩황금 과 속서근플이라는 이름을 일치시킨 후, 오늘에 이르고 있다. 단지 속서근플이라는 이름은 사라지고 대신 한자를 그대로 읽은 황금으로 불리고 있다.[769] 중국 원산으로 알려져 있지만, 흔히 재배하고 있고, 그에 따라 분포지도 전국적일 뿐만 아니라 산지에서도 발견되어, 우리나라에서는 귀화식물로 자라고 있는 것으로 추정하고 있다.[770] 국가생약정보에는 황금의 공정서 생약으로 황금*S. baicalensis* 이 소개되어 있다.

766 손병태(1996), 169쪽.
767 남풍현(1981), 139쪽.
768 『中國植物志, 65(2)卷』(1977), 194쪽.
769 이우철a(1996), 967쪽.
770 김상태와 이상태(1995), 80쪽.

43 자완紫菀

향약구급방	俗云地加乙 味辛溫无毒 二三月採根 陰乾
국명	개미취 → 탱알로 수정 요
학명	*Aster tataricus* Linnaeus fil.
생약정보	개미취(*Aster tataricus* Linnaeus fil.)

「초부」에는 식물에 대한 설명이 없고, 민간 이름으로 地[771]加乙지가을로 부른다고 기록되어 있으며, 「본문」 중에는 迨加乙태가을로 표기되어 있고, 다른 한자명으로 反魂반혼이라고 표기한다고 설명되어 있다. 『향약집성방』에는 소개되어 있지 않으며, 『동의보감』에는 우리말 이름이 팅알로 병기되어 있고, 중국 문헌에 있는 식물에 대한 설명이 인용되어 있다. 뿌리는 매우 부드럽고 가늘며, 들과 벌판에서 자라며 잎은 3~4개가 잇달아 나고, 꽃은 음력 5~6월에 누런 자주색과 흰색으로 피는데 흰털이 있는[772] 것으로 설명되어 있다. 『향약구급방』에 나오는 민간 이름 地加乙지가을은 땅갈로 읽히고, 迨加乙태가을은 태갈로 읽히는데, 태갈이 『동의보감』에 나오는 팅알로 변한 것으로 추정하고 있다.[773]

중국에서는 *Aster tataricus* Linnaeus fil.을 紫菀자완으로 간주하고 있다.[774] 우리나라에서는 Mori가 *A. tataricus*에 紫菀자완과 쟈원이라는 이름을 부여

771 남풍현(1981, 112쪽)은 地(지)가 아니라 扡(타)로 간주했으나, 원본 상태가 좋지 않아 정확하게 판독하기 어렵지만, 扡(타)보다는 地(지)와 더 비슷하다.

772 生原野, 春初布地生. 其葉三四相連, 五六月開黃紫白花, 有白毛, 根甚柔細.

773 이덕봉b(1963), 182쪽.

774 『中國植物志, 74卷』(1985), 136쪽.

했고,[775] 임태치와 정태현은 이 학명에 개미취라는 이름만 부여했으나,[776] 이후 정태현 등은 개미취라는 이름을 사용하지 않고 紫菀자완과 자원이라는 이름을 부여했다.[777] 그러다 일제강점기 이후 정태현 등은 개미취라는 이름을 다시 부여했고,[778] 오늘날까지 사용되고 있다. 비록 탱알이라는 식물명의 뜻이 불분명하지만,[779] 오늘날 부르는 개미초라는 이름에서 개미가 걸러 놓은 술에 뜬 밥알을 의미하므로,[780] 탱알과 개미가 연관될 것으로 추정되나, 추후 확인이 필요하다. 연대 미상의 『광재물보』에는 紫菀자완을 풀소옴나물로 부르는 것으로 설명되어 있으나, 유희는 『물명고』에서 紫菀자완을 풀소옴나물이 아니라 탱알이라고 설명하고 있어,[781] 차이를 보인다. 단지 오늘날 사용하는 개미취라는 이름보다는 옛 문헌에 나오는 탱알이라는 이름을 사용하는 것이 더 타당할 것으로 판단된다.

775 Mori(1922), 270쪽, 348쪽.
776 임태치·정태현(1936), 226쪽.
777 정태현 외(1937), 161쪽.
778 정태현 외a(1949), 131쪽.
779 이덕봉b(1963), 182쪽.
780 https://stdict.korean.go.kr/search/searchView.do#wordsLink
781 정양완 외(1997), 464쪽; 김태형a(2019), 121쪽.

44 석위石葦

향약구급방	一名石花 味苦甘无毒 二七月採根 陰乹
국명	석위
학명	*Pyrrosia lingua* (Thunberg) Farwell
생약정보	석위(*Pyrrosia lingua* (Thunberg) Farwell), 애기석위(*P. petiolosa* (Christ) Ching) 그리고 세뿔석위(*P. tricuspis* Tagawa)

「초부」에는 민간 이름도 식물에 대한 설명도 없으나, 石花석화라는 한자명으로도 부르는 것으로 설명되어 있다. 『향약채취월령』과 『향약집성방』, 그리고 『동의보감』에도 우리말 이름은 없고, 식물에 대한 설명도 거의 없다. 단지 『향약집성방』에 바위 표면에서 무더기로 자라고, 잎이 柳류[782]와 비슷하며, 뒷면에 털이 있으나 반점이 있고, 가죽과 비슷하기에 石葦[783]석위라는 이름이 붙은[784] 것으로 설명되어 있다.

중국에서는 *Pyrrosia lingua* (Thunberg) Farwell을 石葦석위로 간주하고 있다.[785] 우리나라에서는 일제강점기에 Mori가 *Cyclophorus lingua* (Thunberg) Desvaux에 石葦석위라는 한자명을 일치시킨 이후,[786] 정태현 등이 이 학명에 石葦석위와 석위라는 이름을 부여했다.[787] 그리고 이 학명은 오늘날 *Pyrrosia lingua*로 변경되었다.

782 수양버들(*Salix babylonca*)이다. 105번 항목 류柳를 참조하시오.
783 葦(위)를 韋(위)로 표기한 경우도 있다.
784 叢生石上, 葉如柳, 背有毛, 而斑點如皮, 故以名之.
785 『中國植物志, 6(2)卷』(2000), 127쪽.
786 Mori(1922), 7쪽.
787 정태현 외(1937), 3쪽.

한편 『향약구급방』과 『향약채취월령』에 石韋석위의 다른 이름으로 설명되어 있는 石花석화를 중국에서는 *Corallodiscus lanuginosus* (Wallich ex R. Brown) B. L. Burtt로 간주하는데,[788] 우리나라에서는 자라지 않는다. 국가생약정보에는 石葦석위의 공정서 생약으로 석위*Pyrrosia lingua*를 비롯하여 애기석위*P. petiolosa* Christ. Ching 그리고 세뿔석위*P. tricuspis* Tagawa가 소개되어 있으며, 한국한의학연구원에서 편찬한 『본초감별도감』에도 석위가 3종으로 간주되어 있다.[789]

45 애엽艾葉[790]

향약구급방	味苦微温无毒 主灸百病 三月三日 五月五日採葉 日軋
국명	황해쑥 → 사자발쑥으로 수정 요
학명	*Artemisia argyi* H. Léveillé & Vaniot
생약정보	황해쑥(*Artemisia argyi* H. Léveillé & Vaniot), 쑥(*A. princeps* Pampani) 그리고 산쑥(*A. montana* Pampani)

「초부」에는 민간 이름과 식물에 대한 설명이 없다. 「본문」에는 靑艾청애라고도 표기되어 있다. 『향약집성방』과 『동의보감』에도 식물에 대한 설명은 없는데, 단지 『동의보감』에는 ᄉᆞ직발쑥이라는 우리말 이름이 병기

788 『*Flora of China*, Vol. 18』(1998), 283쪽.

789 『본초감별도감, 제3권』(2017), 196쪽.

790 녕옥청(2010, 112쪽)은 蒿(호)로 간주했다. 그러나 「본문」 중에는 艾葉(애엽)이라고 검색되고 艾蒿(애호)는 검색되지 않으며, 다른 문헌에는 모두 艾葉(애엽)으로 표기되어 있고, 원문에도 艾葉(애엽)으로 읽힌다.

되어 있다. 유희의 『물명고』와 저자 미상의 『광재물보』에도 스직말쑥과 스직발뿍으로 표기되어 있다.[791] 중국에서는 艾葉애엽을 *Artemisia argyi* H. Léveillé & Vaniot로 간주하고 있다.[792] 그러나 우리나라에서는 이 종을 황해쑥이라는 이름으로 부르고 있어, 『동의보감』에 병기된 스직발뿍과는 차이를 보인다. 그럼에도 사재발쑥을 통상적으로 부르는 쑥으로 간주해서,[793] 艾애를 황해쑥*Artemisia argyi*이 아니라 쑥*A. princeps* Pamanini으로 간주해 왔던 것으로 추정된다.

이러한 차이는 이시도야가 *Artemisia vulgaris* Linnaeus에 약쑥과 사재발쑥이라는 이름을 붙이면서[794] 비롯된 것으로 보이는데, Mori도 이 종에 蓬봉, 艾애, 蔞蒿누호, 艾蒿애호 등의 한자명과 쑥이라는 한글명을 일치시켰다. 그리고 이시도야와 정태현은 우리나라에서 쑥이라고 부르는 식물을 *A. gmelini* Weber ex Stechmannr과 *A. messerschmidtiana* Besser로 간주했으나,[795] 오늘날 *A. messerschmidtiana*는 *A. gmelini*와 같은 종으로 처리되었고,[796] 더위지기라는 이름으로 부르고 있어,[797] 우리나라에서 쑥으로 사용해왔던 식물을 오해했던 것으로 판단된다. 한편 임태치와 정태현은 *A. asiatica* Nakai를 약으로 사용하는 쑥이라는 의미로 藥艾약애로 간주하면서 약쑥이라는 이름을 부여했다.[798] 이후 정태현 등은 *A. vulgaris* Linnaeus에

791 정양완 외(1997), 348쪽.

792 『中國植物志, 76(2)卷』(1991), 87쪽.

793 권민철 외(2007, 233쪽)은 사자발쑥의 학명을 *Artemisia princeps* Pamanini로 표기했는데, 이 학명과 일치된 우리말 이름은 쑥이다. 따라서 이들은 사자발쑥을 쑥으로 간주한 것으로 판단된다.

794 이시도야(1917), 5쪽.

795 이시도야 · 정태현(1923), 129쪽.

796 『*FloraofChina*, Vol. 20~21』(출판중).

797 29번 항목 인진호茵蔯蒿를 참조하시오.

798 임태치 · 정태현(1936), 224쪽.

艾애와 쑥을 병기했다가,[799] 후일 *A. vulgaris*를 한국산 식물 목록에서 제외하면서 *A. asiatica*에 쑥과 사재발쑥, 약쑥이라는 이름을 일치시켰고, *A. nutantiflora* Nakai에 황해쑥이라는 이름을 새롭게 부여했다.[800] 이런 과정을 거치면서 우리나라에서 통상적으로 쑥이라고 부르는 종류를 *A. asiatica* 또는 *A. vulgaris*로 간주한 것으로 추정된다.[801] 단지 *A. vulgaris*가 우리나라에는 분포하지 않아,[802] 다른 종을 오동정한 것으로 판단된다.

한편 황해쑥이라는 이름이 부여되었던 *Artemisia nutantiflora*는 *A. argyi*의 분류학적 이명으로 간주되었고, 그에 따라 *A. argyi*를 황해쑥으로 부르게 된[803] 것으로 판단된다. 반면 사재발쑥이라고 불렀던 *A. asiatica*는 *A. indica* Willdenow var. *indica*의 분류학적 이명으로 간주되었고 우리나라에도 분포하는 것으로 알려져 있는데,[804] 국내 문헌에는 이 학명이 소개되어 있지 않다가, 최근 쑥으로 부르고 있다.[805] 정태현 등이 *A. asiatica*에 쑥, 사재발쑥, 약쑥 등의 이름을 병기한 것으로 보아, *A. asiatica*를 우리나라에서 자생하는 쑥으로 간주하면서, 동시에 사재발쑥과 약쑥이 쑥과는 다른 식물임에도 불구하고 이들을 모두 같은 식물명으로 간주했던 것으로 추정된다. 이런 점은 강화도에서 재배하면서 강화약쑥의 한 종류로 알려진 사자발쑥이 쑥A. indica 보다는 황해쑥A. argyi과 더 가깝게 유집되는

799 정태현 외(1937), 140쪽.
800 정태현 외a(1949), 128쪽.
801 이덕봉c(1963), 55쪽.
802 영문판 중국식물지(『*Flora of China*, Vol. 20~21』(출판중))에는 *Artemisia vulgaris*의 분포지에 우리나라가 명기되어 있지 않다.
803 이우철a(1996), 1083쪽.
804 『*Flora of China*, Vol. 20~21』(출판중).
805 박명순 외(2012), 162쪽.

결과에서도 볼 수 있다.[806]

그러나 옛 문헌에서 艾애의 한글명으로는, 사자발쑥과 황해쑥이 같은 종을 지칭하는 이름이며 사자발쑥이 먼저 사용된 후에 황해쑥이 사용되었기에, 사자발쑥을 사용하는 것이 타당할 것이다. 『동의보감』에는 艾葉애엽의 열매도 약재로 사용한다고 설명되어 있다. 그럼에도 국가생약정보에는 애엽의 공정서 생약으로 황해쑥*Artemisia argyi*, 쑥*A. princeps* Pampani 그리고 산쑥*A. montana* Pampani이 소개되어 있다. 또한 최근의 본초서에는 艾애를 황해쑥, 쑥*A. princeps*, 산쑥*A. montana* 으로,[807] 또는 황해쑥참쑥과 메쑥*A. vulgaris* 으로,[808] 또는 황해쑥, 약쑥*A. princeps* var. *orientalis* Pampani Hara, 참쑥*A. lavandulaefolia* DC으로[809] 간주되어 있다. 그런데 쑥의 학명으로 사용된 *A. princeps*와 약쑥의 학명으로 사용된 *A. princeps* var. *orientalis*는 모두 *A. indica* var. *indica*의 이명으로 처리되어,[810] 사용하지 않는 것이 좋을 것이다.

806 박명순 외(2012), 165쪽.
807 권동열 외(2020), 573쪽.
808 신민교(2015), 514쪽.
809 신전휘·신용욱(2013), 115쪽.
810 『*Flora of China*, Vol. 20~21』(출판중).

46 토과土瓜

향약구급방	一名王瓜 俗云鼠瓜 味苦寒無毒 二月採根 陰乾
국명	왕과
학명	*Thladiantha dubia* Bunge
생약정보	검색되지 않음

「초부」에는 식물에 대한 설명이 없고, 민간 이름으로 鼠瓜서과, 한자 이름으로 王瓜왕과가 나열되어 있다. 「본문」 중에는 土苽根토고근으로 표기되어 있으며, 鼠苽根서고근으로도 부르는 것으로 설명되어 있다. 『향약집성방』에는 표제어가 王瓜왕과로 되어 있으며, 鄕名향명으로 鼠瓜서과가 병기되어 있고, 중국 문헌에 있는 식물에 대한 설명이 인용되어 있다. 뿌리는 葛갈[811] 뿌리와 비슷하나 가늘고 점성이 많으며, 잎은 括樓괄루[812]와 비슷하나 둥글고 거치가 없고 털 같은 가시가 있으며, 꽃은 음력 5월에 노랗게 피며, 꽃 아래쪽에서 둥그런 열매가 달리는데 처음에는 푸르다가 익으면 붉게 되는[813] 것으로 설명되어 있다. 『동의보감』에도 표제어가 王瓜왕과로 되어 있으며, 우리말 이름으로 쥐츰외불휘가 병기되어 있으며, 식물에 대한 설명은 『향약집성방』의 설명과 비슷하다. 『향약구급방』에 나오는 민간 이름 鼠瓜서과는 쥐츰외 정도로 읽히고,[814] 『동의보감』에 쥐츰외로 표기

811 칡(*Pueraria montana* var. *lobata*)이다. 31번 항목 갈근(葛根)을 참조하시오.

812 하늘타리(*Trichosanthes kirilowii*)이다. 32번 항목 괄루(栝樓)를 참조하시오.

813 葉似括樓, 圓無乂缺, 有刺如毛. 五月開黃花, 花下結子如彈丸, 生青熟赤. 根似葛, 細而多糝, 謂之土瓜根.

814 이은규(2009), 496쪽.

되어 있으나, 오늘날에는 사용하지 않고 있다.[815]

중국에서는 *Trichosanthes cucumeroides* (Seringe) Maximowicz를 王瓜왕과로 간주하고 있는데, 이 종의 꽃은 백색으로 피며, 우리나라에는 자라지 않는다.[816] 우리나라에는 하늘타리속*Trichosanthes* 식물로 하늘타리*T. kirilowii* Maximowicz와 노랑하늘타리*T. kirilowii* var. *japonica* (Miquel) Kitamura 두 종류가 있는데,[817] 이들 역시 꽃이 하얗게 피며, 잎에 커다란 거치가 있어, 『향약구급방』, 『향약집성방』 그리고 『동의보감』에서 설명하는 王瓜왕과와는 다른 식물로 추정된다.

우리나라에는 하늘타리속*Trichosanthes*이 포함되는 박과Cucurbitaceae에 하늘타리속*Trichosanthes* 이외에 뚜껑덩굴속*Actinostemma*의 뚜껑덩굴*A. lobatum* (Maximowicz) Maximowicz, 새박속*Melothria*의 새박*M. japonica* Maximowicz, 산외속*Schizopepon*의 산외*S. bryoniifolius* Maximowicz, 돌외속*Gymnostemma*의 돌외*G. pentaphylla* (Thunberg) Makino 등이 분포한다.[818] 그런데 돌외는 하늘타리 잎과는 달리 5갈래로 완전히 갈라져 있으며, 산외와 새박, 뚜껑덩굴은 모두 하얀색 꽃을 피워, 『향약구급방』, 『향약집성방』 그리고 『동의보감』에서 설명하는 王瓜왕과와는 다른 식물로 추정된다.

그리고 이들 외에 한국산 박과Cucurbitaceae 식물로 왕과*Thladiantha dubia* Bunge가 분포하는 것으로 보고되었는데,[819] 왕과는 잎이 하늘타리와 비슷하나 거치가 적으며, 바늘같은 털이 돋아 있으며, 꽃이 노랗게 피는 특징을 보여, 『향약구급방』, 『향약집성방』 그리고 『동의보감』에서 설명하는

815 이우철a(1996), 746쪽.

816 『中國植物志, 73(1)卷』(1986), 253쪽.

817 『The genera of vascular plants of Korea』(2007), 406쪽.

818 『The genera of vascular plants of Korea』(2007), 405~408쪽.

819 이우철a(1996), 746쪽.

王瓜왕과와 비슷한 식물로 판단된다. 우리나라에서는 지금까지 왕과를 王瓜왕과로 간주해왔다.[820] 국가생약정보에는 왕과의 공정서 생약으로 소개되어 있는 식물은 없고, 민간생약으로 왕과T. dubia가 소개되어 있다.

단지 표준국어대사전에는 쥐참외가 하늘타리와 같은 식물을 지칭하는 이름으로 소개되어 있는데,[821] 하늘타리와 쥐참외는 별개의 식물이다.[822] 일제강점기에 Mori가 하늘타리Trichosanthes kirilowii에 쥐참외라는 한글명을, *Thladiantha dubia*에 王瓜왕과라는 한자명을 일치시켰는데,[823] *T. kirilowii*는 栝樓괄루를 지칭하므로,[824] Mori가 실수한 것으로 추정된다. 그럼에도 이후 정태현 등도 이를 수용하면서[825] 한 식물을 지칭했던 한자명과 한글명이 서로 다른 식물에 부여되었다. 그러나 *T. dubia*를 왕과와 쥐참외로 부르고, 쥐참외라는 이름을 하늘타리의 다른 이름으로 사용하면 안 될 것이다. 우리나라에서는 *Trichosanthes dubia*와 *Thladiantha dubia*를 같은 종으로 간주하면서 王瓜왕과로 부르고 있으나,[826] *Trichosanthes dubia*라는 학명은 검색되지 않는다.

820 노정은(2007), 49쪽; 서강태(1997), 41쪽; 이경우(2002), 92쪽; 이덕봉c(1963), 56쪽.

821 https://stdict.korean.go.kr/search/searchResult.do?pageSize=10&searchKeyword=하늘타리

822 이우철a(1996), 746쪽.

823 Mori(1922), 336쪽.

824 32번 항목 괄루(栝樓)를 참조하시오.

825 정태현 외a(1949), 157쪽.

826 신전휘·신용욱(2013), 118쪽.

47 부평浮萍

향약구급방	俗云魚食 味酸寒无毒 三月採 日乹
국명	좀개구리밥 → 개구리밥으로 수정 요
학명	*Lemna minor* Linnaeus
생약정보	개구리밥(*Spirodela polyrhiza* Schleiden)

「초부」에는 식물에 대한 설명이 없고, 민간 이름으로 魚食어식이라고 부르는 것으로 설명되어 있다. 단지 「본문」 중에는 魚食어식을 작고 둥그런 잎이 물위에 떠 있는[827] 것으로, 그리고 또 다른 「본문」에는 鄕名향명이 魚矣食어의식이며, 가득찬 물에 떠 있으며 둥글둥글한 모양의 작은 푸른 잎으로 되어 있는[828] 것으로 설명되어 있다. 『향약집성방』에는 浮萍부평은 없고, 水萍수평 항목만 나오는데, 水萍수평은 물에서 자라는 大萍대평으로, 잎은 둥글고 너비가 3cm 정도이며, 잎 아래에 물거품 같은 점이 하나 있는[829] 것으로 설명되어 있다. 『동의보감』에는 浮萍부평과 水萍수평 두 항목 모두 나오는데, 浮萍부평은 우리말 이름으로 머구릐밥이라 부르며, 개천에 있는 小萍소평이라고[830] 설명되어 있다. 『향약구급방』에 나오는 鄕名향명 魚矣食어의식은 고기의밥으로, 민간 이름 魚食어식은 고기밥으로 해독되는데,[831] 후대에 전해지지 않은 것으로 파악되고 있다.[832]

---

827 小員葉浮水上.

828 滿水面浮團團小靑葉.

829 此是水中大萍, 葉圓闊寸許, 葉下有一點如水沫.

830 是溝渠間小萍子也.

831 남풍현(1981), 82쪽.

832 이은규(2009), 502쪽.

『향약집성방』에는 萍평에는 3종류가 있는데, 큰 것은 蘋빈, 중간 것은 荇菜행채, 작은 것은 물위에 뜨는 浮萍부평이라고 부르는 것으로 설명되어 있다. 水萍수평에 대해 『동의보감』에서는 물속에서 자라는 큰 大萍대평으로 잎이 둥글고 미끈미끈하며 3cm쯤 되는데, 잎 아래쪽에 물거품처럼 생긴 점이 하나 있으며, 아래쪽이 자주색인 것이 좋다고 설명되어 있다.

물에 떠서 살아가며 萍평이라고 부르는 식물로 큰 종류는 水萍수평, 작은 종류는 浮萍부평이라고 구분했던 것으로 보인다. 중국에서는 『신농본초경』에 나오는 水萍수평을 *Spirodela polyrhiza* (Linnaeus) Schleiden으로 간주하면서 통상적인 이름으로 紫萍자평이라고 부르며,[833] 浮萍부평을 *Lemna minor* Linnaeus로 간주하고 있다.[834] 그리고 이 두 종은 잎[835]에 달리는 뿌리의 수와 아랫면에 달리는 인편의 유무로 구분되는데, *S. polyrhiza*에는 2~21개의 뿌리가 달리고 조그만 막질의 인편이 잎 아래에 있는 반면, *L. minor*에는 뿌리가 1개 달리며, 인편이 없다. 따라서 水萍수평은 *S. polyrhiza*로, 浮萍부평은 *L. minor*로 간주하고 있다. 그럼에도 우리나라에서는 이들을 구분하지 않고 모두 개구리밥으로 간주하고 있다. 즉, 표준국어대사전에서 수평을 검색하면 "물위에 떠 있는 개구리밥"으로, 부평을 검색하면 "개구리밥과의 여러해살이 수초. 몸은 둥글거나 타원형의 광택이 있는 세 개의 엽상체로 이루어져 있는데 겉은 풀색이고 안쪽은 자주색이다. 논이나 못에서 자라는데 전 세계에 널리 분포한다. = 개구리밥"으로 되어 있다.

우리나라에서는 일제강점기에 이시도야가 *Spirodela polyrhiza*에 『방약

833 『中國植物志, 13(2)卷』(1979), 207쪽.

834 『中國植物志, 13(2)卷』(1979), 210쪽.

835 통상적으로 잎이라고 부르고 있으나, 엄밀히 말하면 잎이 아니라, 식물 전체이며, 엽상체라 부른다. 물위에 떠있는 엽상체 아래쪽에서는 뿌리가 발달하며, 위쪽에는 함몰된 부위가 만들어져 그 안에 꽃이 핀다.

합편』에 나오는 기구리밥과 『동의보감』에 나오는 머구리밥 두 이름을 동시에 사용했고, 근경을 浮萍부평이라고 부른다고 설명했다.[836] 그런데 『동의보감』에 나오는 머구릐밥의 머구릐는 개구리를 의미하는 옛말이기 때문에,[837] 개구리밥과 머구리밥, 浮萍부평을 같이 나열하는 것은 타당하지만, 이를 중국에서 水萍수평이라고 부르는 종의 학명과 일치시키는 것은 잘못이다. 이후 Mori가 *Lemna minor*에 浮萍부평과 水萍수평이라는 한자명을, *S. polyrhiza*에 浮萍부평과 水萍수평이라는 한자명 이외에 부평초, 개구리밥, 머구리밥이라는 이름을 붙였다.[838] 이후 임태치와 정태현은 浮萍부평을 *Lemna minor*로 간주하면서 개구리밥과 水萍수평이라는 이름을 일치시켰다.[839] 그리고 정태현 등은 *L. minor*에는 浮萍부평과 좀개구리밥을, *S. polyrhiza*에는 浮萍부평과 개구리밥부평초이라는 이름을 부여했고,[840] 오늘날까지 이어진[841] 것으로 추정된다. 정태현 등이 크기가 작은 의미로 좀개구리밥이라는 이름을 새롭게 만든 것으로 보인다. 이덕봉은 『향약구급방』에 나오는 浮萍부평을 *S. polyrhiza*로 간주했는데,[842] 우리말 이름과 학명의 혼란을 반영한 결과로 추정된다.

浮萍부평과 水萍수평은 서로 다른 식물임에도 불구하고, 이들이 같은 식물을 지칭하는 이름으로 사용된 것이다. 그러나 浮萍부평은 크기가 작은 식물로 개구리밥Lemna minor을 지칭하며, 水萍수평은 큰 식물로 *Spirodela polyrhiza*를 의미하기에, *S. polyrhiza*에 새로운 국명, 예를 들어 큰개구리밥

836 이시도야(1917), 46쪽.
837 남광우(2017), 548쪽.
838 Mori(1922), 270쪽, 348쪽.
839 임태치·정태현(1936), 46쪽.
840 정태현 외(1937), 27쪽.
841 이우철(1966), 1437~1438쪽.
842 이덕봉c(1963), 56쪽.

을 부여해야만 할 것이다. 단지 *L. polyrhiza* Linnaeus를 浮萍부평으로 간주하기도 하나,[843] 이 종은 *S. polyrhiza*, 즉 水萍수평으로 간주하고 있어,[844] 재검토해야 할 것이다. 또한 浮萍부평을 *L. paucicostata* Hegelmaier로 간주하기도 하는데, 이 종은 *L. aequinoctialis* Welwitsch와 같은 종으로 간주되며, 뿌리에 날개가 달리는 특징을 지니고 있으나, 우리나라에는 이런 특징을 가진 종류가 없으므로, 『동의보감』에서 설명하는 浮萍부평과는 맞지 않는 것으로 보인다.

한편 水萍수평을 *Lemna paucicostata* Hegelmaier[845]와 *L. perpusilla* Torrey로 간주하나,[846] *L. paucicostata*는 *L. aequinoctialis* Welwitsch와 같은 종으로 간주되며, 중국에 분포하는 것으로 알려진 *L. perpusilla*는 *L. aequinoctialis* Welwitsch의 오동정으로 간주되고 있다.[847] 『동의보감』에는 水萍수평의 잎 아래쪽에 물거품 같은 점이 있는 것으로 설명되어 있는데, *S. polyrhiza*에는 인편같은 것이 나타나나 *L. aequinoctialis*에는 나타나지 않아,[848] *L. aequinoctialis*를 水萍수평으로 간주해서는 안 될 것이다.

국가생약정보에는 浮萍부평의 공정서 생약으로 개구리밥*Spirodela polyrhiza*이 소개되어 있으며, 민간생약으로 좀개구리밥*Lemna paucicostata*이 소개되어 있으며, 각종 본초서에도 이렇게 소개되어 있다.[849] 그리고 水萍수평이라는 이름으로 개구리밥*S. polyrhiza*과 좀개구리밥*L. paucicostata* 두 종을 지칭하기도 하여[850] 재검토가 필요하다.

843 서강태(1997), 98쪽.
844 http://www.theplantlist.org/tpl1.1/record/kew-109329
845 서강태(1997), 98쪽.
846 노정은(2008), 22쪽.
847 『*FloraofChina*, Vol. 22.』(2010), 82쪽.
848 『*FloraofChina*, Vol. 22.』(2010), 80쪽.
849 권동열 외(2020), 182쪽; 신민교(2015), 357쪽.

48 지유地楡

향약구급방	俗云瓜菜 味苦甘酸微寒无毒 二八月採根 日乾
국명	오이풀
학명	*Sanguisorba officinalis* Linnaeus
생약정보	오이풀(*Sanguisorba officinalis* Linnaeus)와 장엽지유(長葉地楡, *S. officinalis* Linnaeus var. *longifolia* (Bertoloni) Yü & Li)

「초부」에는 식물에 대한 설명이 없고 민간 이름으로 瓜菜과채[851]라고 부르는 것으로 설명되어 있는데, 「본문」 중에는 苽菜고채로 표기되어 있다. 『향약집성방』에는 鄕名향명으로 苽菜고채가 병기되어 있으며, 식물에 대한 설명은 중국 문헌에 있는 내용이 인용되어 있다. 뿌리는 柳류[852]의 뿌리와 비슷하나 겉은 검고 속은 붉으며, 줄기가 처음에는 땅에 퍼져 자라다 곧게 나오는데 90~120cm 정도 자라며, 잎은 엇갈려 달리는데 楡유[853]의 잎과 비슷하나 작고 가늘면서 긴 편이고 가장자리에는 거치가 있으며, 음력 7월에 흑자색의 오디 비슷한 꽃이 피는[854] 것으로 설명되어 있다. 『동의보감』에는 외ᄂᆞ믈불휘라는 우리말 이름이 병기되어 있으며, 식물에 대한 설명은 『향약집성방』에 있는 설명의 일부만이 있다.

『향약구급방』에 나오는 민간 이름 瓜菜과채와 苽菜고채에서 외ᄂᆞ믈까지

850 신전휘・신용욱(2013), 117쪽.

851 이경록(2018, 290쪽)은 瓜葉(과엽)이라고 주장하고 있으나, 신영일, 이덕봉 등은 瓜菜(과채)로 간주하고 있다. 원문을 보면 葉(엽)보다는 菜(채)와 비슷하게 보인다.

852 수양버들(*Salix babylonica*)이다. 105번 항목 류(柳)를 참조하시오.

853 비술나무(*Ulmus pumila*)이다. 88번 항목 무이(蕪荑)를 참조하시오.

854 初生布地, 莖直, 高三四尺, 對分出葉. 葉似楡少狹, 細長作鋸齒狀, 青色, 七月開花如椹子, 紫黑色. 根外黑裏紅, 似柳根.

의 변천 과정은 확인되지 않고 있는데,[855] 瓜과 와 苽고 는 외로 훈독되고, 菜채 는 ᄂᆞᄆᆞᆯ로 훈독되어 외ᄂᆞᄆᆞᆯ로 해독된다.[856] 한편 19세기에는 地榆지유 의 우리말 이름으로 슈박나물도 사용되었는데,[857] 이 이름은 오늘날 수박풀로 풀이되며, 오이풀과 같은 식물을 지칭하는 것으로 알려졌다.[858]

중국에서는 *Sanguisorba officinalis* Linnaeus를 地榆지유 로 간주하고 있다.[859] 우리나라에서는 일제강점기에 이시도야가 *S. officinalis*에 『동의보감』에 나오는 외나말이라고 표기했다.[860] 이후 Mori는 외풀, 수박풀, 디유라는 한글명을 병기했고,[861] 정태현 등은 오이풀과 수박풀이라는 이름을 사용했다.[862] 단지 수박풀이라는 한글명은 오늘날 오이풀과는 전혀 다르며, 외국에서 들여온 *Hibiscus trionum* Linnaeus에도 사용하고 있는데,[863] 이 종에는 수박풀 말고 다른 이름을 부여해야만 할 것이다. 그리고 일부 본초서에는[864] 장엽지유*S. officinalis* var. *longifolia* (Bertoloni) Yü & Li 도 地榆지유 로 간주하고 있는데, 중국식물지에는 이 변종이 우리나라에도 분포하는 것으로 설명되어 있으나,[865] 우리나라에서 발간된 식물 목록에는 이 변종이 기재되어 있지 않다.[866] 재검토가 필요하다. 한편 국가생약정보에는 지유

855 이은규(2009), 495쪽.
856 남풍현(1981), 120쪽.
857 정양완 외(1997), 63쪽, 529쪽.
858 정태현 외(1937), 93쪽.
859 『中國植物志, 37卷』(1985), 465쪽.
860 이시도야(1917), 29쪽.
861 Mori(1922), 206쪽, 270쪽.
862 정태현 외(1937), 93쪽.
863 정태현 외(1937), 115쪽.
864 권동열 외(2020), 544쪽; 『본초감별도감, 제2권』(2015), 292쪽.
865 『中國植物志, 37卷』(1985), 465쪽.
866 『The genera of vascular plants of Korea』(2007), 556~557쪽; 이우철a(1996), 535~538쪽.

의 공정서 생약으로 오이풀*S. officinalis*과 장엽지유*S. officinalis* var. *longifolia*가, 민간생약으로 가는오이풀*S. tenuifolia* Fischer ex Link이 소개되어 있다.

49 수조水藻

향약구급방	俗云勿 味苦鹹寒无毒 生池澤 七月七日 曝乾
국명	말즘
학명	*Potamogeton crispus* Linnaeus
생약정보	항목 없음

「초부」에는 민간 이름으로 勿물이라고 부른다고 설명되어 있으나, 「본문」에는 水中藻葉수중조엽이라는 이름으로 표기되어 있고 작은 글씨로 馬乙마을이 표기되어 있는데, 水中藻葉수중조엽이 水藻수조라는 이름을 풀어서 설명한 것인지, 아니면 식물명인지 확실하지 않다. 단지 식물명이 나열되면서 水中藻葉수중조엽도 나열되어 있어 식물명으로 간주한 것으로 판단된다.[867] 『향약집성방』과 『동의보감』에는 水藻수조 항목은 없고, 海藻해조 항목이 있다. 단지 水藻수조가 습지나 호소에 분포한다고 『향약구급방』에 설명되어 있어 水藻수조가 민물에서 살아가는 수생식물로 판단되어, 『향약집성방』과 『동의보감』에 나오는 海藻해조와는 다른 식물로 추정된다. 그리고 『향약구급방』「본문」에는 海藻해조라는 식물명도 나온다.

그런데 『훈몽자회』에는 藻조가 海藻해조 또는 水草수초를 부르는 용어로

867 녕옥청(2010, 52쪽)은 水中藻葉(수중조엽)을 水藻(수조)로 간주했다.

설명되어 있어, 藻조라는 단어가 짠물이나 민물을 가리지 않고 물에서 살아가는 식물을 지칭하는 용어로 사용된 것으로 판단된다. 또한 물명고류에는 水藻수조와 海藻해조가 구분되어 있고,[868] 水藻수조는 馬藻마조와 聚藻취조 두 종을 지칭하는 이름이라고 설명되어 있다.[869] 그리고 『향약구급방』에는 水藻수조가 민물에서 살아간다고 설명하고 있어, 水藻수조는 馬藻마조 또는 聚藻취조일 것으로 추정된다. 한편 『본초강목』에는 水藻수조의 잎은 길이가 6~9cm이며 서로 마주보며 달리는 馬藻마조라고 설명되어[870] 있는 반면, 聚藻취조의 잎은 실처럼 생기거나 어류의 아가미처럼 가늘고, 마디마디에 무리지어 달리는 水蘊수온으로, 민간에서는 鰓草새초 또는 牛尾蘊우미온이라고 부르는[871] 것으로 설명되어 있다.[872]

중국에서는 聚藻취조를 물수세미*Myriophyllum spicatum* Linnaeus로 간주하고 있는데,[873] 이 종은 우리나라 전역에 분포한다.[874] 그런데 물수세미의 잎은 줄기 한 마디에 4~5장이 돌려나며, 길이는 3~3.5cm 정도이다.[875] 이덕봉은 水藻수조를 물수세미속*Myriophyllum* 식물로 간주했다.[876] 반면 대만에서는 水藻수조를 馬藻마조라고도 부르며,[877] 馬藻마조를 말즘*Potamogeton crispus* Linnaeus으로 간주하고 있다.[878] 말즘 역시 우리나라 민물의 거의 전 지역

868 정양완 외(1997), 318쪽(水藻(수조)), 641쪽(海藻(해조)).
869 정양완 외(1997), 318쪽.
870 水藻, 葉長二, 三寸, 兩兩對生, 即馬藻也.
871 聚藻, 葉細如絲及魚鰓狀, 節節連生, 即水蘊也, 俗名鰓草, 又名牛尾蘊, 是矣.
872 https://baike.baidu.com/item/水藻/4333436?fr=aladdin
873 『中國植物志, 53(2)卷』(2000), 136쪽.
874 이우철a(1996), 762쪽.
875 『*Flora of China*, Vol. 13』(2007), 430쪽.
876 이덕봉c(1963), 57쪽.
877 https://baike.baidu.com/item/水藻/4333436?fr=aladdin
878 http://www.issg.org/database/species/ecology.asp?fr=1&sts=sss&si=447&lang=TC

에 분포하며,[879] 잎은 길이가 3~8cm이며 잎 가장자리가 파도처럼 생겼다.[880] 가래속*Potamogeton* 식물의 일부 종류는 잎이 서로 엇갈려 달리나 때로 마주보며 달리기도 하여,[881] 『본초강목』에서 설명하는 水藻수조, 즉 馬藻마조는 말즘으로 추정되나, 우리나라에는 말즘속*Potamogeton* 식물로 10여종이 분포하고 있어, 馬藻마조는 말즘으로 간주할 수 있는 식물학적 근거 등은 추후 검토해야만 할 것이다.

그런데 『동의보감』에 海藻해조의 우리말 이름으로 몰이 병기되어 있어, 『향약구급방』에 나오는 물로 해독되는[882] 勿물과 관련성이 있는 것으로 보인다. 그리고 『향약구급방』에 있는 水藻수조의 약재로서의 성질과 채취해서 건조하는 방식은 『향약집성방』과 『동의보감』에 나오는 海藻해조의 내용과 동일한데, 海藻해조와 水藻수조를 모두 물속에서 살아가는 藻類조류의 일종으로 간주하기도 한다.[883] 단지 『향약집성방』에는 동해안에 분포하는[884] 것으로 설명되어 있는데, 『증류본초』에도 동해에 분포한다고 되어 있어, 『향약집성방』의 내용은 중국 문헌의 내용을 인용한 것으로 추정된다. 우리나라에서는 海藻해조를 海藻類해조류의 일종인 양서채*Sargassum fusiform* (Harvey) Setchell 또는 해호자*S. pallidum* (Turner) A. Agardh로 간주하고 있다.[885] 그러나 보다 명확한 실체는 추후 검토되어야 할 것이다.

879 김호준 외(2002), 221쪽.
880 『*Flora of China*』 Vol. 23(2010), 110쪽.
881 『*Flora of China*』 Vol. 23(2010), 108쪽.
882 남풍현(1981), 94쪽.
883 이덕봉b(1963), 183쪽.
884 生東海池澤.
885 신민교(2015), 796쪽.

50 제니薺苨

향약구급방	俗云獐矣皮 味甘寒 主解百藥 虫蛇毒 二八月採根 日乹
국명	모시대 → 계로기로 수정 요
학명	*Adenophora remotiflora Miquel*
생약정보	모시대(*Adenophora remotiflora Miquel*)

「초부」에는 민간 이름으로 獐矣皮장의피라고 부르는 것으로 설명되어 있고,「본문」 중에는 獐矣加[886]次장의가차로 표기되어 있을 뿐, 식물에 대한 설명은 없다.『향약집성방』에는 鄕名향명으로 季奴只계노지가 병기되어 있고, 중국 문헌에 있는 식물에 대한 설명이 인용되어 있다. 뿌리는 桔梗길경[887]과 비슷하나 속이 없고, 줄기는 人蔘인삼[888] 비슷하나 잎은 조금 다른[889] 것으로 설명되어 있다.『동의보감』에는 계로[890]기라는 우리말 이름이 병기되어 있으며, 식물에 대한 설명은『향약집성방』의 설명과 거의 동일하다.

『향약구급방』에 나오는 민간 이름 獐矣皮장의피의 경우, 獐장은 노ᄅᆞ로 훈독되고, 矣의는 ᄋᆡ로 음가되고, 皮피는 갖으로 훈독되어 노ᄅᆞᄋᆡ갖[891] 또

886 이경록(2018, 59쪽)은 和(화)로, 신영일(1994, 5쪽)과 녕옥청(2010, 3쪽)은 扣(구)로, 남풍현(1981, 117쪽)과 손병태(1996, 158쪽)는 加(가)로 간주했다. 본 연구에서는 加(가)로 판독하고 민간 이름을 해석한 남풍현과 손병태의 주장을 수용해서 加(가)로 간주했다.

887 도라지(*Platycodon grandiflorum*)이다. 56번 항목 길경(吉梗)을 참조하시오.

888 인삼(*Panax ginseng*)이다. 4번 항목 인삼(人蔘)을 참조하시오.

889 春生根莖, 都似人蔘, 而葉小異, 根似桔梗, 根但無心爲異.

890 원문에는 "로"보다는 "토"와 더 비슷하나, 대부분 문헌에서 "로"로 간주하고 있어, "로"로 표기했다.

891 남풍현(1981), 117쪽.

는 놀의갗[892] 으로 해독된다. 그리고 獐矣加次장의가차의 경우, 獐장은 노ᄅᆞ로 훈독되고, 矣의는 의로 음가되고, 加가는 가로 음가되고, 次차는 "ㅈ"으로 약음가되어 놀의갗으로 해독되거나,[893] 加次가차를 갗으로 읽어 노ᄅᆞ의갗으로 해독된다.[894] 또한 『향약집성방』에 나오는 鄕名향명 季奴只계노지는 계노기로 해독되어, 『동의보감』의 계로기와 연결된다. 단지 獐矣加次장의가차 또는 獐矣皮장의피와 季奴只계노지와의 연결성은 확인되지 않았다.

중국에서는 『본초강목』에 나오는 薺苨제니를 *Adenophora trachelioides* Maximowicz로 간주하고 있으나, 이 종은 우리나라에 분포하지 않는다.[895] 우리나라에서는 일제강점기에 이시도야가 *A. verticillata* Fischer를 『동의보감』에 나오는 계로기라고 표기하면서부터[896] 薺苨제니의 실체가 파악되기 시작했다. 이후 Mori는 *A. remotiflora* Miquel에 薺苨제니와 모시딕라는 이름을 일치시켰고, *A. verticillata*에는 한자명이나 한글명 모두 제시하지 않았다.[897] 이후 정태현 등은 *A. verticillata*에는 잔대와 薺苨제니를, *A. remotiflora*에는 모시때라는 이름을 부여했다.[898] 계로기라는 이름은 1800년대에 발간된 유희의 『물명고』에 겨로기라는 표기로 나타나나,[899] 그 이후에는 사라졌고, 잔대와 모시때라는 이름은 정태현 등이 처음 사용한 것으로 알려졌으며, 모시때는 후일 모시대로 변천되었다.[900] 한편, *A.*

892 손병태(1996), 158~159쪽.
893 손병태(1996), 158~159쪽.
894 남풍현(1981), 117쪽.
895 『中國植物志, 73(2)卷』(1983), 115쪽.
896 이시도야(1917), 9쪽.
897 Mori(1922), 270쪽, 338쪽.
898 정태현 외(1937), 93쪽.
899 정양완 외(1997), 63·499쪽.
900 이우철a(1996), 1064~1066쪽.

*verticillata*는 오늘날 *A. tetraphylla*와 동일한 종으로 간주되는데, 여러 장의 잎이 한 마디에 모여달린다.

잔대속*Adenophora* 식물들은 여러 장의 잎이 한 마디에 모여 달리는 무리와 그렇지 않은 무리로 구분되며, 후자는 다시 줄기에 달리는 잎에 잎자루가 있는 무리와 없는 무리로 구분된다.[901] 『증류본초』에는 薺苨제니가 두 종류의 잎을 지니고 있어, 중국에서는 한 종이 아닌 최소한 2종을 薺苨제니로 지칭했던 것으로 간주되나, 잎은 여러 장이 한 마디에 모여 달리지 않으며, 잎자루가 그려져 있다. 그리고 『동의보감』에는 薺苨제니가 중국 도처에 분포하는 것으로 설명되어 있다. 중국에 분포하는 잔대속*Adenophora* 식물 가운데 이런 특징을 지닌 종류로는 중국에서 薺苨제니로 간주하는 *A. trachelioides*가 유일하다. 단지 *A. remotiflora*는 *A. trachelioides*와 비슷하나, 전자는 잎 아래쪽이 둥굴거나 다소 날개처럼 발달하는 반면, 후자는 움푹 패여 있는 특징을 지닌다.[902]

따라서 우리나라에서 薺苨제니라고 불렀던 종은 중국에 널리 분포하는 *Adenophora trachelioides*가 아니라 우리나라 곳곳에서 분포하는 *A. remotiflora*로 판단되는데, 『향약집성방』에 있는 설명처럼 뿌리의 속이 약간 비어 있는 특징을 지니고 있다.[903] 그런데 이덕봉은 薺苨제니를 잔대속*Adenophora*의 한 종으로 결정하는 것보다는 여러 종으로 파악하는 것이 타당할 것이라는 견해를 피력했다.[904] 우리말 이름은 모시대로 부르고 있으나,[905] 『동의보감』에 나오는 계로기를 사용하는 것이 좋을 것이다.

901 『*Flora of China*, Vol. 19』(2011), 536~551쪽.

902 『*Flora of China*, Vol. 19』(2011), 536쪽.

903 박은상 외(2017), 38쪽.

904 이덕봉c(1963), 57쪽.

905 『The genera of vascular plants of Korea』(2007), 910쪽.

51 경삼릉京三稜[906]

향약구급방	俗云結叱加次根 味苦平无毒 霜降後採根 削去皮 黃色重者佳
국명	흑삼릉
학명	*Sparganium stoloniferum* (Buchanan-Hamilton ex Graebner) Buchanan-Hamilton ex Juzepczuk
생약정보	삼릉(三稜), 흑삼릉(*Sparganium stoloniferum* (Buchanan-Hamilton ex Graebner) Buchanan-Hamilton ex Juzepczuk)

「초부」에는 식물에 대한 설명은 없으나, 상강이 지난 다음 뿌리를 채취하여 사용하는데 진한 황색을 띠고 무거운 것이 좋은 것으로 설명되어 있고, 민간 이름으로 結叱加次根결질가차근 으로 부르는 것으로 설명되어 있으며, 「본문」 중에는 한자명이 京三稜경삼릉 으로, 민간 이름은 結次邑笠根결차읍립근 으로 표기되어 있다. 『향약집성방』에는 鄕名향명 으로 牛天月乙우천월을이 병기되어 있고, 중국 문헌에 소개된 식물에 대한 설명이 인용되어 있다. 京三稜경삼릉 은 뿌리가 황색으로 무거운데 물고기처럼 생겼으며,[907] 높이 90~120cm 정도 자라며, 잎은 茭蒲교포[908] 와 비슷한데 세모졌으며,[909]

906 棱(릉)과 稜(릉)을 혼용한 것으로 보인다. 「본문」에는 稜(릉)으로 표기되어 있으나, 「방중향약목 초부」에는 棱(릉)으로 표기되어 있다.

907 黃色體重, 狀若鯽魚而小.

908 줄(*Zizania latifolia*)로 추정된다.

909 似茭蒲葉, 皆三稜을 번역한 것인데, 잎이 세모진 것인지, 또는 식물 전체가 대강 세모진 것인지 명확하지가 않다. 단지 잎을 설명하면서 나온 내용이므로 잎이 세모진 것으로 간주했다. 그러나 전체적인 문맥에서는 줄기가 세모진 것으로 간주해도 큰 문제가 없을 것으로 판단되는데, 이렇게 해석하는 것이 매자기의 줄기가 세모진 특성과 잘 맞아떨어진다.

꽃은 음력 5~6월에 莎草사초[910] 비슷한 황자색으로 피며, 얕은 개울가에서 자라는[911] 것으로 설명되어 있다. 그리고 덩이뿌리에서 가는 뿌리가 나오는 종류는 鷄爪三稜계조삼릉이고, 나오지 않는 종류는 黑三稜흑삼릉인데, 흑삼릉 뿌리의 겉껍질은 색이 검으나 껍질을 벗기면 하얀색이며,[912] 뿌리가 烏梅오매[913]와 비슷하면서 약간 크고 잔뿌리로 서로가 연결되어 있는 것으로[914] 설명되어 있다. 이밖에 草三稜根초삼릉근도 『향약집성방』에 나오는데, 鄕名향명이 每作只根매작지근으로 표기되어 있다.

『동의보감』에는 京三稜경삼릉 항목은 없고 대신 三稜삼릉 항목이 있으며, 우리말 이름으로 믹자깃불휘가 병기되어 있다. 그런데 三稜삼릉 항목의 설명 내용도 『향약집성방』의 내용과 비슷하다. 대부분 얕은 물속에서 자라며, 잎은 모두 뾰족하며, 뿌리는 노랗고 물고기와 비슷하나 조금 작다는[915] 설명과, 잔뿌리가 있으며 닭발처럼 굽어 있는 鷄爪三稜계조삼릉과 잔뿌리가 나오지 않는 黑三稜흑삼릉이 있는데, 이 둘이 같은 식물이라고[916] 설명되어 있다. 한편 『향약채취월령』에는 京三稜경삼릉과 草三稜초삼릉 두 개의 항목이 나오는데, 京三稜경삼릉에는 鄕名향명이 牛夫月乙우부월을로, 草三稜초삼릉에는 每作只根매작지근으로 병기되어 있고, 京三稜경삼릉은 음력 9월에, 草三稜초삼릉은 음력 2월에 채취하는 것으로 설명되어 있다.

『동의보감』에서는 두 종류의 식물을 구분하지 않고 한 이름으로 설명

910 향부자(*Cyperus rotundus* Linnaeus)로 간주하고 있다.

911 高三四尺. 似茭蒲葉, 皆三稜, 五六月開花, 似莎草, 黃紫色. 多生淺水傍或陂澤中.

912 其不出苗只生細根者, 謂之雞爪三稜. 又不生細根者, 謂之黑三稜, (…중략…) 其色黑, 去皮則白.

913 매실나무(*Prunus mume*)이다.

914 又有黑三稜, 狀似烏梅而稍大, 有鬚, 相連蔓延.

915 霜降後採根, 削去皮鬚. 黃色體重, 狀若鯽魚而小, 以體重者爲佳.

916 不出苗, 卽生細根, 屈如爪者, 謂之雞爪三稜, 不生細根, 形如烏梅者, 謂之黑三稜, 同一物也.

하고 있는 것으로 판단된다. 뿌리에 대한 설명으로 판단하건대, 하나는 뿌리가 황색으로 무겁고 물고기와 비슷한 종류이며, 다른 하나는 겉껍질은 색이 검으나 껍질을 벗기면 하얀색이며 잔뿌리로 서로가 연결되어 있는 종류인데, 둘을 『향약집성방』에는 京三稜경삼릉과 草三稜초삼릉으로 구분했으나, 『동의보감』에는 三稜삼릉이라는 한 이름으로 설명한 것이다.

『향약구급방』에 나오는 민간 이름 結叱加次根결질가차근의 경우, 結결은 ᄆᆡᄌᆞ로 훈독되고, 叱질은 "ㅈ"으로 약음가되고, 加가는 가로 음가되고, 次차는 "ㅈ"으로 약음가되고, 根근은 불휘로 훈독되어 ᄆᆡᄌᆞᆺ갓불휘로 해독된다. 그리고 結次邑笠根결차읍립근의 경우, 結결은 ᄆᆡᄌᆞ로 훈독되고, 次차는 ᄌᆞ으로 음가되고, 邑읍은 "ㅂ"으로 약음가되고, 笠립은 간으로 훈독되고, 根근은 불휘로 훈독되어 ᄆᆡᄌᆞᆸ간불휘로 해독된다. 또한 『향약채취월령』의 草三稜초삼릉과 『향약집성방』의 草三稜根초삼릉근의 鄕名향명 每作只根매작지근의 경우, 每매는 ᄆᆡ로 음가되고, 作작은 자로 약음가되고, 只지는 기로 음가되고, 根근은 불휘로 훈독되므로 ᄆᆡ자기불휘로 해독되어,[917] 『동의보감』의 ᄆᆡ자깃불휘라는 이름과 연결된다.

반면, 『향약집성방』에 소개된 鄕名향명 牛天月乙우천월을의 경우, 牛우는 쇼로 훈독되고, 天[918]천은 부로 음가되고, 月월은 ᄃᆞᆯ로 훈독되고, 乙을은 "ㄹ"로 약음가되어 쇼부ᄃᆞᆯ로 해독되는데,[919] 『향약채취월령』에 나오는 京三稜경삼릉의 鄕名향명 牛夫月乙우부월을과 비슷하다. 쇼부ᄃᆞᆯ은 쇠부들로 변천된

917 손병태(1996), 118쪽.

918 『향약채취월령』에는 夫(부)로 표기되어 있는데, 天(천)을 부로 음가한 것과 같은 것으로 추정된다.

919 손병태(1996), 118쪽.

것으로 추정되는데,[920] 부들과 비슷하기에 붙은 이름으로 추정하나,[921] 이 이름은 현재 사용되지 않고 있다.

민간 이름 또는 鄕名향명 역시 두 종류로 구분되는데, 하나는 매자기로 해독되는 이름이며, 다른 하나는 쇠부들로 해독되는 이름이다. 매자기로 해독되는 이름은 『향약구급방』에 나오는 京三棱경삼릉, 『향약채취월령』에 나오는 草三棱초삼릉, 그리고 『동의보감』에 나오는 三棱삼릉에 부여되어 있으며, 쇠부들로 해독되는 이름은 『향약집성방』과 『향약채취월령』에 나오는 京三棱경삼릉에 부여되어 있다.

중국에서는 三棱삼릉을 黑三棱흑삼릉으로 간주하고 있으며,[922] 京三棱경삼릉과 草三棱초삼릉은 모두 荊三棱형삼릉의 다른 이름으로 간주하고 있다.[923] 그리고 *Sparganium stoloniferum* (Buchanan-Hamilton ex Graebner) Buchanan-Hamilton ex Juzepczuk를 黑三棱흑삼릉으로,[924] *Scirpus yagara* Ohwi를 荊三棱형삼릉으로[925] 간주하고 있는데, *Scirpus yagara*는 *Bolboschoenus yagara* (Ohwi) Y. C. Yang & M. Zhan이라는 학명으로 변경하여 부르거나,[926] 큰매자기*B. fluviatilis* Torrey Sojak와 같은 종으로 처리되고 있다.[927]

우리나라에서는 *Sparganium stoloniferum*과[928] *S. erectum* Linnaeus를 흑

920 손병태(1996), 118쪽.

921 신전휘·신용욱(2013), 128쪽.

922 https://baike.baidu.com/item/三棱/5182279

923 http://zy.timetw.com/31530.html

924 『中國植物志, 8卷』(1992), 25쪽.

925 『中國植物志, 11卷』(1961), 7쪽.

926 『Flora of China』 Vol. 23(2010), 179쪽.

927 정종덕(2010), 76쪽. 그러나 유라시아 대륙에 분포하는 *B. yagara*는 *B. fluviatilis*와는 잎이 좁고 수과가 작은 점이 다르기에 독립된 종으로 간주하기도 한다.(『Flora of North America, Vol. 23』(출판 예정)

928 이우철a(1996), 1439쪽.

삼릉으로 부르고 있는데,[929] *S. erectum*은 아프리카 북부에서부터 이란을 거쳐 북유럽에서 분포하는 것으로 알려져 있으며, 우리나라는 이 종의 분포 지역에서 제외된다.[930] 한편 흑삼릉과는 전혀 다른 *Bolboschoenus fluviatilis*를 큰매자기[931] 또는 매자기 또는 형삼릉이라고 부르면서 三稜삼릉과 구분하지 않고 대용품으로 사용하고 있어,[932] 혼란스러운 상황이다. 한국문화민족대백과 사전에도 매자기에 대한 고려시대의 이두향명으로는 결질가차근結叱加次根이고, 조선시대의 이두향명으로는 우천월을牛天月乙이라 하면서, 매자기를 삼릉으로 소개하고 있다.[933]

아마도 이러한 혼란은 옛 문헌에서 한 이름으로 두 종류의 식물을 설명하면서부터 시작된 것인데, 일제강점기에 이시도야가 *Scirpus maritimus* Linnaeus의 지하경을 三稜삼릉 또는 荊三稜형삼릉이라고 부른다고 설명하면서부터[934] 증폭된 것으로 판단된다. 이후 Mori는 흑삼릉속*Sparganium* 식물에 대해서는 한글명과 한자명을 언급하지 않았고, *Scirpus maritimus*에 荊三稜형삼릉과 마름이라는 이름을 병기했다.[935] 이후 정태현 등은 *Scirpus maritimus*에 荊三棱형삼릉과 매자기라는 이름을,[936] 동시에 *Sparganium romosum* Hudson에는 黑三稜흑삼릉과 흑삼능이라는 이름을 부여했다.[937]

한편 정태현 등이 사용한 학명 *Sparganium romosum*은 식물명명규약에

929 『The genera of vascular plants of Korea』(2007), 1265쪽.
930 http://www.plantsoftheworldonline.org/taxon/urn:lsid:ipni.org:names:836758-1
931 정종덕과 최홍근(2011), 27쪽.
932 이극노와 박순달(1995), 37쪽.
933 http://encykorea.aks.ac.kr/Contents/SearchNavi?keyword=삼릉&ridx=1&tot=4
934 이시도야(1917), 47쪽.
935 Mori(1922), 77쪽, 270쪽.
936 정태현 외(1937), 26쪽.
937 정태현 외(1937), 14쪽.

따른 비합법명으로 *S. erectum*과 동일한 종으로 간주되고 있다.[938] 또한 Nakai가 1952년 우리나라 식물 목록을 발표하면서 나열한 *S. romosum*은 *S. stoloniferum*을 오동정한 것으로 간주하고 있다.[939] 우리나라에서 과거에 *Scirpus maritimus*라고 불렀던 종은 오늘날 *Scirpus fluviatilis*로 간주되고 있다.[940] 그리고 이 종의 분류학적 이명으로 간주되고 있는 *S. yagara*[941]를 중국에서는 荆三棱형삼릉으로 부르고 있어,[942] 오늘날 *S. fluviatilis*를 매자기 또는 형삼릉으로 부르게 된 것으로 추정한다. 실제로 이덕봉은 *S. maritimus*를 『향약구급방』에 나오는 京三棱경삼릉으로 간주했다.[943]

흑삼릉*Sparganium stoloniferum*은 잎이 삼각형이며, 뿌리가 황색으로 무거운데 물고기처럼 생겼으며, 꽃은 음력 5~6월에 莎草사초 비슷한 황자색으로 피며, 특히 『향약구급방』에 뿌리의 껍질을 제거하면 황색이고 무거운 것이 좋다고 되어 있다.[944] 그런데 흑삼릉의 뿌리에는 다수의 전분립이 함유되어 무거워 물에 넣으면 가라앉기[945] 때문에 『향약구급방』에 나오는 京三棱경삼릉은 흑삼릉*S. stoloniferum*으로 간주할 수 있다. 그리고 우리말 이름으로는 『향약구급방』에 나오는 結叱加次根결질가차근와 結次邑笠根결차읍립근, 즉 매자기와, 『향약집성방』에 소개된 牛天月乙우천월을 또는 『향약채취월령』에 나오는 牛夫月乙우부월을, 즉 쇼부들일 것으로 판단된다.

반면 큰매자기*Bolboschoenus fluviatilis ≡ Scirpus fluviatilis*는 잎이 삼각형은 아니

938 http://www.theplantlist.org/tpl1.1/search?q=Sparganium+ramosum
939 이우철a(1996), 1439쪽.
940 이우철a(1996), 1526쪽.
941 이우철a(1996), 1526쪽.
942 『中國植物志, 11卷』(1961), 7쪽.
943 이덕봉d(1963), 55쪽.
944 削去皮 黃色重者佳.
945 이극노와 박순달(1995), 39쪽.

나, 줄기가 삼각형으로 되어 있으며, 뿌리가 겉껍질은 색이 검으나 껍질을 벗기면 하얀색이고 크기는 烏梅오매와 비슷하나 약간 크고, 잔뿌리로 개체들이 서로 연결되어 있고,[946] 뿌리에 극히 미량의 전분립을 함유하여 가벼워 물에 뜨는 것으로 알려져 있어,[947] 『향약집성방』과 『향약채취월령』에 나오는 草三稜초삼릉으로 판단된다. 그리고 우리말 이름으로는 『향약집성방』과 『향약채취월령』에 나오는 每作只根매작지근, 즉 매자기로 판단된다.

오늘날 매자기의 어원으로 간주될 수 있는 식물명으로 結叱加次根결질가차근, 結次邑笠根결차읍립근 그리고 每作只根매작지근 등이 옛 문헌에 기록되어 있는 실정이다. 그러나 結叱加次根결질가차근과 結次邑笠根결차읍립근은 오늘날 흑삼릉을 지칭하는 식물명이며, 每作只根매작지근은 매자기를 지칭하는 이름이다. 그런데 結叱加次根결질가차근과 結次邑笠根결차읍립근이 모두 풀로 갓을 만들 수 있다는 의미로 풀이될 경우, 結叱加次根결질가차근과 結次邑笠根결차읍립근은 매자기로 간주하는 것이 타당하다는 지적이 있으며, 이는 매자기라는 이름이 京三稜경삼릉에서 草三稜초삼릉으로 변경되었음을 의미한다.[948]

그런데 우리나라에는 매자기속*Bolboschoenus* 식물로 큰매자기*B. fluviatilis*를 비롯하여 매자기*B. maritimus* (Linnaeus) Palla와 세섬매자기*B. planiculmis* (F.Schmidt) T.V. Egorova 등 3종이 있다.[949] 이 가운데 큰매자기는 내륙에 흔히 자라고, 세섬매자기는 바닷가에 흔히 자라나, 매자기는 서해안 습지에 매우 드물

946 신전휘와 신용욱(2013), 206쪽 그림을 참조하시오.
947 이극노와 박순달(1995), 39쪽; 신전휘와 신용욱(2013), 129쪽.
948 신전휘·신용욱(2013), 129쪽.
949 정종덕과 최홍근(2011), 27쪽.

게 자란다. 옛 문헌에 기록된 식물에 대한 설명만으로는 확실하게 결정할 수 없을 것이나, 중국에서 발표된 견해에 따라 옛 문헌에 나오는 京三棱경삼릉 또는 草三稜초삼릉을 큰매자기로 간주하는 것이 타당할 것이다. 그리고 京三棱경삼릉의 민간 이름이 『향약구급방』에 오늘날 매자기로 부를 수 있는 結叱加次根결질가차근으로 되어 있고, 『동의보감』에는 믜자깃으로 되어 있어, 오늘날 *B. maritimus*에 부여된 매자기라는 이름을 *B. fluviatilis*에 적용하고, *B. maritimus*에는 새로운 이름을 적용해야만 할 것이다.

한편 우리나라에는 흑삼릉속*Sparganium* 식물로 흑삼릉 이외에 좁은잎흑삼릉*S. hyperboreum* Laestadius ex Beurling과 긴흑삼릉*S. japonicum* Rother 등 3종이 있는데, 좁은잎흑삼릉은 함북 지방에만, 긴흑삼릉은 전남과 함북 지방에만 분포하거나,[950] 좁은잎흑삼릉이 전국에 걸쳐, 긴흑삼릉이 강원, 경기, 전북에만 분포하는 것으로 알려져 있어서[951] 분포에 대한 정보가 불확실하다. 최근 제주도에서 남흑삼릉*S. fallax* Graebner이,[952] 강원도에서 가는흑삼릉*S. subglobosum* Morong이[953] 분포하고 있음이 확인되었다. 그러나 옛 문헌에는 이들을 정확하게 구분할 수 있는 식물의 특징이 누락되어 있어, 중국의 견해에 따라 黑三稜흑삼릉을 흑삼릉*S. stoloniferum*으로 간주하는 것이 타당할 것이다. 그리고 오늘날 흑삼릉이라는 한자를 우리말로 옮긴 식물명을 사용하고 있으나, 흑삼릉의 우리말 이름으로 옛 문헌에 나오는 쇼부들 또는 쇠부들로 사용하는 것이 타당한 것이다.

최근에 발간된 본초서에는 三稜삼릉의 이명으로 黑三稜흑삼릉, 京三棱경삼

950 이우철a(1996) 1439쪽.

951 『The genera of vascular plants of Korea』(2007), 1265~1266쪽.

952 김찬수 외(2010), 169쪽.

953 임창건 외(2017), 323쪽.

릉, 荊三稜형삼릉을 나열하면서, 흑삼릉*Sparganium stoloniferum*을 三稜삼릉의 분류학적 실체로 간주하고 있으며,[954] 국가생약정보에는 삼릉의 공정서 생약으로 흑삼릉*S. stoloniferum*이 소개되어 있다. 그런가 하면 『향약집성방』에 나오는 京三稜경삼릉은 흑삼릉*S. stoloniferum*으로, 草三稜초삼릉은 매자기로 간주하고 있는데,[955] 京三稜경삼릉과 黑三稜흑삼릉, 草三稜초삼릉을 명확하게 구분해야만 할 것이다.

52 모향화茅香花

향약구급방	味苦溫无毒 正二月採根 五月採花 八月採苗
국명	향모 → 흰띠꽃, 씨로기로 수정 요.
학명	*Anthoxanthum nitens* (Weber) Y. Schouten & Veldkamp
생약정보	항목 없음

「초부」에는 식물에 대한 설명도 민간 이름도 없다. 『향약집성방』에는 鄕名향명이 없고, 새싹이 보리와 같고, 음력 5월에 하얀색 또는 노란색 꽃이 피는[956] 것으로 설명되어 있다. 『동의보감』에는 흰뛰곳이라는 우리말 이름이 있으며, 중국 문헌에 있는 식물 설명이 인용되어 있는데, 『향약집성방』에 있는 설명과 비슷하다.

그런데 『향약구급방』에는 茅香花모향화의 이름과 비슷한 茅香모향 안에서

954 권동열 외(2020), 596쪽; 신민교(2015), 492쪽; 『본초감별도감, 제1권』(2014) 188쪽.
955 신전휘 · 신용욱(2013), 129쪽(경삼릉), 206쪽(초삼릉).
956 三月生苗, 似大麥. 五月開白花, 亦有黃花者.

처음으로 나온 잎을 茅錐모추라고 설명되어 있으나, 이러한 설명은 실수로 판단된다.[957] 『향약집성방』에는 하얀색 또는 노란색 꽃 대신 줄기와 잎은 흑갈색이고 흰꽃이 피는 종류를 白茅香백모향이라고 부른다고[958] 설명하고 있으며, 『동의보감』에는 茅香花모향화의 성질은 따뜻하고 맛은 쓰며 독이 없으나, 白茅香백모향은 성질이 평하고 맛이 단 것으로 설명되어 있어, 茅香花모향화와 白茅香백모향은 서로 다른 식물을 지칭하는 이름으로 판단된다.[959] 한편, 『향약채취월령』에는 茅香모향의 줄기와 잎은 흑색이고 꽃은 하얀색이라 이름이 白茅香백모향이라고 설명되어 있다.[960] 이 설명은 『증류본초』에서 茅香花모향화를 설명하면서 나오는 내용이다. 그런가 하면, 『증류본초』에는 茅香花모향화와 白茅香백모향을 서로 다른 식물로 설명하고 있다. 따라서 白茅香백모향은 茅香花모향화와는 다른 식물을 지칭하는 이름으로 판단된다.

『동의보감』에 나오는 우리말 이름 흰쀠꼿의 경우, 『동의보감』에 나오는 茅錐[961]모추의 우리말 이름 삡불휘에서 쀠가 오늘날 띠로 풀이되고 있는 점으로 볼 때, 흰띠꽃 정도로 풀이된다. 그러나 흰띠꽃은 오늘날 검색되지 않는다.

중국에서는 茅香花모향화를 茅香모향, *Hierochloe odorata* (Linnaeus) P. Beauvois의 꽃 차례로 간주하는데,[962] 최근에는 *H. odorata*를 *Anthoxanthum nitens* (Weber) Y. Schouten & Veldkamp의 이명으로 간주하고 있다.[963] 우리나라에

957 40번 항목 모추(茅錐)를 참조하시오.

958 其莖, 葉黑褐色而花白者, 名白茅香也.

959 『본초강목』에도 白茅香(백모향)은 茅香(모향)과 다른 식물로 간주되었다.

960 圖經云其莖葉黑色而花白色者名白茅香.

961 40번 항목 모추(茅錐)를 참조하시오.

962 https://baike.baidu.com/item/茅香花/1218532?fr=aladdin

963 『*Flora of China*, Vol. 22』(2006), 336쪽.

서는 정태현 등이 *H. bungeana* Trinius를 향모라고 불렀고,[964] 이덕봉은 茅香花모향화를 *H. borealis* (Schrader) Roemer & Schultes로 간주했으나,[965] 이 두 종은 모두 오늘날 *A. nitens*와 같은 종으로 간주된다.[966] 한편, 정태현 등은 향모의 한자명을 표기하지 않았으나, 香茅향모로 추정되는데, 香茅향모를 오늘날 *Cymbopogon citratus* (Candolle) Stapf로 간주했다.[967] 따라서 *A. nitens* 또는 *H. odorata*를 흰띠꽃 또는 모향으로 불러야 함에도, 향모라고 부르고 있어,[968] 혼란이 야기되고 있다.

한편 『동의보감』에서 茅香花모향화와 약성이 다른 약재로 설명한 白茅香백모향을 중국에서는 香茅향모, *Cymbopogon citratus*로 간주하고 있는데, 우리나라에는 분포하지 않는다.[969] 따라서 茅錐모추는 띠*Imperata cylindrica*로, 茅香모향 또는 茅香花모향화는 향모*Anthoxanthum nitens ≡ Hierochloe odorata*로, 香茅향모는 *C. citratus*로 간주해야만 할 것이다. 단지 茅香모향 또는 茅香花모향화를 우리나라에서는 향모라고 부르고 있는데,[970] 香茅향모, *Cymbopogon citratus*와 혼동될 수 있으므로, 새로운 이름으로 불러야만 할 것이다. 『동의보감』에 나오는 흰뛰꼿, 즉 흰띠꽃이나 『물명고』에 나오는 쌔로기, 즉 씨로기로 부르는 것이 타당할 것이다.

964 정태현 외a(1949), 154쪽.
965 이덕봉d(1963), 55쪽.
966 『*Flora of China*, Vol. 19』(2011), 536~551쪽.
967 『中國植物志, 10(2)卷』(1997), 197쪽.
968 『The genera of vascular plants of Korea』(2007), 1224쪽.
969 『*Flora of China*, Vol. 22』(2006), 627쪽.
970 신전휘·신용욱(2013), 145쪽.

53 반하半夏

향약구급방	俗云雉矣毛立 味辛平 生微寒 熟溫有毒 八月採根 日乾
국명	반하
학명	*Pinellia ternata* (Thunberg) Tenore ex Breitenbach
생약정보	반하(*Pinellia ternata* (Thunberg) Tenore ex Breitenbach)

「초부」에는 식물에 대한 설명이 없고 민간 이름으로 雉矣毛立치의모립이라고 부르는 것으로 설명되어 있고, 「본문」 중에는 雉矣毛老邑치의모로읍으로 표기되어 있다. 『향약집성방』에는 鄕名향명으로 雉毛奴邑치모노읍이 병기되어 있고, 중국 문헌에 있는 식물에 대한 설명이 인용되어 있다. 중국 어디에서나 자라며, 뿌리는 塊莖괴경으로 껍질은 누렇고 속은 하얀색이며, 줄기 하나에 잎이 3장 달리는데, 잎은 竹葉죽엽[971] 비슷하며 윤기가 나는[972] 것으로 설명되어 있다. 『동의보감』에는 싀물옷이라는 우리말 이름이 병기되어 있으나, 식물에 대한 설명은 없다.

『향약구급방』에 나오는 민간 이름 雉矣毛老邑치의모로읍의 경우, 雉치는 싀로 훈독되고,[973] 矣의는 의로 음가되고, 毛모는 모로 음가되고, 老로는 로로 음가되고, 邑읍은 "ㅂ"으로 약음가되어 싀모릅으로 해독되며, 雉矣毛立치의모립은 싀모립으로 해독되어, 『동의보감』에 나오는 싀물옷과 연결된다.[974]

중국에서는 *Pinellia ternata* (Thunberg) Tenore ex Breitenbach를 半夏반하

971 대나무 종류의 잎으로 추정된다.

972 今處處有之, (…중략…) 根下相重生, 上大下小, 皮黃肉白. (…중략…) 一莖莖端出三葉, 淺綠色, 頗似竹葉, 而光.

973 남풍현(1981, 75쪽)은 씨로 해석했다.

974 손병태(1996), 135쪽.

로 간주하고 있다.[975] 우리나라에서는 일제강점기에 이시도야가 *Pinellia tuberifera* Tenore에 『동의보감』에 나오는 ᄭᅴ물옷이라는 이름을 일치시키면서 이 식물의 근경을 半夏반하라고 설명했다.[976] 이후 Mori는 *P. ternata*에 반하와 ᄭᅴ무릇, 半夏반하라는 이름을 일치시켰고,[977] 정태현 등도 같은 처리를 해서[978] 오늘날에 반하 또는 끼무릇으로 부른다.[979] 단지 *Pinellia tuberifera*는 식물명명규약에 맞지 않는 비합법명이며, 오늘날 *P. ternata*와 같은 종으로 처리되고 있다.[980]

54 정력葶藶

향약구급방	俗云豆音矣薺 味苦寒无毒 立夏后採實 日乹 或陰乹
국명	꽃다지 → 두루미냉이로 수정 요
학명	*Draba nemorosa* Linnaeus
생약정보	정력자(葶藶子), 다닥냉이(*Draba apetalum* Willdenow) 또는 재쑥(*Descurainia sophia* (Linnaeus) Webb ex Prantl)

「초부」에는 식물에 대한 설명이 없고 민간 이름으로 豆音矣薺두음의제라고 부르는 것으로 설명되어 있는데, 「본문」 중에는 민간 이름과 鄕名향명

975 『中國植物志, 13(2)卷』(1979), 203쪽.
976 이시도야(1917), 47쪽.
977 Mori(1922), 79쪽.
978 정태현 외(1937), 27쪽.
979 이우철a(1996), 1436쪽.
980 『Flora of China』 Vol. 23(2010), 42쪽.

으로 豆衣乃耳두의내이가 표기되어 있으며, 甛葶藶첨정력이라는 이름으로도 표기되어 있다. 『향약집성방』에는 鄕名향명으로 豆音矣羅두음의라가 표기되어 있고, 중국 문헌에 있는 식물에 대한 설명이 인용되어 있다. 뿌리는 희고, 줄기는 18~21cm 정도 자라고, 薺菜제채[981]와 비슷하며, 꽃은 음력 3월에 연한 황색으로 피며, 꼬투리처럼 생긴 열매가 맺히며, 씨는 납작하고 작으며 수수알 같으나 약간 길고 황색을 띠는데 여름이 되면 말라 시드는[982] 것으로 설명되어 있다. 『동의보감』에는 두루믜나이라는 우리말 이름이 병기되어 있으며, 식물에 대한 설명이 『향약집성방』에 있는 설명과 비슷하다.

『향약구급방』에 나오는 민간 이름 豆衣乃耳두의내이의 경우, 豆두는 두로 음가되고, 衣의는 의로 음가, 乃내는 나로 음가, 耳이는 ᅀ이로 음가되어 두의나ᅀ이로 해독되며, 豆音矣薺두음의제는 두음의나ᅀ이로 해독되고,[983] 『향약집성방』에 나오는 豆音矣羅두음의라는 두음의나 정도로 해독될 수 있으므로, 『동의보감』에 나오는 두루믜나이와 연결된다. 따라서 葶藶정력의 오늘날 우리말 이름은 두루미냉이로 풀이된다.[984] 단지 1800년대에 편찬된 것으로 알려진 유희의 『물명고』에는 葶藶정력 또는 薺藶제력이라는 표제어에 한ᄉᆡ나이라는 우리말 이름이 병기되어 있는데, 오늘날 황새냉이로 간주될 수 있다.[985] 그러나 두루미와 황새는 전혀 다른 동물이다.

중국에서는 ① *Draba nemorosa* Linnaeus, ② *Lepidium apetalum* Willde-

---

981 냉이(*Capsella bursa-pastoris* (Linnaeus) Medikus)이다.

982 高六七寸, 有似薺. 根白, 枝莖俱青. 三月開花, 微黃. 結角, 子扁小如黍粒微長, 黃色. (…중략…) 此草至夏則枯死.

983 손병태(1996), 143쪽.

984 손병태(1996), 144쪽.

985 손병태(1996), 144쪽.

now 그리고 ③ *Descurainia sophia* (Linnaeus) Webb ex Prantl의 종자를 葶藶子정력자로 간주하고 있다.[986] 우리나라에서는 *D. nemorosa*를 꽃다지로, *L. apetalum*을 다닥냉이로, 그리고 *D. sophia*를 재쑥으로 부르면서,[987] 『동의보감』 이전부터 사용되던 두루미냉이라는 이름은 완전히 사라졌다. 단지 일제강점기에 이시도야가 *D. nemorosa*에 『동의보감』에 나오는 두루뫼나이라는 이름을 일치시키면서, 이 식물의 종자를 葶藶子정력자로 설명할 때까지만 해도,[988] 두루미냉이라는 이름이 사용되었다.

그러다 이후 Mori가 *Draba nemorosa* var. *hebecarpa* Ledebour[989]에 亭藶정력, 狗黃구황, 숫짜지, 댕닉ᄌᆞ라는 이름을 부여했고, *Nasturtium palustre* (Linnaeus) DC에도 葶藶정력이라는 이름을 부여했고, *Sisymbrium sophia* Linnaeus에는 저쑥이라는 이름을 일치시켰다.[990] 오늘날 *D. nemorosa* var. *hebecarpa*라는 변종은 인정하지 않고 기본종인 *D. nemorosa*에 포함시키고 있으며, *N. palustre*는 *Rorippa palustris* (Linnaeus) Besser와 같은 종으로, 그리고 *S. sophia*는 *Descurainia sophia*와 같은 종으로 처리되고 있다.[991]

이후 정태현 등은 *D. nemorosa*를 꽃따지로, *Nasturtium palustre*를 속속이풀로, 그리고 *Sisymbrium sophia*를 재쑥으로 부르며, *Lepidium micranthum* Ledebour를 다닥냉이라고 불렀다.[992] 오늘날 *L. micranthum*은 *L.*

---

986 https://baike.baidu.com/item/葶苈子/984603?fr=aladdin

987 이우철a(1996), 411쪽(꽃다지) · 410쪽(재쑥) · 414쪽(다닥냉이).

988 이시도야(1917), 30쪽.

989 오늘날에는 *Draba nemorosa*에 포함되는 분류군으로 간주된다. 그리고 Mori는 명명자를 Ledebour로 표기했고, 이후 정태현 등도 이렇게 표기했으나, 정확한 명명자는 Lindblom이다.

990 Mori(1922), 175~176쪽.

991 『*Flora of China*, Vol. 8』(2001), 85쪽(*Draba nemorosa*), 135쪽(*Rorippa palustris*), 190쪽(*Descurainia sophia*).

992 정태현 외(1937), 76~77쪽.

*apetalum*과 같은 종으로 간주되며,[993] 다닥냉이라고 부르고 있다.[994] 결국 옛 문헌에 葶藶정력 또는 葶藶子정력자의 우리말 이름으로 사용되었던 두루미냉이라는 이름은 완전히 사라지고 꽃다지, 다닥냉이, 재쑥이라는 이름만 남게 되었다. 그런데 국립국어원 표준국어대사전에는 두루미냉이가 꿀풀과Lamiaceae에 속하는 여러해살이풀로 가을에 붉은 자주색의 작은 꽃이 피는 식물이며 중국에서 자라는 *Stachys sieboldii* Miquel로 검색되어,[995] 전혀 다른 식물에 두루미냉이라는 이름이 부여되어 있는 실정이다.

한편 『물명고』에 표기된 한식나이에서 유래했을 것으로 추정되는 황새냉이의 경우 Mori가 *Cardamine flexuosa* Withering에 황식엉이라는 이름을 일치시킨[996] 이후 정태현 등이 이 종에 황새냉이라는 이름을 부여하면서[997] *C. flexuosa*의 우리말 이름으로 사용되고 있다. 그런데 유희는 『동의보감』에 葶藶정력에는 "쓰고 단 두 종류가 있다"[998]는 표현에 근거하여 쓴 종류를 葶藶정력, 즉 한식나이로, 단 종류를 菥蓂석명으로 설명한 것으로 추정된다. 오늘날 菥蓂석명은 말냉이*Thlaspi arvense* Linnaeus로 간주하고 있는데,[999] 菥蓂子석명자와 葶藶子정력자를 같은 식물로 간주하기도 한다.[1000]

그런데 葶藶子정력자를 다닥냉이*Lepidium apetalum* Willdenow[1001] 또는 냉이라는 이름으로 *L. micranthum* Ledebour로 간주하기도 하나,[1002] 다닥냉이

993 https://powo.science.kew.org/taxon/urn:lsid:ipni.org:names:286288~1
994 이우철a(1996), 414쪽.
995 https://stdict.korean.go.kr/search/searchView.do
996 Mori(1922), 173쪽.
997 정태현 외(1937), 76쪽.
998 有苦甛二種.
999 『中國植物志, 33卷』(1987), 80쪽.
1000 손병태(1996), 144쪽.
1001 신민교(2015), 803쪽.
1002 임태치 · 정태현(1936), 113쪽.

의 꽃은 흰색이고, 꽃잎이 없거나 흔적처럼 남아 있으며, 씨가 붉은빛이 도는 황색으로 알려져 있어,[1003] 『향약집성방』에 있는 꽃이 연한 황색으로 꽃이 핀다는 葶藶子정력자의 설명과는 일치하지 않는다. 또한 葶藶子정력자를 재쑥Descurainia sophia으로 간주하기도 하나,[1004] 높이 80cm까지 자라고 열매도 1.5~3cm 정도로 길게 되어, 줄기가 높게 자라지 않고 열매도 1cm 미만인 냉이Capsella bursa-pastoris (Linnaeus) Medikus와는 사뭇 달라 줄기가 薺菜제채, 즉 냉이와 비슷하다는 『향약집성방』의 설명과 차이가 난다. 이 밖에도 葶藶子정력자를 개갓Nasturtium indicum (Linnaeus) DC으로 간주하기도 하나,[1005] 오늘날 이 종은 *Rorippa indica* (Linnaeus) Hiern과 같은 종으로 간주되며 열매가 1~2.5cm 정도로 냉이에 비해 상당히 큰 편이다.

따라서 『향약구급방』에 나오는 葶藶정력을 꽃다지Draba nemorosa로 간주하는 것이 타당할 것인데, 중국에서는 *D. nemorosa*를 『신농본초경』에 나오는 葶藶정력으로 간주하고 있다.[1006] 그럼에도 葶藶子정력자의 기원을 *Draba nemorosa*로 간주한 것은 『동의보감』 등 과거 문헌의 향약명 기록에만 근거한 것이라는 주장과,[1007] 다닥냉이Lepidium apetalum가 우리나라에는 분포하지 않음에도 콩다닥냉이L. virginicum Linnaeus를 오동정한 것이라는 주장도[1008] 있으며, 국가생약정보에는 葶藶子정력자의 공정서 생약으로 다닥냉이Draba apetalum 또는 재쑥Descurainia sophia이 소개되어 있는 반면, 민간생약으로 꽃다지D. nemorosa가 소개되어 있어, 추후 보다 상세한 검토가 필요하다.

1003 『*Flora of China*, Vol. 8』(2001), 33쪽.
1004 권동열 외(2020), 698쪽.
1005 이덕봉d(1963), 56쪽.
1006 『中國植物志, 33卷』(1987), 173쪽.
1007 최고야 외(2013), 109쪽.
1008 양선규 외(2016), 28쪽.

55 선복화旋覆花

향약구급방	味甘鹹溫微冷 有小毒 七八月採花 日乾二十日
국명	금불초 → 하국으로 수정 요
학명	*Inula japonica* Thunberg
생약정보	금불초(*Inula japonica* Thunberg)와 구아선복화(*I. britannica* Linnaeus)

『초부』에는 식물에 대한 설명이나 민간 이름이 없는데, 「본문」에는 黃菊花황국화와 비슷한 식물로[1009] 설명되어 있다. 『향약집성방』에는 夏菊하국이라는 鄕名향명이 병기되어 있으며, 중국 문헌에 소개된 식물에 대한 설명이 인용되어 있다. 흔히 개울가에서 자라며 크기는 紅藍花홍람화[1010] 비슷하고 가시가 없으며, 줄기는 가늘고 높이 30~60cm 정도 자라고, 잎은 柳류[1011] 잎 같고, 菊花국화[1012]처럼 생긴 꽃은 음력 6월에 노랗게 피는데 크기는 작은 동전 정도인[1013] 것으로 설명되어 있다. 『동의보감』에는 우리말 이름으로 하국이 병기되어 있으며, 식물에 대한 설명은 『향약집성방』에 있는 내용과 비슷하다. 『향약집성방』에 있는 夏菊하국이라는 이름을 음가대로 읽어 『동의보감』에는 하국으로 표기된 것으로 판단된다.

중국에서는 *Inula japonica* Thunberg를 旋覆花선복화로 간주하는데, 六

1009 如黃菊花.

1010 잇꽃(*Carthamus tinctorius*)이다. 76번 항목 연지(燕脂)를 참조하시오.

1011 수양버들(*Salix babylonica*)이다. 105번 항목 류(柳)를 참조하시오.

1012 국화(*Chrysanthemum morifolium*)이다. 2번 항목 국화(菊花)를 참조하시오.

1013 多近水傍, 大似紅藍而無刺, 長一二尺已來, 葉如柳, 莖細. 六月開花如菊花, 小銅錢大, 深黃色.

月菊육월국으로도 부른다.[1014] 우리나라에서는 일제강점기에 이시도야가 *Senecio campestris* DC를 1884년에 편찬된 『방약합편』에 나오는 한글명 하국이라는 식물이며, 이 식물의 꽃을 金沸草금불초라고 주장하면서부터[1015] 실체가 파악되기 시작했다. 그러나 이후 Mori는 *Inula britannica* Linnaeus var. *chinensis* Regel에 旋覆花선복화, 하국, 금불초 등의 이름을, var. *japonica* Franchet & Savatier도 旋覆花선복화, 하국, 금블초라는 이름과 함께 빅암풀이라는 한글명을 일치시켰다.[1016] 대신 *S. campestris*에는 狗舌草구설초와 솜방망이라는 이름을 일치시켜[1017] 이시도야와는 다른 견해를 주장했다. 이후 정태현 등은 *I. britannica* var. *japonica* Komarov에는 금불초를, *S. campestris*에는 솜방망이를 일치시켰다.[1018] 한편, 이덕봉은 학명을 제시하지 않고서 솜방망이의 다른 이름으로 狗舌草구설초, 풀솜나물, 용박본죽, 그리고 『방약합편』에 나오는 하국을 나열했고, 금불초의 다른 이름으로 施覆花시복화, 金佛草금불초, 배암풀, 그리고 『동의보감』과 『방약합편』에 나오는 하국을 나열했다.[1019] 하국을 전혀 다른 두 종류의 식물로 간주한 것이다. 단지 이후 그는 『향약구급방』에 나오는 旋覆花선복화를 *I. japonica*로 간주했다.[1020]

Mori가 旋覆花선복화, 하국, 금불초로 간주했던 *Inula britannica* var. *chinensis*는 오늘날 *I. japonica* var. *japonica*로 간주되므로,[1021] Mori가 var. *chin-*

1014 『中國植物志, 75卷』(1979), 263쪽.
1015 이시도야(1917), 8쪽.
1016 Mori(1922), 359쪽.
1017 Mori(1922), 369쪽.
1018 정태현 외(1937), 166쪽, 168쪽.
1019 이덕봉(1937), 17쪽(솜방망이), 16쪽(금불초).
1020 이덕봉d(1963), 56쪽.
1021 『*Flora of China*, Vol. 20~21』(출판중).

*ensis*와 var. *japonica*로 구분해서 부여한 이름들은 모두 같은 식물의 이름으로 간주된다. 그리고 *I. japonica*는 습지나 물가에서 살아가며, 7~9월에 노랗게 개화하며, 두상화서의 지름은 3~4cm이다.[1022] 반면, 이시도야가 금불초와 하국으로 간주했던 *Senecio campestris*는 *Tephroseris integrifolia* (Linnaeus) Holub subsp. *integrifolia*로 간주되는데, 우리나라에는 분포하지 않는다.[1023] 대신 우리나라에서는 *T. kirilowii* (Turczaninow ex Candolle) Holub을 솜방망이로 부르고 있는데,[1024] 주로 양지바른 건조한 풀밭에서 살아가며, 5~6월에 노랗게 개화하며, 두상화서의 지름은 3~4cm 정도이다.[1025] 그런데 『향약집성방』에는 旋覆花선복화가 흔히 개울가에서 자라며 꽃은 음력 6월에 노랗게 피는데 크기는 작은 동전 정도인 것으로 설명되어 있어, 旋覆花선복화는 솜방망이보다는 금불초로 간주하는 것이 더 적절한 것으로 판단된다. 단지 금불초라는 이름 대신 『동의보감』에 나오는 하국이라는 이름을 사용하는 것이 더 좋을 것으로 사료된다. 한편, *T. kirilowii*는 藍漆남칠로 간주할 수도 있다.[1026]

국가생약정보에는 선복화의 공정서 생약으로 금불초*Inula japonica*와 구아선복화*I. britannica*가, 민간생약으로 가는금불초*I. linariifolia* Turczaninow와 버들잎금불초*I. salicina* Linnaeus가 소개되어 있다.

1022 이우철b(1996), 364쪽.

1023 https://powo.science.kew.org/taxon/urn:lsid:ipni.org:names:77180591~1

1024 『The genera of vascular plants of Korea』(2007), 1038쪽.

1025 이우철b(1996), 377쪽.

1026 19번 항목 남칠(藍漆)을 참조하시오.

56 길경吉梗

향약구급방	俗云刀〻次 味辛溫有小毒 二八月採根 日乹 療咽喉痛 最妙
국명	도라지
학명	*Platycodon grandiflorus* (Jacquin) A. Candolle
생약정보	도라지(*Platycodon grandiflorus* (Jacquin) A. Candolle)

「초부」에는 식물에 대한 설명이 없고, 민간 이름으로 刀〻次도라차라고 부르는 것으로 설명되어 있고, 「본문」 중에는 鄕名향명으로 道羅次도라차가 병기되어 있다. 『향약집성방』에는 鄕名향명으로 道乙羅叱도을라질이 표기되어 있으며, 중국 문헌에 있는 식물에 대한 설명이 인용되어 있다. 뿌리는 새끼손가락만 하고 황백색이며, 봄에 싹이 나와 30cm 정도 자라며, 잎은 杏행[1027]의 잎과 비슷한 긴 타원형으로 4장이 윤생하고, 꽃은 여름에 牽牛子견우자[1028] 비슷한 자벽색으로 피고 가을에 성숙하는[1029] 것으로 설명되어 있다. 『동의보감』에는 우리말 이름으로 도랏이 병기되어 있으며, 식물에 대한 특별한 설명은 없다.

『향약구급방』에 나오는 鄕名향명 道羅次도라차의 경우, 道도는 도로 음가되고, 羅라는 라로 음가되고, 次차는 "ㅈ"으로 약음가되어 도랒으로 해독되며, 민간 이름 刀〻次도라차 역시 도랒으로 해독된다. 그리고 『향약집성방』에 나오는 道乙羅叱도을라질의 경우, 道도는 도로 음가되고, 乙을은 "ㄹ"로 약

1027 살구나무(*Armeniaca vulgaris*)이다. 『향약구급방』 「본문」에는 杏仁(행인)으로 6번 나오나, 초부에는 杏仁(행인)에 대한 설명이 없다. 「본문」 28번 항목 행인(杏仁)을 참조하시오.

1028 나팔꽃(*Ipomoea nil*)이다. 65번 항목 견우자(牽牛子)를 참조하시오.

1029 根如小指大, 黃白色. 春生苗, 莖高尺餘. 葉似杏葉而長橢, 四葉相對而生, 嫩時亦可煮食之. 夏開花, 紫碧色, 頗似牽牛子花, 秋後結子.

음가되고, 羅라는 라로 음가되고, 叱질은 "ㅈ"으로 약음가되어 돌랒으로 해독되는데, 후일 도랒으로 변한 다음, 오늘날에는 도라지로 변한 것으로 풀이하고 있다.[1030]

중국에서는 桔梗길경을 *Platycodon grandiflorus* (Jacquin) A. Candolle로 간주하고 있다.[1031] 우리나라에서는 일제강점기에 이시도야가 *P. grandiflorus*에 『동의보감』에서 언급한 도랒이라는 이름을 일치시키면서 뿌리를 桔梗길경이라고 설명한[1032] 이후, Mori[1033]와 정태현 등[1034]도 모두 같은 주장을 했다. 단지 정태현 등은 학명으로 *P. glaucum* Nakai를 사용했으나, 이 학명은 *P. glaucus* (Thunberg) Nakai로 표기하는 것이 정확하며, *P. grandiflorus*와 동일한 종으로 간주되고 있다.[1035]

1030 손병태(1996), 123쪽.
1031 『中國植物志, 73(2)』(1983), 77쪽.
1032 이시도야(1917), 10쪽.
1033 Mori(1922), 340쪽.
1034 정태현 외(1937), 158쪽.
1035 http://www.theplantlist.org/tpl1.1/record/kew-354640

57 여로藜盧

향약구급방	俗云箔草 味辛苦寒有毒 二三月採根 陰乾
국명	참여로 → 박새나 여로로 수정 요
학명	*Veratrum nigrum* Linnaeus
생약정보	참여로(*Veratrum nigrum* Linnaeus var. *ussuriense* Loesner fil.)와 박새(*V. oxysepalum* Turczaninow)

「초부」에는 민간 이름으로 箔草박초라고 부르는 것으로 설명되어 있을 뿐, 식물에 대한 설명은 없으나, 「본문」 중에는 藜蘆여로로 표기되어 있다. 『향약채취월령』에는 朴草박초와 朴鳥伊박조이라고 설명되어 있다. 『향약집성방』에는 鄕名향명으로 朴草박초가 병기되어 있고, 중국 문헌에 있는 식물에 대한 설명이 인용되어 있다. 뿌리는 馬腸根마장근[1036] 비슷하며 길이는 12~15cm 정도이며, 줄기는 蔥白총백[1037] 비슷하며 청자색을 띠나 껍질은 검은색이고 15~18cm 정도 자라며, 꽃은 진한 홍색으로 피는[1038] 것으로 설명되어 있다. 『동의보감』에는 우리말 이름이 박새로 병기되어 있으며, 뿌리가 파와 비슷하며 털이 많다는 특징이 설명되어 있다.

『향약구급방』에 나오는 箔草박초의 경우, 箔박은 박으로 음가되고 草초는 새로 훈독되어 박새로 읽히는데,[1039] 朴草박초와 朴鳥伊박조이는 박새로 해독될 것으로 추정되며, 『동의보감』에 나오는 박새와 연결된다.

1036 확인 불가능하다.

1037 파(*Allium fistulosum*)이다. 144번 항목 총(蔥)을 참조하시오.

1038 莖似蔥白, 靑紫色, 高五六寸. 上有黑皮裹莖, 其花肉紅色. 根似馬腸根, 長四五寸許.

1039 남풍현(1981), 98쪽.

중국에서는 *Veratrum nigrum* Linnaeus를 藜蘆여로로 간주하고 있는데,[1040] 우리나라에서는 참여로라고 부른다.[1041] 이런 차이는 일제강점기에 이시도야가 *V. maackii* Regel, *V. maximowiczii* Baker var. *albidum* Nakai, 그리고 *V. nigrum* 등이 모두 『동의보감』에서 박석라고 불렀던 식물이라고 주장하면서[1042] 혼란이 야기된 것으로 추정된다. 이후 Mori가 *V. album* Linnaeus var. *lobelianum* Baker[1043]에 藜蘆여로라는 한자명을, *V. maackii* Regel에는 藜蘆여로, 山葱산총, 박새, 여로라는 이름을 부여했다.[1044] 그가 藜蘆여로, 山葱산총, 박새, 여로를 모두 한 식물에 부여한 것은 타당했으나, 藜蘆여로라는 이름을 또 다른 종에도 부여해서 이시도야가 제기한 분류학적 모호성을 답습한 것으로 추정된다. 이후 정태현 등은 *V. album* var. *grandiflorum* Maximowicz ex Baker에는 박새를, *V. maackii*에는 藜蘆여로와 여로를 일치시키면서,[1045] 같은 식물을 지칭했던 이름이 두 종류의 서로 다른 식물을 지칭하게 되었다. 그리고 다시 정태현 등은 *V. nigrum*에 참여로라는 이름을 새롭게 만들었고, *V. grandiflorum* (Maximowicz ex Baker) Loesner에는 박새, 그리고 *V. japonicum* (Baker) Loesner에는 여로라는 이름을 붙임으로써,[1046] 한 종류의 식물을 지칭했던 여로와 박새가 각기 다른 식물에 부여되었다.

그런데 『향약집성방』에는 藜蘆여로의 꽃이 진한 홍색으로 피는 것으로 설명되어 있어, 꽃이 하얗게 피며 중국에만 분포하는 *Veratrum grandiflo-*

1040 『中國植物志, 14卷』(1980), 21쪽.
1041 이우철a(1996), 1288쪽.
1042 이시도야(1917), 45~46쪽.
1043 학명의 명명자가 Koch임에도 Mori가 Baker로 오기한 것으로 보인다.
1044 Mori(1922), 35쪽.
1045 정태현 외(1937), 35쪽.
1046 정태현 외a(1949), 182쪽.

rum[1047]을 박새라고 부르는 것과 줄기 아래쪽이 갈색이며 잎자루가 발달하는 잎을 지니는[1048] *V. maackii*에 藜蘆여로와 여로라는 이름을 부여한 것은 실수로 판단된다. 그리고 *V. japonicum*은 중국에는 분포하지 않고 있어[1049] 중국 문헌에서 설명하는 藜蘆여로는 아닌 것으로 판단된다. 한편 우리나라에서는 최근에 박새라는 이름을 *V. oxysepalum* Turczaninow[1050] 또는 *V. patulum* Loesner에[1051] 일치시키고 있다. 그런데 *V. patulum*은 *V. oxysepalum*과 동일한 종으로 간주하고 있으나,[1052] 이 종은 황록색 꽃이 피는 특징을 지니고 있어 박새라는 이름을 붙여서는 안 될 것이다.

비록 『향약구급방』에 나오는 藜蘆여로는 여로속*Veratrum*에 속하는 2종 이상의 식물로 간주하는 것이 타당하다는 주장도 있지만,[1053] 『향약구급방』, 『향약집성방』 그리고 『동의보감』에서 설명하는 藜蘆여로, 즉 박새는 중국과 동일하게 *V. nigrum*으로 간주하는 것이 타당할 것으로 판단되며, 국명으로 참여로 대신 박새 또는 여로를 사용해야만 할 것이다. 국가생약정보에는 여로의 공정서 생약으로 박새*V. oxysepalum*와 참여로*V. nigrum* var. *ussuriense*가, 민간생약으로 파란여로*V. maackii* var. *parviflorum* (Maximimowicz ex Miquel) H. Hara와 여로*V. maackii* var. *japonicum* (Baker) T. Shimizu가 소개되어 있다.

1047 『*Flora of China*, Vol. 24』(2000), 83쪽.

1048 『증류본초』의 藜蘆(여로) 항목에는 두 종류의 藜蘆(여로) 그림이 있는데, 두 그림 모두 잎자루는 발달하지 않은 상태이다.

1049 『*Flora of China*, Vol. 24』(2000), 84쪽.

1050 이우철a(1996), 1287~1289쪽.

1051 『The genera of vascular plants of Korea』(2007), 1300쪽.

1052 http://www.theplantlist.org/tpl1.1/record/kew-291292

1053 이덕봉d(1963), 56쪽.

58 사간射干

향약구급방	俗云虎矣扇 味苦微溫有毒 三月三日採根 陰軋 二八九月採 日軋
국명	범부채
학명	*Belamcanda chinensis* (Linnaeus) Redouté
생약정보	범부채(*Belamcanda chinensis* (Linnaeus) Redouté)

「초부」에는 민간 이름으로 虎矣扇호의선이라고 부르는 것으로 설명되어 있을 뿐, 식물에 대한 설명은 없다. 『향약집성방』에는 鄕名향명으로 虎矣扇호의선이 병기되어 있고, 중국 문헌에 있는 식물에 대한 설명이 인용되어 있다. 뿌리에 잔뿌리가 많이 달리고 껍질은 황흑색이나 속은 황적색이며, 줄기는 60~90cm 정도 자라며, 잎은 좁고 길며 옆으로 퍼진 것이 날개의 깃처럼 생겼는데 엇갈려 달리며, 萱草훤초[1054]와 비슷한데 강하고 단단하며, 꽃은 음력 6월에 황홍색으로 피는데 꽃잎에 가는 무늬가 있으며, 가을에 열매가 맺고, 열매 안에 검은 씨가 들어 있는[1055] 것으로 설명되어 있다. 『동의보감』에는 범부체라는 우리말 이름이 병기되어 있고, 식물에 대한 설명은 『향약집성방』의 설명을 요약한 것처럼 간단하다.

『향약구급방』에 나오는 민간 이름 虎矣扇호의선의 경우, 虎호는 범으로 훈독되고, 矣의는 의로 음가되고, 扇선은 부체 또는 부채로 훈독되어 범의 부채로 해독되는데,[1056] 이후 변천해서 범부채로 되었을 것으로 판단된다.

1054 원추리(*Hemerocallis fulva*)이다.

1055 高二三尺. 葉似蠻薑, 而狹長橫張, 如翅羽狀, 故一名烏翣, 謂其葉耳. 葉中抽莖, 似萱草而强硬. 六月開花, 黃紅色, 瓣上有細紋. 秋結實作房, 中子黑色.

1056 남풍현(1981), 83쪽.

중국에서는 *Belamcanda chinensis* (Linnaeus) Redouté를 射干사간으로 간주하고 있다.[1057] 우리나라에서는 일제강점기에 이시도야가 *B. chinensis*에 『동의보감』에 나오는 범부체의 지하경을 射干사간이라고 설명했고,[1058] 이후 Mori는 *B. punctata* Maoench에 볍부제와 사간, 射干사간이라는 이름을 일치시켰다.[1059] 그리고 정태현 등은 *B. chinensis*를 射干사간, 범부채로 불러,[1060] 최근에는 射干사간을 제외하고 범부채로 부르고 있다.[1061] 단지 *B. punctata*는 *B. chinensis*와 같은 종으로 간주되고 있다.[1062] 국가생약정보에는 사간의 공정서 생약으로 범부채*B. chinensis*가 소개되어 있다.

59 **백렴**白斂

향약구급방	俗云犬伊刀叱草 味苦甘微寒无毒 二八月採根 作片日乾
국명	가회톱
학명	*Ampelopsis japonica* (Thunberg) Makino
생약정보	가회톱(*Ampelopsis japonica* (Thunberg) Makino)

「초부」에는 민간 이름으로 犬伊刀叱草견이도질초로 부른다는 설명이 있을 뿐, 식물에 대한 설명은 없는데, 「본문」 중에는 犬伊[1063]刀叱草견이도질초

1057 『中國植物志, 16(1)卷』(1985), 131쪽.
1058 이시도야(1917), 44쪽.
1059 Mori(1922), 98쪽.
1060 정태현 외(1937), 36쪽.
1061 이우철a(1996), 1298쪽.
1062 『*Flora of China*, Vol. 24』(2000), 312쪽.
1063 이경록(2018, 133쪽)은 원래 角(각)으로 인쇄되어 있으나, 음운학상 伊(이)가 맞으므로,

가 鄕名향명으로 표기되어 있고, 또 다른 민간 이름으로 犬刀叱草견도질초로 부르는 것으로 설명되어 있다. 『향약채취월령』에는 加海吐가해토라는 이름이 있다. 『향약집성방』에는 鄕名향명이 없고, 중국 문헌에 있는 식물에 대한 설명이 간단히 인용되어 있다. 덩굴로 자라는데, 한 포기의 뿌리에 달걀이나 오리알 크기 정도의 동그란 것이 3~5개 정도 달리며 뿌리껍질은 적흑색이고 속은 흰색이며, 줄기는 붉고 잎은 작은 桑상[1064] 잎 같으며, 꽃은 음력 5월에 피고, 7월에 열매가 맺는[1065] 것으로 설명되어 있다. 『동의보감』에는 우리말 이름으로 가희톱이 병기되어 있고, 가지 끝에 잎이 5장씩 모여 달리며, 뿌리는 天門冬천문동[1066]과 비슷한데 한 그루에서 10여개의 잔뿌리가 달리는[1067] 것으로 설명되어 있다.

『향약구급방』에 나오는 민간 이름 犬刀叱草견도질초의 경우, 犬견은 가히로 훈가되고, 刀도는 도로 음가, 叱질은 "ㅅ"으로 약음가, 草초는 플로 훈독되어 가히돗플로 해독되며, 犬伊刀叱草견이도질초의 경우, 伊이는 가히의 끝음을 표기한 것으로 풀이하고 있다. 그리고 『향약채취월령』에 나오는 加海吐가해토는 가해토로 읽히는데, 『동의보감』에서는 가희톱으로 변했다가, 오늘날에는 가회톱으로 변천한 것으로 설명하고 있다.[1068]

그런데 『향약채취월령』과 『향약집성방』에는 白蘞백약의 향명으로 犬矣吐叱견의토질이 병기되어 있는데, 가히돗으로 해독되어,[1069] 『향약구급방』에

角(각) 대신 伊(이)가 맞다고 주장하고 있다. 녕옥청(2010, 41쪽)과 신영일(1994, 48쪽)도 모두 伊(이)로 표기했다.

1064 뽕나무(*Morus alba*)이다. 90번 항목 상근백피(桑根白皮)를 참조하시오.

1065 多在林中作蔓, 赤莖, 葉如小桑. 五月開花, 七月結實. 根如雞鴨卵, 三五枚同窠, 皮赤黑, 肉白.

1066 천문동(*Asparagus cochinchinensis*)이다. 147번 항목 천문동(天門冬)을 참조하시오.

1067 蔓生, 枝端有五葉. 根似天門冬, 一株下有十餘根, 皮赤黑肉白.

1068 손병태(1996), 137쪽.

1069 김홍석(2002), 112쪽.

나오는 犬刀叱草견도질초와 비슷한 이름으로 된다. 이런 점은 白斂백렴을 가히돗풀이라고 설명한 향약구급방의 오류를 바로 잡은 것이라고 주장하는[1070] 근거가 되고 있다. 즉, 『향약채취월령』에는 "대전본초에 따르면 白斂백렴과 같다"[1071] 라고 되어 있는데, 『大全本艸대전본초』는 『經史證類大全本草경사증류대전본초』로 추정된다. 그러나 이 책의 白藥백약 항목에서는 白斂백렴이 검색되지 않으며, 白斂백렴 항목에서도 白藥백약이 검색되지 않는다. 추후 보다 상세한 검토가 필요할 것이다.

중국에서는 白斂백렴을 白蘞백렴으로 표기하면서 *Ampelopsis japonica* (Thunberg) Makino로 간주하고 있다.[1072] 우리나라에서는 일제강점기에 이시도야가 *A. serjaniaefolia* Bunge에 『동의보감』에 나오는 가희톱을 일치시키면서, 빅금이라는 이름도 부여했고, 이 식물의 뿌리를 白斂백렴이라고 부른다고 설명했다.[1073] 이후 Mori도 같은 방식으로 처리했고,[1074] 정태현 등은 *A. japonica*에 가위톱과 白蘞백렴이라는 이름을 일치시켰다.[1075] 단지 *A. serjaniaefolia*는 오늘날 *A. serianifolia*로 표기되며, *A. japonica*와 같은 종으로 처리되고 있다.[1076] 오늘날에는 가회톱으로 부르고 있다.[1077] 국가생약정보에는 백렴의 공정서 생약으로 가회톱*A. japonica*이 소개되어 있다.

1070 이경록a(2010), 327쪽.
1071 大全本艸云如白斂.
1072 『中國植物志, 48(2)卷』(1998), 46쪽.
1073 이시도야(1917), 21쪽.
1074 Mori(1922), 246쪽.
1075 정태현 외(1937), 113쪽.
1076 http://www.theplantlist.org/tpl1.1/record/kew-2634589
1077 이우철a(1996), 693쪽.

60 대극大戟

향약구급방	俗云楊等柒 味甘寒有小毒 秋冬採根 陰乾
국명	대극 → 버들옷으로 수정 요
학명	*Euphorbia pekinensis* Ruprecht
생약정보	대극(*Euphorbia pekinensis* Ruprecht)

「초부」에는 식물에 대한 설명이 없고, 민간 이름으로 楊等柒양등칠이 병기되어 있다. 『향약채취월령』에는 단순히 柳漆유칠로 나오나, 『향약집성방』에는 鄕名향명으로 柳漆유칠이 병기되어 있으며, 중국 문헌에 있는 식물에 대한 설명이 인용되어 있다. 大戟대극은 澤漆택칠[1078]의 뿌리로, 가는 苦蔘고삼[1079]과 비슷하고 껍질은 황흑색이나 속은 황백색이고, 봄에 붉은 싹이 나와 자라는데 줄기는 총생하여 약 30cm 정도 자라며, 잎은 楊柳양류[1080] 잎처럼 작은데 길고 둥글고, 꽃은 3~4월에 황자색의 杏花행화[1081]처럼 둥글게 피는데 蕪荑무이[1082] 꽃과 비슷한[1083] 것으로 설명되어 있다. 『동의보감』에는 버들옷이라는 우리말 이름이 병기되어 있고, 봄에 붉은 싹이 나오므로 紅芽大戟홍아대극으로도 부르며, 澤漆택칠의 뿌리라고 설명되어 있다.

『향약구급방』에 나오는 민간 이름 楊等柒양등칠의 경우, 楊양은 버들로 훈독되고, 等등은 들로 훈가되고, 柒칠은 옷으로 훈독되어, 버들옷으로 해

1078 등대풀(*Euphorbia helioscopia*)이다. 62번 항목 택칠(澤漆)을 참조하시오.

1079 고삼(*Sophora flavescens*)이다. 33번 항목 고삼(苦蔘)을 참조하시오.

1080 수양버들(*Salix babylonica*)이다. 105번 항목 류(柳)를 참조하시오.

1081 살구나무(*Armeniaca vulgaris*)이다. 「본문」 28번 항목 행인(杏仁)을 참조하시오.

1082 비술나무(*Ulmus pumila*)이다. 88번 항목 무이(蕪荑)를 참조하시오.

1083 春生紅芽, 漸長作叢, 高一尺以來. 葉似初生楊柳小團. 三月, 四月開黃紫花, 團圓似杏花, 又似蕪荑. 根似細苦蔘, 皮黃黑, 肉黃白色.

독된다.[1084] 『향약채취월령』과 『향약집성방』에 나오는 柳漆유칠 역시 버들옷으로 읽을 수 있을 것으로 보인다. 따라서 이들 이름은 『동의보감』에 나오는 버들옷으로 연결되는 것으로 추정된다.

중국에서는 *Euphorbia pekinensis* Ruprecht를 大戟대극으로 간주한다.[1085] 우리나라에서는 일제강점기에 Mori가 *E. pekinensis*에는 大戟대극, 愚毒草우독초, 우독초라는 이름을 병기했고, *E. esula* Linneaus에는 大戟대극을, 그리고 *E. heliospcoia* Linnaeus에는 澤漆택칠이라는 이름을 일치시켰다.[1086] 이후 정태현 등은 *E. pekinensis*에 大戟대극과 대극을, *E. helioscopia*에 등대풀을, 그리고 *E. esula*에 흰대극이라는 이름을 일치시켰다.[1087] 처음에는 여러 종류의 식물을 大戟대극으로 간주했으나, 이후 *E. pekinensis*만을 大戟대극으로 간주한 것으로 추정된다. 단지 버들옷이라는 이름은 사라졌는데, 대극의 북한 방언으로 간주되고 있다.[1088]

중국에서는 大戟대극을 *Euphorbia pekinensis*로 간주하고 있으나, 그 근거는 명확하지 않은데, 『증류본초』에 있는 大戟대극 항목에 있는 그림들은 최소 3종류로 간주될 수가 있으며, 澤漆택칠에 있는 그림과도 다르다. 따라서 『향약구급방』에 나오는 大戟대극은 대극속*Euphorbia*에 속하는 어느 한 종으로 판단하는 것은 곤란하다는 지적도 있지만,[1089] 일본에서도 *E. pekinensis*를 大戟대극으로 간주하고 있어,[1090] 『향약구급방』, 『향약집성방』 그리고 『동의보감』에 나오는 大戟대극을 *E. pekinensis*로 간주하는 것이 타

1084 남풍현(1981), 61쪽.
1085 『中國植物志, 44(3)卷』(1997), 105쪽.
1086 Mori(1922), 233~234쪽.
1087 정태현 외(1937), 106쪽.
1088 이우철a(1996), 270쪽.
1089 이덕봉d(1963), 57쪽.
1090 http://www.atomigunpofu.jp/ch5-wild%20flowers/takatodai.html

당할 것이며, 국명으로는 한자인 大戟대극을 한글로 표기한 대극보다는 버들옷으로 사용하는 것이 더 타당할 것이다.

단지 『향약집성방』과 『동의보감』에서 大戟대극을 澤漆택칠의 뿌리라고 설명하고 있으나, 오늘날 중국에서는 大戟대극과 澤漆택칠을 구분하고 있으며, 유희는 『물명고』에서 『동의보감』에서 澤漆택칠이 대극의 싹이라고 간주한 것은 실수라고[1091] 주장했다.[1092] 추후 보다 상세한 검토가 필요할 것이다. 국가생약정보에는 대극의 공정서 생약으로 대극*Euphorbia pekinensis*가 소개되어 있다. 택칠은 62번 항목을 참조하시오.

61 상륙商陸

향약구급방	俗云章柳根 味辛酸有毒 葉青如牛舌 秋夏開紅紫花 根如蘿蔔如人形者 有神 花白者 根入藥用 花赤者 但貼腫外 一八月採根 陰軋
국명	자리공
학명	*Phytolacca acinosa* Roxburgh
생약정보	자리공(*Phytolacca acinosa* Roxburgh) 또는 미국자리공(*P. americana* Linnaeus)

「초부」에는 민간 이름으로 章柳根장류근이라고 부르는 것으로 설명되어

1091 而東醫以爲大戟苗 誤矣.

1092 정양완 외(1997), 596쪽.

있고, 뿌리는 蘿菖나복[1093]이나 사람처럼 생겼으며, 잎은 푸르며 소의 혀처럼 생겼고, 꽃은 여름과 가을에 홍자색으로 피는 것으로 설명되어 있으며, 「본문」 중에는 鄕名향명으로 者里宮根저리궁근으로 표기되어 있다. 『향약집성방』에는 鄕名향명이 這里君저리군으로 표기되어 있으며, 중국의 문헌에 있는 식물에 대한 설명이 인용되어 있다. 도처에서 흔히 자라며, 뿌리는 蘆菔노복[1094]처럼 길고, 줄기는 푸르거나 붉은빛이 돌며 90~120cm 정도 자라고, 잎은 푸르고 소의 혀처럼 생겼으며, 꽃은 여름과 가을에 홍자색으로 피는[1095] 것으로 설명되어 있다. 『동의보감』에는 우리말 이름이 쟈리공불휘로 표기되어 있으며, 꽃이 붉게 피는 종류는 뿌리도 붉으며, 하얗게 피는 종류는 뿌리도 하얗다고 설명되어 있다.

『향약구급방』에 나오는 민간 이름 章柳根장류근은 민간 이름이 아니라 한자식 표기로 추정되는데, 중국에서도 章柳장류를 商陸상륙의 다른 이름으로 간주하고 있다.[1096] 반면 者里宮저리궁의 경우, 者저는 쟈로 음가되고, 里리는 리로 음가되고, 宮궁은 궁으로 음가되어 쟈리궁으로 해독되며, 『향약집성방』에 나오는 這里君저리군의 경우, 這저는 자로 음가되고, 里리는 리로, 君군은 군으로 음가되어 자리군으로 해독되므로,[1097] 『동의보감』의 쟈리공으로 이어지며, 오늘날에는 자리공으로 변천되었을 것이다.

중국에서는 *Phytolacca acinosa* Roxburgh를 商陸상륙으로 간주하고 있다.[1098] 우리나라에서는 일제강점기에 이시도야가 *P. acinosa* var. *kaemp-*

1093 무(*Raphanus sativus*)이다. 127번 항목 나복(蘿菖)을 참조하시오.

1094 무(*Raphanus sativus*)이다. 127번 항목 나복(蘿菖)을 참조하시오.

1095 今處處有之, 多生於人家園圃中. 春生苗, 高三四尺, 葉青如牛舌而長. 莖青赤, 至柔脆. 夏秋開紅紫花, 作朶. 根如蘆菔而長.

1096 『中國植物志, 26卷』(1996), 15쪽.

1097 손병태(1996), 143쪽.

1098 『中國植物志, 26卷』(1996), 15쪽.

feri Makino에 『동의보감』에 나오는 商陸상륙과 자리공이라는 이름을 일치시켰고,[1099] 이후 Mori는 *P. esculenta* Houttuyn에 商陸상륙, 자리공불휘, 샹륙이라는 이름을 부여했으며,[1100] 이후 정태현 등은 이 학명에 商陸상륙, 자리공, 장녹, 상륙이라는 이름을 부여했다.[1101] 그런데 *P. acinosa* var. *kaempferi* Makino라는 학명은 *P. kaempferi* A. Gray라는 종을 변종으로 계급을 변경하면서 만들어진 것으로 오늘날 *P. esculenta*와 같은 종으로 간주되고 있다.[1102] *P. esculenta* 역시 *P. acinosa*와 같은 종으로 간주되고 있어, 商陸상륙은 *P. acinosa*로 간주하는 것이 타당할 것이다.

국가생약정보에는 상륙의 공정서 생약으로 자리공*Phytolacca esculenta*과 미국자리공*P. americana*이 소개되어 있으며, 생약명 상륙화와 상륙엽의 민간생약으로 미국자리공이 소개되어 있다. 그런데 미국자리공*P. americana* Linnaeus은 1950년대에 우리나라에 유입되어 급격하게 분포가 확대되어 가고 있다.[1103]

1099 이시도야(1917), 37쪽.
1100 Mori(1922), 141쪽.
1101 정태현 외(1937), 59쪽.
1102 이우철a(1996), 244쪽.
1103 최기룡 외(2009), 84쪽.

62 택칠澤漆

향약구급방	味苦辛微寒无毒 三月三日 七月七日 採莖葉 陰乹
국명	등대풀
학명	*Euphorbia helioscopia* Linnaeus
생약정보	항목 없음

「초부」에는 식물에 대한 설명도 민간 이름도 없다. 『향약채취월령』에는 柳漆유칠이라는 이름이 나오는데 大戟대극 항목에서는 柳漆유칠을 민간 이름으로 간주했다. 『향약집성방』에는 柳漆苗유칠묘라는 鄕名향명이 병기되어 있으나, 澤漆택칠이 大戟대극의 싹이라는[1104] 설명 이외에 식물에 대한 설명은 없다. 『동의보감』에는 大戟대극에 부수되는 항목으로 澤漆택칠이 나열되어 있으며, 우리말 이름은 없고, 대극의 싹으로 설명되어 있다.

『향약집성방』에 나오는 鄕名향명 柳漆유칠은 大戟대극의 鄕名향명으로도 사용되었는데, 아마도 澤漆택칠을 대극의 싹이라고 간주했기 때문에 柳漆유칠이라는 鄕名향명이 澤漆택칠 항목에도 병기된 것으로 보인다. 그리고 『향약구급방』「본문」 중에는 맨 처음 나오는 澤漆택칠에 대해 앞에서 설명했다는 의미의 "出上출상"이라는 표현이 있고, 바로 앞에서 大戟대극을 약재로 사용하고 있어, 大戟대극과 澤漆택칠을 같은 식물로 간주했던 것으로 판단된다. 大戟대극의 우리말 이름으로 『동의보감』에 버들옷이 병기되어 있는데, 柳漆유칠의 柳유를 버들로, 漆칠을 옷으로 풀어 쓴 것으로 추정된다.

그러나 유희는 『물명고』에서 『동의보감』에서 澤漆택칠을 대극의 싹이라

1104 此是大戟苗.

고 간주한 것은 실수라고[1105] 주장했고,[1106] 『본초강목』에도 택칠이 대극과 비슷하여 사람들이 오인하고 있다고 설명하고 있고,[1107] 오늘날 중국에서는 澤漆택칠을 대극*Euphorbia pekinensis*과는 다른 등대풀*E. helioscopia* Linnaeus의 지상부로 간주하고 있다.[1108] 우리나라에서는 澤漆택칠을 대극*E. pekinensis*으로 간주하거나,[1109] 등대풀*E. helioscopia*로 간주하고 있다.[1110] 그러나 우리나라 자료에는 식물에 대한 설명이 거의 없어 정확한 실체 규명이 어려운 상태이지만, 澤漆택칠을 유희와 중국의 견해에 따라 *E. helioscopia*로 간주는 것이 타당할 것이다. 국가생약정보에는 택칠의 공정서 생약으로 소개되어 있지 않고, 민간생약으로 등대풀*E. helioscopia*이 소개되어 있다.

단지 *Euphorbia helioscopia*라는 학명에 부여되어 있는 등대풀이라는 이름을 정태현 등이 처음 사용한 것으로 알려져 있는데,[1111] 일제강점기에 Mori는 *Euphorbia helioscopia*에 澤漆택칠과 猫兒眼睛묘아안청이라는 한자명을 나열했고,[1112] 이후 정태현 등이 등대풀과 일어명 도와다이다세トウダイダサ를 일치시켰다. 일어명 도와다이다세トウダイダサ를 우리말로 옮기면 등대풀이 될 수가 있어, 일본 식물명을 그대로 번역했다는 논란이 제기되어,[1113] 澤漆택칠의 우리말 이름으로 澤漆택칠을 우리말로 표기한 택칠로 부를 것을 제안한다.

1105 而東醫以爲大戟苗 誤矣

1106 정양완 외(1997), 596쪽.

1107 澤漆利水, 功類大戟, 故人見其莖有白汁, 遂誤以為大戟.

1108 https://baike.baidu.com/item/泽漆

1109 서강태(1997), 36쪽; 이경우(2002), 94쪽; 노정은(2007), 25쪽; 60번 항목 대극(大戟)을 참조하시오.

1110 권동열 외(2020), 412쪽; 신민교(2015), 686쪽; 신전휘 · 신용욱(2013), 164쪽; 이덕봉d(1963), 58쪽.

1111 이우철a(1996), 629쪽.

1112 Mori(1922), 233쪽.

1113 이윤옥(2016), 131쪽.

63 낭아狼牙

향약구급방	俗云狼矣牙 味苦酸寒有毒 三八月採根 日乾
국명	물양지꽃 → 낭아초로 수정 요
학명	물양지꽃, *Potentilla cryptotaeniae* Maximowicz
생약정보	항목 없음

「초부」에는 민간 이름으로 狼矣牙낭의아라고 부르는 것으로 설명되어 있을 뿐, 식물에 대한 설명은 없다. 단지 「본문」에는 "皆嵓之具大개암지오대"[1114]라고 狼牙낭아를 설명하고 있다. 『향약집성방』에는 牙子아자를 狼牙낭아라고도 부르는 것으로 설명되어 있는데, 鄕名향명은 없으며, 중국 문헌에 있는 식물에 대한 설명이 인용되어 있다. 뿌리는 검고 짐승의 어금니처럼 생겼으며, 싹은 蛇莓사매[1115] 비슷하나 굵고 크며 심녹색인[1116] 것으로 설명되어 있다. 『동의보감』에는 우리말 이름으로 낭아초가 병기되어 있으며, 식물에 대한 설명은 『향약집성방』의 설명과 비슷하다.

『향약구급방』에 나오는 민간 이름 狼矣牙낭의아의 경우, 狼낭은 일히로 훈독되고, 矣의는 의로 음가되고, 牙아는 엄으로 훈독되어 일히의엄으로 해독되는데,[1117] 이릐엄으로 해독하기도 한다.[1118] 그러나 이 이름들은 다음으로 이어지지 않다가 『동의보감』에서 狼牙낭아를 우리말로 읽은 낭아

1114 이경록(2018, 62쪽)은 "개암(皆嵓) 중 큰 것이다"로 해석하면서도, 개암(皆嵓)이라는 식물 이름은 찾을 수 없다고 설명하고 있다. 어떤 의미인지 확인이 불가능하다.

1115 뱀딸기(*Duchesnea indica*)이다.

1116 苗似蛇莓而厚大, 深綠色. 根黑色, 若獸之齒牙.

1117 남풍현(1981), 57쪽.

1118 이덕봉b(1963), 187쪽.

에 草초를 붙여 낭아초로 된 것으로 추정된다. 한편 1800년대 편찬된 물명고류에 狼牙낭아의 우리말 이름으로 집신나물을 사용했는데,[1119] 낭아초와 전혀 연결되지 않는다. 단지 잎이 蛇莓사매 비슷하다고 하여, 이전의 문헌에 있는 내용을 인용한 것으로 추정된다.

『향약구급방』에 나오는 狼牙낭아라는 이름은 牙子아자라는 별명과 함께 『신농본초경』에 나오는데,[1120] 狼牙낭아를 중국에서는 *Potentilla cryptotaeniae* Maximowicz로 간주하고 있으며,[1121] 우리나라에서는 물양지꽃으로 부르고 있다.[1122] 그러나 『동의보감』에 병기된 낭아초라는 이름은 물양지꽃과는 전혀 다른 *Indigofera pseudotinctoria* Matsumura에 부여되어 있고,[1123] 중국에서도 *I. pseudotinctoria*를 狼牙草낭아초라고 부르기도 하여,[1124] 『동의보감』의 狼牙낭아를 *I. pseudotinctoria*로 간주하기도 한다.[1125]

우리나라에서는 일제강점기에 Mori가 *Potentilla cryptotaeniae*에 狼牙낭아라는 이름을, *P. chinensis* Seringe에 집신나물과 딱지라는 이름을 붙였고, 또한 *P. fragarioides* Linnaeus var. *typcia* Maximowicz에도 집신나물이라는 이름을 부여함으로써,[1126] 혼란을 유발했다. 이밖에 그는 *Indigofera pseudotinctoria*에 馬楝마련과 野藍枝子야람지자라는 이름을 붙였다.[1127] 이후 임태치와 정태현은 *Agrimonia pilosa* Ledebour var. *japonica* Nakai에 狼牙낭

1119 정양완 외(1997), 103쪽.
1120 『한글 신농본초경』(2012), 459쪽.
1121 『中國植物志, 37卷』(1985), 318쪽.
1122 이우철a(1996), 487쪽.
1123 이우철a(1996), 573쪽.
1124 『中國植物志, 40卷』(1994), 306쪽.
1125 서강태(1997), 33쪽; 이경우(2002), 94쪽; 노정은(2007), 25쪽.
1126 Mori(1922), 198~199쪽.
1127 Mori(1922), 216쪽.

아, 집신초라는 이름을 일치시켰다.[1128] 그리고 정태현 등은 *P. cyrptotaeniae*를 우리나라 식물에 포함시키지 않으면서, *P. chinensis*에는 딱지꽃을, *A. pilosa*에는 짚신나물이라는 이름을 병기했다.[1129] 그러다 다시 정태현 등은 *P. cryptotaeniae*에는 물양지꽃이라는 이름을,[1130] *I. pseudotinctoria*에는 낭아초라는 이름을 일치시켰다.[1131] 狼牙낭아의 우리말 이름이 짚신나물인데, 이 두 이름이 서로 다른 식물에 부여된 것이다.

그런데 *Agrimonia pilosa*의 잎은 5~7장의 잔잎으로, *Potentilla chinensis*의 잎은 5~15쌍의 잔잎으로, 그리고 *P. fragarioides*의 잎은 2~3쌍의 잔잎으로 되어 있어, 『향약집성방』과 『동의보감』에서 잎이 蛇苺사매와 비슷하다는 설명과는 일치하지 않는데, 蛇苺사매, 즉 뱀딸기*Duchesnea indica* (Andrews) Focke는 잎이 3장의 잔잎으로 이루어져[1132] 있다. 오늘날 *P. fragarioides* var. *typcia* Maximowicz는 *P. fragarioides*와 같은 종으로 간주된다. 중국에서는 *A. pilosa*를 龍牙草용아초라고 부르며,[1133] 우리나라에서도 약재 이름으로 龍牙草용아초,[1134] 仙鶴草선학초,[1135] 또는 牙子아자[1136]를 사용하고 있다. 단지 *A. pilosa* var. *japonica*는 *A. pilosa* var. *pilosa*로 간주되고 있다.[1137]

한편 땅비싸리속*Indigofera*은 콩과Fabaceae에 속하는 식물로 잔잎이 엽축을 중심으로 여러 장이 좌우에 배열하여 하나의 잎을 형성하는 특징을

1128 임태치·정태현(1936), 119쪽.
1129 정태현 외(1937), 88~89쪽.
1130 정태현 외a(1949), 69쪽.
1131 정태현 외b(1949), 57쪽.
1132 『中國植物志, 37卷』(1985), 358쪽.
1133 『中國植物志, 37卷』(1985), 457쪽.
1134 권동열 외(2020), 527쪽.
1135 신민교(2015), 511쪽.
1136 신전휘·신용욱(2013), 166쪽.
1137 『*Flora of China*, Vol. 9』(2003), 382쪽.

지니고 있어, 잎이 蛇苺사매와 비슷하다는 설명과는 일치하지 않는다. 그럼에도 *I. pseudotinctoria*를 狼牙낭아와는 구분되는 낭아초라는 이름으로 부를 수는 있을 것이나, 혼란을 피하기 위해 박만규가 제시한 물깜싸리를[1138] 사용하는 것이 더 타당할 것이다. 한편 *Agrimonia pilosa*를 짚신나물로 부르고 있으나, 이 역시 혼란을 피하기 위하여 다른 이름이 부여되어야 할 것이다.

따라서 『향약구급방』, 『향약집성방』 그리고 『동의보감』에 나오는 狼牙낭아는 잎이 3장의 잔잎으로 이루어진 *Potentilla cryptotaeniae*로 간주하는 것이 타당할 것이며, 국명으로는 『동의보감』에 나오는 낭아초가 제일 먼저 사용되었으니, 낭아초로 사용하는 것이 타당할 것이다.

64 위령선威靈仙

향약구급방	俗云車衣菜 味苦溫无毒 九月採 陰軋 以丙丁戊己日採 忌茶
국명	냉초 → 술위나물로 수정 요
학명	*Veronicastrum sibiricum* (Linnaeus) Pennell
생약정보	으아리(*Clematis mandshurica* Ruprecht)과 가는잎사위질빵(*C. hexapetala* Pallas)

「초부」에는 식물에 대한 설명이 없고, 민간 이름으로 車衣菜차의채라고 부르는 것으로 설명되어 있는데, 「본문」 중에는 鄕名향명으로 狗尾草구미초

1138 박만규(1974), 243쪽.

와 能消능소라고 부르는 것으로 설명되어 있다. 『향약집성방』에는 鄕名향명은 없고, 중국 문헌에 있는 식물에 대한 설명이 인용되어 있다. 뿌리는 잔뿌리가 촘촘하게 많이 돋은 것이 穀곡[1139] 뿌리와 비슷하며, 줄기는 비녀 같으면서 네모지고, 잎은 버들잎 비슷하면서 층층으로 6~7층 정도 달리는데 층마다 6~7장의 잎이 달려 마치 수레바퀴와 비슷하고, 꽃은 음력 7월에 담자색 또는 벽색이 이삭 꽃차례에 무리지어 피며, 열매는 푸르게 익는[1140] 것으로 설명되어 있다. 『동의보감』에는 술위ᄂᆞᄆᆞᆯ불휘라는 우리말 이름이 병기되어 있으나, 식물에 대한 특별한 설명은 없다. 1800년대에 편찬된 물명고류에는 威靈仙위령선의 우리말 이름으로 어ᄉᆞ리가 기록되어 있으며, 이들 책에는 꽃이 "육출六出"하는 것으로 기술되어 있다.[1141]

『향약구급방』에 나오는 민간 이름 車衣菜차의채의 경우, 車차는 술위로 훈독되고, 衣의는 의로 음가되고, 菜채는 ᄂᆞᄆᆞᆯ로 훈독되어 술위ᄂᆞᄆᆞᆯ로 해독할 수 있는데,[1142] 수리나물로 해석하기도 한다.[1143] 그러나 술위나물과 수리나물은 현재 식물명으로 검색되지 않으며, 숨위나물은 현삼과Scrophulariaceae에 속하는 냉초*Veronicastrum sibiricum* (Linnaeus) Pennell의 다른 이름으로 알

1139 벼, 밀, 조 등과 같은 식량 작물을 지칭한다. 또는 기장을 의미하기도 한다.

1140 莖梗如釵股, 四稜. 葉似柳葉, 作層, 每層六七葉, 如車輪, 有六層至七層者. 七月內生花, 淺紫或碧白色. 作穗似莆臺子, 亦有似菊花頭者. 實靑, 根稠密多鬚似穀, 每年亦朽敗.

1141 정양완 외(1997), 424쪽. 이 표현을 김형태b(2019, 56쪽)는 "꽃은 여섯 송이가 피어나며"라고 번역했으나, 이보다는 六(육)을 陸(육)으로 간주할 경우, 陸續(육속)이라는 단어에서 알 수 있듯이 "연이어서" 또는 "계속해서"라는 의미를 부여할 수 있다. 즉, 花六出(화육출)이라는 표현은 꽃이 계속해서 연달아 피는 것으로 풀이되며, 이는 威靈仙(위령선)이 으아리속(*Clematis*) 식물이 아니라 무한화서를 만들어내는 냉초속(*Veronicastrum*) 식물임을 암시한다.

1142 남풍현(1981), 107쪽; 이은규(2009), 505쪽.

1143 이덕봉b(1963), 187쪽.

려져 있다.[1144] 술위ᄂᆞᄆᆞᆯ과 어ᄉᆞ리는 威靈仙위령선의 우리말 이름으로 병기되어 있으나, 이 두 이름이 하나의 식물을 지칭하는 이름인지는 불확실하다. 실제로 『향약집성방』에는 玄蔘현삼의 鄕名향명으로 能消草능소초가 병기되어 있고,[1145] 어ᄉᆞ리는 玄蔘현삼과는 전혀 무관한 큰꽃으아리*Clematis patens* C. Morren & Decaisne와 개나리*Forsythia koreana* (Rehder) Nakai를 지칭하는 이름으로 알려져[1146] 있기 때문이다. 따라서 威靈仙위령선은 초기에는 能消능소, 술위나물로 불리며 玄蔘현삼과 비슷한 식물의 이름으로 사용되다가, 후일 의미가 변경되어 어ᄉᆞ리 형태를 취하다가 큰꽃으아리 종류를 지칭하는 이름이 된 것으로 추정하고 있다.[1147]

한편 『향약구급방』의 「본문」에 나오는 威靈仙위령선의 鄕名향명 狗尾草구미초의 첫 글자를 豹표로 간주하거나,[1148] 狗구로 간주하고 있다.[1149] 이에 대해 豹尾草표미초의 豹표를 狗구의 오각으로 간주할 수도 있지만, 『향약구급방』에 豹尾草표미초가 2회 나오고 있어, 豹표가 맞다는 주장이 있다.[1150] 그러나, 원문을 보면 豹표보다는 狗구와 더 비슷한 것으로 읽힌다.

중국에서는 *Clematis chinensis* Osbeck을 威靈仙위령선으로 간주하고 있으나,[1151] 이 식물은 우리나라에는 분포하지 않는다. 우리나라에서는 威靈仙위령선을 으아리속*Clematis*에 속하는 식물들[1152] 가운데 *C. terniflora* de

1144 이우철(2005), 362쪽(냉초).

1145 39번 항목 현삼(玄蔘)을 참조하시오.

1146 이우철(2005), 396쪽(큰꽃으아리와 개나리).

1147 이덕봉b(1963)는 수리나물에서 술위나물로 이어지는 이름을 냉초속(*Veronicastrum*) 식물 이름으로, 어ᄉᆞ리는 으아리속(*Clematis*) 식물 이름으로 간주했다.

1148 남풍현(1981), 106쪽.

1149 신영일(1994), 116·122쪽; 녕옥청(2010), 96·100쪽; 이경록(2018), 247·258쪽.

1150 남풍현(1981), 107쪽.

1151 『中國植物志, 28卷』(1980), 161쪽.

1152 이덕봉d(1963), 59쪽.

Candolle,[1153] *C. florida* Thunberg,[1154] 또는 으아리[1155]로 간주하고 있다.

그러나 威靈仙위령선이라는 약재는 신라 승려가 중국에서 환자를 치료하면서부터 중국 의약서에 기록되었다는 기록이 있으며,[1156] 실제로 『향약구급방』에도 이런 설명이 있다.[1157] 또한 중국의 蘇頌소송 등이 1061년에 편찬한 『도경본초』에는 威靈仙위령선을 줄기에는 4개의 능선이 있으며, 잎은 柳류[1158] 잎처럼 생겨서 줄기에 층을 이루어 달리는데 층마다 6~7장씩 달리고, 이러한 층이 6~7개가 있으며, 꽃은 7월에 연한 자주색 또는 푸른빛이 도는 하얀색으로 피는데 줄기 끝에 이삭처럼 무리지어 핀다고 설명하고 있어,[1159] 으아리속*Clematis* 식물과는 다른 특징을 보여주고 있다. 으아리속*Clematis* 식물들은 잎이 6~7장씩 모여 달리지 않을 뿐만 아니라 층을 이루지 않기 때문이다. 그런데 이런 특징을 가진 식물을 중국에서는 草本威灵仙초본위령선, *Veronicastrum sibiricum* (Linnaeus) Pennell으로 간주하고 있는데,[1160] 이를 위령선으로 간주하는 것이 타당할 것이다.

우리나라에서는 일제강점기에 이시도야가 *Clematis brachyura* Maximowicz와 *C. mandshurica* Ruprecht에 숟의나무와 숱의나무라는 이름을

1153 노정은(2008), 25쪽.

1154 신민교(2015), 720쪽.

1155 이경록(2012), 214쪽. 이경록은 으아리의 학명을 제시하지 않고 있는데, 이우철(1996, 323쪽)은 으아리를 *Clematis mandshurica* Ruprecht으로 간주했다.

1156 이경록(2012), 190쪽.

1157 이경록(2018), 247쪽.

1158 수양버들(*Salix babylonica*)이다. 105번 항목 류(柳)를 참조하시오.

1159 四稜, 葉似柳葉, 作層, 每層六七葉如車輪, 有六層至七層者. 七月內生花, 淺紫或碧白色. 作穗似莆臺子, 亦有似菊花頭者. 實青. 根稠密多鬚似穀, 每年似朽敗. 이 자료는 이경록(2012, 217쪽)에서 따온 것이다.

1160 https://baike.baidu.com/item/草本威灵仙/6972410?fr=aladdin; 『中國植物志, 67(2)卷』(1979), 248쪽.

일치시키면서 『동의보감』에서 설명하는 식물이라고 주장했다.[1161] 이후 Mori가 *Veronica virginica* Linnaeus를 草本威靈仙초본위령선, 威靈仙위령선, 숨위나믈로 불렀고,[1162] *C. brachyura*에 참으아리를, *C. mandshurica* Maximowicz[1163]에 대료大蓼, 威靈仙위령선, 으아리, 참으아리, 우렁선이를, 그리고 *C. paniculata* Thunberg에 樋花藤통화등, 으아리, 참으아리라는 이름을 일치시켰다.[1164] 이후 정태현 등도 *V. virginica*를 草本威靈仙초본위령선과 숨위나물로 불렀고, *V. sibirica*에 냉초라는 이름을 부여했으며,[1165] *C. brachyura*에 외대으아리, 위령선, 威靈仙위령선을, *C. florida*에 위령선, 威靈仙위령선을, 그리고 *C. mandshurica*에 으아리, 위령선, 威靈仙위령선을 일치시켰다.[1166] 우리나라 옛 문헌에 나오는 威靈仙위령선이 여러 종류의 식물명으로 사용된 것이다.

한편 정태현 등이 사용한 숨위나물이라는 이름은 『동의보감』에 나오는 우리말 이름인 술위ᄂᆞ믈을 현대어로 표기한 것으로 추정된다. 그리고 *Veronica sibirica*와 *V. virginica*는 모두 오늘날 *Veronicastrum sibiricum*과 같은 종으로 처리되고 있다.[1167] 그에 따라 우리나라에서는 *Veronicastrum sibiricum*을 냉초라고 부르고 있으나,[1168] 냉초라는 이름보다는 이보다 앞서 사용된 위령선이나 술위나물이라는 이름으로 불러야만 할 것이다.

그런데 『향약구급방』에 열거된 威靈仙위령선의 鄕名향명 狗尾草구미초를 고

1161 이시도야(1917), 34쪽.
1162 Mori(1922), 319쪽.
1163 Mori는 명명자로 Maximowicz를 표기했으나, Ruprecht가 맞다.
1164 Mori(1922), 155~157쪽.
1165 정태현 외(1937), 148쪽.
1166 정태현 외(1937), 66~67쪽.
1167 『中國植物志, 67(2)卷』(1979), 248쪽.
1168 이우철a(1996), 1018쪽.

려시대 의학자들이 강아지풀로 잘못 연결시켰다는 주장도 있다.[1169] 그러나 威靈仙위령선과 狗尾草구미초를 잘못 연결한 것이 아니라, 냉초의 화서가 강아지풀처럼 길게 자라 때로 한쪽으로 굽어지는데 이를 보고 狗尾草구미초라는 이름을 붙인 것으로 추정된다. 또한 『향약집성방』에서 威靈仙위령선의 잎이 층층으로 달리며, 층마다 6~7장의 잎이 달리는 것이 마치 수레바퀴와 비슷하다는 설명, 즉 "如車輪여차륜"에서 『향약구급방』에 나오는 민간 이름 車衣菜차의채의 車차의 의미를 알 수 있다고 했는데,[1170] 실제로 냉초의 잎은 한 마디에서 6~7장씩 모여 달린다.

그러나 威靈仙위령선의 국명은 1937년에 처음 사용된 냉초가 아니라 『동의보감』에 있는 것처럼 술위나물로 표기해야 할 것이다. 한편 유희는 『물명고』에서 威靈仙위령선의 이름으로 어ᄉᆞ리를 병기했고,[1171] 어ᄉᆞ리는 으아리로 연결된다는 설명도 있으나,[1172] 『동의보감』에 나오는 威靈仙위령선과 으아리와의 연결은 추후 검토가 필요할 것으로 생각되는데, 이덕봉은 어ᄉᆞ리를 으아리속*Clematis* 식물의 이름으로 병기했고,[1173] 박만규는 개나리*Forsythia koreana* (Rehder) Nakai의 다른 이름으로 어사리를 병기했다.[1174]

생약정보에서는 위령선의 공정서 생약으로 으아리*Clematis mandshurica*와 가는잎사위질빵*C. hexapetala* Pallas이, 민간생약으로 외대으아리C. brachyura Maximowicz와 중국으아리*C. chinensis*가 소개되어 있다. 우리나라에서 발간된 본

1169 이경록(2012), 203쪽.
1170 남풍현(1981), 107쪽.
1171 정양완 외(1997), 424쪽.
1172 이은규(2009), 506쪽.
1173 이덕봉b(1963), 188쪽.
1174 박만규(1949), 191쪽. 이 책에는 개나리의 학명이 *Rangium koreanaum* Ohwi로 기록되어 있는데, 오늘날에는 *Forsythia koreana* (Rehder) Nakai라는 학명으로 쓴다.

초학 관련 서적에서는 이러한 견해를 따르거나,[1175] *C. florida*를 위령선으로 간주하거나,[1176] *C. chinensis*와 *C. mandshurica*를 으아리로 부르면서 큰꽃으아리*C. patens* Morren & Decaisne도 포함해서 이들 모두를 위령선으로 간주하고[1177] 있다. 그러나 이러한 처리에 대한 보다 상세한 재검토가 필요하다.

65 견우자牽牛子

향약구급방	味苦寒有毒 主下氣 九月后收之
국명	나팔꽃
학명	*Ipomoea nil* (Linnaeus) Roth
생약정보	나팔꽃(*Pharbitis nil* Choisy)와 둥근잎나팔꽃(*P. purpurea* Voigt)

「초부」에는 민간 이름과 식물에 대한 설명이 전혀 없다. 다만 「본문」에 작은 글씨로 朝生暮落花子조생모락화자라는 문구가 나오는데, 이름이라기보다는 아침에 피었다가 저녁에 지는 牽牛子견우자의 꽃을 설명하는 내용으로 보인다. 『향약집성방』에는 鄕名향명은 없고, 중국 문헌에 있는 식물에 대한 설명이 인용되어 있다. 울타리나 담장을 뻗어 오르며 자라는데 6~9m 정도 자라며, 잎은 뾰족한 삼각형처럼 생겼고, 꽃은 음력 7월에 미홍색에서 남청색으로 피는데 나팔처럼 생겼고, 열매는 음력 8월에 맺히

1175 권동열 외(2020), 340쪽; 『본초감별도감, 제2권』(2015), 224쪽.
1176 신민교(2015), 720쪽.
1177 신전휘·신용욱(2013), 170쪽.

는데 겉껍질은 하얀색이며, 씨는 열매마다 4~6개 들어 있는데 크기는 蕎麥교맥[1178] 정도이며 세모져 있는[1179] 것으로 설명되어 있다. 『동의보감』에는 우리말 이름이 없으며, 식물에 대한 설명도 거의 없는 편이다. 15세기에 견우즈라는 우리말 이름이 나오며,[1180] 유희의 『물명고』에는 牽牛花견우화의 우리말 이름이 나발꽃으로 표기되어 있다.[1181] 오늘날에는 나발꽃이 변천된 나팔꽃이라는 이름이 통용되고 있다.

중국에서는 *Pharbitis nil* (Linnaeus) Choisy를 牽牛子견우자로 간주하고 있으며,[1182] 최근에는 *Ipomoea nil* (Linnaeus) Roth라는 학명을 쓰고 있다.[1183] 우리나라에서는 이 종을 나팔꽃이라고 부른다.[1184] 牽牛子견우자의 원산지에 대한 여러 논의가 있는데, 일부에서는 남미로 간주하고 있어,[1185] 牽牛子견우자의 전파 과정에 대한 연구가 앞으로 수행되어야 할 것이다. 만일 牽牛子견우자가 남미 원산이라면, 『향약구급방』에 기록된 牽牛子견우자는 콜럼버스가 남미를 탐험하던 1492년 이전에 이미 우리나라에 도입되었다는 의미가 될 것이다.[1186] 일부에서는 중국에는 육조시대에 도입되었고, 일본에는 나라시대 말 또는 헤이안시대 초기에 들어온 것으로 간주하고 있다.[1187]

1178 메일(*Fagopyrum esculentum*)이다. 119번 항목 교맥(蕎麥)을 참조하시오.

1179 作藤蔓遶籬墻, 高者三二丈. 其葉靑, 有三尖角. 七月生花, 微紅帶碧色, 似鼓子花而大. 八月結實, 外有白皮裹作毬. 每毬內有子四五枚, 如蕎麥大, 有三稜, 有黑白二種.

1180 이은규(2009), 483쪽.

1181 정양완 외(1997), 24쪽.

1182 『中國植物志, 64(1)卷』(1979), 103쪽.

1183 『*Flora of China*, Vol. 16』(1995), 306쪽.

1184 이우철a(1996), 920쪽.

1185 『*Flora of China*, Vol. 16』(1995), 306쪽.

1186 이와 관련된 내용은 Austin 외(2001)을 참조하시오.

1187 http://www.atomigunpofu.jp/ch3-flowers/asagao.htm

우리나라에서는 일제강점기에 이시도야가 *Ipomoea hedeacea* Jacquin에 나발꽃이라는 이름을 붙였고, 이 식물의 종자를 牽牛子견우자 또는 黑丑흑축으로 불렀다.[1188] 이후 정태현 등은 *Pharbitis nil*에 牽牛子견우자, 나팔꽃, 黑丑흑축이라는 이름을 일치시켰다.[1189] 국가생약정보에는 견우자의 공정서 생약으로 나팔꽃*Pharbitis nil*과 둥근잎나팔꽃*P. purpurea* Voigt이 소개되어 있다. 그런데 국립생태원에서 운영하는 한국외래생물정보시스템에는 둥근잎나팔꽃이 열대아메리카 원산으로 개항 이후에 도입된 것으로 알려져 있다.

66 파초芭蕉

향약구급방	根大寒 主癰腫結熱 莖虛耎 根可生用 甘蕉与芭蕉相類
국명	파초
학명	*Musa basjoo* Siebold & Zuccarini
생약정보	항목 없음

「초부」에는 식물에 대한 설명도 민간 이름도 없으나, 한자로 甘蕉감초로 표기할 수 있다고 설명되어 있다. 『향약집성방』에는 항목 이름이 甘蕉根감초근으로 되어 있는데, 설명 중에 芭蕉파초라고도 부른다고[1190] 설명되어 있으며, 芭蕉파초의 잎과 甘蕉감초의 잎이 비슷한 것으로[1191] 설명되어 있고,

1188 이시도야(1917), 16쪽.
1189 정태현 외(1937), 139쪽.
1190 蜀本圖經云 俗呼爲芭蕉.
1191 葉大抵與芭蕉相類.

중국 문헌에 있는 식물에 대한 설명이 인용되어 있다. 꽃은 잎이 말려 있는 줄기 속에서 화축이 나와 피는데, 처음에는 연꽃 봉오리와 같은 커다란 꽃받침이 나오고, 점차 이와 같은 것이 10여 개가 층층으로 나와 커지면서 개화하며, 열매는 청색 또는 황색으로 달리는[1192] 것으로 설명되어 있다. 『동의보감』에는 우리말 이름으로 반쵸불휘가 병기되어 있으나, 식물에 대한 설명은 거의 없다.

오늘날 중국에서는 芭蕉파초와 甘蕉감초를 같은 종, 즉 파초*Musa basjoo* Siebold & Zuccarini로 간주하고 있는데, 파초는 일본 오키나와가 원산지로 알려져 있다.[1193] 그러나 『향약집성방』에 芭蕉파초의 종류는 많다고[1194] 설명되어 있고, 芭蕉파초를 甘蕉감초의 한 종류로 설명하고 있어, 이에 대한 검토가 필요하다. 단지 이 식물은 우리나라에는 분포하지 않는데, 甘蕉감초는 바나나를 지칭하며, 芭蕉파초는 바나나를 포함한 파초속*Musa* 식물 전체를 지칭하는 이름으로 간주하기도 한다.[1195] 그리고 『동의보감』에 나오는 우리말 이름 반쵸는 오늘날 반초 정도로 읽을 것인데, 우리나라 식물명으로 검색되지 않고 있다. 그런데 제주도에서는 문주란*Crinum asitaticum* Linnaeus을 반초라고 부르고 있어, 이에 대한 검토도 필요할 것이다.[1196] 우리나라에서는 파초를 관상용으로 재배하고 있는데,[1197] 파초에서 얻은 기름인 芭蕉油파초유도 약재로 사용한다고 『동의보감』에서 설명하고 있다.

1192 但其卷心中抽幹作花. 初生大萼, 如倒垂菡, 有十數層, 層皆作瓣, 漸大則花出瓣中.

1193 『中國植物志, 16(2)卷』(1981), 12쪽.

1194 蕉類亦多.

1195 이덕봉b(1963), 188쪽.

1196 이덕봉b(1963), 188쪽.

1197 이우철a(1996), 1534쪽.

67 비마자萆麻子

향약구급방	俗云阿次加伊 味甘辛有小毒 夏採莖葉 秋實 冬根 主療風
국명	피마자, 아주까리
학명	*Ricinus communis* Linnaeus
생약정보	피마자(蓖麻子), 피마자(*Ricinus communis* Linnaeus)

「초부」에는 민간 이름으로 阿次加伊아차가이라고 부르는 것으로 설명되어 있을 뿐, 식물에 대한 설명은 없다. 「본문」 중에는 阿叱加伊實아질가이실로 표기되어 있다. 『향약채취월령』에는 이름이 阿次叱加伊아차질가이로 표기되어 있다. 『향약집성방』에는 표제어가 蓖麻子피마자로 되어 있는데, 鄕名향명은 없고 중국 문헌에 있는 식물에 대한 설명이 인용되어 있다. 여름에 싹이 나오며, 줄기는 붉고 마디가 있어 甘蔗감서[1198]와 비슷하고 3m까지 자라며, 잎은 葎草율초[1199]와 비슷하나 조금 두껍고 크며, 꽃은 가을에 조그맣게 피고, 열매 껍질에는 가시가 있으며, 씨는 巴豆파두[1200] 비슷하고 청황색이 뒤섞여 얼룩얼룩하여 牛蟬[1201]우선처럼 생긴[1202] 것으로 설명되어 있다. 『훈몽자회』에는 蓖피가 "피마ᄌᆞ 비"로 되어 있는데, 萆비의 음이 비에서 피로 발달한 것으로 추정하고 있어,[1203] 『향약구급방』에 나오는 萆麻子비마자와 『향약집성방』에 나오는 피마자蓖麻子는 같은 식물명으로

1198 사탕수수(*Saccharum officinarum*)이다.

1199 환삼덩굴(*Humulus scandens*)이다.

1200 파두(*Croton tiglium*)이다.

1201 매미로 추정되나 확실하지 않다.

1202 夏生苗, 葉似葎草而厚大. 莖赤有節如甘蔗, 高丈許. 秋生細花, 隨便結實, 殼上有刺. 實類巴豆, 青黃斑褐, 形如牛蟬,

1203 남풍현(1981), 135쪽.

판단된다. 실제로 『물명고』에는 이 두 이름이 같은 것으로 처리되어 있다.[1204] 『동의보감』에는 우리말 이름으로 아줏가리가 병기되어 있으며, 식물에 대한 특별한 설명은 없다.

『향약구급방』에 나오는 민간 이름 阿次加伊아차가이는 아차가리로 읽히며,[1205] 『향약채취월령』에 있는 향명 阿次叱加伊아차질가이는 아즈가리로 읽히는데,[1206] 『동의보감』에서는 아줏가리로, 유희의 『물명고』에는 아족가리로 표기되어 있어,[1207] 이들이 오늘날 아주까리로 변한 것으로 추정된다.

중국에서는 *Ricinus communis* Linnaeus를 蓖麻비마로 간주하고 있다.[1208] 우리나라에서는 일제강점기에 이시도야가 *R. communis*에 아쥬까리라는 한글명을 일치시키면서[1209] 실체가 파악되었다. 이후 Mori는 이 종에 피마즈라는 이름을 붙였고,[1210] 정태현 등은 피마자와 아주까리라는 이름을 일치시켜,[1211] 오늘날에는 피마자 또는 아주까리로 부른다.[1212] 국가생약정보에는 비마자의 공정서 생약으로 아주까리*R. communis*가 소개되어 있다.

1204 정양완 외(1997), 241쪽.
1205 이덕봉b(1963), 188쪽.
1206 조성오(1982), 76쪽.
1207 정양완 외(1997), 241쪽.
1208 『中國植物志, 44(2)卷』(1996), 88쪽.
1209 이시도야(1917), 23쪽.
1210 Mori(1922), 234쪽.
1211 정태현 외(1937), 107쪽, 149쪽.
1212 이우철a(1996), 635쪽.

68 삭조蒴藋

향약구급방	俗云馬尿木 味酸溫有毒 春夏採葉 秋冬採莖根
국명	딱총나무 → 말오줌나무로 수정요
학명	*Sambucus williamsii* Hance
생약정보	접골목(接骨木), 딱총나무(*Sambucus williamsii* Hance var. *coreana* Nakai)

「초부」에는 민간 이름으로 馬尿木마뇨목이라고 부르는 것으로 설명되어 있을 뿐, 식물에 대한 설명은 없다. 「본문」에는 馬尿木마뇨목이 鄕名향명으로 간주되어 있다. 『향약채취월령』과 『향약집성방』에는 蒴藋삭조라는 항목이 없다. 『동의보감』에는 ᄆᆞᆯ오좀나모라는 우리말 이름이 병기되어 있으며, 接骨木접골목으로도 부르는 것으로 설명되어 있을 뿐, 식물에 대한 설명은 없다.

『향약구급방』에 나오는 민간 이름 馬尿木마뇨목의 경우, 馬마는 ᄆᆞᆯ로 훈독되고, 尿뇨는 오좀으로 훈독되고, 木목은 나모로 훈독되어 ᄆᆞᆯ오좀나모로 해독되는데,[1213] 『동의보감』에는 ᄆᆞᆯ오좀나모로 표기되어 있으며, 오늘날 말오줌나무로 변했을 것으로 판단된다.

중국에서는 *Sambucus williamsii* Hance를 接骨木접골목 또는 木蒴藋목삭조로 간주하고 있다.[1214] 우리나라에는 이 종이 분포하지 않는 것으로 알려져 있는데,[1215] 대신 *S. sieboldiana* (Miquel) Blume ex Graebner var. *mique-*

1213 남풍현(1981), 84쪽.

1214 『中國植物志, 44(2)卷』(1996), 88쪽.

1215 『The genera of vascular plants of Korea』(2007), 948쪽.

lii (Nakai) Hara[1216] 또는 *S. racemosa* Linnaeus var. *sieboldiana* (Miquel) Hara를 딱총나무로 부르고 있다.[1217] 그런데 *S. sieboldiana* var. *miquelii*는 *S. williamsii*와 같은 분류군으로 간주되며,[1218] *S. racemosa* var. *sieboldiana*는 *S. williamsii*와는 다른 *S. sieboldiana*와 같은 분류군으로 간주되어,[1219] 딱총나무의 올바른 학명에 대한 검토가 추후 수행되어야만 할 것이다.

단지 『동의보감』에는 蒴藋삭조의 우리말 이름으로 ᄆᆞᆯ오좀나모, 즉 말오줌나무가 병기되어 있는데, 이는 오늘날 *Euscaphis japonica* (Thunberg) Kanitz와 *Sambucus latipinna* Nakai를 지칭하는 이름으로 사용되고 있다.[1220] 이러한 혼란은 일제강점기에 Mori가 *S. latipinna*에 接骨木접골목, 말오줌나무, 자반나물이라는 이름을 부여하면서[1221] 나타난 것으로 보인다. 이후 임태치와 정태현은 *S. buergeriana* (Nakai) Blume var. *miquelii* Nakai를 接骨木접골목으로 간주하면서 말오좀나무라고 불렀고,[1222] 이후 정태현 등은 *S. latipinna*에 接骨木접골목과 너른잎딱총나무를, *S. latipinna* var. *miquelii* Nakai에 지렁쿠나무와 接骨木접골목을, *S. latipinna* var. *coreana* Nakai에 接骨木접골목과 딱총나무를, 그리고 *S. pendula* Nakai에 말오줌때라는 이름을 부여했으며,[1223] *E. japonica*에도 말오줌때라는 이름을 부여했다.[1224] 그런데 *S. buergeriana* var. *miquelii*는 오늘날 *S. sibirica* Nakai

1216 이우철a(1996), 1043쪽.
1217 『The genera of vascular plants of Korea』(2007), 948쪽.
1218 『*Flora of China*, Vol. 19』(2011), 612쪽.
1219 http://www.theplantlist.org/tpl1.1/record/tro-50192950
1220 이우철a(1996), 1043쪽.
1221 Mori(1922), 330쪽.
1222 임태치 · 정태현(1936), 215쪽.
1223 정태현 외(1937), 153~154쪽.
1224 정태현 외(1937), 109쪽.

와 같은 종으로 간주되나, 우리나라에는 분포하지 않으며,[1225] *S. latipinna* var. *coreana*는 *S. williamsii* var. *coreana*로 간주되기도 하나, 오늘날 *S. williamsii*와 같은 종으로 간주되고 있다.[1226]

오늘날 *Sambucus latipinna*의 분류학적 실체는 모호한 상태인데, 우리나라의 딱총나무속*Sambucus* 식물에 이 분류군은 포함되어 있지 않아,[1227] 『동의보감』에 나오는 蒴藋삭조는 중국처럼 *S. williamsii*로 간주하는 것이 타당할 것이다. 또한 『동의보감』에 나오는 말오줌나모가 딱총나무보다 먼저 사용된 이름이므로, 蒴藋삭조의 국명으로 말오줌나무를 사용하는 것이 타당할 것이다. 그러나 딱총나무속*Sambucus* 식물의 분류학적 재검토가 우선적으로 수행되어야만 할 것이다. 또한 蒴藋삭조는 『동의보감』에서 풀을 다루는 부분, 즉 草部초부에 설명이 되어 있어, 接骨木접골목을 말오줌나무가 아닌 말오줌풀로 간주해야 한다는 주장도 있다.[1228] 따라서 『향약구급방』에 나오는 蒴藋삭조는 딱총나무속*Sambucus* 식물 가운데 초본으로 중국에서 接骨草접골초라고 부르는 *S. chinensis* (Lindley) Nakai ≡ *S. javanica* Blume로 간주하는 것이 타당하다는 주장이 있으므로,[1229] 추후 보다 상세한 검토가 필요하다.

국가생약정보에서 삭조를 검색하면 접골목으로 연결되는데, 접골목의 공정서 생약으로 딱총나무*Sambucus williamsii* var. *coreana*가 소개되어 있다. 또한 민간생약으로 캐나다딱총나무*S. canadensis* Linnaeus, 지렁쿠나무*S. racemosa* subsp. *kamtschatica* (E. Wolf) Hultén, 덧나무*S. racemosa* subsp. *sieboldiana* (Blume ex Miquel) H.

1225 『*Flora of China*, Vol. 19』(2011), 613쪽.
1226 https://powo.science.kew.org/taxon/urn:lsid:ipni.org:names:149409-1#synonyms
1227 『The genera of vascular plants of Korea』(2007), 948쪽.
1228 이덕봉b(1963), 189쪽.
1229 이덕봉d(1963), 60쪽.

Hara 그리고 지렁쿠나무*S. racemosa* subsp. *pendula* (Nakai) H.I. Lim & *C.S.* Chang 등이 소개되어 있다.

69 천남성天南星

향약구급방	俗云豆也味次 味苦辛有毒 二八月採根 柿根者良
국명	두루미천남성 → 두여머조자기 또는 천남성으로 수정요
학명	*Arisaema heterophyllum* Blume
생약정보	둥근잎천남성(*Arisaema amurense* Maximowicz), 천남성(*A. erubescens* (Wallich) Schott) 그리고 두루미천남성(*A. heterophyllum* Blume)

「초부」에는 민간 이름으로 豆也味次두야미차라고 부르는 것으로 설명되어 있고, 식물에 대한 설명은 없는데, 「본문」 중에는 민간 이름이 豆也亇次火두야마차화로 표기되어 있다. 『향약집성방』에는 鄕名향명이 豆也末注作只두야말주작지로 표기되어 있으며, 중국 문헌에 있는 식물에 대한 설명이 인용되어 있다. 줄기는 30cm 정도 자라는데 연잎의 잎자루 같으며, 잎은 蒟蒻구약[1230]과 비슷한데 가지를 싸고 있으며, 꽃은 음력 5월에 蒟蒻구약이나 뱀 머리 비슷하게 생겼는데 노랗게 피며, 7월에 石榴석류[1231] 열매와 같은 붉은 열매가 무리지어 달리는[1232] 것으로 설명되어 있다. 『동의보감』

1230 곤약(*Amorphophallus konjac*)이다.

1231 석류(*Punica granatum*)이다.

1232 似荷梗, 莖高一尺以來. 葉如蒟蒻, 兩枝相抱. 五月開花似蒻蛇頭, 黃色. 七月結子作穗似石

에는 두여머조자기라는 우리말 이름이 병기되어 있으나, 식물에 대한 설명은 없다.

『향약구급방』에 나오는 민간 이름 豆也亇次火두야마차화의 경우, 豆두는 두로 음가, 也야는 야로 음가, 亇마는 마로 음가, 次차는 "ㅈ"으로 약음가, 火화는 블로 훈가되어 두야맛블로 해독되며, 豆也味次두야미차의 경우 豆두는 두로 음가, 也야는 야로 음가, 味미는 마로 약훈가, 次차는 "ㅈ"으로 약음가되어 두야맛으로 해독된다. 그리고 『향약집성방』에 나오는 鄕名향명 豆也末注作只두야말주작지는 두야마주자기로 해독되는데, 『동의보감』의 두여머조자기와 연결된다.[1233] 그러나 이들 이름에는 오늘날 사용하는 이름과 일치하는 형태가 없는데, 저자 미상의 『광재물보』에는 천남셩이라는 이름이 병기되어 있다.[1234]

중국에서는 *Arisaema heterophyllum* Blume를 天南星천남성으로 간주한다.[1235] 우리나라에서는 이 종을 두루미천남성으로 부르며, 대신 *A. amurense* Maximowicz for. *serratum* (Nakai) Kitagawa를 천남성으로 부르고 있다.[1236] 이런 차이는 일제강점기에 이시도야가 *A. japonicum* Blume에 『동의보감』에 나오는 두이며조자기라는 이름을 일치시키고, 이 종의 덩이뿌리를 天南星천남성이라고 부른다고 설명하면서[1237] 나타난 것으로 추정된다. 이후 Mori는 *A. heterophyllum*에 獨脚蓮독각련이라는 이름을 부여했고, *A. japonicum*에 天南星천남성, 텬남셩, 두이며조자기라는 이름을

榴子, 紅色.

1233 손병태(1996), 163쪽.

1234 정양완 외(1997), 548쪽.

1235 『中國植物志, 13(2)卷』(1979), 157쪽.

1236 이우철a(1996), 1431쪽.

1237 이시도야(1917), 47쪽.

부여했다.[1238] 이후 임태치와 정태현는 *A. robustum* Nakai를 天南星천남성, 천남성으로 간주했고,[1239] 정태현 등은 *A. japonicum*에 天南星천남성, 천남성, 두이며조자기라는 이름을 부여하면서 *A. heterophyllum*은 목록에서 제외했다.[1240] 그러면서 다시 정태현 등이 이름이 누락되었던 *A. heterophyllum*에 두루미천남성이라는 이름을 부여했고,[1241] 오늘에 이르고 있는 실정이다.

그러나 Mori가 *Arisaema heterophyllum*에 부여한 獨脚蓮독각련이라는 이름은 오늘날 重楼중루를 지칭하는 이름이며,[1242] 重楼중루는 삿갓풀속*Paris*에 속하는 *P. polyphylla* Smith 무리를 지칭하는 이름인데,[1243] 우리나라에는 분포하지 않는다. 또한 그는 *A. japonicum*에 天南星천남성, 텬남셩이라는 이름을 부여했으나, 이 종은 중국에 분포하지 않으며,[1244] 후일 *A. peninsulae* Nakai로 재동정되었고,[1245] 오늘날 우리나라에는 분포하지 않은 *A. serratum* (Thunberg) Schott와 같은 종으로 간주되고 있다.[1246] 우리나라에서는 *A. peninsulae*를 점백이천남성이라고 부른다.[1247] 결국 이시도야가 우리나라에는 분포하지 않은 *A. japonicum*에 두이며조자기라는 이름을 붙이고, Mori는 추가로 天南星천남성과 텬남셩이라는 이름을 붙이면서 학명

1238 Mori(1922), 78쪽.

1239 임태치 · 정태현(1936), 44쪽.

1240 정태현 외(1937), 26쪽.

1241 정태현 외a(1949), 171쪽.

1242 https://baike.baidu.com/item/重楼/1285921?fromtitle=独脚莲&fromid=7221452&fr=aladdin

1243 http://www.zysj.com.cn/zhongyaocai/yaocai_z/zhonglou.html

1244 『*FloraofChina*』 Vol. 23(2010), 43쪽.

1245 고성철과 김윤식(1985), 79쪽.

1246 http://www.theplantlist.org/tpl1.1/record/kew-15437

1247 이우철a(1996), 1432쪽.

과 우리말 이름 사이에 불일치가 나타난 것으로 추정된다. 그런데 오늘날 천남성이라는 이름에 들어맞는 학명으로는 *A. amurense* for. *serratum*을 사용하나,[1248] 이 종은 둥근잎천남성*A. amurense*과 같은 종으로 간주되고 있다.[1249] 그에 따라 우리나라 문헌에서 천남성이라는 이름도 사라져버렸다.[1250] 한편, *A. robustum*은 오늘날 *A. amurense*와 같은 종으로 간주되고 있다.[1251]

이런 결과 국가생약정보에는 天南星천남성의 공정서 생약으로 둥근잎천남성*Arisaema amurense*, 천남성*A. erubescens* (Wallich) Schott, 두루미천남성*A. heterophyllum* 등이 소개되어 있으며, 일부 본초학 문헌에도 이렇게 소개되어 있다.[1252] 그러나 *A. erubescens*는 우리나라에는 분포하지 않는 종이다.[1253] 한편 *A. amurense*를 天南星천남성으로 간주하거나,[1254] 천남성*A. amurense*, 넓은잎천남성*A. robustum* (Engler) Nakai, 섬천남성*A. negishii* Makino, 점박이천남성*A. angustatum* Franchet & Savatier var. *peninsulae* (Nakai) Nakai, 큰천남성*A. rigens* (Thunberg) Schott, 두루미천남성*A. heterophyllum* 등을 모두 天南星천남성으로[1255] 간주하고 있다. 한편 국가생약정보에는 천남성의 민간생약으로 점박이천남성, 큰천남

1248 이우철a(1996), 1431쪽.

1249 http://www.theplantlist.org/tpl1.1/record/kew-342079; 노푸름 외(2018), 48쪽.

1250 『The genera of vascular plants of Korea』(2007), 1092~1093쪽. 이 책에는 한국산 천남성속(*Arisaema*) 식물들이 정리되어 있는데, 천남성이라는 이름은 속명(generic name)으로만 나올 뿐, 종명(species name)으로는 사용되지 않았다.

1251 『*Flora of China*』 Vol. 23(2010), 55쪽. 임태치·정태현은 *A. robustum* Nakai라는 학명을 사용했으나, 정확하게는 *A. robustum* (Engler) Nakai로 표기해야 한다. 이 종은 Engler가 *A. amurense* var. *robustum*으로 발표한 변종을 Nakai가 종으로 변경한 것이다.

1252 권동열 외(2020), 642쪽; 『본초감별도감, 제2권』(2015), 308쪽. 『본초감별도감』에는 *Arisaema erubescens*의 우리말 이름이 일파산남성으로 표기되어 있다.

1253 『*Flora of China*』 Vol. 23(2010), 67쪽.

1254 신민교(2015), 771쪽.

1255 신전휘·신용욱(2013), 173쪽.

성, 섬천남성, 섬남성 그리고 무늬천남성*A. thunbergii* Bunge 등이 소개되어 있다.

그럼에도 『동의보감』을 비롯하여 많은 문헌에서 나오는 天南星천남성은 이 땅에서 자생하는 식물일 것인데, 일부에서는 『동의보감』 등에 나오는 天南星천남성을 *A. amurense* for. *serratum* Nakai[1256] 또는 *A. amurense*로[1257] 간주하고 있으나, 중국에서 처리한 것처럼 *A. heterophyllum*으로 간주해야 하며, 국명은 두루미천남성이 아니라 두여머조자기 또는 천남성으로 불러야만 할 것이다. 실제로 이덕봉은 『향약구급방』에 나오는 天南星천남성을 *A. heterophyllum*으로 간주했다.[1258] 그러나 『향약구급방』, 『향약집성방』과 『동의보감』에 있는 天南星천남성에 대한 설명만으로는 종의 실체를 정확하게 규명하는데 한계가 있으므로 추후 보다 상세한 검토가 필요할 것이다.

1256 노정은(2008), 25쪽.
1257 신민교(2015), 771쪽.
1258 이덕봉d(1963), 61쪽.

70 노근蘆根

향약구급방	俗云葦乙根 味甘寒无毒 二八月採根 日乹用之
국명	갈대
학명	*Phragmites australis* (Cavanilles) Trinius ex Steudel
생약정보	갈대(*Phragmites communis* Trinius)

「초부」에는 민간 이름으로 葦乙根위을근이라고 부른다고 설명되어 있을 뿐, 식물에 대한 설명은 없다. 「본문」에는 식물명이 葦위로 표기되어 있다. 『향약집성방』에는 鄕名향명은 없고 중국 문헌에 있는 식물에 대한 설명이 인용되어 있다. 주로 낮은 습지와 못가에서 자라며 전체적으로 竹죽[1259]과 비슷하고, 근경은 竹죽 뿌리와 비슷하지만 마디가 드물며, 잎은 줄기를 감싸며 달리고, 꽃은 하얗게 무리지어 이삭을 만드는데 茅花모화[1260]와 비슷한[1261] 것으로 설명되어 있다. 『동의보감』에는 우리말 이름으로 ᄀᆞᆯ불휘가 병기되어 있으며, 식물에 대한 특별한 설명은 없다.

『향약구급방』에 나오는 민간 이름 葦乙根위을근의 경우, 葦위는 ᄀᆞᆯ로 훈독되고, 乙을은 "ㄹ"로 약음가되고, 根근은 불휘로 훈독되어 ᄀᆞᆯ불휘로 해독되는데,[1262] 『동의보감』의 ᄀᆞᆯ불휘와 연결된다.

중국에서는 蘆노를 *Phragmites australis* (Cavanilles) Trinius ex Steudel로 간주하고 있다.[1263] 우리나라에서는 일제강점기에 Mori가 *P. communis*

1259 대나무 종류를 지칭한다.

1260 띠(*Imperata cylindrica*)이다. 40번 항목 모추(茅錐)를 참조하시오.

1261 生下濕陂澤中. 其狀都似竹, 而葉抱莖生, 無枝. 花白作穗若茅花. 根亦若竹根而節疎.

1262 남풍현(1981), 57쪽.

1263 『中國植物志, 9(2)卷』(2002), 27쪽.

Trinius에 蘆노, 葦위, 葭가, 갈이라는 이름을 일치시켰고,[1264] 이후 정태현 등은 이 학명에 蘆노와 갈때라는 이름을 일치시켜,[1265] 오늘날 *P. communis*를 갈대라고 부르고 있다.[1266] 그런데 오늘날 *P. communis*와 *P. australis*는 같은 분류군으로 간주하며, 학명은 *P. australis*를 사용한다.[1267] 한편, 『동의보감』에는 갈대 꽃도 약재로 사용한다고 설명되어 있다. 국가생약정보에는 노근의 공정서 생약으로 갈대*P. communis*가 소개되어 있다.

71 학슬鶴虱

향약구급방	俗云狐矣尿 味苦有小毒 殺五藏虫 採無時 合葉莖用之
국명	담배풀 → 여우오줌으로 수정 요
학명	*Carpesium abrotanoides* Linnaeus
생약정보	담배풀(*Carpesium abrotanoides* Linnaeus)

「초부」에는 민간 이름으로 狐矣尿고의뇨라고 부른다고 설명되어 있을 뿐, 식물에 대한 설명은 없다. 『향약집성방』에는 鄕名향명으로 狐矣尿고의뇨가 표기되어 있는데, 식물에 대한 설명은 중국 문헌에 있는 내용을 인용한 것이다. 줄기는 60cm 정도 자라며 잎은 주름이 져서 紫蘇자소[1268]와 비

1264 Mori(1922), 50쪽.
1265 정태현 외(1937), 20쪽.
1266 이우철a(1996), 1394쪽.
1267 『中國植物志, 9(2)卷』(2002), 27쪽.
1268 차조기(*Perilla frutescens*)이다. 129번 항목 소자(蘇子)를 참조하시오.

슷하나 윤기가 없으며 크고 뾰족하고 길며, 꽃은 음력 7월에 菊국[1269] 비슷하게 황백색으로 피며, 8월에 씨가 여무는데 몹시 뾰족하고 작으며 마르면 흑황색으로 되는[1270] 것으로 설명되어 있다. 『동의보감』에는 우리말 이름으로 여의오좀이 병기되어 있으며, 『향약집성방』에 있는 설명 이외에 특별한 설명은 없다.

『향약구급방』에 나오는 민간 이름 狐矣尿고의뇨의 경우, 狐고는 여ᄋᆞ로 훈독되고, 尿뇨는 오좀으로 훈독되어 여ᄋᆞ오좀으로 해독되는데,[1271] 『동의보감』에는 여의오좀으로 표기되어 있다.

중국에서는 *Carpesium abrotanoides* Linnaeus를 鶴虱학슬 또는 天名精천명정으로 간주하고 있다.[1272] 우리나라에서는 일제강점기에 이시도야가 *C. abrotanoides*를 『동의보감』에서 언급한 여의오좀으로 일치시키고, 이 식물의 꽃, 잎, 줄기를 鶴虱학슬이라고 설명했다.[1273] 이후 Mori는 *C. macrocephalum*에 千日草천일초, 鶴虱학슬이라는 한자명과 천일초, 여의오좀이라는 한글명을 병기했으나, *C. abrotanoides*에는 天名精천명정, 天門精천문정, 麥句薑[1274]맥구강이라는 이름만 병기해서,[1275] 이시도야와는 다른 견해를 피력했다. 이후 임태치와 정태현은 *C. divaricatum* Siebold & Zuccarini를 鶴虱학슬과 천일초로, *C. macrocephalum*을 神靈草신령초와 여의오줌으로

1269 어떤 종류인지 명확하지 않다. 단지 『향약구급방』에 菊花(국화)가 나오는데, 이 菊花(국화)는 *Chrysanthemum morifolium*으로 간주한다. 2번 항목 국화(菊花)를 참조하시오.

1270 葉皺似紫蘇, 大而尖長, 不光. 莖高二尺許. 七月生黃白花, 似菊. 八月結實, 子極尖細, 乾則黃黑色.

1271 남풍현(1981), 135쪽.

1272 『中國植物志, 75卷』(1979), 313쪽.

1273 이시도야(1917), 6쪽.

1274 Mori는 (麥+句)로 표기했으나, 이에 해당하는 글자는 없다. 『증류본초』에는 麥句薑(맥구강)으로 표기되어 있어, 본 연구에서는 麥句薑(맥구강)으로 간주했다.

1275 Mori(1922), 351쪽.

불렀다.[1276] 鶴虱학슬을 우리말로 여의오줌 정도로 불렀는데, 중국에서는 千日草천일초가 *C. macrocephalum*을 지칭하고,[1277] 鶴虱학슬은 *C. abrotanoides*를 지칭함에도 불구하고 Mori가 한 식물에 두 개의 한자명을 부여한 것이다.

이후 정태현 등은 *Carpesium abrotanoides*에 담배풀, 학슬, 鶴虱학슬이라는 이름을 일치시키면서 여우오줌이라는 이름을 누락했고, 千日草천일초라는 이름을 *C. divaricatum*과 *C. macrocephalum* 두 종에 부여했고, *C. macrocephalum*에는 왕담배풀이라는 이름도 부여했다.[1278] 그리고 다시 정태현 등은 *C. macrocephalum*에 여우오줌과 왕담배풀을, *C. abrotanoides*에 담배풀이라는 이름을 부여했다.[1279] 이런 과정을 거치면서 오늘날 *C. macrocephalum*을 여우오줌으로 부르게[1280] 된 것으로 판단되는데, Mori의 실수가 교정되지 못하고 오늘에 이른 것이다.

그러나 『향약구급방』, 『향약집성방』 그리고 『동의보감』에서 설명하는 鶴虱학슬로 간주되는 식물인 *Carpesium abrotanoides*는 국명으로 담배풀 대신 여우오줌을 사용하는 것이 타당할 것이며, *C. macrocephalum*에는 여우오줌 대신 천일초가 더 적절한 것으로 판단된다. 국가생약정보에는 학슬의 공정서 생약으로 담배풀*C. abrotanoides*이 소개되어 있다.

1276 임태치 · 정태현(1936), 228~229쪽.
1277 『中國植物志, 75卷』(1979), 295쪽.
1278 정태현 외(1937), 162쪽.
1279 정태현 외a(1949), 133~134쪽.
1280 이우철a(1996), 1117쪽.

72 여여藺茹

향약구급방	俗云五得浮得 味辛酸寒小有毒 四五月採根 陰乾
국명	붉은대극 → 오독도기로 수정 요
학명	*Euphorbia ebracteolata* Hayata
생약정보	항목 없음

「초부」에는 민간 이름으로 五得浮得오득부득이라고 부른다고 설명되어 있을 뿐, 식물에 대한 설명은 없으나, 「본문」 중에는 烏得夫得오득부득으로 표기되어 있다. 『향약채취월령』에는 이름이 吾獨毒只오독독지와 같다고 설명되어 있으며, 『향약집성방』에는 鄕名향명이 吾獨毒只오독독지로 표기되어 있다. 그리고 『향약집성방』에는 중국 문헌에 있는 식물에 대한 설명이 인용되어 있다. 고려에서 산출되는 것이 제일 좋으며,[1281] 뿌리는 蘿蔔나복[1282]과 비슷하여 껍질이 적황색이며 속이 하얗고, 싹과 잎은 大戟대극[1283] 비슷하며, 줄기를 처음 자르면 옻처럼 즙이 나와 꺼멓게 되며, 꽃은 음력 3월에 연한 홍색으로 피지만 담황색으로 피기도 하며, 씨는 만들지 않는[1284] 것으로 설명되어 있다. 『동의보감』에는 우리말 이름이 없으며, 식물에 대한 특별한 설명도 없다.

『향약구급방』에 나오는 민간 이름 烏得夫得오득부득과 五得浮得오득부득의 경우, 烏오와 五오는 모두 오로 음가되고, 得득은 득으로 음가, 夫부와 浮부는

1281 今第一出高麗.

1282 무(*Raphanus sativus*)이다. 127번 항목 나복(蘿蔔)을 참조하시오.

1283 대극(*Euphorbia pekinensis*)이다. 60번 항목 대극(大戟)을 참조하시오.

1284 葉似大戟而花黃色. 根如蘿蔔, 皮赤黃, 肉白. 初斷時, 汁出凝黑如漆, 三月開淺紅花, 亦淡黃花, 不着子.

부로 음가되어 오득부득으로 해독된다.[1285] 그리고 『향약채취월령』과 『향약집성방』에 나오는 吾獨毒只오독독지는 오독도기로 해독되는데, 이는 『동의보감』에 藺茹여여와는 독립된 항목으로 나오는 狼毒낭독의 우리말 이름인 오독뽀기와 연결되며, 오늘날 오독도기로 해독된다.[1286] 오늘날 오독도기는 미나리아재비과Ranunculaceae에 속하는 진범과 흰줄바꽃, 그리고 대극과Euphorbiaceae에 속하는 狼毒낭독의 다른 이름으로 알려져 있다.[1287] 藺茹여여와 狼毒낭독 두 종류의 식물을 오늘날 표기로 오독도기라고 불렀던 것으로 추정된다.

중국에서는 『신농본초경』에 나오는 약재인 藺茹여여를 *Euphorbia ebracteolata* Hayata와 *E. fischeriana* Steudel로 간주하고 있으나,[1288] *E. ebracteolata*는 중국에 분포하지 않고 일본과 우리나라에만 분포하고 있다.[1289] 한편, 중국에서 藺茹여여라고 언급된 *E. ebracteolata*는 *E. kansuensis* Prokhanov의 오동정으로 간주하고 있는데,[1290] *E. kansuensis*는 우리나라에 분포하지 않는다. 그러므로 『동의보감』에서 말하는 藺茹여여는 *E. fischeriana*로 추정할 수 있지만, *E. fischeriana*를 중국에서는 狼毒낭독이라고 부르고 있다. 그런데 유희가 『물명고』에서 狼毒낭독과 藺茹여여를 서로 다른 종이라고 주장하면서 藺茹여여는 고려에서 나는 것이 좋다고 설명하고 있으며, 『본초경집주』에도 고려에서 나는 것이 최상품이라고 설명되어 있어,[1291] 『향약채취월

1285 남풍현(1981), 99쪽.
1286 손병태(1996), 153쪽.
1287 이우철(2005), 494쪽.
1288 http://www.360doc.com/content/17/0404/14/15585030_642781343.shtml. 이 주소의 제목은 神農本草經中藥植物考證이다.
1289 이우철a(1996), 628쪽.
1290 『中國植物志, 44(3)卷』(1997), 89쪽.
1291 김종현 외(2018), 13쪽.

령』과 『향약집성방』에서 吾獨毒只오독독지라고 불렀던 藺茹여여는 狼毒낭독과 비슷하나 중국에는 분포하지 않은 *E. ebracteolata*로 추정된다.

단지 *Euphorbia ebracteolata*는 1969년에 처음으로 붉은대극이라는 이름으로 국내에 보고되었으며,[1292] 이 종의 변종인 *E. ebracteolata* var. *coreana* Hurusawa는 1949년에 풍도대극으로 국내에 보고되었는데,[1293] 이 변종으로의 구분은 오늘날 타당하지 않은 것으로 간주되고 있다.[1294] 한편 藺茹여여를 *E. pallasi* Turczanov와 *E. fischeriana*로 간주하기도 하나,[1295] *E. pallasi*는 *E. fischeriana*와 같은 종으로 처리된다.[1296] 이덕봉은 藺茹여여를 대극속*Euphorbia*에 속하는 특정 종을 지칭하지 않고 단순히 대극속*Euphorbia* 식물로 간주했는데,[1297] 추후 狼毒낭독의 실체 규명과 함께 이 부분도 검토되어야 할 것이다.

1292 이우철a(1996), 628쪽.

1293 박만규(1949), 142쪽.

1294 http://www.theplantlist.org/tpl1.1/record/kew-349236

1295 신전휘 · 신용욱(2013), 183쪽.

1296 지성진과 오병운(2009), 101쪽; 『*Flora of China*, Vol. 11』(2008), 305쪽.

1297 이덕봉d(1963), 62쪽.

73 작맥雀麥

향약구급방	俗云鼠苞衣 味甘無毒 主理齒虫 胎死腹中
국명	귀리
학명	*Avena sativa* Linnaeus
생약정보	항목 없음

「초부」에는 민간 이름으로 鼠苞衣서포의라고 부른다고 설명되어 있을 뿐, 식물에 대한 설명은 없고, 「본문」 중에는 鼠矣包衣서의포의로 표기되어 있다. 『향약집성방』에는 雀麥작맥 항목이 없으며, 『동의보감』에는 우리말 이름으로 귀보리가 병기되어 있고, 싹은 小麥소맥[1298]과 비슷하며, 열매는 穬麥광맥[1299]과 비슷하다고만 설명되어 있다.

『향약구급방』에 나오는 민간 이름 鼠苞衣서포의의 경우, 鼠서는 쥐로 훈독되고, 苞포는 보로 음가되는데, 包衣포의가 보릐로 해독되는 것처럼 苞衣포의도 보릐로 해독되어 쥐보릐로 해독되고, 鼠矣包衣서의포의는 쥐의보릐로 해독될 수 있다.[1300] 한편 쥐보리를 ㄱ구개음화를 통해 『동의보감』에 나오는 귀보리로 읽은 것으로 추정된다.[1301]

중국에서는 *Bromus japonicus* Thunberg를 雀麥작맥으로 간주하는데, 북미에서 유입된 종으로 간주하고 있다.[1302] 우리나라에서는 참새귀리라

1298 밀(*Triticum aestivum*)이다. 116번 항목 소맥(小麥)을 참조하시오.

1299 겉보리(*Hordeum vulgare* var. *coaleste*)이다. 보리의 품종이다.

1300 남풍현(1981), 113쪽.

1301 이은규(2009), 494쪽.

1302 『中國植物志, 9(2)卷』(2002), 368쪽.

고 부르며,[1303] 『동의보감』에서 우리말 이름으로 병기된 귀보리의 오늘날 표기로 추정되는 쥐보리는 *Lolium multiflorum* Lamarck에 부여되어 있다.[1304] 그런데 오늘날 귀보리를 귀리로 간주하는데,[1305] 귀리는 *Avena sativa* Linnaeus이다.[1306]

쥐보리*Lolium multiflorum*는 사료작물로서 1906년 국내에 도입된 것으로 알려졌고,[1307] 우리말 이름 쥐보리는 1970년에 정태현에 의해 처음으로 부여된 것으로 알려졌다.[1308] 따라서 쥐보리라는 이름은 『동의보감』에 병기된 우리말 이름 귀보리와 비슷하나, 『동의보감』에서 설명하는 雀麥작맥은 아닌 것으로 추정된다.

귀리*Avena sativa*를 중국에서는 燕麥연맥 또는 香麥향맥으로 부르고 있는데,[1309] 『동의보감』에서 雀麥작맥을 燕麥연맥이라고도 부른다고[1310] 설명하고 있어, 『향약구급방』에 나오는 雀麥작맥은 귀리*A. sativa*로 추정된다. 단지 귀보리, 즉 雀麥작맥을 귀리와 비슷한 *A. fatua* Linnaeus의 이름으로 간주하기도 하나,[1311] 이 식물은 유럽, 서아시아, 북아프리카가 원산지로 알려져 있어, 『향약구급방』에 나오는 雀麥작맥은 아닐 것으로 판단된다.

1303 이우철a(1996), 1337쪽.
1304 이우철a(1996), 1376쪽.
1305 남광우(2017), 162쪽.
1306 이우철a(1996), 1333쪽.
1307 조재영 외(1991), 251쪽.
1308 이우철a(1996), 1376쪽.
1309 『中國植物志, 9(3)卷』(1997), 173쪽.
1310 一名燕麥.
1311 박만규(1949), 273쪽.

74 독주근獨走根

향약구급방	俗云勿兒隱提良 六月採根 日乹 七八月採實 曝乹
국명	쥐방울덩굴
학명	*Aristolochia contorta* Bunge
생약정보	항목 없음

「초부」에는 민간 이름으로 勿兒隱提良물아은제량이라고 부른다고 설명되어 있을 뿐, 식물에 대한 설명은 없는데, 「본문」 중에는 馬兜鈴마두령이라고도 부르며, 鄕名향명으로 勿叱隱阿背물질은아배 또는 勿叱隱提阿물질은제아라고 부르는 것으로 설명되어 있다. 『향약집성방』에는 獨走根독주근이라는 항목은 없으나, 馬兜鈴마두령 항목의 鄕名향명이 勿兒隱冬乙乃물아은동을내로 표기되어 있으며, 중국 문헌에 있는 식물에 대한 설명이 인용되어 있다. 藤등[1312]처럼 덩굴로 자라며, 뿌리는 작은 손가락만한 크기이고 적황색이며, 잎은 山苧산저[1313]와 비슷하고, 꽃은 음력 6월에 枸杞구기[1314]의 꽃과 비슷하게 황자색으로 피며, 열매는 7월에 棗조[1315]보다 조금 크게 맺는데 4~5갈래로 갈라지는[1316] 것으로 설명되어 있다. 『동의보감』에도 표제어가 馬兜鈴마두령으로 되어 있으며, 우리말 이름으로 쥐방울이 병기되어 있으나,

1312 등나무(*Wisteria sinensis*)이다.

1313 왜모시풀(*Boehmeria longispica*)이다. 『향약구급방』과 한의학고전DB에는 山芋(산우)로 표기되어 있으나, 山芋는 고구마를 지칭하는 식물명이다. 그런데 고구마는 남미 원산으로 알려져 있어, 『향약구급방』이 편찬된 고려시대에는 한반도에 도입되지 않은 것으로 알려져 있다. 苧(저)의 오기로 판단된다.

1314 구기자(*Lycium chinense*)이다. 85번 항목 구기자(枸杞子)를 참조하시오.

1315 대추(*Ziziphus jujuba*)이다. 107번 항목 대조(大棗)를 참조하시오.

1316 如藤蔓. 葉如山苧葉. 六月開黃紫花, 頗類枸杞花. 七月結實棗許大, 如鈴, 作四五瓣.

『향약집성방』에서 설명한 부분 이외에 식물에 대한 특별한 설명은 없다. 한편 『향약채취월령』에는 표제어가 馬兜鈴마두령이며, 鄕名향명은 勿兒冬乙羅물아동을라로 표기되어 있다.

獨走根독주근과 馬兜鈴마두령을 같은 식물로 간주하고 있는데,[1317] 이두로 표기된 우리말 이름들이 비슷하기 때문으로 추정된다. 獨走根독주근이라는 이름은 중국 자료에서 검색이 되지 않는데, 이와 비슷한 獨行根독행근이 馬兜鈴마두령의 다른 이름으로 『증류본초』에 설명되어 있다. 獨行根독행근을 獨走根독주근으로 잘못 표기한 것으로 간주하고 있다.[1318]

『향약구급방』에 나오는 민간 이름 勿兒隱提良물아은제량의 경우, 勿물은 믈로 훈가되고, 兒아는 ᅀᆞ로 음가되고, 隱은은 "ㄴ"으로 음가되고, 提제는 들로 훈가되나 ᄃᆞᆯ로 변하고, 良량은 아로 훈가되어, 믈ᅀᆞᆫᄃᆞᆯ아로 해독된다. 그리고 鄕名향명으로 표기된 勿叱隱阿背물질은아배의 경우, 叱질은 즐로 음가되고, 阿아은 아로 음가되고, 背배는 ᄇᆡ로 음가되어 믈ᅀᆞᆫ아ᄇᆡ로 해독되고, 또 다른 鄕名향명 勿叱隱提阿물질은제아는 믈ᅀᆞᆫᄃᆞᆯ아로 해독된다.[1319] 이러한 이름은 모두 말방울 모양과 소리에 관련되어 있어, 동일음상의 불완전한 표기로 간주된다.[1320] 그러나 말방울과 관련된 이름들은 『동의보감』에 병기되지 않고, 쥐방울만 병기되어 있어, 우리말 이름이 연결은 되지 않고 있는데, 말이 쥐로 변했을 뿐이다.

중국에서는 *Aristolochia debilis* Siebold & Zuccarini를 馬兜鈴마두령으로 간주하며, 獨行根독행근이라고 부르는데, 이 식물은 우리나라에서 자라지

1317 손병태(1996), 130쪽.
1318 이덕봉b(1963), 191쪽.
1319 남풍현(1981), 63~64쪽.
1320 손병태(1996), 130쪽.

않는다.[1321] 우리나라에서는 일제강점기에 이시도야가 *A. contorta* Bunge를 『동의보감』에서 언급한 쥐방울로 간주하면서, 이 식물의 열매를 馬兜鈴마두령으로 부른다고 설명했다.[1322] 이후 Mori도 *A. contorta*를 쥐방울, 馬兜鈴마두령, 마도령으로 불렀으며,[1323] 오늘에 이르고 있다. 우리나라에는 쥐방울덩굴속*Aristolochia* 식물로 등칡*A. manshuriensis* Komarov도 자라고 있는데, 등칡의 열매는 방울보다는 기다란 원통처럼 생겼다. 따라서 『향약구급방』의 獨走根독주근, 『향약집성방』과 『동의보감』에서 설명하는 馬兜鈴마두령은 중국과는 다르게 *A. contorta*로 간주하는 것이 적절할 것이다. 馬兜鈴마두령 뿌리도 약재로 사용한다고 『동의보감』에 설명되어 있다.

국가생약정보에는 마두령의 공정서 생약은 소개되어 있지 않고, 민간 생약으로 마두령*Aristolochia debilis*과 쥐방울덩굴*A. contorta*이 소개되어 있다.

75 회향자茴香子

향약구급방	味辛平无毒 八九月採實 陰乾
국명	회향
학명	*Foeniculum vulgare* (Linnaeus) Miller
생약정보	회향(茴香, *Foeniculum vulgare* (Linnaeus) Miller)

「초부」에는 민간 이름도 식물에 대한 설명도 없다. 단지 「본문」에는

1321 『中國植物志, 24卷』(1988), 233쪽.
1322 이시도야(1917), 40쪽.
1323 Mori(1922), 128쪽.

茴香草회향초로 표기되어 있으며 鄕名향명을 茴香草회향초라고 부르는 것으로 설명되어 있다. 『향약집성방』에는 표제어가 蘹香子회향자로 되어 있는데, 茴香회향이라고도 부른다는[1324] 설명이 있으나, 鄕名향명은 없다. 또한 중국 문헌에 있는 식물에 대한 설명이 인용되어 있는데, 중국에서도 선박으로 수입한 것을 약재로 쓰고 있으며,[1325] 줄기는 몹시 가늘고 총생하며, 잎은 오래된 胡菜호채[1326] 비슷하며, 꽃은 음력 7월에 줄기 끝에 우산같이 펴지면서 노랗게 피고, 씨는 麥맥[1327]처럼 작으나 청색을 띠는[1328] 것으로 설명되어 있다. 『동의보감』에는 우리말 이름이 없으나 우리나라에도 곳곳에서 재배한다고[1329] 설명되어 있다.

중국에서는 *Foeniculum vulgare* (Linnaeus) Miller를 茴香회향으로 간주하고 있으며,[1330] 우리나라에서도 회향으로 부르고 있다. 유럽 원산이나 신라시대에 도입된 것으로 추정하고 있는데,[1331] 『세종실록지리지』에 따르면 경기도, 충청도, 경상도, 전라도 그리고 제주도에서 재배한 것으로 되어 있다.[1332] 국가생약정보에는 회향의 공정서 생약으로 회향*F. vulgare*이 소개되어 있다.

1324 蘹香子, 亦名茴香.

1325 入藥多用蕃舶者,

1326 고수(*Coriandrum sativum*)이다.

1327 보리(*Hordeum vulgare*)이다. 118번 항목 대맥(大麥을) 참조하시오.

1328 三月生葉似老胡菜, 極踈細, 作叢. 至五月高三四尺. 七月生花, 頭如傘蓋, 黃色. 結實如麥而小, 青色.

1329 我國種植, 隨處有之.

1330 『中國植物志, 55(2)卷』(1985), 213쪽.

1331 이덕봉a(1963), 351쪽.

1332 이동민 외(2003), 87쪽.

76 연지燕脂

향약구급방	俗云你叱花 味辛溫无毒 埋[1333]喉痺壅塞不通 取汁一升 服之 差
국명	잇꽃
학명	*Carthamus tinctorius* Linnaeus
생약정보	홍화(*Carthamus tinctorius* Linnaeus)

「초부」에는 민간 이름으로 你叱花니질화라고 부른다는 설명 이외에 식물에 대한 설명은 없다. 『향약집성방』에는 표제어가 紅藍花홍람화로 되어 있으며, 紅花홍화라고도 부른다고 설명되어 있고, 중국 문헌에 있는 식물에 대한 설명이 인용되어 있는데, 꽃은 많은 두상화서에 달리며, 씨는 희고 小豆소두[1334]만한 것으로[1335] 설명되어 있다. 『동의보감』에도 표제어가 紅藍花홍람화로 되어 있으며, 닛이라는 우리말 이름이 병기되어 있다. 그런데 『향약집성방』과 『동의보감』에 紅藍花홍람화로 臙[1336]脂연지를 만든다고 설명되어 있으며, 실제로 紅藍花홍람화에서 추출한 붉은 빛깔의 안료를 연지라고 부르고 있어,[1337] 『향약구급방』에 나오는 燕脂연지와 『향약집성방』과 『동의보감』에 나오는 紅藍花홍람화는 같은 식물을 지칭한 것으로 판단된다.

『향약구급방』에 나오는 민간 이름 你叱花니질화의 경우, 你니는 니로 음

1333 이경록(2018, 27쪽)은 理의 오각으로 판단하고 있다.

1334 팥(*Vigna angularis*)이다. 112번 항목 적소두(赤小豆)를 참조하시오.

1335 夏乃有花, 亦作梂彙多刺, (…중략…) 白粒如小豆大.

1336 『향약구급방』에는 燕(연)으로 표기되어 있으나, 『향약집성방』과 『동의보감』에는 臙(연)으로 표기되어 있다. 그러나 이 두 글자는 혼용한 것으로 알려져 있는데, 우리나라에서는 연지를 燕脂, 臙脂, 燕支 등으로 표기했다. 박춘순과 정복희(2005, 459쪽)를 참조하시오.

1337 http://encykorea.aks.ac.kr/Contents/Item/E0036917

가되고, 叱질은 "ㅅ"으로 음가되고, 花화는 곶으로 훈독되어 닛곶으로 해독되는데,[1338] 『동의보감』에 나오는 우리말 이름 닛은 『향약구급방』에 나오는 你叱니질을 이어받은 것으로 판단된다.

중국에서는 *Carthamus tinctorius* Linnaeus를 紅花홍화 또는 紅藍花홍람화로 간주하고 있다.[1339] 우리나라에서는 잇꽃으로 부르고 있는데,[1340] 원래는 서남아시아 원산임에도 아주 오래전부터 중국에서 재배했기 때문에 정확한 기원은 알지 못하는 것으로 알려졌다.[1341] 우리나라에서도 낙랑시대 고분에서 화장품의 물감으로 紅花홍화의 염료가 발굴되었는데,[1342] 잇꽃을 아주 오래전부터 재배했던 것으로 알려져 있다.[1343] 국가생약정보에는 연지의 공정서 생약은 소개되어 있지 않으나, 홍화의 공정서 생약으로 홍화*C. tinctorius*가 소개되어 있다.

1338 남풍현(1981), 100쪽.
1339 『中國植物志, 78(1)卷』(1987), 187쪽.
1340 이우철a(1996), 1118쪽.
1341 『*Flora of China*, Vol. 20~21』(출판중).
1342 김욱(1987), 137쪽.
1343 장권열(1991), 113쪽.

77 목단피牧丹皮

향약구급방	味辛苦寒无毒 二八月採根 以銅刀劈去骨 陰軋
국명	모란
학명	*Paeonia suffruticosa* Andrews
생약정보	목단(*Paeonia suffruticosa* Andrews)

「초부」에는 민간 이름도 없고 식물에 대한 설명도 없다. 『향약집성방』에는 표제어가 牧丹목단으로 되어 있으며, 鄕名향명도 식물에 대한 설명도 없다. 단지 산골짜기에서 자라는 것으로 설명되어 있다. 『동의보감』에도 표제어는 牧丹목단으로 되어 있으며, 모란꽃불휘라는 우리말 이름이 병기되어 있으나, 식물에 대한 설명은 없다.

중국에서는 *Paeonia suffruticosa* Andrews를 牡丹목단으로 간주하고 있다. 우리나라에서는 중국에서 들여온[1344] 식물을 모란 또는 목단이라고 부르며, 정원수로 널리 재배하고 있다.[1345] 신라 진평왕 시절 공주였던 선덕여왕과 관련된 고사에서 볼 때, 신라시대에 우리나라로 유입된 것으로 추정하고 있다.[1346] 국가생약정보에는 목단피의 공정서 생약으로 목단*P. suffruticosa*가 소개되어 있다.

1344 『The genera of vascular plants of Korea』(2007), 364쪽.
1345 이우철a(1996), 367쪽.
1346 이덕봉a(1963), 352쪽.

78 목적木賊

향약구급방	俗云省只草 味甘苦无毒 四月採用 一云採无時
국명	속새
학명	*Equisetum hyemale* Linnaeus
생약정보	속새(*Equisetum hyemale* Linnaeus)

「초부」에는 민간 이름으로 省只草성지초라고 부르는 것으로 설명되어 있을 뿐, 식물에 대한 설명은 없다. 『향약채취월령』에는 束草속초라는 이름으로 부르는 것으로 설명되어 있다. 『향약집성방』에는 鄕名향명이 束草속초로 병기되어 있고, 중국 문헌에 있는 식물에 대한 설명이 인용되어 있다. 산골짜기의 물 가까이에서 줄기가 홀로 솟아나오는데, 높이 30~60cm 정도 자라고 푸른색을 띠며 마디가 있으나, 마디에 잎은 없으며, 겨울에도 시들지 않는[1347] 것으로 설명되어 있다. 『동의보감』에는 우리말 이름으로 속새가 병기되어 있으나, 식물에 대한 설명은 없다.

『향약구급방』에 나오는 민간 이름 省只草성지초의 경우, 省성은 소로 음가되고, 只지는 "ㄱ"으로 음가되고, 草초는 새로 훈독되어 속새로 해독된다.[1348] 그리고 『향약채취월령』과 『향약집성방』에 나오는 束草속초도 속새로 해독되는데,[1349] 『동의보감』에는 속새로 표기되어 있다.

중국에서는 木賊목적을 *Equisetum hyemale* Linnaeus로 간주하고 있다.[1350]

1347 所生山谷近水地有之. 獨莖, 苗如箭笴無葉. 長一二尺, 青色, 經冬不枯, 寸寸有節.

1348 남풍현(1981), 73쪽.

1349 손병태(1996), 134쪽.

1350 『中國植物志, 6(3)卷』(2004), 238쪽.

우리나라에서는 일제강점기에 이시도야가 이 종을 속넉풀이라고 부르면서 『동의보감』에서 언급된 식물이라고 설명했고,[1351] 이후 Mori도 이 종에 木賊목적, 속서, 목적 등의 이름을 일치시켰고,[1352] 정태현 등도 木賊목적과 속새라는 이름을 일치시킨 후[1353] 오늘에 이르고 있다. 국가생약정보에는 목적의 공정서 생약으로 속새*E. hyemale*가 소개되어 있다.

79 연과욕燕窠褥

향약구급방	燕巢中草 无毒 主眼中遺尿 男女无故尿血 燒末酒服半錢
국명	확인 불가
학명	확인 불가
생약정보	항목 없음

「초부」에는 민간 이름도 식물에 대한 설명도 없다. 『향약채취월령』, 『향약집성방』 그리고 『동의보감』에도 이 항목은 없으나, 『향약집성방』에는 燕蓐草연욕초 항목은 있다. 또한 중국 검색 사이트인 百度Baidu.com에서도 燕窠褥연과욕은 검색되지 않는다. 단지 『향약구급방』에 제비 둥지 안의 풀[1354]이라고 설명되어 있고, 『증류본초』의 燕蓐草연욕초 항목에는 제비 둥지 속 풀이라고[1355] 설명되어 있어, 燕窠褥연과욕과 燕蓐草연욕초는 동일한

1351 이시도야(1917), 50쪽.
1352 Mori(1922), 22쪽.
1353 정태현 외(1937), 10쪽.
1354 燕巢中草.
1355 此燕窠中草也.

식물로 추정된다. 그러나 특정 식물을 지칭하는 것이 아니라 제비집 안에 있는 풀들을 총칭하는 것으로 판단된다. 제비깃으로 풀이하기도 하나,[1356] 추후 검토가 필요하다.

80 칠고漆姑

향약구급방	俗云漆矣母 主漆瘡 又主溪毒瘡
국명	개미자리
학명	*Sagina japonica* (Swartz) Ohwi
생약정보	항목 없음

「초부」에는 민간 이름으로 漆矣母칠의모라고 부르는 것으로 설명되어 있을 뿐, 식물에 대한 설명은 없으나, 「본문」에는 鄕名향명으로 漆矣於耳[1357]칠의어이가 표기되어 있다. 『향약채취월령』, 『향약집성방』 그리고 『동의보감』에는 이 항목은 없다.

단지 『증류본초』에는 漆姑草칠고초가 독창을 치료하는 것으로 설명되어 있어, 『향약구급방』의 漆姑칠고는 漆姑草칠고초로 추정된다. 중국에서는 *Sagina japonica* (Swartz) Ohwi를 漆姑草칠고초로 간주한다.[1358] 그러나 『본초강목』에는 漆姑칠고에 두 종류가 있는데, 큰 풀은 蜀羊泉촉양천이며, 작은

1356 이덕봉b(1963), 193쪽.

1357 신영일(1994, 172쪽)은 漆姑(칠고)의 鄕名(향명)으로 漆矣老母[칠의로모]도 사용되었다고 설명했으나, 이 이름은 검색이 되지 않는다.

1358 『中國植物志, 26卷』(1996), 255쪽.

풀은 漆姑草칠고초로 구분했다. 오늘날 중국에서는 큰 풀인 蜀羊泉촉양천을 *Solanum septemlobum* Bunge로 간주하나, 이 종은 우리나라에 분포하지 않는다.[1359] 따라서 『향약구급방』에 있는 내용만으로는 『본초강목』에서 설명하는 漆姑칠고의 두 종류를 구분할 수가 없으므로, 우리나라에 분포하는 개미자리를 漆姑칠고로 간주하는 것이 타당할 것이다.

『향약구급방』에 나오는 鄕名향명 漆矣於耳칠의어이의 경우, 漆칠은 옷으로 훈독되고, 矣의는 ᄋᆡ로 음가되고, 於어는 어로 음가되고, 耳이는 ᅀᅵ로 음가되어 옷ᄋᆡ어ᅀᅵ로 해독되고, 민간 이름 漆矣母칠의모의 경우 母모가 어ᅀᅵ로 훈독되므로 漆矣於耳칠의어이와 마찬가지로 옷ᄋᆡ어ᅀᅵ로 해독된다.[1360] 그런데 漆矣母칠의모를 옷어이로 해독하기도 한다.[1361] 우리나라에서는 *Sagina japonica*를 개미자리라고 부르나,[1362] 본초학 문헌과 국가생약정보에는 칠고漆姑 항목이 수록되어 있지 않다.[1363]

1359 『中國植物志, 67(1)卷』(1978), 90쪽.

1360 남풍현(1981), 129~130쪽.

1361 이덕봉b(1963), 193쪽.

1362 이우철a(1996), 367쪽.

1363 신민교(2015)과 권동열 외(2020)의 본초학 문헌에 개미자리는 없다.

81 전초剪草

향약구급방	俗云騾耳草 味甘微寒无毒 正二月採根 五六七月採葉
국명	홀아비꽃대
학명	*Chloranthus japonicus* Siebold
생약정보	항목 없음

「초부」에 민간 이름으로 騾耳草라이초라고 부르는 것으로 설명되어 있을 뿐, 식물에 대한 설명은 없다. 『향약채취월령』, 『향약집성방』 그리고 『동의보감』에도 이 항목은 없다. 민간 이름 騾耳草라이초의 경우, 騾라는 라로 음가되고, 耳이는 귀로 훈가되고, 草초는 플로 훈독되어 라귀플로 해독되는데, 15세기에는 나귀를 라귀로 표기했다.[1364] 따라서 騾耳草라이초는 나귀풀로 풀이되나, 오늘날 나귀풀은 검색되지 않는다.

중국에서는 剪草전초를 *Chloranthus fortunei* (A. Gray) Solms Laubach로 간주하는데,[1365] 이 식물은 우리나라에는 분포하지 않는다.[1366] 그러나 나귀풀로 해독될 수 있는 騾耳草라이초라는 민간 이름이 있는 것으로 볼 때, 우리나라에서 剪草전초라고 부르는 식물이 존재했을 것으로 추정된다. 우리나라에는 중국에서 剪草전초라고 부르는 식물과 같은 속에 속하는 홀아비꽃대*Chloranthus japonicus* Siebold가 전국에 걸쳐 분포하고 있어, 『향약구급방』에 있는 剪草전초를 *C. japonicus*로 간주할 수 있을 것이다. 그러나 이덕

1364 남풍현(1981), 115쪽.

1365 https://baike.baidu.com/item/剪草/7706434?fr=aladdin

1366 『中國植物志, 20(1)卷』(1982), 87쪽.

봉은 추후 규명되어야 할 식물로 간주했다.[1367] 추후 보다 상세한 검토가 필요하다.

82 송松

향약구급방	味苦溫无毒 九月採實 陰乾用之
국명	소나무
학명	*Pinus densiflora* Siebold & Zuccarini
생약정보	항목 없음

「초부」에는 민간 이름도 식물에 대한 설명도 없다. 『훈몽자회』에는 우리말로 "솔 숑"으로 설명되어 있으며, 油松유송 또는 잣나모, 果松과송이라고도 부른다고[1368] 되어 있다. 「본문」에는 松脂송지도 약으로 사용하는 것으로 설명되어 있다. 『향약집성방』에는 鄕名향명과 식물에 대한 설명이 없으나, 단지 오엽五葉이라는 단어를 한 마디에 잎이 다섯 개가 나오나, 때로는 두 개 또는 일곱 개가 달리는[1369] 것으로 설명하고 있어, 잣나무 종류도 松송으로 불렀던 것으로 추정된다. 『동의보감』에는 우리말 이름이 소나모로 표기되어 있을 뿐, 식물에 대한 설명은 없고, 松脂송지를 우리말로 소나무진이라고 부르는데 저절로 흘러내린 진으로[1370] 설명되어 있다.

1367 이덕봉b(1963), 193쪽.

1368 俗呼油松又呼잣나모曰果松呼子曰松子.

1369 方書言松爲五粒字, 當讀爲鬣, 音之誤也. 言每五鬣爲一葉, 或有兩鬣, 七鬣者.

1370 自流出者,

松송의 실체를 파악할 수 있는 설명이 없으나, 『훈몽자회』에 솔, 잣나모와 과송이라는 이름이 나오는 점, 『향약집성방』에는 잎이 5장 달린다는 설명이 있는 점, 그리고 『동의보감』에 소나모라는 이름이 나오고 있는 점으로 미루어 볼 때, 우리나라에서는 솔과 소나무라고 부르던 소나무*Pinus densiflora* Siebold & Zuccarini와 잣나모, 과송이라고 부르며 잎이 5장씩 모여 달리는 잣나무*P. koraiensis* Siebold & Zuccarini 두 종을 松송으로 불렀던 것으로 추정된다. 그런데 1800년대에 편찬된 유희의 『물명고』에는 果松과송을 소나무와 비슷하나 잎이 5개인 점이 다르다고 설명되어 있고, 우리말 이름으로 잣나모가 표기되어 있는 반면, 松송에는 솔이라는 우리말 이름만 나열되어 있다. 이런 점으로 볼 때, 소나무와 잣나무를 초기에는 구분하지 않았으나, 후일 구분했던 것으로 보인다.

한편, 『훈몽자회』에 나오는 油松유송은 우리나라 북부 지방에서만 자라는 만주흑송*Pinus tabuliformis* Carrière의 중국 이름이다. 아마도 이 나무가 소나무와 비슷하고, 중국에서는 흔히 松송으로 부르고 있어,[1371] 『훈몽자회』에서 松송을 油松유송이라고 부른다고 설명된 것으로 추정된다. 그러나 소나무 잎은 직경이 1mm 정도이고 부드러운 반면, 油松유송 또는 만주흑송은 1~2mm 정도이고 딱딱하여 구분된다.[1372] 그런데 『향약집성방』과 『동의보감』에는 중국 문헌에 나오는 약재의 특성이 설명되어 있음에도 불구하고, 중국산 약재임을 나타내는 "唐당"이라는 표기가 없어, 松송은 국산 약재명으로 추정된다. 따라서 『향약구급방』, 『향약집성방』 그리고 『동의보감』에서 설명하는 松송은 우리나라에서 널리 자라는 소나무*P. densiflora*로

1371 潘富俊(2003), 108쪽; Li(1973), 333쪽. 단지 이 책을 번역한 Smith and Stuart는 학명을 *Pinus sinensis*라고 표기했으나, 이 학명은 *Pinus tabuliformis* Carrière와 같은 식물을 지칭한다.
1372 『*Flora of China*, Vol. 4』(1999), 13~14쪽.

추정되나, 잣나무*P. koraiensis*를 혼용했을 가능성도 있다. 단지 약재로 사용했을 경우 나타나는 효과에 대해서는 추후 검토가 필요할 것이다.

국가생약정보에서는 송松이 검색되지 않으나, 송화분松花紛의 공정서 생약으로 소나무*Pinus densiflora*와 잣나무*P. koraiensis*가 소개되어 있다.

83 괴槐

향약구급방	俗云廻之木 其花味苦无毒 實味苦鹹酸寒無毒 枝主洗瘡 皮主爛瘡 根主喉痹寒熱 七月七日採嫩實 十月採老實, 皮根採无時
국명	회화나무
학명	*Sophora japonica* Linnaeus
생약정보	괴화(槐花), 회화나무(*Sophora japonica* Linnaeus)

「초부」에는 민간 이름으로 廻之木회지목이 나열되어 있을 뿐, 식물에 대한 설명은 거의 없는데, 단지 음력 7월에 열매가 성숙하기 시작하여 10월이 되면 완전히 성숙하는 것으로[1373] 설명되어 있다. 『훈몽자회』에는 "회홧 괴"로 설명되어 있다. 『향약집성방』에는 씨가 연달아 많이 붙어 있는 것이 좋다고[1374] 설명되어 있다. 『동의보감』에는 우리말 이름으로 회화나모가 병기되어 있으나, 식물에 대한 설명은 거의 없다.

『향약구급방』에 나오는 민간 이름 廻之木회지목은 횢나모 정도로 읽히는

1373 四月, 五月開花, 六月, 七月結實. 七月七日採嫩實.

1374 槐子以相連多者爲好.

데,[1375] 『훈몽자회』의 회홧과 『동의보감』의 회화나모에 연결되는 것으로 보인다. 지금까지 우리나라에서는 槐괴가 두 종류의 식물, 즉 회화나무*Sophora japonica* Linnaeus와 느티나무*Zelkova serrata* (Thunberg) Makino를 지칭하는 것으로 파악되는데, 식물명 槐괴는 회화나무를 지칭하는 홰나무로 번역되고 있지만, 전반적인 생김새가 비슷하면서도 흔히 볼 수 있는 느티나무에도 槐괴라는 이름을 붙여 혼용한 것으로 간주되고 있다.[1376] 실제로 충남 아산시에 있는 맹씨행단의 구괴정九槐亭, 예산군 수덕사 인근에 있는 육괴정六槐亭 등에는 회화나무가 아니라 느티나무가 식재되어 있는 반면, 부산의 괴정동에는 회화나무가 식재되어 있는 점으로 미루어 볼 때, 이러한 추정을 가능하게 만든다.

그런데 느티나무는 4월에 꽃이 피고, 열매가 여름이면 핵과로 성숙하는 반면, 회화나무는 여름이 시작하면서 꽃이 피고, 열매가 가을에 콩꼬투리로 성숙하는 차이가 있다. 그리고 『동의보감』에는 10월에 열매, 즉 꼬투리를 딴다는 설명과[1377] 일명 槐角괴각이라고 하는 것은 꼬투리를 의미한다는[1378] 설명이 있다. 따라서 『향약구급방』, 『향약집성방』 그리고 『동의보감』에서 설명하는 槐괴는 꼬투리를 만드는 회화나무*Sophora japonica*로 간주하는 것이 타당할 것이다. 최근에는 *Styphnolobium japonicum* (Linnaeus) Schott라는 학명을 사용하기도 한다.[1379] 국가생약정보에는 괴화의 공정서 생약으로 회화나무*S. japonica*가 소개되어 있다.

1375 이경록(2018), 297쪽.

1376 이은경과 천득염(2017), 29~40쪽.

1377 十月上巳日採實和莢.

1378 一名槐角卽莢也.

1379 『*Flora of China*, Vol. 10』(2010), 93쪽.

84 오가피五加皮

향약구급방	味辛溫微寒无毒 五七月採莖 十月採根 陰軋
국명	섬오갈피나무
학명	*Eleutherococcus nodiflorus* (Dunn) S. *Y.* Hu
생약정보	오갈피나무(*Acanthopanax sessiliflorus* Seemann)

「초부」에는 민간 이름도 식물에 대한 설명도 없다. 『향약집성방』에는 鄕名향명은 없고, 중국 문헌에 있는 식물에 대한 설명이 인용되어 있다. 오가피는 작은 떨기나무로 나뭇잎과 줄기가 붉고, 때로 덩굴성으로 자라며, 줄기 사이에 검은 가시가 달리고,[1380] 개개의 잎 아래에는 1개의 가시가 돋아 있으며,[1381] 가지 끝에 잎이 5장 나는 게 좋으나 3~4개의 잎이 난 것이 가장 많으며,[1382] 암그루와 수그루가 따로 있는 자웅이주식물로[1383] 설명되어 있다. 『동의보감』에는 우리말 이름으로 쌋둘훕이 병기되어 있으며, 줄기에 가시가 돋으며, 5장의 잎이 가지 끝에 나고, 음력 3~4월에 흰 꽃이 핀 다음 작고 푸른 씨가 달렸다가 6월에 점점 검어진다고[1384] 설명되어 있다. 『동의보감』에 나오는 쌋둘훕이라는 우리말 이름은 獨活[1385]독활의 우리말 이름으로도 사용되었다.

중국에서는 五加皮오가피를 섬오갈피나무*Acanthopanax gracilistylus* W. W. Smith

1380 樹生小叢赤蔓莖間, 有黑刺五葉生枝端.

1381 每一葉下生一刺.

1382 葉生五枚作簇者良. 四葉, 三葉者最多.

1383 其葉三花是雄, 五葉花是雌.

1384 莖間有刺. 五葉生枝端, 如桃花, 有香氣. 三四月開白花, 結細靑子, 至六月漸黑色.

1385 땅두릅(*Aralia cordata*)이다. 11번 항목 독활(獨活)을 참조하시오.

로 간주하고 있는데,[1386] 꽃이 4~6월에 황록색으로 피며, 덩굴처럼 자라기도 한다.[1387] 최근에는 *Eleutherococcus nodiflorus* (Dunn) *S.* Y. Hu와 같은 종으로 간주하고 있다.[1388] 우리나라에 분포하는 오갈피나무속*Eleutherococcus* 종류로는 오갈피나무*E. sessiliflorus* (Ruprecht & Maximowicz) *S.* Y. Hu를 비롯하여 가시오갈피나무*E. senticosus* (Ruprecht & Maximowicz) Maximowicz, 오가나무*E. sieboldianus* (Makino Koidzumi), 지리산오갈피*E. divaricatus* (Siebold & Zuccarini) *S.* Y. Hu var. *chiisanensis* (Nakai) C. H. Kim & B. Y. Sun, 그리고 섬오갈피나무 등 5종이 있다. 이 중에서 가시오갈피나무, 오갈피나무, 지리산오갈피는 양성주이다. 또한 오갈피나무와 지리산오갈피의 잎자루에는 가시가 없으며, 오가나무는 잎자루 기부에 1~3개의 가시가 달려 있으나, 중국 원산으로 일본을 거쳐 도입된 식물로 알려져 있어,[1389] 『향약집성방』과 『동의보감』에서 설명하는 五加皮오가피와는 구분된다. 따라서 이들 문헌에 나오는 五加皮오가피는 섬오갈피나무로 추정된다.

우리나라에서는 일제강점기에 이시도야가 *Acanthopanax sessiliflorus* Seemann ≡ *Eleutherococcus sessiliflorus* (Ruprecht & Maximowicz) *S.* Y. Hu을 『동의보감』에서 설명하는 오갈피나무 또는 쌋둘훕이라 했으며, 이 식물의 줄기와 껍질을 五加皮오가피라고 부른다고 설명했다.[1390] 이후 Mori[1391]와 정태현 등[1392]도 모두 이시도야의 견해를 따랐다. 그러나 『동의보감』에는 중국에서 편찬된 『증류본초』의 내용을 인용하여 五加오가의 꽃이 "음력

1386 최근에는 *Eleutherococcus gracilistylus* (W. W. Smith) *S.* Y. Hu라는 학명을 사용한다.
1387 『中國植物志, 54卷』(1978), 107쪽.
1388 『*Flora of China*, Vol. 13』(2007), 467쪽.
1389 『The genera of vascular plants of Korea』(2007), 729~731쪽.
1390 이시도야(1917), 20쪽.
1391 Mori(1922), 265쪽.
1392 정태현 외(1937), 123쪽.

3~4월에 하얗게"[1393] 피는 것으로 설명하고 있는데, 우리나라에서 널리 자라는 오갈피나무*E. sessiliflorus*는 8~9월에 자주색으로 피는 차이를 보인다.[1394] 단지 섬오갈피나무는 황록색으로 4~7월에 개화한다.[1395]

또한 우리나라에서는 섬오갈피나무가 제주도에서만 자생하는 반면, 오갈피나무는 거의 전국적으로 분포하는데,[1396] 중국에서는 섬오갈피나무가 거의 전국적으로 분포하는 반면,[1397] 오갈피나무는 중국의 동북 지역에만 분포하고 있다.[1398] 따라서 중국과 우리나라에서는 五加皮오가피가 섬오갈피나무를 지칭하나, 우리나라 문헌에 五加皮오가피의 분포지로 제주도를 명기하지 않고 있어서, 우리나라에서는 중국과는 다르게 오갈피나무를 五加皮오가피라고도 부르면서 약재로도 사용했던 것으로 추정할 수도 있다. 그리고 이런 추정은 『향약구급방』의 편찬 원칙으로 쉽게 얻을 수 있는 약으로 쉽게 알 수 있는 질병을 치료한다는 점에 근거를 둘 수 있다.[1399] 또한 『세종실록지리지』에도 五加皮오가피가 경기도, 충청도, 경상도, 전라도, 황해도, 평안도, 함길도 등지의 약재로 기록되어 있어,[1400] 이런 추정을 뒷받침한다.

그러나 五加皮오가피는 『향약구급방』 「본문」에는 나오지 않고 있는데, 이는 우리나라에서는 제주도에만 분포하는 五加皮오가피를 쉽게 얻을 수 없었기 때문으로 풀이할 수도 있다. 따라서 『향약구급방』에 나오는 五加

1393 三四月開白花
1394 『中國植物志, 54卷』(1978), 115쪽.
1395 『中國植物志, 54卷』(1978), 107쪽.
1396 『The genera of vascular plants of Korea』(2007), 729~731쪽.
1397 『中國植物志, 54卷』(1978), 107쪽.
1398 『中國植物志, 54卷』(1978), 115쪽.
1399 이경록(2019), 8쪽.
1400 손홍열(1996), 256~258쪽.

皮오가피를 『향약집성방』과 『동의보감』에 나오는 설명에 근거하여 섬오갈피나무로 간주하는 것이 타당할 것이다. 그러나 이덕봉은 五加皮오가피를 오가피나무*Acanthopanax sessiliflorus*로 간주했으며,[1401] 최근에 발간된 우리나라 본초서에도 五加皮오가피를 오가피나무로,[1402] 오가피나무와 섬오갈피로,[1403] 이 종을 포함하여 섬오갈피나무와 지리산오갈피, 왕가시오갈피나무 등을 모두 五加皮오가피로 간주하고[1404] 있다.

국가생약정보에는 오가피의 공정서 생약으로 오갈피나무*Acanthopanax sessiliflorus*가, 민간생약으로 섬오갈피나무*A. nodiflorus*가 소개되어 있다.

85 구기枸杞

향약구급방	味苦寒 根大寒 子微寒 无毒 春夏采葉 秋採莖實 冬採根 陰乹 枝无刺者眞枸杞 有刺枸棘
국명	구기자나무
학명	*Lycium chinense* Miller
생약정보	구기자(枸杞子), 구기자나무(*Lycium chinense* Miller)와 영하구기(*Lycium barbarum* Linnaeus)

『향약구급방』에는 민간 이름은 없고, 식물에 대해서 가지에 가시가 있

1401 이덕봉d(1963), 64쪽.
1402 권동열 외(2020), 373쪽; 신민교(2015), 742쪽.
1403 『본초감별도감, 제1권』(2014), 236쪽.
1404 신전휘 · 신용욱(2013), 226쪽.

는 종류를 진짜 枸杞구기라고 부르며, 없는 종류를 枸棘구극이라고 부르는 것으로 설명되어 있다. 『향약집성방』에도 鄕名향명은 없고, 잎은 石榴[1405]석류와 비슷하나 부드러우며, 줄기는 높이 90~150cm 정도로 모여서 자라고, 꽃은 음력 6~7월에 작은 홍자색으로 피며, 棗[1406]조보다 조금 긴 열매는 붉게 익는[1407] 것으로 중국 문헌에 있는 내용이 인용되어 있다. 『동의보감』에는 우리말 이름으로 괴좃나모가 병기되어 있으나, 식물에 대한 설명은 거의 없다. 괴좃나모라는 이름은 19세기가 되면서 사라지고, 대신 구긔나모가 사용되다가,[1408] 괴좃이라는 단어에 내재된 천박함 또는 혐오성과 같은 부정적 인식으로 인하여 20세기 들어 구기자나무로 완전히 대체되었다.[1409]

약재명 枸杞구기의 기원 식물로 중국에서는 중화구기*Lycium chinense* Miller와 영하구기*Lycium barbarum* Linnaeus 두 종을 지칭하는 것으로 알려졌다.[1410] 그런데 영하구기는 중국 닝시아 지역에만 분포하고 있는 반면, 중화구기는 우리나라를 비롯하여 전 세계적으로 재배하고 있다. 우리나라에서는 중화구기를 단순히 구기자나무 또는 구기자로 부르고 있다. 단지 구기자나무*L. chinense*에 대해 『동의보감』에는 가시가 없는 것이 좋다고 설명하고 있는데,[1411] 실제로 구기자나무의 경우 개체에 따라 가시가 발달하지 않기

1405 석류(*Punica granatum*)이다.

1406 대추(*Ziziphus jujuba*)이다. 107번 항목 대조(大棗)를 참조하시오.

1407 葉如石榴葉而軟薄堪食, 俗呼爲甛菜. 其莖幹高三五尺, 作叢. 六月, 七月生小紅紫花. 隨便結紅實, 形微長如棗核.

1408 이은규(2009), 495쪽.

1409 조항범(2020), 68쪽.

1410 https://baike.baidu.com/item/枸杞/272759?fr=aladdin; 『본초감별도감, 제1권』(2014), 48쪽.

1411 色白無刺者良.

도 하여, 『향약구급방』에서 언급한 가지에 가시가 있는 종류와 없는 종류는 종 수준에서 구분되는 것이 아닌 것으로 판단된다. 국가생약정보에는 구기자의 공정서 생약으로 구기자나무*L. chinense* 와 중화구기*L. chinense* Miller 두 종이 소개되어 있다.

86 복령茯苓

향약구급방	味甘無毒 似人形龜形者佳 二八月採 陰乾 抱根者 名茯神
국명	복령
학명	*Poria cocos* (Schweinitz) Wolf
생약정보	복령(*Poria cocos* (Schweinitz) Wolf)

구멍장이버섯목Polyporales 구멍장이버섯과Polyporaceae에 속하는 담자균류 버섯이다. 추후 전문가에 의한 상세한 검토가 필요하다. 국가생약정보에는 복령의 공정서 생약으로 복령*Poria cocos* (Schweinitz) Wolf이 소개되어 있다.

87 황벽黃蘗

향약구급방	味苦寒无毒 二五六月採皮 去外皮 日乹
국명	황벽나무
학명	*Phellodendron amurense* Ruprecht
생약정보	황백(黃柏), 황벽나무(*Phellodendron amurense* Ruprecht)와 황피수(黃皮樹, *P. chinense* Schneider)

「초부」에는 민간 이름과 식물에 대한 설명이 모두 없다. 단지 「본문」에서는 黃蘗[1412]皮황벽피로 표기되어 있으며, 鄕名향명도 같은 이름이라고 설명되어 있다. 『향약집성방』에는 표제어가 蘗木벽목으로 되어 있는데, 黃蘗황벽을 지칭한다고[1413] 설명되어 있어, 黃蘗황벽을 蘗木벽목으로 불렀던 것으로 보인다. 식물에 대한 설명은 중국에서 편찬된 문헌에 있는 내용인데, 키가 크고 껍질이 노랗다고[1414] 설명되어 있다. 『동의보감』에는 우리말 이름으로 황벽나모가 병기되어 있으나, 『향약집성방』에 인용된 식물에 대한 설명은 없다. 단지 식물과 관련해서 한자로 黃柏황백이라고도 부르며 노란빛이 선명하고 나무껍질이 두꺼운 것이 좋다는[1415] 설명만 있다.

중국에서는 黃蘗황벽을 황벽나무*Phellodendron amurense* Ruprecht로 간주하며, 蘗木벽목은 『신농본초경』에 나오는 黃蘗황벽의 다른 이름으로 간주하고 있

1412 녕옥청(2010, 48쪽)은 檗(벽)으로 표기했으나, 『향약구급방』 원본에는 蘗(벽)으로 표기되어 있다.

1413 卽黃蘗也.

1414 黃蘗樹高數丈. 葉似吳茱萸, 亦如紫椿. 皮黃.

1415 俗名黃柏, 鮮黃色厚者佳.

다.[1416] 우리나라에서는 일제강점기에 이시도야가 *P. amurense*의 수피를 黃蘗皮황벽피 또는 黃柏皮황백피라고 부른다고 설명하면서, 울릉도에 자라는 섬황벽나무*P. sachalinense* Sargent도 黃蘗황벽과 동일하다고 설명했다.[1417] 우리나라에는 황벽나무 한 종이 자라고 있으며, 울릉도에 분포하는 *P. sachalinense*는 오늘날 황벽나무와 같은 식물로 처리되고 있다.[1418]

단지 『향약집성방』에는 黃蘗황벽 종류에 가시가 많은 刺蘗자벽과 키가 작은 子蘗자벽도 있다고 설명되어 있으나, 황벽나무는 가시도 없고 높게 자라는 교목이기에, 추후 刺蘗자벽과 小蘗소벽에 대한 보다 상세한 검토가 필요하다. 중국에서는 刺蘗자벽을 黃芦木황호목의 다른 이름으로 간주하는데,[1419] 黃芦木황호목은 매발톱나무*Berberis amurensis* Ruprecht로 간주하고 있으며, 이 종을 小蘗소벽으로 부르고 있다.[1420] 또한 子蘗자벽은 山石榴산석류의 다른 이름으로 간주하는데,[1421] 山石榴산석류는 우리나라에는 분포하지 않은 *Catunaregam spinosa* (Thunberg) Tirveng으로 간주한다.[1422]

국가생약정보에는 황백의 공정서 생약으로 황벽나무*Phellodendron amurense* Ruprecht와 황피수黃皮樹, *P. chinense* Schneider가 소개되어 있다.

1416 『中國植物志, 43(2)卷』(1997), 100쪽.
1417 이시도야(1917), 20쪽.
1418 『Flora of Japan, Vol. IIc』(1999), 40쪽.
1419 http://www.zhiwutong.com/latin/Berberidaceae/Berberis-amurensis-Rupr.htm
1420 『中國植物志, 29卷』(2001), 189쪽.
1421 https://baike.baidu.com/item/子蘗/6075744?fr=aladdin
1422 『中國植物志, 71(1)卷』(1999), 338쪽.

88 무이蕪荑

향약구급방	俗云白楡實 味辛平无毒 三月採實 陰軋用之
국명	비술나무 → 느릅나무로 수정 요
학명	*Ulmus pumila* Linnaeus
생약정보	왕느릅나무(*Ulmus macrocarpa* Hance)

「초부」에는 민간 이름으로 白楡實백유실이 소개되어 있을 뿐, 식물에 대한 설명은 없다. 「본문」에는 楡白皮유백피를 약재로 사용하는 것으로 설명되어 있다. 『향약집성방』에는 鄕名향명이 楡醬出江界유장출강계로 표기되어 있으며, 개울가나 산골에서 자라며, 음력 3월에 열매가 맺는[1423] 것으로 설명되어 있다. 『동의보감』에는 우리말 이름으로 느릅나모삐가 병기되어 있으며, 山楡산유의 씨라고[1424] 설명되어 있다. 그러나 『동의보감』에는 山楡산유라는 항목은 없고, 대신 楡皮유피라는 항목이 있다. 楡皮유피에 대해 『동의보감』에는 우리말 이름으로 느릅나모겁질이 병기되어 있고, 음력 3월에 열매를 따는 것으로 설명되어 있다. 山楡산유의 열매는 蕪荑무이로, 수피는 楡皮유피로 간주한 것으로 판단된다. 그런데, 『물명고』에 따르면 우리나라에서는 山楡산유를 姑楡고유의 다른 이름으로 부르고 있어,[1425] 『동의보감』에 나오는 山楡산유는 姑楡고유로 추정된다. 또한 姑楡고유를 중국에서

1423 生川谷. 三月採實.

1424 此山楡仁也. 이 문장이 한의학고전DB의 『동의보감』 편에서는 산에서 자라는 느릅나무의 씨로 번역되어 있고, 『향약집성방』 편에서는 산유인(山楡仁)으로 번역되어 있는데, 산유의 씨로 풀이된다.

1425 정양완 외(1997), 261쪽.

는 白楡백유로 간주하고 있어,[1426] 『동의보감』에 나오는 山楡산유는 『향약구급방』에 나오는 白楡백유와 같은 식물로 추정된다. 『향약구급방』 「본문」에 나오는 楡白皮유백피는 白楡의 하얀색 껍질이다.

한편, 『훈몽자회』에는 楡유를 "느릅나모 유"로 부르면서 靑楡樹청유수라고도 부른다고 설명되어 있다. 또한 『물명고』에는 姑楡고유가 우리나라에서 자라며, 잎이 둥글고 가시가 있으며 열매는 楡莢유협으로 맺는 것으로 설명되어 있다. 유협은 오늘날 열매 둘레가 날개처럼 생긴 시과를 의미하는 것으로 추정된다. 이밖에 楡유에는 많은 종류가 있어 사람들이 다 분별할 수가 없으나, 白楡백유는 나무 높이가 높고 잎이 달리지 않을 때 동전처럼 생긴 하얀색 열매를 맺는 것으로 설명되어 있다.[1427]

『향약구급방』에 나오는 민간 이름 白楡實백유실과 『향약집성방』에 나오는 楡醬出江界유장출강계, 그리고 『동의보감』에 나오는 느릅나모의 연계성은 파악되지 않고 있다. 단지 白楡實백유실의 경우 白백은 히로 훈독되고, 楡유는 느릅으로 훈독되고, 實실은 삐로 훈독되어 힌느릅삐로 해독된다.[1428] 따라서 『향약구급방』에서는 白楡백유를 힌느릅으로, 『동의보감』에서는 山楡산유를 느릅나모로 간주하면서도, 이들의 열매를 모두 蕪荑무이로 간주했던 것으로 추정된다. 한편 楡醬出江界유장출강계에서 楡醬유장은 楡유로 장을 만든다는 설명으로 보이며, 出江界출강계는 오늘날 평안북도 동북지방에 위치한 강계江界 또는 강 가장자리에서 자라는 것으로 풀이할 수도 있어, 우리말 이름을 지칭하는 鄕名향명이라는 표기는 있지만 식물 이름은 아닌 것으로 판단된다. 『향약집성방』에도 "오직 묵고 오래된 열매로

1426 『中國植物志, 22卷』(1998), 345쪽.
1427 김형태b(2019), 255쪽.
1428 남풍현(1981), 74쪽.

장을 담을 뿐이다"라고 설명되어 있어,[1429] 楡醬出江界유장출강계를 鄕名향명으로 간주하지 않고 楡醬유장만을 鄕名향명으로 간주하고 있다.[1430]

중국에서는 蕪荑무이와 山楡산유를 왕느릅나무*Ulmus macrocarpa* Hance의 종자를 가공한 약재로,[1431] 그리고 白楡백유를 비술나무*Ulmus pumila* Linnaeus로 간주하고[1432] 있다. 그런데 왕느릅나무의 경우 꽃이 5월부터 피기 시작하기에[1433] 열매는 6월이나 7월에 채취가 가능할 것이므로, 왕느릅나무의 열매는 『향약구급방』, 『향약집성방』, 『동의보감』에서 설명하는 蕪荑무이는 아닐 것으로 추정된다. 단지, 蕪荑무이는 고구려에서만 산출되는 약재로 중국에 알려졌으나,[1434] 황하강 유역에 널리 자생하고 있다.[1435]

느릅나무속*Ulmus* 식물로 우리나라에는 비술나무를 비롯하여 6종이 자라고 있으나, 이 가운데 비술나무만이 잎이 나오기 전인 2월에서 3월에 개화하기 때문에 원형의 열매를 음력 3월에는 채취할 수 있으므로, 『향약구급방』, 『향약집성방』, 『동의보감』에서 설명하는 蕪荑무이는 중국에서 白楡백유라고 부르는 비술나무로 추정된다. 단지 느릅나무*U. davidiana* Planchon var. *japonica* (Rehder) Nakai의 경우 4월 초에 개화하기 시작하여 4월 중순에는 열매를 맺으므로,[1436] 음력 3월에 열매를 채취할 수 있으나, 느릅나

1429 彼人皆以作醬食之.

1430 남풍현(1981), 74쪽.

1431 https://baike.baidu.com/item/芜荑/4556264; 『中國植物志, 22卷』(1998), 345쪽.

1432 https://baike.baidu.com/item/白榆树/305131?fr=aladdin; 『中國植物志, 22卷』(1998), 356쪽.

1433 송정호 외(2011), 229쪽.

1434 『증류본초』에는 陶隱居(도은거)가 "今惟出高麗(금유출고려)"라고 말했던 것으로 표기되어 있으나, 陶隱居(도은거)는 陶弘景(도홍경, 456~536년)으로, 중국 남북조시대의 의학자이다. 따라서 이 시기에 우리나라에 고려는 존재하지 않았으므로, 고려는 고구려를 지칭한 것으로 간주될 것이다.

1435 이현숙(2015), 271쪽.

무의 열매는 동전처럼 원형이 아닌 타원형이며,[1437] 색도 하얀색이 아닌 연한 갈색으로 익으므로,[1438] 옛 문헌에 나오는 蕪荑무이는 아닐 것으로 판단된다.

한편, 蕪荑무이와 山楡산유의 우리말 이름이 『동의보감』에는 느릅나모로 표기되어 있으나, 이들의 실체인 *Ulmus pumila*의 우리말 이름은 비술나무이므로 일치하지 않는다. 우리나라에서는 일제강점기에 이시도야가 *U. sieboldii* Daveau var. *coreana* Nakai를 느릅나무라고 부르면서 이 나무의 줄기와 가지의 내피를 楡皮유피라고 불렀는데, *U. japonica* Sargent와 *U. laciniata* Mayr도 느릅나무라고 부른다고 설명하면서부터[1439] 우리말 이름에 혼란이 생긴 것으로 추정된다. 이후 Mori가 *U. japonica*에 느릅나무라는 이름을 부여했고,[1440] 이시도야와 정태현은 *U. pumila*와 *U. macrocarpa*를 동시에 느릅나무로 불러,[1441] 느릅나무의 실체를 모호하게 만들었다. 임태치와 정태현은 *U. davidiana* var. *japonica*에 楡皮유피, 느릅나무, 楡유라는 이름을 부여했고,[1442] 다시 정태현 등은 *U. japonica*에 떡느릅나무를, *U. macrocarpa* Hance에 느릅나무를, 그리고 *U. mandshurica* Nakai에 비술나무라는 이름을 일치시켰다.[1443]

그런데 오늘날 *Ulmus sieboldii* var. *coreana*는 나카이가 1915년에 보고

1436 탁우식 외(2006), 318쪽.
1437 『Flora of Korea, Vol. 2b Hamamelidae』(2019), 13쪽.
1438 『*Flora of China*, Vol. 5』(2003), 6쪽.
1439 이시도야(1917), 40쪽.
1440 Mori(1922), 122쪽.
1441 이시도야·정태현(1923), 30쪽,
1442 임태치·정태현(1936), 73쪽.
1443 정태현 외(1937), 123쪽.

한 『지리산식물조사보고서』에 나명[1444]으로 발표된 학명으로[1445] 간주하고 있으며, 이후 그가 다시 *U. coreana* Nakai라는 종으로 발표했는데, 우리말 이름으로 Douruckmam, Norupnam, Chang-nurup, Ko-nam 등을 열거했다.[1446] Douruckmam은 두룩나무, Norupnam은 노룹나무, Chang-nurup은 장누룹, 그리고 Ko-nam은 고나무로 읽힐 수 있을 것이다. 그러나 오늘날 이 학명은 가을에 꽃이 피는 참느릅나무*U. parviflora* Jacquin의 분류학적 이명으로 간주되어,[1447] 이시도야가 느릅나무라는 우리말 이름을 *U. sieboldii* var. *coreana*에 잘못 붙인 결과로 이어진 것이다.

그리고 이시도야가 사용한 *Ulmus japonica* Sargent라는 학명은 *U. japonica* (Rehder) Sargent를 잘못 표기한 것인데, 오늘날 느릅나무*U. davidiana* var. *japonica*이다. 이 역시 이시도야가 『동의보감』에 나오는 느릅나모라는 이름을 다른 종에 잘못 붙인 결과이다. 또한 *U. laciniata* Mayr는 *U. laciniata* (Trauttver) Mayr로 표기하는 것이 올바른데, 이 학명은 오늘날 5월에 개화하는 난티나무를 지칭하므로, 이시도야가 느릅나무로 부른 것 역시 잘못이다. 한편 정태현 등은 *U. macrocarpa*를 느릅나무라고 불렀으나, 이 종은 5월에서 6월에 개화하는 특성을 지니고 있어, 『향약구급방』, 『향약집성방』, 『동의보감』에서 설명하는 蕪荑무이와는 다른 종이다. 그리고 정태현 등이 비술나무라고 부르던 *U. mandshurica*는 *U. manshurica*가 올바른 표기이며, 오늘날 *U. pumila*의 이명으로 간주된다.[1448]

1444 나명이란 식물명명규약에서 정한 규칙에 위반되는 학명이다. 학명만 존재할 뿐, 종에 대한 설명이나 증거 표본이 제시되지 않아 사용할 수 없다.

1445 나카이(1915), 30쪽.

1446 나카이(1933), 34쪽.

1447 http://www.theplantlist.org/tpl1.1/record/tro-50127515

1448 http://www.theplantlist.org/tpl1.1/record/tro-33300271

결국 일제강점기에 蕪荑무이를 지칭했던 느릅나무라는 이름이 *Ulmus pumila*에 적용되지 못했고, 이 종에는 정태현 등에 의해 새로운 이름으로 비술나무가 적용되었고, 느릅나무라는 이름은 이와는 다른 종에 사용되었다. 그러나 『동의보감』에 나오는 느릅나모에서 파생된 느릅나무라는 이름을 *U. davidiana* var. *japonica*에 사용해서는 안 될 것이며, 이 종에는 새로운 국명이 부여되어야만 할 것이다. 국가생약정보에는 무이의 공정서 생약으로 왕느릅나무*U. macrocarpa*가 소개되어 있으며, 국내에서 발간되어 여러 본초서에도 蕪荑무이를 왕느릅나무*U. macrocarpa*로 간주하고 있어,[1449] 재검토가 필요한데, 이덕봉은 蕪荑무이의 정체가 불명확하다고 지적했다.[1450]

89 저실楮實

향약구급방	俗云多只 其實味甘寒无毒 八九月採實, 日乹四十日 如葡萄佳
국명	꾸지나무 → 닥나무로 수정 요
학명	*Broussonetia papyrifera* (Linnaeus) L'Héritier ex Ventenat
생약정보	저실자(楮實子), 꾸지나무(*Broussonetia papyrifera* (Linnaeus) L'Héritier ex Ventenat)와 닥나무(*Broussonetia kazinoki* Siebold)

「초부」에는 민간 이름으로 多只다지가 나열되어 있을 뿐, 식물에 대한 설명은 없다. 「본문」에는 열매가 아니라 楮皮白汁저피백즙, 즉 楮저의 껍질

1449 권동열 외(2020), 522쪽; 신민교(2015), 875쪽; 신전휘·신용욱(2013), 241쪽.
1450 이덕봉d(1963), 65쪽.

에서 추출한 하얀 즙액과 楮葉저엽, 즉 楮저의 잎을 약재로 쓰는 것으로 설명되어 있고, 특히 楮葉저엽의 민간 이름을 多只다지, 鄕名향명을 茶只葉다지엽으로 부르는 것으로 설명되어 있다. 『향약집성방』에는 鄕名향명이 병기되어 있지 않으나, 열매는 초여름에 탄환 크기 정도로 맺히며, 처음에는 푸른빛을 띠나 점차 빨갛게 익는[1451] 것으로 설명되어 있다. 또한 楮저에는 나무껍질에 얼룩덜룩한 꽃무늬가 있는 종류와 꽃무늬가 없고 가지와 잎의 크기가 비슷한 종류 두 종류가 있는[1452] 것으로 설명되어 있다. 『동의보감』에는 우리말 이름으로 닥나모가 병기되어 있으며, 껍질에 얼룩점이 있거나 잎에 꽃잎 무늬가 있고 잎이 갈라진 종류를 楮저로, 껍질이 흰색이며 잎에 꽃잎 무늬가 없고 잎이 갈라지지 않는 종류를 穀곡으로 구분한다고[1453] 설명되어 있다. 그러나 『본초강목』에는 楮저와 穀곡이 한 종류이므로 구분할 필요가 없다고 설명되어 있다.[1454]

『향약구급방』에 나오는 鄕名향명 茶只葉다지엽의 경우 茶다는 다로 음가되고, 只지는 "ㄱ"으로 음가되고, 葉엽은 닢으로 훈독되어 닥닢으로 해독되고, 민간 이름 多只다지는 닥으로 해독되어,[1455] 『동의보감』에 나오는 우리말 이름 닥나모와 서로 연결된다. 특히 多只다지를 닥으로 읽을 수 있는 어원은 알려져 있지 않지만, 이미 8세기에 楮저를 종이의 원료로 재배했던 것으로 알려져 있다.[1456]

오늘날 중국에서는 약재인 楮實저실을 꾸지나무*Broussonetia papyrifera* (Lin-

1451 其實初夏生, 如彈丸靑, 綠色, 至六七月漸深紅色, 乃成熟.

1452 此有二種 一種皮有斑花紋, 謂之斑穀, 今人用爲冠者 一種皮無花紋, 枝葉大相類. 但取其葉似葡萄葉作瓣而有子者佳.

1453 皮斑者是楮, 皮白者是穀. 又曰, 葉有瓣曰楮, 無瓣曰穀.

1454 言楮穀乃一種也, 不必分別.

1455 남풍현(1981), 114쪽.

1456 남풍현(1981), 114쪽.

naeus) L'Héritier ex Ventenat의 열매로 간주하나,[1457] 楮저는 닥나무*B. kazinoki* Siebold로 간주하고[1458] 있다. 그런데 *B. papyrifera*를 穀樹곡수라고도 부르고 있어,[1459] 『향약집성방』과 『동의보감』에서 설명하는 楮저는 한 종의 식물이 아니라 우리나라에 분포하는 닥나무속*Broussonetia*에 속하는 두 종인 꾸지나무와 닥나무 모두를 지칭하는 이름으로 추정된다. 교목인 꾸지나무는 관목인 닥나무에 비해 잎자루가 길고, 암술머리가 붉은 점이 다름에도 불구하고 두 종류의 열매를 약재로 혼용하고 있다.[1460] 그러나 『향약집성방』에는 껍질에 얼룩덜룩한 꽃무늬가 있어서 반곡斑穀이라고 부르는 종류를 최고로 여긴다고 되어 있어[1461] 穀곡이 더 좋은 것으로 설명되어 있고, 영문판 중국식물지에는 *B. papyrifera*를 약재로 사용한다는 설명이 있으나, *B. kazinoki*에는 그런 설명이 없다.[1462] 또한 열매가 탄환 크기 정도로 맺히는 것으로 『향약집성방』에 설명되어 있는데, 탄환 크기를 지름 16.37897mm 정도로 추산할 경우,[1463] *B. papyrifera*의 열매 지름은 1.5~3cm인 반면 *B. kazinoki*의 열매는 8~10mm이므로, 楮저를 닥나무*B. kazinoki*로 간주하는 것보다는 꾸지나무*B. papyrifera*로 간주하는 것이 타당할 것이다.

닥나무와 꾸지나무라는 이름은 일제강점기에 Mori에 의해 *Broussonetia kazinoki*와 *B. papyrifera*에 각각 부여되었고,[1464] 이시도야와 정태현은 이

1457 https://baike.baidu.com/item/楮实/2866899
1458 『*FloraofChina*, Vol. 5』(2003), 27쪽.
1459 『中國植物志, 23(1)卷』(1998), 24쪽.
1460 『본초감별도감, 제3권』(2017), 276쪽.
1461 一種皮有斑花紋, 謂之斑穀, 今人用爲冠者
1462 『*FloraofChina*, Vol. 5』(2003), 26쪽.
1463 김인락(2021), 56쪽.
1464 Mori(1922), 123쪽.

두 종에 닥나무와 楮저라고 부르면서, 특히 *B. papyrifera*를 ᄭᅮ지나무라고 불렀는데, ᄭᅮ지나모는 전남 지방에서 닥나무를 지칭하는 이름으로 설명했다.[1465] 이후 정태현 등은 Mori가 부여한 식물명을 그대로 수용했다.[1466] 그런데 꾸지나무의 옛 표기로 보이는 ᄭᅮ지나모가 『훈몽자회』에서는 한자 식물명 檿염을 우리나라에서 부르는 이름으로 설명되어 있다.[1467] 그리고 檿염을 "묏뽕 염"으로 설명하고 있는데, 오늘날 표현으로는 산뽕으로 풀이될 수 있으므로, 산뽕나무*Morus australis* Poiret를 꾸지나무라고도 불렀던 것으로 추정된다. 중국에서도 檿桑염상이라는 이름은 산뽕나무를 지칭하고 있다.[1468] 따라서 약재로 더 좋은 *B. papyrifera*를 『향약구급방』의 설명에 따라 닥나무로 불러야 할 것인데, 이덕봉도 이러한 의견을 피력했었다.[1469] 따라서 *B. papyrifera*에 부여된 꾸지나무라는 이름을 사용해서는 안 될 것이다.

한편 전통적으로 '닥나무'로 종이를 만들어왔는데, 이 '닥나무'가 키가 작은 관목인 닥나무*B. kazinoki*로 알려져 있었으나 실제로는 키가 큰 나무로 종이를 만들며,[1470] 교목인 꾸지나무*B. papyrifera*를 종이 제조를 위해 관

1465 이시도야 · 정태현(1923), 33쪽.

1466 정태현 외(1937), 50쪽.

1467 本國俗呼ᄭᅮ지나모.

1468 http://www.iplant.cn/info/Morus%20australis?t=z

1469 이덕봉d(1963), 66쪽.

1470 https://brunch.co.kr/@783b51b7172c4fe/38; 정선화(2015)의 논문 103쪽에 있는 닥나무 사진은 마치 닥나무가 교목처럼 자라고 있다. 또한 "국내최대 진주 닥나무, 가좌동에 새 안식처"라는 도민신문 2021년 2월 18일자 기사의 제목은 닥나무이지만, 기사에 있는 사진은 관목인 닥나무가 아니라 교목인 꾸지나무로 판단된다. 우리나라에서는 종이를 만들었던 닥나무를 일제강점기에 꾸지나무로 부르기 시작하면서, 닥나무라는 이름이 닥나무와 비슷하나 관목인 식물을 지칭하게 된 것으로 추정된다.

목 상태로 재배하고 있는 것으로 알려져 있다.[1471] 그런가 하면 인가에 종이 제조를 위해 식재된 식물은 대부분 꾸지나무와 닥나무의 교잡종인 꾸지닥나무로 간주하기도 한다.[1472] 그리고 닥나무*B. kazinoki*는 관목이므로, *B. kazinoki*에 애기닥나무라는 이름도 부여했고, 교목으로 자라는 교잡종인 *B.* x*hanjiana* M.Kim을 꾸지닥나무 대신 닥나무로 부르고 있다.[1473] 그러나 *B.* x*hanjiana*는 전남 가거도에서만 분포가 확인되고 있어, 『향약구급방』, 『향약집성방』, 『동의보감』에서 설명하는 닥나무와는 다른 식물로 판단된다. 추후 보다 상세한 재검토가 필요하다.

최근 우리나라에서 꾸지닥나무라고 부르며 종이를 만드는 재료였던 식물은 *Broussonetia monoica* Hance와 *B. papyrifera*의 잡종인 *B.* x*kazinoki* Siebold로 간주해야 하며, 지금까지 *B. kazinoki*로 간주했던 종은 *B. monoica*라는 주장도 제기되었다.[1474] 그러나 종이를 만들려고 관목처럼 재배해왔던 '닥나무'는 닥나무*B. kazinoki*가 아니라 꾸지나무*B. papyrifera*이며, 꾸지나무를 오랜 세월 재배하면서 원래의 꾸지나무와는 조금 변형되었고, 이렇게 변형된 개체들이 야생 상태에서 자라는 것을 꾸지닥나무로 간주했을 가능성도 있다.[1475] 옛 문헌에 나오는 닥나무라는 이름과 오늘날 실제로 이용되는 닥나무 사이에서 발생한 이러한 혼란은 일제강점기에 부여한 식물명과 학명의 불일치에 따른 결과로 추정된다. 추후 정확한 분류군의 실체 규명이 필요할 것이다.

오늘날 우리나라에서는 약재로서 楮實저실을 꾸지나무*Broussonetia papyrifera*

1471 권영한(2020), 193쪽.
1472 『본초감별도감, 제3권』(2017), 279쪽.
1473 윤경원과 김무열(2009), 82~83쪽.
1474 Chung et al. (2017), 10쪽.
1475 Ohba and Akiyama(2014), 125쪽.

의 열매로 간주하거나,[1476] 꾸지나무와 닥나무*B. kazinoki* 두 종의 열매를 楮實저실로 간주하고 있는데,[1477] 국가생약정보에도 저실의 공정서 생약으로 이 두 종이 소개되어 있어, 재검토가 필요하다.

90 상근백피桑根白皮

향약구급방	味苦寒无毒 葉主除寒熱 汁解蜈蚣毒 理一切風
국명	뽕나무
학명	*Morus alba* Linnaeus
생약정보	상백피(桑白皮), 뽕나무(*Morus alba* Linnaeus)

「초부」에는 민간 이름과 식물에 대한 설명이 전혀 없다. 『향약집성방』에도 鄕名향명과 식물에 대한 설명은 없고, 『동의보감』에는 우리말 이름으로 뽕나모가 병기되어 있으나, 식물에 대한 설명은 없다. 桑根白皮상근백피는 桑상의 뿌리에서 얻는 하얀색 껍질로 추정되며, 桑상은 중국이나 우리나라 모두 뽕나무*Morus alba* Linnaeus로 알려져 있다. 『향약구급방』에는 뽕나무 수피桑白皮와 가지桑枝도 약재로 사용하는 것으로 설명되어 있다. 국가생약정보에는 상백피의 공정서 생약으로 뽕나무*M. alba*가, 민간생약으로 산뽕나무*M. indica* Linnaeus가 소개되어 있다.

1476 신민교(2015), 221쪽.

1477 권동열 외(2020), 918쪽; 신전휘 · 신용욱(2013), 224쪽; 『본초감별도감, 제3권』(2017), 279쪽.

91 치자梔子

향약구급방	味苦大寒有毒 九月採實 曝乾
국명	치자나무
학명	*Gardenia jasminoides* J. Ellis Philos
생약정보	치자(*Gardenia jasminoides* J. Ellis Philos)

「초부」에는 민간 이름과 식물에 대한 설명은 없으나, 「본문」에는 山梔子산치자, 伏尸梔子복시치자로 표기되어 있다. 『향약집성방』에도 鄕名향명은 없으나, 중국 문헌에 있는 식물에 대한 설명이 인용되어 있다. 높이는 2~2.5m이며, 잎은 李이[1478] 잎과 비슷하나 두껍고 뻣뻣하며, 음력 2~3월에 하얀색 꽃이 피는데, 꽃잎은 6장이며, 몹시 향기롭다. 여름에 여러 능선을 지닌 열매가 성숙하는데, 처음에는 푸른색이나 점차 누렇게 되고, 씨는 심홍색인 것으로[1479] 설명되어 있다. 『동의보감』에는 우리말 이름으로 지지가 병기되어 있으며, 식물에 대한 설명은 『향약집성방』의 내용과 거의 동일하다.

중국에서는 梔子치자를 치자나무*Gardenia jasminoides* J. Ellis Philos로 간주하고 있다.[1480] 치자나무가 우리나라에서 자생하는지에 대해서는 논란거리이나, 삼국유사에 薝蔔담복이라는 이름으로 불렸고, 관상용으로 식재되었을 가능성이 높은 것으로 알려져 있어,[1481] 적어도 고려시대 이전에는 우리

1478 자두나무(*Prunus salicina*)이다.

1479 高七八尺. 葉似李而厚硬, 又似樗蒲子. 二三月生白花, 花皆六出, 甚芬香, 俗說卽西域薝蔔也. 夏秋結實如訶子狀, 生青熟黃, 中仁深紅.

1480 『中國植物志, 71(1)卷』(1999), 332쪽.

1481 정동호(1986), 72쪽.

나라에서 식재되었거나 유용한 식물로 활용되었던 것으로 추정된다. 山梔子산치자는 치자나무의 열매를 지칭하며,[1482] 伏尸梔子복시치자는 水梔수치라고도 부르며 치자나무의 한 변종인 var. *grandiflora* Nakai의 열매를 지칭한다.[1483] 그러나 오늘날 水梔수치를 변종으로 인정하지 않고 있다.[1484] 국가생약정보에는 치자의 공정서 생약으로 치자*G. jasminoides*가 소개되어 있다.

92 담죽엽淡竹葉

향약구급방	味辛大寒无毒 主胸中痰熱
국명	솜대
학명	*Phyllostachys nigra* (Loddinges ex Lindely) Munro var. *henonis* (Mitford) Stapt ex Rendle
생약정보	조릿대풀(*Lophatherum gracile* Brongniart)

「초부」에는 민간 이름도 식물에 대한 설명도 없다. 그런데 淡竹葉담죽엽이라는 약재 말고도 竹木죽목, 竹葉죽엽, 竹瀝죽력, 竹根죽근, 笋皮순피 등 竹죽과 연관되어 있는 약재명이 「본문」에 나온다. 『향약집성방』에는 표제어가 竹葉죽엽으로 되어 있고, 篁竹葉근죽엽이라는 이름이 병기되어 있는데, 설명 중에 淡竹葉담죽엽이 나온다. 淡竹葉담죽엽의 성미는 『향약구급방』에 나오는

1482 https://baike.baidu.com/item/山梔子/1897500?fr=aladdin
1483 https://baike.baidu.com/item/水梔/4815422?fr=aladdin
1484 『*Flora of China*, Vol. 19』(2011), 143쪽.

설명이 그대로 반복되어 있다. 또한 竹瀝죽력, 竹皮죽피, 竹茹죽여, 苦竹葉고죽엽, 竹笋죽순, 䈽竹근죽, 淡竹담죽, 甘竹감죽, 爾竹이죽 등도 竹葉죽엽 항목에 추가되어 있어, 이들 모두를 竹죽으로 간주한 것으로 보인다. 단지 식물에 대한 설명은 거의 없는데, 淡竹담죽과 관련해서 甘竹감죽은 篁竹황죽과 비슷한데, 淡竹담죽이라고 부르는[1485] 것으로 설명되어 있을 뿐이다. 『동의보감』에는 표제어가 䈽竹葉근죽엽으로 되어 있으며, 여기 딸린 소표제어로 淡竹葉담죽엽, 苦竹葉고죽엽, 竹瀝죽력 등이 설명되어 있다. 우리말 이름으로 䈽竹葉근죽엽에는 왕댓닙이, 淡竹葉담죽엽에는 소옴댓닙이, 苦竹葉고죽엽에는 오듁이라고 병기되어 있어, 䈽竹근죽은 왕대로, 淡竹담죽은 솜대로, 苦竹고죽은 오죽으로 불렀던 것으로 추정된다. 그리고 竹瀝죽력, 竹實죽실, 竹根죽근, 竹茹죽여, 竹黄죽황 등도 소표제어로 『동의보감』에 나열되어 있다. 또한 䈽竹근죽은 둥글고 질이 굳은 반면, 甘竹감죽은 가늘고 무성하며 淡竹담죽이라고도 부르며, 苦竹고죽에는 흰 것과 자줏빛이 나는 것이 있다는[1486] 중국 문헌에 나오는 설명이 간단히 인용되어 있다.

중국에서는 淡竹담죽을 *Phyllostachys glauca* McClure로 간주하고 있는데, 이 종은 우리나라에 분포하지 않는다.[1487] 또한 *P. nigra* (Loddinges ex Lindely) Munro var. *henonis* (Mitford) Stapt ex Rendle를 毛金竹모금죽이라고 부르면서 『도경본초』에서는 淡竹담죽이라고 부른 것으로 되어 있는데, 오늘날 우리나라는 분포지로 명기되어 있지 않았으나,[1488] 이후 이 종을

1485 甘竹似篁而茂, 卽淡竹也.

1486 竹有䈽淡苦三種. 䈽竹體圓而質勁, 大者宜刺船, 細者可爲笛. 甘竹似篁而茂, 卽淡竹也. 苦竹有白有紫.

1487 『*Flora of China*, Vol. 22』(2006), 173쪽.

1488 『中國植物志, 9(1)卷』(1996), 288쪽.

우리나라에서 도입하여 식재한 것으로 알려져 있다.[1489]

우리나라에서는 일제강점기에 이시도야가 *Phyllostachys puberula* Munro를 『동의보감』에 나오는 淡竹담죽이라고 주장하면서,[1490] 淡竹담죽의 실체가 규명되기 시작했다. 이후 Mori도 *P. puberula*에 淡竹담죽, 金竹花금죽화, 粉竹분죽, 그리고 오늘날 솜대로 읽힐 수 있는 소옴ᄃᆡ와 분쥭이라는 이름을 부여했다.[1491] 또한 이시도야와 정태현도 이 학명에 솜ᄃᆡ와 분쥭, 淡竹담죽, 粉竹분죽 등의 이름을 일치시켰다.[1492] 그러나 임태치와 정태현은 *P. nigra* var. *henonis*에 竹瀝죽력, 솜대, 靑大竹청대죽, 淡竹담죽이라는 이름을 부여했고,[1493] 정태현 등은 이 학명에 솜대라는 한글명을 부여했다.[1494] 오늘날 *P. puberula*는 *P. nigra* var. *henonis*와 같은 종으로 처리하고 있다.[1495] 최근 우리나라에서는 *P. nigra* var. *henonis*라는 학명을 사용하지 않고, 중국 원산인 *P. nigra*를 분죽이라고 부르면서 재배하는 식물로 간주하거나,[1496] *P. nigra* var. *nigra*를 오죽으로, *P. nigra* var. *henonis*를 솜대 또는 분죽으로 부르고 있어,[1497] 혼란스러운 상황이다. 또한 『동의보감』에 병기되어 있던 淡竹담죽과 소옴대라는 이름은 사라져버렸다.

『향약구급방』, 『향약집성방』 그리고 『동의보감』에 있는 내용만으로 우리 옛 문헌에 나오는 淡竹담죽의 실체를 파악하는 것은 거의 불가능한 것

1489 『*Flora of China*, Vol. 22』(2006), 175쪽.
1490 이시도야(1917), 48쪽.
1491 Mori(1922), 51쪽.
1492 이시도야·정태현(1923), 7쪽.
1493 임태치·정태현(1936), 22쪽.
1494 정태현 외(1937), 20쪽.
1495 『*Flora of China*, Vol. 22』(2006), 173쪽.
1496 『The genera of vascular plants of Korea』(2007), 1184쪽.
1497 이우철a(1996), 1397쪽.

으로 보인다. 단지 유희의 『물명고』에는 淡竹담죽이 "篁황과 비슷하나 더부룩하게 우거지며, 소음대 甘竹감죽"으로 설명되어 있고, 篁황은 피리를 만들 수 있는 것으로 설명되어 있으며,[1498] 『광재물보』에는 甘竹감죽의 우리말 이름이 신의대라고 설명되어 있다.[1499] 그런데 우리나라에서 피리는 세피리, 향피리, 당피리로 구분하며, 세피리와 향피리는 해장죽으로, 당피리는 오죽으로 만드는 것으로 알려져 있다.[1500] 해장죽은 *Arundinaria simonii* (Carrière) Rivière & C. Rivière로 간주하는데,[1501] 오늘날 *Pleioblastus simonii* (Carrière) Nakai라는 학명으로 사용하며, 일본 원산이나 우리나라에서 도입하여 식재하고 있다.[1502] 오죽은 *Phyllostachys nigra*이다. 해장죽의 껍질은 암녹색이나 오죽의 껍질은 검은색이다. 따라서 淡竹담죽 역시 껍질이 어두운 색으로 추정된다. 반면 『광재물보』에 나오는 신의대는 표준국어대사전에 따르면 고려조릿대의 다른 이름으로 검색되는데, 고려조릿대는 *Sasa coreana* Nakai로 간주되나, 이 종은 함북 지방에만 자라는 우리나라 고유종으로 알려져 있어,[1503] 甘竹감죽을 잘못 설명한 것으로 판단된다.

그런데 중국에서 淡竹담죽으로 간주하는 *Phyllostachys glauca*의 수피는 청록색인[1504] 반면, *P. nigra* var. *henonis*의 수피는 자갈색 또는 검은색을 띠고 있어, 우리나라에서는 중국과는 다른 식물을 淡竹담죽으로 간주했던 것으로 판단된다. 단지 우리나라에는 중국에서 들여온 왕대*Phyllostachys*

1498 김형태a(2019), 332쪽.
1499 정양완 외(1997), 11쪽.
1500 강민배(2002), 156쪽; 이성수(2001), 3쪽.
1501 이우철a(1996), 1331쪽.
1502 https://powo.science.kew.org/taxon/urn:lsid:ipni.org:names:390543~1
1503 『The genera of vascular plants of Korea』(2007), 1186쪽.
1504 『*Flora of China*, Vol. 22』(2006), 169쪽.

bambusoides Siebold & Zuccarini, 죽순대*P. heterocycla* (Carrière) Mitford var. *pubescens* Mazel ex J. Houzeau Ohwi, 오죽*P. nigra* 등이 분포하고 있는 것으로 알려져 있다.[1505] 그리고 최근에 *P. bambusoides*는 *P. reticulata* (Ruprecht) K. Kock의 이명으로,[1506] *P. heterocycla* var. *pubescens*는 *P. edulis* (Carrière) J. Houzeau의 이명으로[1507] 간주되고 있다. 그런데 왕대와 죽순대의 경우는 수피가 초록색인 반면, 오죽 또는 분죽은 어두운 색을 띠고 있어, 옛 문헌에 나오는 淡竹담죽은 *P. nigra* 또는 *P. nigra* var. *henonis*로 추정된다. 단지 이들 학명에 따르는 국명으로는 오늘날 분죽을 사용하고 있으나, 솜대 또는 담죽으로 사용하는 것이 타당할 것이다.

한편 『물명고』에는 淡竹葉담죽엽과 淡竹담죽이 독립된 항목으로 있는데,[1508] 淡竹葉담죽엽은 넓은 들판에서 자라며 줄기는 크게 자라지 않고, 뿌리에는 맥문동 뿌리처럼 혹같은 구조가 발달하며, 9월에 이삭이 피는 것으로 설명되어 있다. 또한 淡竹葉담죽엽이 『본초강목』에서 약재로 사용한 식물로 설명되어 있는데, 중국에서는 『본초강목』에 나오는 淡竹葉담죽엽을 *Lophatherum gracile* Brongniart로 간주하고 있으며,[1509] 우리나라에서는 조릿대풀로 부른다.[1510] 그런데 조릿대풀의 성미를 중국에서는 맛이 달고 맑으며 성질은 찬 것으로 설명하고 있어,[1511] 맛이 맵고 성질이 아주 차갑다는 『향약구급방』의 설명과는 약간 상치되나, 『동의보감』에는 맛이 달며 성질이 차다고 설명되어 있어 오히려 조릿대풀의 성미와 비슷하다.

1505 『The genera of vascular plants of Korea』(2007), 1184쪽.
1506 『*Flora of China*, Vol. 22』(2006), 176쪽.
1507 『*Flora of China*, Vol. 22』(2006), 172쪽.
1508 정양완 외(1997), 124쪽.
1509 『中國植物志, 9(2)卷』(2002), 35쪽.
1510 『The genera of vascular plants of Korea』(2007), 1252쪽.
1511 https://baike.baidu.com/item/淡竹叶/16049067?fr=aladdin

이에 대해 『본초강목』에서 설명하는 淡竹葉담죽엽은 *Lophatherum gracile*이 맞으나, 『향약구급방』에 이어서 편찬된 『향약집성방』과 『동의보감』에서 설명하는 淡竹葉담죽엽은 대나무 종류의 한 부분으로 설명되어 있으므로, 조릿대풀로 간주하는 것보다는 대나무의 한 종류인 담죽*Phyllostachys nigra* var. *henonis*으로 간주하는 것이 타당할 것이라는 주장도 있다.[1512] 따라서 淡竹葉담죽엽이 대나무 종류라는 주장을 수용하여, 淡竹葉담죽엽을 담죽*P. nigra* var. *henonis*으로 간주하는 타당할 것이다.

『향약구급방』에는 淡竹葉담죽엽이라는 약재 말고도 竹木죽목, 竹葉죽엽, 竹瀝죽력, 竹根죽근, 笋皮순피 등도 약재로 사용된다고 설명하고 있다. 『향약집성방』에서는 대나무 종류가 많으나 약으로는 簺竹근죽, 淡竹담죽, 苦竹고죽 등 3종류만 사용함에도 사람들이 잘 구분하지 못한다고 하면서,[1513] 여러 종류의 竹죽을 단순히 竹葉죽엽으로 표기했다. 그리고 『동의보감』에는 다시 이 3종류가 구분되어 설명되어 있다. 옛날에는 우리나라에서 竹葉죽엽이라는 이름으로 簺竹근죽, 淡竹담죽, 苦竹고죽, 竹茹죽여 등의 잎을 이용했고, 이밖에 이들을 구워서 받은 진액竹瀝, 껍질竹皮, 줄기의 얇은 속껍질竹茹, 어린 순竹笋, 열매竹實, 뿌리竹根, 병으로 인한 줄기 안에 생긴 누른빛의 진균류竹黃 등을 이용한 것으로 추정된다.

그러나 竹죽과 관련된 항목들은 추후 상세한 재검토가 필요할 것이다. 단지 『향약집성방』과 『동의보감』에 簺竹근죽, 淡竹담죽, 苦竹고죽이 나오는데, 이들에 대한 검토 결과는 다음과 같다. 중국에서는 簺竹근죽을 *Phyllostachys aurea* Carrière ex Rivière & C. Rivière로 간주하고 있는데,[1514] 우리나라에

1512 이덕봉d(1963), 66쪽.

1513 簺竹, 淡竹, 苦竹, 本經並不載所出州土, 今處處有之. 竹之類甚多, 而入藥者惟此三種, 人多不能盡別.

는 분포하지 않으며,[1515] 苦竹고죽을 *Pleioblastus amarus* (Keng) P.C. Keng으로 간주하는데, 이 종도 우리나라에는 분포하지 않는다.[1516] 그런가 하면, 篁竹근죽은 왕대*Phyllostachys bambusoides*이며, 苦竹고죽은 오죽[1517]으로 간주될 수 있다는 주장도 제기되었다.[1518] 그리고 중국에서는 竹茹죽여를 *Bambusa tuldoides* Munro로 간주하거나,[1519] *Sinocalamus beecheyanus* (Munro) McClure var. *pubescens* P.F. Li≡ *B. beecheyana* Munro var. *pubescens* P.F. Li W.C. Lin, 또는 *Phyllostachys nigra* var. *henonis*로 간주하고 있다.[1520] 이 가운데 *P. nigra* var. *henonis*를 제외한 나머지 종들은 우리나라에 분포하지 않는다.

따라서 『향약구급방』에 나오는 竹木죽목, 竹葉죽엽, 竹瀝죽력, 竹根죽근, 笋皮순피 등과 『동의보감』에 나오는 竹皮죽피, 竹茹죽여, 竹笋죽순, 竹實죽실, 竹根죽근 등은 모두 淡竹담죽으로 판단된다. 이밖에 竹筍皮죽순피가 『향약구급방』 「본문」에 나오는 것으로 언급되었으나[1521] 「본문」에서 검색되지 않으며, 『향약구급방』에 나오는 약재를 나열한 일람표에도 나오지 않는다.[1522] 단지 笋皮순피가 검색되는데, 笋皮순피를 竹筍皮죽순피로 오기한 것으로 보인다.

1514 https://www.shigongxiao.com/zhongyao/cihai/79073.html

1515 『*Flora of China*, Vol. 22』(2006), 168쪽.

1516 『中國植物志, 9(1)卷』(1996), 598쪽.

1517 오죽에 대해 김종덕은 학명을 제시하지 않았다. 유희의 『물명고』에 苦竹(고죽)을 관음대로 부르며, 烏竹(오죽)은 苦竹(고죽) 가운데 자주색을 띠는 종류라고 설명하고 있기 때문으로 풀이된다. 만일 이러한 설명이 맞다면, 烏竹(오죽)과 苦竹(고죽)을 같은 식물로 간주할 수도 있을 것이다.

1518 김종덕(2008), 166쪽.

1519 http://www.zhongyoo.com/name/zhuru_121.html

1520 https://baike.baidu.com/item/竹茹/938302?fr=aladdin

1521 녕옥청(2010), 134쪽.

1522 이경록a(2010). 367쪽.

우리나라에서는 淡竹葉담죽엽과 竹葉죽엽을 구분하여 淡竹葉담죽엽은 조릿대풀*Lophatherum gracile* 로, 竹葉죽엽은 솜대*Phyllostachys nigra* var. *henonis* 로 간주하거나,[1523] 淡竹葉담죽엽을 鴨跖草압척초와 같은 식물로 처리하면서 닭의장풀*Commelina communis* 로 간주하고, 竹茹죽여를 솜대*P. nigra* var. *henonis* 로 간주하거나,[1524] 淡竹葉담죽엽과 竹葉죽엽을 구분하지 않고 단순히 竹葉죽엽으로 표기하면서 왕대*P. bambusoides*, 죽순대*P. pubescens*, 분죽*P. nigra* var. *henonis*, 이대*Pseudosasa japonica* Makino 로 간주하거나,[1525] 竹葉죽엽은 참대속*Phyllostachys* 식물의 잎으로, 淡竹葉담죽엽은 조릿대풀로, 竹瀝죽력과 竹茹죽여는 솜대와 왕대로 간주하고 있다.[1526] 약전에는 淡竹葉담죽엽을 조릿대풀로 간주하고 있으나, 추후 보다 상세한 재검토가 필요할 것으로 사료된다.

국가생약정보에는 담죽엽의 공정서 생약으로 조릿대풀*Lophatherum gracile* 이 소개되어 있으며, 죽엽의 민간생약으로 오죽*Phyllostachys nigra*, 솜대*P. nigra* var. *henonis*, 죽순대*P. edulis* (Carrière) J. Houzeau, 왕대*P. reticulata* (Ruprecht) K. Koch, 청피죽*Bambusa textilis* McClure 그리고 자죽*B. emeiensis* L.C.Chia & H.L.Fung 등이 소개되어 있다.

1523 권동열 외(2020), 198~200쪽.
1524 신민교(2015), 683쪽(鴨跖草), 785쪽(竹茹).
1525 신전휘 · 신용욱(2013), 236쪽.
1526 『본초감별도감, 제2권』(2015), 272쪽.

93 지실枳實

향약구급방	俗云只沙伊 味苦酸微寒无毒 九十月採破 陰乹者 爲枳殼
국명	탱자나무
학명	*Citrus trifoliata* Linnaeus
생약정보	탱자나무(*Poncirus trifoliata* (Linnaeus) Rafinesque)

「초부」에는 민간 이름이 只沙伊지사이로 표기되어 있으나, 식물에 대한 설명은 없다. 「본문」에는 枳殼지각의 민간 이름으로 只沙里皮지사리피라고 부른다고 설명되어 있다. 『향약집성방』에는 枳實지실과 枳殼지각이 독립된 항목으로 설명되어 있으며, 枳殼지각에는 "즉 탱자"[1527]라는 설명이 있다. 식물에 대한 설명으로는 중국 문헌의 내용이 인용되어 있는데, 橘귤[1528]과 비슷하나 작고 나무의 높이는 1.5~2m 정도 자라며, 가시가 많고, 봄에 흰꽃이 피며 가을에 결실하는[1529] 것으로 설명되어 있다. 또한 7~8월에 채취한 것을 枳實지실, 9~10월에 채취한 것을 枳殼지각으로 구분했으나,[1530] 그보다는 껍질이 두껍고 작은 것을 實실, 실하고 큰 것을 殼각으로 구분한다고[1531] 설명되어 있다. 한편 臭橘취귤은 쓰지 않는다고[1532] 설명되어 있다.

한편 『동의보감』에도 枳實지실과 枳殼지각이 독립된 항목으로 설명되어

1527 卽棖子.

1528 귤(*Citrus reticulata*)이다.

1529 枳實如橘而小, 高亦五七尺. 葉如棖多刺. 春生白花, 至秋成實.

1530 舊說七月八月採者爲實, 九月, 十月採者爲殼.

1531 今醫家多以皮厚而小者爲實, 實完大者爲殼.

1532 近道所出者, 俗呼臭橘, 不堪用.

있다. 枳殼지각에는 중국에서 수입한 약재라는 표시인 "唐당"이 약재명에 병기되어 있으며, 우리나라에서는 제주도에만 분포하고, 倭橘왜귤이라 부른다고[1533] 설명되어 있는데, 식물에 대한 설명은 없다. 반면 枳實지실 항목에는 우리말 이름으로 팅즈가 병기되어 있으며, "唐당" 표시는 없으며, 단순히 橘귤과 비슷하나 조금 작고 잎은 棖장[1534]과 비슷하며 가시가 있는 것으로[1535] 설명되어 있다. 枳實지실과 枳殼지각을 서로 다른 식물로 구분한 것으로 보이는데, 枳實지실은 팅즈, 枳殼지각은 倭橘왜귤이라고 불렀다. 한편 『훈몽자회』에는 枳지가 "팅즈 기"로 설명되어 있다.

『향약구급방』에 나오는 只沙里皮지사리피는 기사리거플로 추정되는데, 皮피가 동물에서는 갗으로 읽히지만, 식물에서는 거플 또는 겁질로 읽히고, 只沙伊지사이는 기사리로 해독된다.[1536] 그러나 이 두 이름과 『훈몽자회』의 팅즈와 『향약집성방』의 棖子탱자와의 연관성은 모호하다. 단지 棖이라는 한자가 중국에서는 사용되지 않고 우리나라에서만 사용되는 글자로 알려져 있는데, "탱"으로 읽히므로, 『향약집성방』의 棖子탱자와 『훈몽자회』의 팅즈는 서로 연결된다.

중국에서는 枳지를 탱자나무*Poncirus trifoliata* (Linnaeus) Rafinesque로 간주하고 있으며,[1537] 최근에는 학명을 *Citrus trifoliata* Linnaeus로 사용하고 있다.[1538] 그리고 枳지의 별명으로 枳實지실이, 별칭으로 枳殼지각이 검색된다.[1539] 그런가 하면 중국에서는 식물명 枳지가 枳殼지각과 枳實지실 두 약재

1533 我國惟濟州有之, 名倭橘.

1534 광귤나무(*Citrus ×aurantium*)이다.

1535 木如橘而小, 葉如棖多刺.

1536 남풍현(1981), 119쪽.

1537 『中國植物志, 43(2)卷』(1997), 165쪽.

1538 『*Flora of China*, Vol. 11』(2008), 90쪽.

1539 https://baike.baidu.com/item/枳/4698572?fr=aladdin

명에 사용되고 있는데, 모두 중약명으로 광귤나무*C. xaurantium* Linnaeus의 미성숙한 열매를 의미하는 것으로 검색된다.[1540] 우리나라에서는 일제강점기에 Mori가 *P. trifoliata*에 枳橘지귤, 枳殼지각, 팅즈나무, 지자 등의 이름을 부여한 이후,[1541] 정태현 등도 이러한 견해를 따랐다.[1542] 그리고 이덕봉은 『향약구급방』에 나오는 枳實지실을 *C. fusca* Loureiro로 간주했으나,[1543] 이 종은 오늘날 *C. xaurantium*과 같은 종으로 간주된다.

그런데 중국의 송대에 편찬된 『도경본초』에는 잎 3장이 호생하고 가시가 많은 식물이 枳實지실의 그림으로 제시되어 있는 반면, 명대에 편찬된 『본초강목』에는 잎에 날개가 달려 있으며 가시가 없는 식물이 枳지의 그림으로 제시되어 있는 차이를 보여, 송대까지는 枳지를 탱자나무로 간주한 반면, 그 이후부터는 광귤나무로 지칭했던 것으로 추정된다.[1544] 실제로 남송 때인 1178년 溫州온주 군수를 역임한 韓彦直한언직이 편찬한 『橘錄귤록』에는 枳實지실, 枳殼지각은 귀하여 탱자를 대신 사용한다고 기록되어 있어,[1545] 枳實지실과 枳殼지각을 탱자와 다른 식물로 간주했던 것으로 보인다.

그리고 『향약집성방』에 약재로 사용하지 않는 것으로 소개된 臭橘취귤은 오늘날 탱자나무*Poncirus trifoliata*를 지칭함에도,[1546] 우리나라에서는 枳殼지각을 樣子탱자라고 부르고 있어, 臭橘취귤과 樣子탱자를 다른 식물로 간주했던 것으로 보인다. 그리고 『동의보감』에는 枳實지실은 팅즈, 枳殼지각은 倭

1540 https://baike.baidu.com/item/枳壳/16555216; https://baike.baidu.com/item/枳实/16555266
1541 Mori(1922), 122쪽.
1542 정태현 외(1937), 104쪽.
1543 이덕봉d(1963), 67쪽.
1544 김인락(2005), 119쪽.
1545 최문경(2010), 14쪽.
1546 『中國植物志, 43(2)卷』(1997), 165쪽.

橘왜귤이라고 설명되어 있어, 『향약집성방』의 설명과는 반대이다. 그런데 倭橘왜귤이 식물 이름인지 일본에서 건너 온 귤 종류라는 설명인지 명확하지가 않다. 단지 倭橘왜귤은 *Citrus tachibana* (Makino) Y. Tanaka로 검색되거나,[1547] 야마토타치바나やまとたちばな로 검색되고,[1548] 야마토타치바나やまとたちばな는 타치바나タチバナ, *C. tachibana*의 별명으로 검색된다.[1549] 그리고 *C. tachibana*는 감귤나무*C. reticulata* Blanco의 분류학적 이명으로 간주되고 있다.[1550] 또한, 1521년경에 기록된 것으로 추정되는 『제주풍토록』에는 제주에서 생산되는 감귤류 품종으로 倭橘왜귤을 들고 있어,[1551] 『동의보감』에 나오는 倭橘왜귤은 감귤나무로 추정된다. 따라서 『향약집성방』과 『동의보감』에서는 枳實지실과 枳殼지각을 서로 다른 식물로 간주했던 것으로 판단된다.

우리나라에서는 枳殼지각을 광귤나무*Citrus xaurantium*와 하귤*C. xnatsuda* Y. (Tanaka) Hayata로, 枳實지실을 탱자나무로 간주하고 있는데,[1552] 『향약집성방』에서는 枳殼지각을 榛子탱자라고 부른 반면, 『동의보감』에는 枳實지실을 탱ᄌ라고 부르는 것으로 설명되어 있어, 枳實지실과 枳殼지각의 분류학적 실체는 모호한 실정이다. 단지 『향약구급방』이 편찬된 시기는 고려 고종때인 송나라 말년에 해당하므로, 『향약구급방』에 나오는 枳實지실은 탱자나무*Poncirus trifoliata*로 추정된다. 그리고 『향약집성방』에 나오는 枳殼지각과 『동의보감』에 나오는 枳實지실은 탱자나무, 『향약집성방』에 나오는 枳實지실과

1547 http://kahoritotomoni.com/kahori/citrus-tachibana/
1548 https://www.atpress.ne.jp/news/126275
1549 https://ja.wikipedia.org/wiki/タチバナ
1550 『*Flora of China*, Vol. 11』(2008), 96쪽.
1551 김일우(2009), 37쪽.
1552 『본초감별도감, 제2권』(2015), 282쪽.

『동의보감』에 나오는 枳殼지각은 광귤나무이나, 약간 혼선이 있었던 것으로 추정된다.

단지 탱자나무가 우리나라에 자생하는지에 대해서는 논란이 되고 있다. 광귤나무는 우리나라에서 재배하는 식물이고, 탱자나무는 자생하는 것으로 간주하고 있으나,[1553] 탱자나무는 중국 원산으로 우리나라에서는 식재하고 있다는 견해도 있다.[1554] 추후 보다 상세한 연구가 필요하다.

국가생약정보에는 지실의 공정서 생약으로 탱자나무*Poncirus trifoliata*가, 민간생약으로 유자나무*Citrus junos* Siebold ex Yu. Tanaka, 금감나무*C. japonica* Thunberg, 광귤나무*C. xaurantium*, 당귤나무*C. sinensis* (Linnaeus) Osbeck, 하귤나무*C. xnatsuda*, 불수감*C. media* Linnaeus 그리고 당유자*C. maxima* (Burman) Merrill 등이 소개되어 있다. 그리고 지각의 공정서 생약으로 하귤나무가, 민간생약으로 탱자나무가 소개되어 있다.

94 진피秦皮

향약구급방	俗云水青木皮 味苦寒无毒 二八月採皮 陰軋
국명	물푸레나무
학명	*Fraxinus rhynchophylla* Hance
생약정보	물푸레나무(*Fraxinus rhynchophylla* Hance)

「초부」에는 민간 이름으로 水青木皮수청목피만 나열되어 있을 뿐, 식물에

1553 『The genera of vascular plants of Korea』(2007), 709~712쪽.
1554 이우철a(1996), 643쪽.

대한 설명은 없다. 『향약집성방』에는 鄕名향명으로 水靑木수청목이 병기되어 있고, 檀단[1555]과 비슷하나 잎이 작고 껍질에 흰점이 있으며 거칠지 않은데, 껍질을 채취하여 물에 담그면 물이 바로 파란색으로 변하며,[1556] 꽃과 열매가 없고 뿌리는 槐괴[1557]의 뿌리와 비슷한[1558] 것으로 설명되어 있다. 그러나 꽃과 열매가 없다는 설명은 꽃과 열매가 너무 작아 사람 눈에 잘 띄지 않는다는 의미로 풀이된다. 『동의보감』에는 무프렛겁질이라는 우리말 이름이 병기되어 있으며, 식물에 대한 설명은 『향약집성방』의 내용과 거의 유사하다.

『향약구급방』에 나오는 민간 이름 水靑木皮수청목피의 경우, 水수는 믈로 훈독되고, 靑청은 프르로 훈독되는데 프레를 표기한 것으로 볼 수 있고, 木목은 나모로 훈독되고, 皮피는 겁질로 훈독되므로, 믈프레나모겁질로 해독된다.[1559] 또한 『향약집성방』에 나오는 鄕名향명 水靑木수청목은 믈프레나모로 해독되어, 『동의보감』에 나오는 무프렛과 연결되는 것으로 보인다. 단지 靑청을 프레에 대응한 것은 靑청의 훈독보다는 어원을 고려한 결과로 풀이하고 있다.[1560] 유희의 『물명고』에는 樳木심목과 梣심의 한글 이름이 무푸레로 설명되어 있다.[1561]

중국에서는 약재명 秦皮진피에 나오는 식물명 秦진을 苦枥白蜡樹고력백랍수, *Fraxinus insularis* Hemsley, 白蜡樹백랍수, *F. chinensis* Roxburgh, 宿柱白蜡樹숙주백랍수, *F. stylosa* Lingelsheim 등으로 간주하고, 이들의 가지나 줄기를 秦皮진피라고 지칭

1555 청단(*Pteroceltis tatarinowii*)이다. 우리나라에는 분포하지 않는다.
1556 此樹似檀, 葉細, 皮有白點而不麤錯, 取皮水漬便碧色,
1557 회화나무(*Sophora japonica*)이다. 83번 항목 괴(槐)를 참조하시오.
1558 並無花實, 根似槐根.
1559 남풍현(1981), 122쪽.
1560 조항범(2020), 70쪽.
1561 정양완 외(1997), 336쪽.

하는데,[1562] 이들은 모두 우리나라에 분포하지 않는다. 이들 가운데 白蠟樹백랍수, *F. chinensis*가 우리나라에 분포하는 것으로 보고되기도 했다.[1563] 우리나라에서는 일제강점기에 이시도야가 *F. rhynchophylla* Hance를 물푸레나무라고 부르며, 수피를 秦皮진피라고 부르는 것으로 설명한[1564] 이후, Mori[1565]와 정태현 등[1566]도 모두 그의 견해를 따랐다. 한편 중국에서는 梣심을 白蠟樹백랍수, *F. chinensis*로 간주하고 있어, 『동의보감』에 나오는 무프렛과 『물명고』에 나오는 무푸레는 같은 식물을 지칭하는 이름으로 판단된다.

우리나라에는 중국에서 秦皮진피라고 부르는 식물이 없어, 중국과는 다르게 물푸레나무*Fraxinus rhynchophylla*의 나무껍질을 약재명 秦皮진피로 사용한 것으로 판단된다. 우리나라에 물푸레나무속*Fraxinus* 식물로는 4종이 있는데, 물들메나무*F. chiisanensis* Nakai는 전남북 지역에만, 들메나무*F. mandshurica* Ruprecht는 주로 북부 지방에만, 쇠물푸레*F. sieboldiana* Blume는 주로 남부 지역에만 분포하는 반면, 물푸레나무는 거의 전국적으로 분포한다.[1567] 『동의보감』에 秦皮진피가 곳곳에 있다고[1568] 설명되어 있어, 우리나라에서는 물푸레나무를 秦皮진피라고 간주했던 것으로 판단된다. 단지 중국에서는 물푸레나무를 白蠟樹백랍수의 한 아종*F. chinensis* subsp. *rhynchophylla* (Hance) E. Murray으로 간주하면서, 大葉白蠟樹대엽백랍수 또는 大葉梣대엽심이라고 부르고 있

1562 https://baike.baidu.com/item/秦皮/902940?fr=aladdin
1563 『*Flora of China*, Vol. 15』(1996), 277쪽.
1564 이시도야(1917), 13쪽.
1565 Mori(1922), 286쪽.
1566 정태현 외(1937), 134쪽.
1567 『The genera of vascular plants of Korea』(2007), 855쪽.
1568 處處有之,

다.[1569] 실제로 물푸레나무의 잎과 가지를 물에 넣으면 투명한 물이 푸르게 변하는데, 아마도 이런 현상을 보고 무푸레, 즉 물푸레라는 이름이 붙은 것으로 추정된다.

국가생약정보에는 진피의 공정서 생약으로 물푸레나무*Fraxinus rhynchophylla*가, 민간생약으로 들메나무*F. mandshurica*, 붉은물푸레*F. pennsylvanica* Marshall, 물들메나무*F. chiisanensis*, 쇠물푸레나무*F. sieboldiana* Blume, 구주물푸레*F. excelsior* Linnaeus, 숙주심*F. stylosa* Lingelsheim 그리고 백랍수*F. chinensis* 등이 소개되어 있다.

95 산수유山茱萸

향약구급방	俗云數要木實 味酸微溫无毒 九十月採實 陰軋
국명	산수유
학명	*Cornus officinalis* Siebold & Zuccarini
생약정보	산수유(*Cornus officinalis* Siebold & Zuccarini)

「초부」에는 민간 이름이 數要木實수요목실로 표기되어 있을 뿐, 식물에 대한 설명은 없다. 『향약집성방』에는 鄕名향명이 없고, 식물에 대한 설명은 중국 문헌의 내용이 인용되어 있다. 높이는 3m 이상 자라며, 잎은 楡유[1570] 잎과 비슷하며, 꽃은 희고, 열매는 갓 익어 마르지 않은 것은 적색이

1569 『*Flora of China*, Vol. 15』(1996), 278쪽.
1570 비술나무(*Ulmus pumila*)이다. 88번 항목 무이(蕪荑)를 참조하시오.

며 마르면 껍질이 매우 얇아지는[1571] 것으로 설명되어 있다. 『동의보감』에도 우리말 이름은 없는데, 꽃은 흰색이고,[1572] 씨를 발라내고 과육과 껍질을 약재로 사용하는[1573] 것으로 설명되어 있다.

『향약구급방』에 나오는 민간 이름 數要木實수요목실의 경우, 數수는 수로 음가되고, 要요는 요로 음가되나 유로 표기되고, 木목은 나모로 훈독되고, 實실은 여름으로 훈독되어 수유나모여름으로 해독된다.[1574] 그런데 수유나모여름이라는 우리말 이름이 『동의보감』에는 食茱萸식수유[1575]에 병기되어 있으며, 유희의 『물명고』에도 食茱萸식수유에 병기되어 있다.[1576] 『향약집성방』과 『동의보감』에는 山茱萸산수유 이외에 食茱萸식수유와 吳茱萸오수유[1577]도 약재로 사용되는 것으로 설명되어 있는 반면, 『향약구급방』에는 山茱萸산수유만 설명되어 있고, 茱萸수유를 吳茱萸오수유로 부른다고 설명되어 있어 차이를 보이고 있다.

그런가 하면, 『향약집성방』에는 山茱萸산수유를 일명 서시鼠矢라고도 부르는데, 잎은 梅매[1578] 잎과 비슷하고 가시가 돋아 있으며, 음력 2월에 杏행[1579] 꽃과 비슷한 꽃이 피고, 4월에 酸棗산조[1580] 비슷한 열매가 달리는데 적색이며, 5월에 열매를 채취하는데, 이 식물[수유]과는 약간 다르다는[1581]

1571 木高丈餘, 葉似楡, 花白. 子初熟未乾, 赤色, 似胡楡子有核, 亦可噉. 旣乾, 皮甚薄.

1572 在處有之. 葉似楡, 花白.

1573 去核取肉皮.

1574 남풍현(1981), 84쪽.

1575 머귀나무(*Zanthoxylum ailanthoides*)이다.

1576 정양완 외(1997), 331쪽.

1577 오수유(*Tetradium ruticarpum*)이다. 104번 항목 오수유(吳茱萸)를 참조하시오.

1578 매화나무(*Prunus mume*)이다.

1579 살구나무(*Prunus armeniaca*)이다.

1580 묏대추(*Ziziphus jujuba* var. *spinosa*)이다. 146번 항목 산조(酸棗)를 참조하시오.

1581 吳普云一名鼠矢. 葉如梅, 有刺毛. 二月花如杏. 四月實如酸棗, 赤. 五月採實, 與此小異也.

설명이 있다. 또한 유희는 『물명고』에서 "우리나라에서 사용하는 산수유는 정월에 작으면서 노란 꽃이 피어나므로, 진짜 산수유가 아닌 것 같다"[1582]고 주장했다.[1583]

옛 문헌에 언급된 山茱萸산수유라는 이름이 한 종류의 식물이 아니라 최소한 2종류의 식물을 지칭하는 것으로 사용되었음을 보여주는데, 오늘날 중국에서는 『신농본초경』에 나오는 山茱萸산수유를 꽃이 노랗게 피는 산수유*Cornus officinalis* Siebold & Zuccarini로 간주하고 있으며, 특히 열매를 茱肉수육이라고 부르고 있다.[1584] 그러나 산수유는 꽃이 노랗게 피어, 꽃이 하얗게 핀다고 설명된 『향약집성방』과 『동의보감』의 내용과 상충된다.

『본초강목』에는 山茱萸산수유라고 부르는 종이 2종 있을 것이라고 설명되어 있는데, 한 종은 열매에 별모양 무늬가 있으며,[1585] 木半夏목반하라고 부르는 것으로 설명되어 있다. 오늘날 중국에서는 木半夏목반하를 하얗게 꽃이 피는 뜰보리수*Elaeagnus multiflora* Thunberg로 간주하는데, 열매에 특이하게 별모양 무늬가 존재한다.[1586] 그러나 뜰보리수는 4~5월에 꽃이 피므로 음력 2월에 꽃이 핀다는 『향약집성방』의 설명과 상충된다. 우리나라에서는 일본 원산의[1587] 뜰보리수를 주로 관상용 또는 과수로 재배하나,[1588] 뜰보리수가 우리나라로 도입된 시기는 알려져 있지 않다. 우리나라에는 뜰보리수와 유사한 보리수나무*E. umbellata* Thunberg가 분포하는데, 중

1582 我東所用者正月細黃花恐非眞也.
1583 김형태b(2019), 290쪽.
1584 『中國植物志, 56卷』(1990), 84쪽.
1585 結實小長, 儼如山茱萸, 上亦有細星斑點, 生青熟紅, 立夏前采食, 酸澀.
1586 『中國植物志, 52(2)卷』(1983), 55쪽.
1587 https://species.nibr.go.kr/species/speciesDetail.do?ktsn=120000062204
1588 홍주연(2008), 2쪽.

국에서는 夏茱萸하수유, 唐茱萸당수유, 秋茱萸추수유 등으로 부르고 있다.[1589] 그러나 보리수나무 역시 4~5월에 하얀색 꽃이 피므로 『향약집성방』의 설명과 상충된다. 『향약집성방』과 『동의보감』에 山茱萸산수유의 꽃이 하얗게 핀다고 설명한 것은 보리수나무속*Elaeagnus* 식물과 산수유속*Cornus* 식물을 혼동했기 때문으로 추정된다.

한편 『동의보감』에 우리말 식물 이름으로 수유나모여름이라고 부르는 것으로 소개된 食茱萸식수유는 오늘날 머귀나무*Zanthoxylum ailanthoides* Siebold & Zuccarini로 간주된다.[1590] 그런데 머귀나무의 열매는 삭과이기에 성숙하면서 씨가 스스로 공기 중에 노출되므로, 『동의보감』에서 설명하는 씨를 발라내고 과육과 껍질을 약재로 사용하는 일은 하지 않아도 된다. 따라서 수유나모여름이라는 이름이 食茱萸식수유에 붙어 있지만, 食茱萸식수유를 山茱萸산수유로 간주해서는 안 될 것이다.

또한 유희가 『물명고』에서 우리나라에서 사용하는 산수유는 진짜 산수유가 아닌 것 같다고 지적했지만, 『향약구급방』, 『향약집성방』, 『동의보감』에서 설명하는 山茱萸산수유는 노랗게 꽃이 피는 산수유*Cornus officinalis*로 간주하는 것이 타당할 것이다. 그리고 산수유를 수유나무라고 불렀던 것은 山茱萸산수유가 茱萸수유라고 부르던 약재를 대표하는 종으로 간주되었고, 그에 따라 종개념어種概念語인 山茱萸산수유를 류개념어類概念語인 茱萸수유라고 불렀던 것으로 추정하고 있다.[1591] 우리나라에서는 중국에서 들여온 산수유를 전국적으로 식재한 것으로 알려져 있으나, 국내에서 자생한다는 주장도 있다.[1592] 산수유를 중국에서 들여왔다면, 『삼국유사』에 "우리

1589 http://www.iplant.cn/info/Elaeagnus%20umbellata?t=z
1590 『中國植物志, 43(2)卷』(1997), 35쪽.
1591 남풍현(1981), 85쪽.

임금의 귀는 나귀의 귀와 같다"라는 소리를 듣고 대나무를 베어내고 산수유를 심었다는 기록이 있는 점으로 보아,[1593] 고려시대 이전에 들여온 것으로 추정된다. 국가생약정보에는 산수유의 공정서 생약으로 산수유*C. officinalis*가 소개되어 있다.

96 천초川椒

항약구급방	蜀椒 俗云眞椒, 味辛溫有毒 八月採實 陰乾 或焙乾
국명	초피나무
학명	*Zanthoxylum piperitum* (Linnaeus) DeCandolle
생약정보	산초(山椒), 초피나무(*Zanthoxylum piperitum* (Linnaeus) DeCandolle), 산초나무(*Zanthoxylum schinifolium* Siebold & Zuccarini) 그리고 화초(花椒, *Zanthoxylum bungeanum* Maximowicz)

「초부」에는 중국 이름 蜀椒촉초와 민간 이름 眞椒진초가 병기되어 있으나, 식물에 대한 설명은 없다. 「본문」에는 단순히 椒초로도 표기되어 있다. 『향약집성방』에는 표제어가 蜀椒촉초로 되어 있으며, 鄕名향명으로 椒皮초피가 병기되어 있다. 식물에 대한 설명은 중국 문헌에 있는 내용이 인용되어 있는데, 높이는 1.5m까지 자라며, 茱萸수유[1594] 같으나 작은 편이며, 가시가 있고 잎은 뻣뻣하면서도 매끄럽고, 음력 4월에 꽃이 없이 열

1592 신현철(2014), 192쪽.
1593 정동호(1986), 72쪽.
1594 오수유(*Tetradium ruticarpum*)이다. 104번 항목 오수유(吳茱萸)를 참조하시오.

매가 달리는데 小豆소두[1595] 같이 둥글고 껍질은 자적색이 나는[1596] 것으로 설명되어 있다. 『동의보감』에도 표제어가 蜀椒촉초로 되어 있고, 식물에 대한 설명은 『향약집성방』의 내용과 비슷하다. 단지 이 항목에 부수되어 秦椒진초가 설명되어 있는데, 나무・잎・줄기・열매가 모두 蜀椒촉초와 비슷하나, 맛이 약하고 열매는 작고 황흑색이며, 8~9월에 따는[1597] 것으로 설명되어 있다. 蜀椒촉초의 우리말 이름으로는 쵸피나모여름이, 秦椒진초의 우리말 이름으로는 분디여름과 ᄂᆞᆫ되가 병기되어 있다.

『향약구급방』에 나오는 민간 이름 眞椒진초의 경우, 眞진은 진으로 음독되고, 椒초는 쵸로 음독되어 진쵸로 해독되는데,[1598] 『향약집성방』에 나오는 鄕名향명 椒皮초피나 『동의보감』에 나오는 우리말 이름 쵸피나모와 연결이 되지 않는다. 단지 眞椒진초라는 이름이 『훈몽자회』에 나오는 山椒산초에 대립되는 개념으로 山椒산초보다 용도상으로 가치가 더 큰 식물이라는 의미에서 만들어진 것으로 풀이하고 있다.[1599]

중국에서는 『신농본초경』에 나오는 秦椒진초와 蜀椒촉초를 모두 花椒화초, *Zanthoxylum bungeanum* Maximowicz로 간주하고 있으며,[1600] 川椒천초는 花椒화초와 青花椒청화초의 열매를 건조한 후 씨앗을 제거하고 남은 열매껍질을 지칭하는 약재명으로 간주하거나,[1601] 花椒화초와 같은 식물로 간주하고 있

1595 팥(*Vigna angularis*)이다. 112번 항목 적소두(赤小豆)를 참조하시오.

1596 高四五尺, 似茱萸而小, 有鍼刺. 葉堅而滑, 可煮飮食, 甚辛香. 四月結子無花, 但生於葉間, 顆如小豆顆而圓, 皮紫赤色.

1597 樹葉及莖子, 都似蜀椒, 但味短實細色黃黑. 八九月採.

1598 남풍현(1981), 128쪽.

1599 남풍현(1981), 128쪽.

1600 『中國植物志, 43(2)卷』(1997), 44쪽.

1601 https://baike.baidu.com/item/川椒/1795137?fr=aladdin

다.[1602] 그리고 『본초강목』에서는 川椒천초를 蜀椒촉초 항목에서만 설명하고 있는데, 오늘날 蜀椒촉초를 花椒화초로 간주하고 있으므로, 川椒천초 역시 花椒화초로 간주하는 것이 타당할 것이다. 그러나 우리나라에는 花椒화초가 분포하지 않으며, 靑花椒청화초, *Z. schinifolium* Siebold & Zuccarini를 산초나무라고 부르고 있다. 그런데 『향약구급방』에 나오는 眞椒진초, 『향약집성방』에 나오는 椒皮초피, 그리고 『동의보감』에 나오는 쵸피나모는 모두 우리말 이름이 부여되어 있어, 중국에 분포하는 花椒화초가 아니라 우리나라에 분포하는 花椒화초와 비슷한 식물로 판단된다.[1603]

한편 1527년에 편찬된 『훈몽자회』에는 椒가 "椒초는 고쵸 쵸이다. 胡椒호초와 川椒천초, 秦椒진초, 蜀椒촉초는 쵸피이며, 분디는 山椒산초이다"[1604]라고 설명되어 있다. 그리고 椒초라는 글자가 포함된 山椒산초와 椒皮초피는 중국에 분포하며 널리 사용하는 花椒화초의 국내 대용품으로 추정되므로, 이 두 식물은 한반도에 분포하는 산초나무속*Zanthoxylum*에 속하는 식물로 간주해야만 할 것이다. 우리나라에는 산초나무속*Zanthoxylum*에 속하는 식물로 산초나무를 비롯하여 초피나무*Z. piperitum* (Linnaeus) DeCandolle, 개산초나무*Z. planispinum* Siebold & Zuccarini, 왕초피나무*Z. coreanum* Nakai, 머귀나무*Z. ailanthoides* Siebold & Zuccarini, 좀머귀나무*Z. fauriei* (Nakai) Ohwi 등이 있다. 초피나무, 개산초나무, 왕초피나무는 꽃잎과 꽃받침조각이 분명히 구분되지 않고 크기도 작은 화피편이 1열 또는 2열로 존재하며, 주로 봄철에 꽃이 피고 여름에 열매가 맺히나, 산초나무와 머귀나무, 좀머귀나무는 꽃잎과 꽃받침조각이 형태적으로 구분되며 꽃잎이 크게 발달하고 여름에 꽃이 피고 가을에

1602 程波와 朱潤衡(1991), 26쪽; 佟如新와 王普民 외(1995), 371~373쪽.

1603 川椒에 대한 논의는 신현철과 홍승직(2020)의 논문을 참조하시오.

1604 椒. 고쵸쵸. 胡椒又川椒秦椒蜀椒쵸피又분디曰山椒

열매가 성숙하는 차이를 보인다. 그리고 개산초나무, 왕초피나무, 좀머귀나무는 남쪽 해안가와 제주도에만 분포하며, 머귀나무는 중부 이남에 분포하고, 산초나무와 초피나무는 한반도 전역에 걸쳐 분포한다.[1605]

그런데 『향약집성방』과 『동의보감』에는 蜀椒촉초가 꽃이 없다고 했으므로, 이들 문헌에서 설명하는 蜀椒촉초는 꽃잎과 꽃받침조각이 분명히 구분되지 않는 초피나무, 개산초나무, 왕초피나무 가운데 하나일 것으로 추정된다. 『향약집성방』과 『동의보감』에 "꽃이 없다無花"라고 설명되어 있는데, 꽃이 실제로 없다면 열매도 만들어지지 않을 것이다. 따라서 "꽃이 없다無花"라는 표현은 꽃잎이 잘 보이지 않는다는 의미로 풀이된다. 실제로 초피나무의 경우 꽃잎과 꽃받침잎이 구분이 되지 않으면서 길이도 1mm 이하에 불과하다. 얼핏 보면 꽃잎이나 꽃받침잎이 없는 것처럼 보일 수도 있다. 이에 비해 산초나무, 머귀나무, 좀머귀나무는 꽃잎과 꽃받침잎이 명확하게 구분되며, 특히 산초나무의 꽃잎은 2mm 정도로 초피나무에 비해서는 큰 편이다.

그리고 『세종실록지리지』와 『신증동국여지승람』에 川椒천초의 분포지로 강화도를 비롯하여 강원도, 충청도, 경상도, 전라도, 황해도 등지가 나열되어 있으므로, 남쪽 해안가와 제주도에 분포하는 개산초나무와 왕초피나무 보다는 한반도 전역에 걸쳐 분포하는 초피나무를 『향약구급방』에 나오는 川椒천초, 『향약집성방』과 『동의보감』에 나오는 蜀椒촉초로 간주하는 것이 타당할 것이다. 이덕봉도 『향약구급방』에 나오는 川椒천초를 초피나무*Zanthoxylum piperitum*로 간주했다.[1606]

우리나라에서는 川椒천초를 山椒산초와 같은 것으로 처리하면서 초피나

1605 김호준 외(1995)의 논문을 참조하시오.

1606 이덕봉d(1963), 68쪽.

무*Zanthoxylum piperitum*를 비롯하여 산초나무*Z. schinifolium*, 화초*Z. bungeanum* 등의 잘 익은 열매껍질로 간주한다.[1607] 국가생약정보에는 산초의 공정서 생약으로 초피나무, 산초나무, 화초가 소개되어 있으며, 민간생약으로 개산초*Z. planispinum*, 좀머귀나무*Z. fauriei*, 왕초피나무*Z. coreanum*, 머귀나무*Z. ailanthoides*, 민산초나무*Z. schinifolium* var. *inermis* (Nakai) T.B. Lee 등이 소개되어 있다. 그런가 하면 川椒천초를 산초나무*Z. schinifolium*만을 지칭하는 이름으로 사용하거나,[1608] 『향약집성방』과 『동의보감』에 나오는 蜀椒촉초를 초피나무*Z. piperitum*로만 간주하고 있어,[1609] 재검토가 필요하다.

97 욱리인郁李人

향약구급방	俗云山梅子, 味酸, 六月採根幷實
국명	이스라지나무
학명	*Prunus japonica* Thunberg var. *nakaii* (H. Leveille) Rehder
생약정보	이스라지나무(*Prunus japonica* Thunberg)와 양이스라지나무(*P. humilis* Bunge)

「초부」에는 민간 이름으로 山梅子산매자만 나열되어 있는데, 「본문」 중에는 郁李욱리의 이름이 山叱伊賜羅次산질이장라차라고 설명되어 있다. 식물에 대한 설명은 없으나, 6월에 열매를 채취한다고 설명되어 있어, 개화는

1607 권동열 외(2020), 454쪽.
1608 신민교(2015), 318쪽.
1609 신전휘・신용욱(2013), 262쪽.

이보다 빠를 것으로 추정된다. 『향약집성방』에는 鄕名향명이 所里眞木소리진목으로 표기되어 있는데, 郁李人욱리인 다음에 나오는 항목 槲若곡약의 鄕名향명으로 山梅子산매자가 기록되어 있다. 식물에 대한 설명으로는 중국 문헌에 있는 내용이 인용되어 있다. 나무의 높이는 1.5~1.8m이고, 가지와 꽃, 잎은 모두 李이[1610]의 그것들과 비슷하나, 열매는 작고 櫻挑앵도[1611] 같이 붉으며 맛이 달고 시며, 씨도 열매와 같이 익는[1612] 것으로 설명되어 있다. 『동의보감』에는 우리말 이름으로 묏이스랏씨와 산ᄆᆞᄌᆞ 두 이름이 병기되어 있으며, 식물에 대한 설명은 『향약집성방』에 있는 내용과 비슷하다.

『향약구급방』에 나오는 山叱伊腸羅次산질이장라차의 경우, 山산은 뫼로 훈독되고, 叱질은 "ㅅ"으로 음가되고, 伊이는 이로 음가되고, 腸장은 ᄉᆞ로 음가되고, 羅라는 라로 음가되고, 次차는 "ㅈ"으로 음가되어 묏이ᄉᆞ랏으로 해독된다. 그리고 山梅子산매자는 산ᄆᆞᄌᆞ로 해독된다.[1613] 한편 『향약집성방』에 나오는 所里眞木소리진목의 경우, 所소는 소로 음가되고, 里리는 리로 음가되고, 眞진은 ᄎᆞᆷ으로 훈독되고, 木목은 나모로 훈독되어 소리ᄎᆞᆷ나모로 해독된다.[1614] 『향약구급방』과 『동의보감』에 나오는 묏이ᄉᆞ랏 또는 묏이스랏과 산ᄆᆞᄌᆞ는 『향약집성방』에 나오는 소리ᄎᆞᆷ나모와 연결되지 않는다. 그런데 『훈몽자회』에는 郁욱이 "산ᄆᆞᄌᆞ"로, 槲곡은 "소리ᄎᆞᆷ나모"로 설명되어 있어, 『향약집성방』에서 郁李仁욱리인의 鄕名향명을 所里眞木소리진목으로 표기하고, 槲若곡약의 鄕名향명을 山梅子산매자로 표기한 점은 오류로, 서로 뒤바뀐 것으로 추정된다.[1615]

1610 자두나무(*Prunus salicina*)이다.

1611 앵두나무(*Prunus pseudocerasus*)이다.

1612 木高五六尺,枝條花葉皆若李,惟子小,若櫻挑,赤色而味甘,酸. 核隨子熟,

1613 남풍현(1981),104~105쪽.

1614 손병태(1996),170쪽.

약재명 郁李仁[1616]욱리인은 郁李욱리의 씨로, 郁李욱리를 중국에서는 *Cerasus japonica* (Thunberg) Loiseleur-Deslongchamps≡ *Prunus japonica* Thunberg로 간주한다.[1617] 우리나라에서는 일제강점기에 이시도야가 *P. mandshurica* Koehne를 『동의보감』에 나오는 묏이스랏과 산믹자라고 부르고, 열매를 烏梅조매라고 부르고 있다고 주장하면서,[1618] 실체가 파악되기 시작했다. 동시에 그는 *P. glandulosa* Thunberg의 종자를 郁李仁욱리인으로 간주했고, 오늘날 이스라지나무라고 부르고 있는 *P. nakaii* Leveille≡ *P. japonica* var. *nakaii* (Leveille) Rehder를[1619] 『동의보감』에 나오는 봇나무 또는 봇이라고 부른다고 주장했다.[1620] 郁李人욱리인, 묏이스랏, 산믹자가 모두 한 종류의 식물 이름인데, 두 종류의 식물에 부여되었고, 묏이스랏에서 유래했을 것으로 추측되는 이스라지나무라는 이름은 또 다른 식물에 부여된 것이다.

이후 Mori는 이시도야와는 달리 *Prunus glandulosa*를 욱리인과 산믹자로, *P. mandshurica*를 뫼살구로, *P. nakaii*를 산앵도와 오얏으로 불렀다.[1621] 이후 이시도야와 정태현은 *P. glandulosa*를 산믹자나무와 郁李仁욱리인으로 불렀고, *P. nakaii*를 산잉도나무, 오얏으로 불렀고, 또한 *Vaccinium koreanum* Nakai도 산잉도나무라고 불렀다.[1622] 임태치와 정태현은 *P.*

1615 남풍현(1981), 179쪽.
1616 人(인)과 仁(인)을 혼용한 것으로 판단된다.
1617 『*Flora of China*, Vol. 9』(2003), 406쪽.
1618 이시도야(1917), 28쪽.
1619 『The genera of vascular plants of Korea』(2007), 573쪽.
1620 이시도야(1917), 28쪽.
1621 Mori(1922), 208~209쪽.
1622 이시도야·정태현(1923), 58~59쪽(*Prunus*), 109쪽(*Vaccinium*).

*nakaii*를 郁李仁욱리인과 산유스라나무라고 불렀다.[1623] 그리고 정태현 등은 *P. glandulosa*를 옥매로, *P. ishidoyana* Nakai를 산이스라지나무로, *P. mandshurica*를 개살구나무로, *P. nakaii*를 산앵도로 불렀다.[1624] 오늘날에는 *P. glandulosa*를 산옥매로, *P. mandshurica*를 개살구나무로, *P. japonica* var. *nakaii*를 이스라지나무로 부르고 있다.[1625] 그리고 이들은 모두 장미과Rosaceae에 속하나, 산미자에서 기원했을 것으로 추정되는 산매자나무는 진달래과Ericaceae에 속하는 *Vaccinium japonicum* Miquel의 우리말 이름으로 1937년부터[1626] 사용되고 있다.[1627] 이밖에도 장미과Rosaceae에 속하는 팥배나무*Sorbus alnifolia* (Siebold & Zuccarini) K. Koch ≡ *Micromeles alnifolia* (Siebold & Zuccarini) Koehne도 1942년부터[1628] 산매자나무라고 불렀다.[1629]

지금까지 산매자 또는 산이스라지라고 불렀던 식물들은 모두 열매가 빨간색으로 앵두처럼 익는 특징을 지니고 있다. 그러나 산매자나무*Vaccinium japonicum*와 산앵도나무*V. koreanum*는 종처럼 생긴 분홍색 통꽃이 5~6월에 피고 열매는 9월쯤에 성숙하기 때문에 열매를 음력 6월에 채취하는 郁李욱리는 아닐 것으로 판단된다. 오늘날 *Vaccinium japonicum*의 국명으로 산매자나무를 사용하고 있으나,[1630] 혼란을 피하기 위해서는 새로운 이름이 만들어져야만 할 것이다. 그리고 팥배나무*Sorbus alnifolia*는 높이 10~15m 정도 자라는 교목이며, 꽃은 5월에 피고 열매는 9월에 빨갛게

1623 임태치 · 정태현(1936), 128쪽.
1624 정태현 외(1937), 94쪽.
1625 『The genera of vascular plants of Korea』(2007), 570~573쪽.
1626 이우철a(1996), 831쪽.
1627 『The genera of vascular plants of Korea』(2007), 471쪽.
1628 이우철a(1996), 541쪽.
1629 정태현(1943), 291쪽.
1630 『The genera of vascular plants of Korea』(2007), 471쪽.

익으므로, 이 종 역시 열매를 6월에 채취하는 郁李욱리는 아닐 것으로 판단된다.

그리고 이시도야가 묏이스랏과 산민자라고 불렀던 *Prunus mandshurica*는 높이 5~10m 정도 자라며, 4~5월에 연한 홍색 또는 거의 백색의 꽃이 피나 열매는 7~8월에 황색으로 익으므로, 붉게 익는 앵두나무의 열매, 즉 앵두와는 명확하게 구분된다. 따라서 이 종은 郁李욱리가 아닐 것이다. 한편 『동의보감』에 나오는 우리말 이름 묏이스랏에서 유래했을 것으로 추정되는 산이스라지*P. ishidoyana*의 꽃은 연홍색으로 피어,[1631] 하얀색 꽃이 피는 자두李와는 구분되므로, 이 종 역시 郁李욱리는 아닐 것이다. 그리고 Mori가 욱리인과 산민자로 불렀던 *P. glandulosa*는 중국 원산으로 우리나라에서 널리 재배하는 종으로 알려져 있으나, 도입 시기는 확인되지 않고 있으며, 영문판, 중문판 중국식물지에서 약재로 사용했다는 보고도 없다. 따라서 *P. glandulosa*도 郁李욱리는 아닐 것이다. 그럼에도 이덕봉은 『향약구급방』에 나오는 郁李人욱리인을 *P. glandulosa*로 간주했다.[1632]

임태치와 정태현이 1936년에 산유스라나무라고 불렀고, 정태현이 1943년에 이스라지나무라고 처음 불렀던 *Prunus nakaii*는[1633] 오늘날 *P. japonica* var. *nakaii*로 간주되며, 우리나라를 비롯하여 중국의 흑룡강성과 요동성, 그리고 길림성 등지에 분포하며,[1634] *P. japonica* var. *japonica*에 비해 잎자루가 3~5mm 정도로 조금 길고, 소화경도 1~2cm 정도로 조금 길고, 잎가장자리가 조금 더 깊게 갈라지는 차이를 보인다.[1635] 그러나 우

1631 이우철b(1996), 168쪽.

1632 이덕봉d(1963), 69쪽.

1633 이우철a(1996), 502쪽; 정태현(1943), 352쪽.

1634 『中國植物志, 38卷』(1986), 86쪽.

1635 『*Flora of China*, Vol. 9』(2003), 407쪽.

리 옛 문헌에서 이런 차이를 확인할 수 있을 정도의 정보는 부족하지만, *P. japonica* var. *japonica*는 우리나라에 분포하지 않은 것으로 알려져 있어,[1636] 우리나라에서는 var. *japonica* 대신 var. *nakaii*를 郁李욱리로 간주했던 것으로 추정된다.

따라서 『향약구급방』에 나오는 郁李욱리는 *Prunus japonica* var. *nakaii*로 간주하는 것이 타당하며, 郁李욱리의 우리말 이름으로 『동의보감』에 나오는 뫼이ᄉᆞ랏에서 유래했을 것으로 추정되는 산이스라지나무라는 이름과 산ᄆᆡᄌᆞ에서 유래한 것으로 추정되는 산매자라는 이름을 다른 식물에 사용해서는 안 될 것으로 사료된다. 단지 우리나라에는 넓은 의미로 볼 때 벚나무속*Prunus*에는 20여 종이 분포하고 있어, 추후 보다 상세한 검토가 필요하다. 국가생약정보에는 욱리인의 공정서 생약으로 이스라지*P. japonica*와 양이스라지나무*P. humulis*가, 민간생약으로 산이스라지*P. ishidoyana*, 장경편도*P. pedunculata* (Pallas) Maximowicz, 욱리*P. japonica* 그리고 풀또기*P. triloba* Lindley var. *truncata* Komarov 등이 소개되어 있다.

한편 『향약집성방』에는 郁李욱리를 작리爵李, 차하리車下李, 체棣라고도 부르는 것으로 설명되어 있다. 특히 당체唐棣는 오리奧李인데, 일명 작매雀梅라고도 부르며 郁李욱리로 간주하기도 한다. 또한 『동의보감』에는 郁李욱리를 천금등千金藤과 차하리車下李라고도 부르는 것으로 설명되어 있는데, 추후 이러한 약재명에 대한 검토가 수행되어야 할 것이다.

1636 이우철a(1996), 502쪽.

98 목관자木串子

향약구급방	俗云夫背也只木實 皮有小毒
국명	무환자나무
학명	*Sapindus saponaria* Linnaeus
생약정보	항목 없음

「초부」에는 민간 이름으로 夫背也只木實부배야지목실이 나열되어 있을 뿐, 식물에 대한 설명은 없는데, 「본문」에서는 夫背也只木實부배야지목실을 鄕名향명으로 설명했다. 『향약집성방』과 『동의보감』에는 木串子목관자라는 표제어가 없다. 대신 無患子皮무환자피라는 항목이 있다. 『향약집성방』에는 잎이 柳류[1637] 잎과 비슷하고 씨가 검고 딴딴한[1638] 것으로 설명되어 있다. 『동의보감』에는 우리나라의 경우 제주도에서 자라는 것으로 설명되어 있으며, 우리말 이름이 모관쥬나못겁질로 표기되어 있다.

『향약구급방』에 나오는 민간 이름 夫背也只木實부배야지목실의 경우, 夫부는 부로 음가되고, 背배는 빅로 음가되고, 也야는 야로 음가되나 여로 변이되고, 只지는 기로 음가되고, 木목은 나모로 훈독되고, 實실은 여름으로 훈독되어 부빅여기나모여름으로 해독된다.[1639] 한편 木串子목관자라는 이름은 木串목관이 無患무환이나 木患목환에서 차용한 것으로 풀이되는데, 木목은 모로 음가되고, 患환은 관으로 음가되고, 子자는 즈로 음독되어 모관즈로

1637 수양버들(*Salix babylonica*)이다. 105번 항목 류(柳)를 참조하시오.

1638 桓葉似柳葉. 核堅正黑. 桓(환)은 無患子(무환자)의 큰 나무라고 『향약집성방』에 설명되어 있다.

1639 남풍현(1981), 72쪽.

해독된다.[1640] 그리고 『훈몽자회』에는 槵환을 "모관쥬 환"으로 설명하고 있어, 『향약구급방』의 木串목관과 『향약집성방』과 『동의보감』에 나오는 無患子무환자는 연결된다. 한편 夫背也只木實부배야지목실이라는 이름은 모관쥬에 밀려 소멸된 것으로 추정하고 있다.[1641]

중국에서는 無患子무환자를 무환자나무*Sapindus saponaria* Linnaeus ≡ *Sapindus mukorossi* Gaertner로 간주한다.[1642] 우리나라에서는 일제강점기에 Mori가 *S. mukorossi*를 無患子무환자와 모관주나무로 불렀으며,[1643] 이후 정태현 등은 *S. mukorossi*를 무환자나무로, *Koelreuteria paniculata* Laxmann를 모감주나무로 불렀다. 모감주나무는 『동의보감』에 나오는 모관쥬나모에서 유래한 것으로 간주되므로, 무환자나무와 모감주나무는 서로 다른 식물을 지칭하는 것이 아니라 같은 식물을 지칭하는 이름으로 간주해야만 할 것이다. 실제로 무환자나무를 모감주나무라고 부르기도 한다.[1644]

모감주나무와 무환자나무는 모두 무환자나무과Sapindaceae에 속하는 교목으로 씨의 형태도 비슷하다. 그러나 『향약집성방』에는 無患子무환자는 "산 계곡에서 자라"[1645]는 것으로 설명되어 있고, 『광재물보』에는 無患子무환자의 이름으로 모감쥬를 쓰면서 하얀 꽃이 피는 것으로 설명되어 있어,[1646] 無患子무환자는 노란색 꽃이 피며 주로 바닷가에서 자라는[1647] 모감주나무가 아닌 것으로 판단된다. 단지 『광재물보』에는 無患子무환자의 꽃

1640 남풍현(1981), 71쪽.
1641 남풍현(1981), 72쪽.
1642 https://baike.baidu.com/item/无患子/939461?fr=aladdin
1643 Mori(1922), 242쪽.
1644 김명찬 외(1977), 41쪽.
1645 生山谷
1646 정양완 외(1997), 183쪽.
1647 『한국수목도감』(1992), 350쪽.

색이 백색으로 설명되어 있으나, 무환자나무의 꽃은 연한 노란색으로 피는[1648] 차이가 있다.

한편 유희는 槵환과 『동의보감』에 나오는 모관쥬의 가지와 잎, 꽃, 열매의 특징이 일치하지 않는다고 설명했고, 『광재물보』에도 無患子무환자와 모감쥬는 차이가 있다고 설명되어 있다. 특히 유희는 『물명고』에서 無患子무환자는 槵환의 열매이며, 槵환은 가지와 잎이 모두 杶춘[1649]과 비슷하나 잎이 마주나며 5~6월에 흰 꽃이 피고, 열매는 탄환처럼 생겨서, 『동의보감』에서 언급한 모관쥬에 해당하나, 가지와 잎, 꽃, 열매가 서로 일치하지 않는다고 설명했다. 또한 제주도에서 나오는 금강쥬에 대한 설명도 부가하면서, 오늘날의 무환자나무와 모감주나무를 모두 槵환으로 부른다고 설명했다.[1650] 이러한 설명들은 조선 후기로 넘어가면서 같은 식물의 이름으로 사용되던 無患子무환자와 모감주가 서로 다른 식물 이름으로 사용된 것으로 추정되며, 이를 근거로 오늘날에는 이 두 이름이 서로 다른 식물의 이름으로 사용된 것으로 보인다.

그런가 하면, 무환자나무는 대만 원산으로 우리나라에는 중국으로부터 약 100년 전에 도입된 것으로 추정하기도 하는데,[1651] 모감주나무는 주로 꽃을 약재로 사용하는[1652] 반면, 무환자나무는 뿌리와 열매를 약재로 사용하며 독성이 약한 특징을 지니고 있어,[1653] 『향약구급방』에 나오는 木串子목관자는 추후 보다 상세한 조사가 필요할 것이다. 단지 木串子목관자

1648 이우철b(1996), 218쪽.

1649 참죽나무(*Toona sinensis*)이다.

1650 김형태b(2019), 230쪽.

1651 http://encykorea.aks.ac.kr/Contents/Item/E0019303

1652 『中國植物志, 47(1)卷』(1985), 55쪽.

1653 『中國植物志, 47(1)卷』(1985), 14쪽.

를 중국의 견해에 따라 무환자나무*Sapindus saponaria*로 간주하는 것이 타당할 것으로 판단된다. 국가생약정보에는 목관자는 소개되어 있지 않으며, 무환자의 공정서 생약도 소개되어 있지 않으나, 무환자의 민간생약으로 무환자나무*S. mukorossi*가 소개되어 있다.

99 상실橡實

향약구급방	俗云猪矣栗 味苦溫無毒 本草云 狀葉細者是
국명	상수리나무, 덥갈나무
학명	*Quercus acutissima* Carruthers
생약정보	항목 없음

「초부」에는 민간 이름으로 猪矣栗저의율이라고 부르는 것으로 설명되어 있고, 잎이 가는 것으로 설명되어 있다. 『향약집성방』에는 鄕名향명으로 加邑可乙木實가읍가을목실이 표기되어 있으며, 杼斗서두라고도 부르며, 槲木곡목과 櫟木력목 모두에 깍정이가 있는데 櫟木력목의 것이 더 좋은[1654] 것으로 설명되어 있으며, 중국 문헌에 있는 식물에 대한 설명이 인용되어 있다. 橡實상실은 櫟木력목의 열매이며, 높이는 6~9m 정도이며, 음력 3~4월에 노란 꽃이 피고, 8~9월에 결실하며, 열매에는 깍정이가 있는[1655] 것으로 설명되어 있다. 『동의보감』에는 우리말 이름으로 굴근도토리가 병기되

1654 槲, 櫟皆有斗, 而以櫟爲勝.

1655 橡實, 櫟木子也. 木高二三丈. 三四月開黃花, 八九月結實. 其實爲皂斗, 槲, 櫟, 皆有斗, 而以櫟爲勝. 한의학고전DB에는 松木子也로 되어 있으나, 櫟木子也의 오기로 판단된다.

어 있으며, 柞작, 櫟력, 杼서, 栩우 등을 모두 橡櫟상력이라고 통칭해서 부르는[1656] 것으로 설명되어 있다. 또한 櫟樹皮력수피 항목에는 뎝갈나못겁질이라는 우리말 이름이 병기되어 있다. 槲若곡약에는 소리ᄎᆞᆷ나모닙이라는 우리말 이름이 병기되어 있는데, 槲若곡약은 櫟력과 비슷하나 깍정이가 작아서 쓸모가 없다고[1657] 설명되어 있다. 그리고 『훈몽자회』에는 橡상은 "도토리 샹"으로, 芧서는 "도토리 셔"로, 栭이는 "도토리 ᄉᆡ"로, 槲곡은 "소리ᄎᆞᆷ나모 곡"으로, 栩우는 "가람나모 우"로, 柞작은 "가람나모 작"으로, 그리고 櫟력은 "덥갈나모 륵"으로 설명되어 있다.

『향약구급방』에 나오는 猪矣栗저의율에서 첫 글자를 일반적으로 猪저가 아닌 楮저로 간주하고 있으나,[1658] 도토리를 도토밤 또는 도톨왐 등으로 표기하고, 돼지기름을 민간 이름으로 猪脂저지로 표기하고 도ᄐᆡ기름으로 읽으며, 돼지새끼를 민간 이름으로 猪豘저돈으로 표기하고 도ᄐᆡ삿기로 부른[1659] 점으로 볼 때, 猪저로 간주하여 우리말 발음을 '도'와 일치시키는 것이 타당할 것이다. 즉 猪矣栗저의율의 경우, 猪저는 돋으로 훈독되고, 矣의는 의로 음가되고, 栗율은 밤으로 훈독하여 도ᄐᆡ밤으로 해독되는데, 이후 도토리로 변했을 것으로 추정하고 있다.[1660]

『향약집성방』에 나오는 加邑可乙木實가읍가을목실은 加邑可乙木가읍가을목과 實실을 하나로 묶은 것으로 보이므로, 加邑可乙木가읍가을목은 橡實상실의 橡상을 우리말로 표현한 것으로 보인다. 그리고 加邑可乙木가읍가을목은 덥갈나

1656 柞也, 櫟也, 杼也, 栩也, 皆橡櫟之通名也.
1657 與櫟相類, 亦有斗, 但小不中用. 不拘時採用.
1658 신영일(1994), 151쪽; 이경록(2018), 301쪽.
1659 남광우(2017), 418쪽.
1660 남풍현(1981), 87쪽.

모로 해독되며, 이는 오늘날 떡갈나무의 어원으로 간주되고 있다.[1661] 또한 『향약집성방』에서는 橡實상실을 설명하면서 槲木곡목과 櫟木력목 두 식물명을 나열했고, 이 중에서 櫟木력목의 것이 더 좋다고 설명했는데, 『향약구급방』에서는 橡實상실의 잎이 가는 것으로 설명되어 있으니, 아마도 櫟木력목의 잎이 가는 편으로 추정할 수 있다. 따라서 『향약구급방』에서 설명하는 잎이 가는 橡상은 『향약집성방』에서 설명하는 櫟木력목이 될 것이며, 잎이 가늘지 않은 종류는 槲木곡목으로 간주될 수 있을 것이다. 그런데 加邑可乙木가읍가을목을 오늘날의 떡갈나무로 간주한다면, 떡갈나무의 잎이 우리나라 낙엽성 참나무속*Quercus* 식물 가운데 큰 편에 속하므로 해석하기 힘든 문제가 발생하기에, 『향약집성방』에서 설명하는 加邑可乙木가읍가을목, 즉 덥갈나모는 오늘날의 떡갈나무가 아닐 수도 있다.

한편, 『동의보감』에는 橡實상실을 굴근도토리라고 부른다고 설명하면서, 橡實상실이 櫟木력목의 열매라는[1662] 『향약집성방』의 설명을 덧붙였으며, 柞작, 櫟력, 杼서, 栩우 등을 모두 橡櫟상력으로 통칭한다고 설명되어 있다. 또한 櫟樹皮력수피 항목에 병기된 덥갈나못겁질의 경우 櫟樹력수는 덥갈나모로, 皮피는 겁질로 구분할 수 있어, 櫟력을 덥갈나모로 불렀던 것으로 보인다. 즉, 橡櫟상력이 도토리를 만드는 식물을 총칭하는 이름이며, 이 가운데 櫟木력목 또는 櫟樹력수를 우리말로 덥갈나모라고 불렀던 것으로 보인다. 또한 『훈몽자회』에는 栩우를 "가람나모 우"로, 柞작을 "가람나모 작"으로 부르고, 櫟력을 "덥갈나모 륵"으로 부른 것으로 보아, 橡櫟상력은 이들을 총칭하는 식물 이름으로 판단된다.

오늘날 중국에서는 柞작을 櫟력 무리에 속하는 식물을 통칭해서 부르거

1661 손병태(1996), 173쪽.

1662 橡實, 櫟木子也.

나[1663] 柞樹작수라고 부르면서 신갈나무Q. mongolica Fischer ex Ledebour로,[1664] 栩우를 柞樹작수와 같은 식물로,[1665] 杼서를 졸참나무Q. serrata로,[1666] 槲곡을 우리나라와 일본에 분포하는 柞櫟작력으로 간주하며[1667] 柞櫟작력을 신갈나무로 간주하고 있다.[1668] 따라서 橡櫟상력은 참나무속Quercus 식물들을 총칭해서 부르던 이름으로 판단된다.

중국에서는 橡상을 상수리나무Quercus acutissima Carruthers와 *Q. wutaishanica* Mayr의 열매로 간주하고 있는데,[1669] *Q. wutaishanica*는 신갈나무Q. mongolica의 다른 학명으로 간주된다.[1670] 한편 중국에서는 櫟력도 상수리나무Q. acutissima로 간주하고 있다.[1671] 우리나라에 분포하는 낙엽성 참나무속Quercus 식물 가운데 상수리나무는 비교적 잎의 너비가 2~6cm로 좁은 반면 길이는 8~19cm로 긴 편이어서, 잎이 길이에 비해 폭이 좁아 가늘게 보이나, 떡갈나무Q. dentata Thunberg는 잎의 너비가 6~30cm이고 길이가 10~30cm이므로 잎이 다소 볼록하게 보여, 櫟력을 상수리나무로 간주하는 중국쪽 견해가 떡갈나무로 간주하는 견해보다 더 타당한 것으로 보인다. 따라서 橡實상실을 상수리나무의 열매로 간주하는 것이 타당할 것이다.

오늘날 덥갈나모가 떡갈나무로 변했을 것으로 추정하고 있다.[1672] 그

1663 https://baike.baidu.com/item/柞/6810775?fr=aladdin
1664 https://baike.baidu.com/item/柞/5163675?fr=aladdin;『中國植物志, 22卷』(1998), 236쪽.
1665 https://baike.baidu.com/item/栩/5163675?fr=aladdin
1666 http://www.xbtw.com/zici/zi-2284.html
1667 https://baike.baidu.com/item/槲/4903711
1668 『中國植物志, 22卷』(1998), 236쪽.
1669 https://baike.baidu.com/item/橡实/1001580
1670 『*Flora of China*, Vol. 4』(1999), 374쪽.
1671 『中國植物志, 22卷』(1998), 219쪽.
1672 손병태(1996), 173쪽.

러나 『향약집성방』과 『동의보감』에서 설명하는 덥갈나모와 오늘날의 떡갈나무는 다른 식물이다. 이러한 차이는 일제강점기에 Mori가 *Quercus acutissima*에 참나무, 상수리나무 그리고 櫟력이라는 이름을, *Q. aliena* Blume에 썩갈나무, 槲[1673] 櫟해력이라는 이름을 부여하면서[1674] 나타난 것으로 보인다. 이후 이시도야와 정태현은 *Q. acutissima*에 참나무, 상수리나무, 도토리나무 그리고 橡상이라는 이름을 일치시키면서, *Q. dentata*에는 한자명은 나열하지 않고 썩갈나무만 부여했다.[1675] 그리고 임태치와 정태현은 *Q. acutissima*에는 橡實상실, 상수리나무, 眞木진목, 櫟력이라는 이름을, *Q. dentata*에는 槲實곡실, 썩갈나무, 櫃목가목, 柞작이라는 이름을 일치시켰고,[1676] 이후 정태현 등은 *Q. acutissima*에 橡상, 상수리나무, 참나무, 도토리나무라는 이름을 일치시키면서, Mori가 사용한 썩갈나무에서 유래한 것으로 보이는 떡갈나무라는 이름을 *Q. dentata* Thunberg에 일치시켰다.[1677] 가는 잎을 지닌 덥갈나모에서 유래한 것으로 추정되는 떡갈나무라는 이름이 잎이 넓은 *Q. dentata*에 부여된 것이다. 단지 우리나라 낙엽성 참나무속*Quercus* 식물 가운데 잎이 가는 종류로는 상수리나무 이외에 굴참나무*Q. variabilis* Blume 와 졸참나무*Q. serrata* Thunberg ex Murray 도 있으나, 옛 문헌에는 이들과 상수리나무를 구분할 수 있는 상세한 설명이 없어, 이 부분에 대한 풀이는 지금으로서는 할 수가 없는 실정이다.

국내에서 발간된 본초서에는 橡實상실이 실려 있지 않은데, 『향약집성방』에 나오는 槲若곡약을 떡갈나무*Quercus dentata* 로, 橡實상실 은 상수리나무*Q.*

1673 Mori(1922, 119쪽)는 槲으로 표기해야 할 한자를 槲로 잘못 썼다.

1674 Mori(1922), 118~119쪽.

1675 이시도야·정태현(1923), 26~27쪽.

1676 임태치·정태현(1936), 71~72쪽.

1677 정태현 외(1937), 94쪽.

*acutissima*로 간주하고 있다.[1678] 이덕봉도 橡實상실을 상수리나무로 간주했다.[1679] 그런데 도토리를 만드는 식물로 메밀잣밤나무속*Castanopsis*도 있어, 추후 이들에 대한 비교, 검토도 필요할 것이다. 국가생약정보에는 상실의 공정서 생약은 소개되어 있지 않고, 민간생약으로 신갈나무*Q. mongolica*, 떡갈나무*Q. dentata*, 상수리나무*Q. acutissima* 그리고 굴참나무*Q. variabilis*가, 상실각의 민간생약으로 상수리나무, 굴참나무, 신갈나무 그리고 떡갈나무 등이 소개되어 있다.

100 야합화夜合花

향약구급방	俗云沙乙木花 三四月採葉 八月採實 陰乾
국명	자귀나무
학명	*Albizia julibrissin* Durazzini
생약정보	합환피(合歡皮), 자귀나무(*Albizia julibrissin* Durazzini)

「초부」에는 민간 이름으로 沙乙木花사을목화가 나열되어 있고, 8월에 열매가 성숙하는 것으로 설명되어 있을 뿐, 식물에 대한 설명은 거의 없다. 『향약집성방』에는 표제어가 合歡합환으로 되어 있고, 夜合야합으로 부른다고 설명되어 있어, 『향약구급방』의 夜合花야합화와 동일한 항목으로 간주될 수 있다. 『향약집성방』에는 鄕名향명으로 佐歸木좌귀목이 병기되어 있으며, 식물에 대한 설명은 중국 문헌에 있는 내용이 인용되어 있다. 집둘레

1678 신전휘 · 신용욱(2013), 268쪽(槲若), 272쪽(橡實).
1679 이덕봉d(1963), 70쪽.

나 뜰에 심으며, 梧桐오동[1680]과 비슷하나 가지가 몹시 연약하고, 잎은 皀莢조협[1681]이나 槐木괴목[1682]과 비슷하여 가늘고 빽빽하게 자라면서 무성해지므로 서로 엉키게 되는데 바람이 불어서 더 엉켜지면 잘 풀어지지 않으며 저녁이 되면 오므라들어 접힌다. 음력 5월에 홍백색의 꽃이 피며, 꽃술은 실 같고, 가을에 꼬투리가 달리는데 몹시 얇고 조그마한[1683] 것으로 설명되어 있다. 『동의보감』에도 표제어는 合歡皮합환피이나 이는 合歡합환의 껍질이라는 의미이기에 『향약구급방』과 『향약집성방』의 항목과 같은 것으로 간주된다. 『동의보감』에는 자괴나모라는 우리말 이름이 병기되어 있으며, 『향약집성방』에 있는 식물의 설명과 거의 같은 중국 문헌의 내용이 인용되어 있는데, 단지 꽃색을 홍백색이 아니라 황백색으로 설명하고 있다.

『향약구급방』에 나오는 민간 이름 沙乙木花사을목화의 경우, 沙사는 사로 음가되고, 乙을은 "ㄹ"로 음가되고, 木목은 나모로 훈독되고, 花화는 곶으로 훈독되어 살나모곶으로 해독되나, 『향약집성방』에 나오는 佐歸木좌귀목과는 연결이 잘 되지 않는다.[1684] 그러나 『향약집성방』에 나오는 佐歸木좌귀목과 『동의보감』에 나오는 자괴나모는 서로 연결이 된다.

중국에서는 合歡합환을 *Albizia julibrissin* Durazzini로 간주하고 있으

1680 벽오동(*Firmiana simplex*)이다.

1681 주엽나무(*Gleditsia japonica*)이다. 101번 항목 조협(皀莢)을 참조하시오.

1682 회화나무(*Sophora japonica*)이다. 83번 항목 괴(槐)를 참조하시오.

1683 人家多植於庭除間. 木似梧桐, 枝甚柔弱. 葉似皀莢, 槐等, 極細而繁密, 互相交結. 每一風來, 輒以相解了, 不相牽綴. 其葉至暮而合, 故一名合昏. 五月花, 發紅白色, 瓣上若絲茸. 然至秋而實, 作莢, 子極薄細.

1684 남풍현(1981), 97쪽.

며,[1685] 우리나라에서는 일제강점기에 Mori가 싹우나무라고 불렀고,[1686] 이후 정태현 등이 자귀나무라고 불러[1687] 오늘에 이르고 있다. 그런데 자귀나무의 경우 꽃색이 분홍색을 띠어, 『향약집성방』에 나오는 설명과는 일치하나, 황백색으로 핀다는 『동의보감』의 설명과는 상충된다.

우리나라에는 자귀나무속*Albizia*에 자귀나무와 왕자귀나무*A. kalkora* Roxburgh Prain 두 종이 분포하고 있으며, 왕자귀나무의 꽃은 처음에는 하얀색이나 점차 황색으로 변하고 드물게 붉은빛을 띠기도 하는 것으로 보고되었다.[1688] 따라서 꽃색이라는 관점에서 보면 『동의보감』에 나오는 合歡합환은 우리나라 전남 일대에 분포하는 왕자귀나무로 추정된다. 그러나 合歡합환의 경우 잎이 밤이 되면 접히는 반면, 왕자귀나무는 드물게 잎이 접히는 수면운동을 하는 것으로 보고되어[1689] 차이를 보인다. 그럼에도 『향약구급방』, 『향약집성방』 그리고 『동의보감』에 있는 合歡합환에 대한 설명만으로는 자귀나무와 왕자귀나무를 구분할 수가 없는 실정이다. 그럼에도 夜合花야합화를 중국에서처럼 자귀나무로 간주하는 것이 타당할 것이다. 국가생약정보에는 합환의 공정서 생약으로 자귀나무*A. julibrissin*이 소개되어 있다.

1685 『中國植物志, 39卷』(1988), 65쪽.
1686 Mori(1922), 212쪽.
1687 정태현 외(1937), 96쪽.
1688 황호림(2021), 44쪽.
1689 황호림(2021), 44쪽.

101 조협皂莢

향약구급방	俗云鼠厭木實 味辛鹹溫有毒 九十月採莢, 陰乹
국명	주엽나무
학명	*Gleditsia japonica* Miquel
생약정보	조각자나무(*Gleditsia sinensis* Lamarck)와 주엽나무(G. *japonica* Miquel)

「초부」에는 민간 이름으로 鼠厭木實서염목실이 병기되어 있으며, 「본문」 중에는 注也邑주야읍으로 표기되어 있을 뿐, 식물에 대한 설명은 없다. 『향약집성방』에는 鄕名향명이 없고, 식물에 대한 설명으로 줄기가 굵고 높이 자란다는[1690] 것 외에는 거의 없다. 『동의보감』에는 우리말 이름으로 주엽나모여름이 병기되어 있으며, 식물에 대한 설명으로 가지 사이에 큰 가시가 돋아 있다는[1691] 것 이외에는 거의 없다. 단지 『향약집성방』에는 皂莢조협에 3종류가 있는데 猪牙皂莢저아조협이 제일 나쁘다고 설명되어 있고, 『동의보감』에는 長皂莢장조협과 猪牙皂莢저아조협 2종류가 있다고 설명되어 있다. 또한 『동의보감』에는 皂莢子조협자와 皂莢刺조협자도 약재로 사용하며, 皂莢조협과 비슷한 鬼皂莢귀조협도 약재로 사용하는 것으로 설명되어 있다.

『향약구급방』에 나오는 민간 이름 注也邑주야읍은 주얍으로 해독되나 모음조화를 고려하면 주엽으로 되며, 鼠厭木實서염목실의 경우 鼠서는 쥐로 훈독되고, 厭염는 염으로 음가되고, 木목은 나모로 훈독되고, 實실은 여름으로

1690 木極有高大者.

1691 樹高枝間生大刺.

훈독되므로 쥐엽나모여름으로 해독되어,[1692] 『동의보감』에 나오는 주엽나모여름과 연결된다.

중국에서는 皂荚조협을 조각자나무*Gleditsia sinensis* Lamarck의 열매로 간주한다.[1693] 조각자나무는 우리나라에 자생하지 않은데, 단지 경북 경주시 안강읍 옥산리에 수령 450여 년으로 추정되는 조각자나무가 자라고 있고, 천연기념물 제115호로 지정되어 있으며, 중국에서 들여와 심은 것으로 알려져 있다.[1694] 그러나 『동의보감』에는 皂荚조협이 중국산 약재임을 의미하는 "唐당"이라는 표식이 없으며, 우리나라에는 조각자나무와 비슷한 주엽나무*G. japonica* Miquel가 전국적으로 자라고 있다.[1695] 중국에서는 주엽나무를 山皂荚산조협이라고 부르며,[1696] 『동의보감』에는 皂荚조협의 우리말 이름이 주엽나모로 표기되어 있어, 『향약구급방』에 나오는 皂荚조협은 중국과는 다르게 주엽나무로 간주하는 것이 타당할 것이다.

우리나라에서는 일제강점기에 이시도야가 *Gleditsia japonica*를 쥬엽나무로 간주하고, 이 식물의 열매를 皂荚조협이라고 부르면서,[1697] 실체가 파악되기 시작했다. 이후 Mori는 *G. koraiensis* Nakai를 주엽나무로 간주했고,[1698] 정태현 등도 Mori의 견해를 따랐다.[1699] 그러나 *G. koraiensis*는 식물명명규약에 따르면 사용할 수 없는 학명이므로, 이후 Nakai가 *G.*

1692 남풍현(1981), 118쪽; 손병태(1996), 175쪽.
1693 https://baike.baidu.com/item/皂荚/769520?fr=aladdin
1694 http://nm.nktech.net/cont/natural_v.jsp?nat_id=NM-SK115&nation=S
1695 『한국수목도감』(1992), 266쪽.
1696 『中國植物志, 39卷』(1988), 88쪽.
1697 이시도야(1917), 26쪽.
1698 Mori(1922), 215쪽.
1699 정태현 외(1937), 98쪽.

japonica var. *koraiensis* Nakai라는 새로운 조합명을 만들었다.[1700] 그럼에도 이 종은 오늘날 *G. japonica*와 같은 종으로 간주되면서 우리말 이름으로 주엽나무를 사용하고 있다.[1701] 한편 長皀莢[1702]장조협, 猪牙皀莢[1703]저아조협, 鬼皀莢[1704]귀조협 등은 모두 오늘날 조각자나무의 다른 이름으로 알려져 있다.

우리나라에서는 조각자나무*Gleditsia sinensis*를 皀莢조협으로,[1705] 조각자나무와 주엽나무*G. japonica* 두 종의 열매를 皀莢조협으로,[1706] 또는 주엽나무만을 皀莢조협으로[1707] 간주하고 있는데, 국가생약정보에는 두 종 모두를 조협의 공정서 생약으로 소개하고 있다.

1700 http://www.theplantlist.org/tpl1.1/record/tro-13056234
1701 『The genera of vascular plants of Korea』(2007), 588쪽.
1702 http://cht.a-hospital.com/w/皀莢
1703 『中國植物志, 39卷』(1988), 86쪽.
1704 http://xh.5156edu.com/html5/237937.html
1705 권동열 외(2020), 649쪽; 이덕봉d(1963), 70쪽.
1706 신민교(2015), 580쪽; 『본초감별도감, 제3권』(2017), 282쪽.
1707 신전휘·신용욱(2013), 263쪽.

102 수양水楊

향약구급방	味苦平無毒 葉圓滑而赤 枝短硬, 生水岸 形如楊故名之
국명	사시나무
학명	*Populus davidiana* Dode
생약정보	항목 없음

「초부」에는 민간 이름은 없으나, 잎이 원형이고 붉은색을 띠며 물가에서 자라는 것으로 설명되어 있다. 『향약집성방』과 『동의보감』에는 水楊수양이라는 표제어가 없어, 『향약구급방』과 단절된 것처럼 보인다. 그러나 『향약집성방』과 『동의보감』에는 水楊수양 대신 白楊樹皮백양수피가 나온다. 그리고 『증류본초』에는 白楊樹皮백양수피에 대해 잎은 둥글고 넓으며 붉은색이고, 가지는 짧고 단단하며, 차가운 물이 있는 물가 둑에서 많이 자라고, 생김새가 楊柳양류[1708] 종류와 비슷하나 물가에서 자라므로 水楊수양이라는 이름이 붙은[1709] 것으로 설명되어 있다. 이러한 설명은 『향약구급방』에 있는 水楊수양의 설명과 거의 비슷하다. 또한 『증류본초』에 白楊樹皮백양수피와 구분되어 있는 水楊葉수양엽 항목에서는 白楊백양 항목을 참조하라고 되어 있다. 따라서 『향약구급방』에 나오는 水楊수양은 白楊樹皮백양수피와 같은 식물로 간주해도 될 것이다.

『향약집성방』과 『동의보감』에 나오는 白楊樹皮백양수피는 白楊백양의 樹皮수피, 즉 나무껍질로 간주된다. 그리고 『향약집성방』에는 鄕名향명으로

1708 버드나무과(Salicaceae) 식물을 부르는 이름이다. 버드나무속(*Salix*)과 사시나무속(*Populus*) 식물들이 이 과에 속한다.

1709 葉圓闊而赤 枝條短硬, 多生水水岸傍, 其形如楊柳相似, 以生水岸, 故名水楊.

沙瑟木사슬목이, 『동의보감』에는 우리말 이름으로 사ᄉᆞ나못겁질이 나온다. 사ᄉᆞ나못겁질은 사ᄉᆞ나모와 겁질이라는 두 단어로 추정된다. 또한 沙瑟木사슬목은 사시나무와 연결되는 것으로 간주하고 있다.[1710] 한편, 『향약집성방』에는 白楊백양의 줄기가 크고 잎은 둥글어 梨이[1711] 잎 같으며, 수피는 하얀색으로 설명되어 있으며, 『동의보감』에는 잎의 앞쪽은 푸르고 뒤쪽은 희며, 잎자루가 연약하여 약한 바람에도 몹시 흔들리는데, 옛 사람들은 언덕과 무덤 근처에 많이 심었다고 설명되어 있다.

중국에서는 白楊樹皮백양수피를 山楊산양, *Populus davidiana* Dode으로 간주하고 있다.[1712] 우리나라에서는 일제강점기에 Mori가 *P. albus* Linnaeus, *P. simonii* Carriere, *P. suaveolens* Fischer, *P. tremula* Linnaeus var. *davidiana* Schneider 등에 白楊백양이라는 한자명을 부여했고, 이 가운데 *P. simonii*에는 당버들, *P. suaveolens*에는 빅양, *P. tremula* var. *davidiana*에는 사시나무라는 이름을 일치시켰다.[1713] 이후 정태현 등은 *P. davidiana*에만 사시나무라는 이름을 부여했을 뿐, 白楊백양이라는 한자명은 어떤 종에도 일치시키지 않았다. 그런데 *P. alba*는 수피의 색이 백색에서 회백색이고 잎 뒷면도 처음에는 하얀색인 특징을 지니고 있지만 우리나라에 도입된 식물이며,[1714] *P. suaveolens*는 잎 뒷면이 회백색이고 수피는 진한 회색이나 우리나라에 분포하지도 않는다.[1715]

한편 *Populus tremula* var. *davidiana*는 오늘날 *P. davidiana*로 간주하고

1710 홍문화(1972), 7쪽.

1711 배나무속(*Pyrus*) 식물이다.

1712 『中國植物志, 20(2)卷』(1984), 11쪽.

1713 Mori(1922), 108쪽.

1714 『The genera of vascular plants of Korea』(2007), 404쪽.

1715 『*Flora of China*, Vol. 4』(1999), 152쪽.

있는데,[1716] 수피는 회백색을 띠며, 잎자루가 좌우로 편평하여 잎이 미세한 바람에도 많이 떨리는 특징을 지니고 있다. 따라서 『향약구급방』, 『향약집성방』, 『동의보감』에서 설명하는 水楊수양과 白楊백양은 오늘날 사시나무*P. davidiana*로 판단된다. 단지 중국에서는 水楊수양을 *Salix sinopurpurea* Wang & Yang으로 간주하기도 하나,[1717] 우리나라에는 분포하지 않는다. 또한 갯버들*S. gracilistyla* Miquel로 간주하기도 하나,[1718] 갯버들은 관목으로 어린가지가 황갈색 또는 홍갈색을 띠고 있어 白楊백양으로 간주하기에는 부적합한 것으로 판단된다.

우리나라에서 발간된 일부 본초서에는 白楊樹皮백양수피가 사시나무*Populus davidiana*로 간주되어 있다.[1719] 국가생약정보에는 水楊수양은 없으나, 백양수피의 민간생약으로 사시나무*P. tremula* var. *davidiana*가 소개되어 있다. 이덕봉은 水楊수양의 원식물을 결정하는 것은 쉬운 일이 아니라면서[1720] 종 수준에서 실체를 규명하지 않았다.

1716 『*Flora of China*, Vol. 4』(1999), 144쪽.

1717 https://baike.baidu.com/item/红皮柳/4814907?fromtitle=水杨&fromid=4556399&fr=aladdin

1718 이덕봉d(1963), 70쪽; 이경록(2018), 302쪽.

1719 신전휘·신용욱(2013), 269쪽.

1720 이덕봉d(1963), 70쪽.

103 풍楓

향약구급방	五月斫爲坎 十一月採脂 其脂入地千年爲琥珀
국명	대만풍나무
학명	*Liquidambar formosana* Hance
생약정보	노로통(路路通), 풍나무(*Liquidambar formosana* Hance)

「초부」에는 민간 이름도 식물에 대한 설명도 없다. 그런데 『증류본초』의 楓香脂풍향지 항목에 "5월에 나무를 파서 홈을 만들고, 11월에는 그 홈을 통해 진액을 채취한다"[1721]라는 표현과 "그 진액이 땅속으로 스며들어가 1,000년 된 것이 호박이다"[1722]라는 표현이 나오고 있어, 『향약구급방』에서 설명한 楓풍은 楓香脂풍향지로 판단된다. 『향약집성방』에는 楓香脂풍향지라는 항목으로 설명되어 있는데, 鄕名향명은 없으나, 白膠香백교향이라고도 부르는 것으로 설명되어 있다. 식물에 대한 설명은 중국에서 편찬된 문헌에 있는 내용이 인용되어 있다. 나무는 높이 자라고 잎이 삼각 모양이며, 음력 2월에 흰 꽃이 피고, 오리알 같은 열매가 달리는[1723] 것으로 설명되어 있다. 『동의보감』에는 楓풍과 楓香脂풍향지 항목이 없는 대신 乳香유향의 부수항목으로 白膠香백교향이 있는데, 白膠香백교향을 楓香脂풍향지라고도 부르는 것으로 설명되어 있다.

중국에서는 楓香脂풍향지를 楓香樹풍향수, *Liquidambar formosana* Hance의 건조

1721 五月斫爲坎, 十一月採脂. 번역문은 이경록(2018, 302쪽)을 인용한 것이다.
1722 其脂入地千年爲琥珀. 번역문은 이경록(2018, 302쪽)을 인용한 것이다.
1723 似白楊甚高大. 葉圓而作岐, 有三角而香. 二月有花, 白色. 乃連着實, 大如鴨卵.

한 수지로 간주한다.[1724] 우리나라에서는 남부 지방에서 풍나무 또는 대만풍나무라고 부르며 관상용으로 심고 있으나, 도입된 시기는 알려져 있지 않다. 단지 일제강점기인 1932년에 발간된 『토명대조만선식물자휘土名對照滿鮮植物字彙』에 "풍향슈"라는 이름과 학명이 나열되어 있는 점으로 보아,[1725] 그 이전에 우리나라에 도입된 것으로 추정된다.

그런데 『향약구급방』 「본문」에는 楓풍의 잎을 이용하여 눈이 충혈되고 가려운 증상을 치료하는 것으로 설명되어 있다. 그리고 이 치료법은 고려시대인 1230~1240년경에 편찬된 것으로 추정되는 『비예백요방備豫百要方』에서 발견되어, 고려시대 고유의 처방으로 간주되고 있다.[1726] 만일 고려시대 고유의 처방이라면, 楓풍은 고려시대에 이미 우리나라에서 재배되거나 자라던 식물일 것이다. 그러나 楓풍, 즉 楓香樹풍향수, *Liquidambar formosana*는 우리나라에서 재배 불가능하기에, 鄕藥향약에 수록한 것은 타당하지 않다는 지적도 있다.[1727] 그런데 이 처방의 마지막에는 『신상서방愼尙書方』에 나오는 것으로[1728] 설명되어 있고, 『신상서방』은 송나라 개봉부開封府 출생으로 고려 중기에 귀화하여 거창 신씨居昌愼氏의 시조가 된 학식이 깊고 의술에 뛰어난 신수愼修의 아들 신안지愼安之가 편찬했을 가능성이 높은 것으로 파악되고 있다.[1729] 만일 이러한 추정이 맞는다면, 『향약구급방』에 나오는 楓풍과 관련된 처방은 중국의 처방일 가능성도 있으며, 楓풍 역시 우리나라에서 널리 자라는 단풍나무 종류가[1730] 아니라 중국 일

1724 https://baike.baidu.com/item/枫香脂/3114629?fr=aladdin
1725 村田懋磨(1932), 744쪽.
1726 이경록(2018), 31쪽.
1727 이덕봉d(1963), 71쪽. 鄕藥(향약)은 『향약구급방』을 의미하는 것으로 풀이된다.
1728 出愼尙書方.
1729 안상우(2000), 13쪽.
1730 신영일(1994, 94쪽)과 이경록(2018, 208쪽)은 단풍나무로 풀이했다.

대에 분포하는 대만풍나무일 가능성이 높을 것이다. 국가생약정보에는 풍향지의 민간생약으로 풍나무*L. formosana*가 소개되어 있다.

104 오수유吳茱萸

향약구급방	味辛溫大熱有小毒 九月九日採實 陰乾 其根殺三蟲
국명	오수유
학명	*Tetradium ruticarpum* (A. Jussieu) T.G. Hartley
생약정보	오수유(*Evodia rutaecarpa* Bentham), 석호(石虎, *E.* rutaecarpa var. *officinalis* Huang) 그리고 소모오수유(疎毛吳茱萸, *E. rutaecarpa* var. *bodinieri* Huang)

「초부」에는 민간 이름도 식물에 대한 설명도 없으나, 「본문」에는 茱萸수유의 이름이 吳茱萸오수유라고 설명되어 있다. 『향약집성방』에도 鄕名향명은 없으나, 중국 문헌에 소개된 식물에 대한 설명이 인용되어 있다. 높이 3m 정도 자라며, 수피는 청록색이고, 잎은 椿[1731]춘과 비슷하나 넓고 두꺼우며 자색이 돌고, 음력 3월에 홍자색 꽃이 핀다. 7~8월에 椒[1732]초의 열매와 비슷한 열매를 맺는데, 덜 성숙했을 때에는 미황색이나 익으면서 진한 자색으로 된다고[1733] 설명되어 있다. 『동의보감』에는 중국에서 수입한

1731 참죽나무(*Toona sinensis*)이다.

1732 화초(*Zanthoxylum bungeanum*)이다. 96번 항목 천초(川椒)를 참조하시오.

1733 木高丈餘, 皮青綠色. 葉似椿而濶厚, 紫色. 三月開花紅紫色. 七月, 八月結實似椒子, 軟時微黃, 至成熟則深紫.

약재라는 의미의 "唐당" 표시가 병기되어 있으며, 우리말 이름은 없고, 식물에 대한 설명이 『향약집성방』과 비슷하다. 단지 우리나라에는 오직 경주에만 있고, 다른 곳에는 없는 것으로 설명되어 있다.

중국에서는 吳茱萸오수유를 *Evodia rutaecarpa* (A. Jussieu) Bentham으로 간주하였으나,[1734] 최근에는 *Tetradium ruticarpum* (A. Jussieu) T. G. Hartley라는 학명을 사용하고 있다.[1735] 吳茱萸오수유는 중국 남부와 부탄, 미얀마, 네팔 등지에 자생할 뿐,[1736] 우리나라에는 분포하지 않는다. 그러나 1425년에 발간된 『조선왕조실록』의 「세종실록지리지」에 吳茱萸오수유가 경상도 지방 약재로 언급되었고,[1737] 이후 1530년 중종 시절에 발간된 『신증동국여지승람』 제21권 경상도 편에 토산품으로 언급되어 있으며,[1738] 『동의보감』에는 경주에 식재되어 있는 것으로 기록되어 있는데, 아마도 경상도 경주일 것이다.

우리나라에서는 해방 이후인 1949년 정태현 등이 吳茱萸오수유라는 한자 식물명을 학명과 함께 처음 사용했는데, *Evodia daniellii* Bennett와 *E. officinalis* Dode의 한자명으로 吳茱萸오수유를 병기하면서, 전자는 한글명으로 수유나무, 후자는 오수유라고 구분했다.[1739] 그런데, 최근에 *E. officinalis*라는 학명은 *Tetradium ruticarpum*의 분류학적 이명으로 간주되었고, *E. daniellii* 대신 *T. daniellii*라는 학명을 쓰고 있다.[1740] 그리고 이 두

1734 『中國植物志, 43(2)卷』(1997), 65쪽.

1735 『*Flora of China*, Vol. 11』(2008), 68쪽.

1736 『*Flora of China*, Vol. 11』(2008), 68쪽.

1737 http://sillok.history.go.kr/main/main.jsp를 참조하시오.

1738 고전번역원 고전종합DB(http://db.itkc.or.kr/itkcdb/mainIndexIframe.jsp)에서 오수유로 검색하면 찾을 수 있다.

1739 정태현 외b(1949), 60쪽.

1740 『*Flora of China*, Vol. 11』(2008), 68쪽.

종은 우리나라에서 자라던 식물이 아닌 것으로 간주되고 있는데,[1741] *E. daniellii*는 쉬나무로 부르면서 우리나라 전국에 걸쳐 식재되어 있는 반면, *E. officinalis*는 오수유로 부르면서 경주 지방에만 식재된 것으로 알려져 있다.[1742] 비록 이덕봉은 *E. officinalis*를 吳茱萸오수유라고 간주했으나,[1743] 『향약구급방』, 『향약집성방』 그리고 『동의보감』에 나오는 吳茱萸오수유는 *T. ruticarpum*으로 판단된다.

국가생약정보를 비롯하여 일부 본초서에는[1744] 오수유*Evodia rutaecarpa* Bentham를 비롯하여 석호石虎, *E. rutaecarpa* var. *officinalis* Huang, 소모오수유疎毛吳茱萸, *E. rutaecarpa* var. *bodinieri* Huang의 열매를 吳茱萸오수유로 간주하고 있다.

105 류柳

향약구급방	楊木 葉短 柳木 枝長 皮根理癰疽 花味苦寒無毒 主惡瘡 宜貼灸
국명	수양버들
학명	*Salix babylonica* Linnaeus
생약정보	유엽(柳葉), 수양버들(*Salix babylonica* Linnaeus)

「초부」에는 민간 이름은 없으나, 식물에 대한 설명으로 楊木양목은 잎이 짧으나, 柳木류목은 가지가 길다고 비교되어 있다. 『향약집성방』과 『동

1741 『The genera of vascular plants of Korea』(2007), 709쪽.
1742 이우철b(1996), 210쪽.
1743 이덕봉d(1963), 71쪽.
1744 『본초감별도감, 제2권』(2015), 202쪽.

의보감』에는 柳류라는 항목은 없으나, 『향약집성방』에는 柳華류화, 『동의보감』에는 柳花류화라는 항목이 있다. 그리고 『향약집성방』과 『동의보감』에 나오는 식물에 대한 설명에서는 모두 柳류와 楊양을 비교하고 있으며, 또한 악창惡瘡을 치료하고, 첩구貼灸에 알맞다는 설명이 나오고 있어, 『향약구급방』의 柳류와 『향약집성방』의 柳華류화, 그리고 『동의보감』의 柳花류화는 모두 같은 식물을 지칭하는 것으로 판단된다.

『향약집성방』에는 鄕名향명이 없고, 중국 문헌에 있는 식물에 대한 설명이 인용되어 있다. 柳류는 水楊柳수양류라고도 부르나,[1745] 水楊수양[1746]과는 다른 식물로, 水楊수양의 잎은 둥글넙적하고 붉으며 가지가 짧으면서 단단하나, 柳류의 잎은 좁고 길면서 푸르고 가지는 길고 연하며,[1747] 꽃이 필 때에는 수술이 누렇고, 씨는 날아다니는 솜과 비슷한데 이를 유서柳絮라고 부르는[1748] 것으로 설명되어 있다. 『동의보감』에는 우리말 이름으로 버들가야지가 병기되어 있으며, 식물에 대한 설명은 『향약집성방』의 내용과 비슷하다.

중국에서는 柳花유화를 垂柳수류의 꽃으로 간주하고 있으며,[1749] 華화는 花화로 쓰기도 하므로, 『동의보감』에 나오는 柳花유화와 『향약집성방』에 나오는 柳華유화는 같은 식물을 지칭할 것이다. 한편, 垂柳수류를 중국에서는 수양버들*Salix babylonica* Linnaeus로 간주하고 있으며,[1750] 垂柳수류를 단순히 柳류로 부르기도 한다.[1751] 우리나라에서는 일제강점기에 Mori가 *S. baby-*

1745 柳卽今水揚柳也.

1746 사시나무(*Populus davidiana*)이다. 102번 항목 수양(水楊)을 참조하시오.

1747 柳與水楊全不相似. 水楊葉圓潤而赤, 枝條短硬. 柳葉狹長青綠, 枝條長軟.

1748 絮爲花, 花卽初發時黃蕊, 子爲飛絮, 爲花

1749 https://baike.baidu.com/item/柳花/32323?fr=aladdin

1750 『中國植物志, 20(2)卷』(1984), 138쪽.

1751 http://www.zhiwutong.com/latin/Salicaceae/Salix-babylonica-Linn.htm

*lonica*에 柳류, 楊柳양류, 重陽柳중양류와 슈양버들이라는 이름을 일치시켰는데,[1752] 그는 *S. neo-lasiogyne* Nakai에도 슈양버들이라는 이름을 일치시켰다.[1753] 이후 정태현 등도 *S. babylonica*에 垂楊수양과 수양버들이라는 이름을 일치시켰다.[1754] 오늘날 *S. neo-lasiogyne*는 *S. babylonica*의 이명으로 간주되고 있다.[1755]

따라서 『향약구급방』의 柳류, 『향약집성방』의 柳華류화 그리고 『동의보감』의 柳花류화는 모두 수양버들*Salix babylonica*을 지칭하는 것으로 판단된다. 단지 『동의보감』에 나오는 우리말 이름 버들가야지는 오늘날 버들개지로 읽을 수 있는데, 표준국어대사전에 버들개지는 "버드나무의 꽃"으로 풀이되어 있다.[1756] 그런데 버드나무는 *S. koreensis* Andersson의 한글명으로, 『동의보감』의 이름과 표준국어대사전의 이름이 상충된다. 또한 수양버들은 중국 원산으로 우리나라에서 식재하고 있으나,[1757] 능수버들*S. pseudolasiogyne* Leveille은 중국에서 朝鮮垂柳조선수류라고 부르며[1758] 우리나라에서 널리 자생하고 있기[1759] 때문에, 옛 문헌에 나오는 柳류가 수양버들인지 능수버들인지는 확실하지 않다. 이덕봉은 부정확한 기록으로 『향약구급방』에 나오는 柳류를 파악하는 것은 곤란하다고 지적한 바 있다.[1760]

능수버들과 수양버들은 어린가지가 아래로 처져 있어 외관상 거의 비

1752 Mori(1922), 109쪽.
1753 Mori(1922), 111쪽.
1754 정태현 외(1937), 41쪽.
1755 http://www.theplantlist.org/tpl1.1/record/kew-5002713
1756 https://stdict.korean.go.kr/search/searchView.do?word_no=433626&searchKeywordTo=3
1757 『The genera of vascular plants of Korea』(2007), 414쪽.
1758 『*Flora of China*, Vol. 4』(1999), 187쪽.
1759 『한국수목도감』(1992), 58쪽.
1760 이덕봉d(1963), 71쪽.

슷한 것으로 알려져 있는데, 능수버들의 경우 어린가지가 초록빛이 도는 노란색인 반면, 수양버들의 경우 붉은빛이 도는 갈색인 차이를 보인다.[1761] 그리고 버드나무는 어린가지가 아래로 처지지 않는 특징을 지니고 있어, 수양버들과 능수버들과는 구분된다. 그러나 이러한 특징들이 옛 문헌에 나와 있지 않기 때문에, 옛 문헌에 나오는 柳류를 정확하게 파악하는 것은 어려우나, 중국 문헌의 설명에 따라 수양버들*S. babylonica*로 간주하는 것이 타당할 것이다. 그리고 『동의보감』에 병기된 우리말 이름 버들가야지의 변천 과정도 추후 파악해야만 할 것이다. 국가생약정보에는 유엽柳葉의 민간생약으로 수양버들*S. babylonica*이 소개되어 있다.

106 건우乾藕

향약구급방	俗云蓮根 味甘无毒 七月七日採花七分 八月八日採根八分, 九月九日採實九分 陰乹 擣篩 服方寸匕 不老
국명	연
학명	*Nelumbo nucifera* Gaertner
생약정보	우절(藕節), 연꽃(*Nelumbo nucifera* Gaertner)

「초부」에는 민간 이름으로 蓮根연근이 병기되어 있을 뿐, 식물에 대한 설명은 없다. 『향약집성방』에는 표제어가 藕實우실로, 『동의보감』에는 蓮實연실로 되어 있는데, 모두 같은 식물을 지칭한다. 『향약집성방』에는 藕

1761 『The genera of vascular plants of Korea』(2007), 411쪽.

實우실은 蓮子연자라고[1762] 설명되어 있으며, 『동의보감』에는 년밤이라는 우리말 이름이 병기되어 있다. 그러나 식물에 대한 설명은 거의 없다. 蓮연은 물속에서 살아가는 연*Nelumbo nucifera* Gaertner이다.

『동의보감』에는 연의 잎은 荷하, 줄기는 茄가, 줄기의 밑은 蔤밀, 꽃이 피지 않은 꽃봉오리는 菡萏함담, 꽃이 핀 것은 芙蓉부용, 열매는 蓮연, 뿌리는 藕우, 연밥 가운데는 的적으로 부르는데, 이 的적 가운데 푸른 부위를 薏의라고 부르며, 연 전체를 芙蕖부거라고 부르는 것으로 설명되어 있다. 국가생약정보에는 연자육, 하엽, 우절, 연자심, 연방, 하경, 연화, 연주, 연의, 석련자, 하엽체, 우 등의 공정서 또는 민간생약으로 연꽃*Nelumbo nucifera*이 소개되어 있다.

107 대조大棗

향약구급방	味甘平无毒 八月採 日乹
국명	대추나무
학명	*Ziziphus jujuba* Miller var. *inermis* Rehder
생약정보	대추나무(*Ziziphus jujuba* Miller var. *inermis* Rehder)와 보은대추나무(*Z. jujuba* var. *hoonensis* T.B. Lee)

「초부」에는 민간 이름도 식물에 대한 설명도 없다. 「본문」에는 단순히 棗조로 표기되어 있다. 『향약집성방』에도 鄕名향명이 없고, 식물에 대한 설

1762 此卽今蓮子.

명도 없다. 『동의보감』에는 우리말 이름으로 대츄가 병기되어 있을 뿐, 식물에 대한 설명은 없다. 중국에서는 大棗대조를 *Ziziphus jujuba* Miller로 간주하고 있으며,[1763] 우리나라에서는 이 종의 한 변종 var. *inermis* Rehder를 대추라고 부르며 大棗대조로 간주하고 있다.[1764] 단지 대추 종류는 가시의 유무와 열매의 크기 등으로 인해 몇 종류의 변종으로 구분되는데, 가시가 있는 종류를 酸棗산조라고 부르며 묏대추*Z. jujuba* var. *spinosa* Bunge Hu ex H.F. How로 간주하고 있다.[1765] 국가생약정보에는 산조의 공정서 생약으로 대추나무*Z. jujuba* Miller var. *inermis*와 보은대추나무*Z. jujuba* var. *hoonensis* T.B. Lee가 소개되어 있다.

108 호도胡桃

향약구급방	唐楸子 味甘平无毒 実有房 熟時採實
국명	호두나무 → 당추자로 수정 요
학명	*Juglans regia* Linnaeus
생약정보	호두나무(*Juglans regia* Linnaeus)

「초부」에는 胡桃호도의 또 다른 이름으로 唐楸子당추자가 병기되어 있으며, 열매가 방으로 나누어져 있다는 설명이 있을 뿐이다. 「본문」에서는 唐楸子당추자를 鄕名향명으로 불렀으며, 민간 이름으로 楸子추자라고 부르는

1763 『中國植物志, 48(1)卷』(1982), 133쪽.

1764 이덕봉d(1963), 72쪽; 『본초감별도감, 제1권』(2014), 68쪽.

1765 146번 항목 산조(酸棗)를 참조하시오.

것은 확실히 楸子추자가 아니라 胡桃호도라고[1766] 설명되어 있다. 『향약집성방』에도 胡桃호도는 唐楸子당추자라고 설명되어 있으나, 식물에 대한 특별한 설명은 없다. 『동의보감』에는 당츄ᄌᆞ라는 우리말 이름이 병기되어 있으나, 식물에 대한 설명은 없다. 『향약구급방』과 『향약집성방』에 나오는 唐楸子당추자를 『동의보감』에서 한글로 표기한 것으로 추정하고 있는데,[1767] 楸추라는 한자는 우리나라에서 만든 것으로 알려져 있다.[1768] 그러나 楸추라는 글자를 중국에서는 만주개오동*Catalpa bungei* C.A. Meyer의 이름으로 사용하고 있어, 추후 상세한 검토가 필요하다. 그런데 楸추라는 글자 하나를 우리나라에서 만든 것이 아니라, ᄀᆞ래라고 부르며 우리나라 중부 이북 지역에 자라는 楸子추자[1769]와 구분하려고 중국에서 넘어온 唐楸子당추자라는 이름을 우리나라 전문가나 식자층에서 만든 것으로 추정하고 있다.[1770]

중국에서는 胡桃호도를 *Juglans regia* Linnaeus로 간주하는데,[1771] 우리나라에는 중국으로부터 고려시대에 유입된 것으로 알려져 있으며, 최근에는 唐楸子당추자라는 이름 대신 호두나무라고 부르며,[1772] 열매는 호두라고 부르고 있다. 단지 우리나라에서는 일제강점기에 이시도야가 *Juglans sinensis* Dode[1773]를 호두나무, 당추자라는 이름으로 불렀으나,[1774] 이후 Mori는 *J. regia* var. *sinensis* Maximowicz에 胡桃호도와 호두나무를,[1775] 정태현

1766 今俗云楸子 亦非楸子 乃胡桃

1767 남풍현(1981), 137쪽.

1768 http://encykorea.aks.ac.kr/Contents/Item/E0063723

1769 가래나무(*Juglans mandshurica*)이다. 「본문」 22번 항목 추(楸)를 참조하시오.

1770 남풍현(1981), 137쪽.

1771 『中國植物志, 21卷』(1979), 31쪽.

1772 이우철a(1996), 133쪽.

1773 오늘날에는 *Juglans regia*와 같은 분류군으로 간주하며, 학명은 *J. regia*를 사용한다.

1774 이시도야(1917), 42쪽.

1775 Mori(1922), 113쪽.

등은 *J. sinensis* Maximowicz에 胡桃호도와 호두나무라는 이름을 일치시켰다.[1776] 오늘날 *J. sinensis*는 *J. regia*와 같은 종으로 간주된다.[1777] 일제강점기를 거치면서 『동의보감』에 나오는 당추자라는 이름은 기록에서 사라져버렸으나, 당추자라는 이름을 되살려야만 할 것이다. 국가생약정보에는 호도의 공정서 생약으로 호두나무*J. regia*가 소개되어 있다.

109 우芋

향약구급방	俗云毛立 味辛平有毒
국명	토란
학명	*Colocasia esculenta* (Linnaeus) Schott
생약정보	항목 없음

「초부」에는 민간 이름으로 毛立모립이 병기되어 있을 뿐, 식물에 대한 설명은 없다. 『향약집성방』에는 鄕名향명으로 土卵토란이 병기되어 있고, 식물에 대한 설명은 없다. 『동의보감』에는 표제어가 芋子우자로 되어 있으며, 우리말 이름으로 토란이 병기되어 있으며, 사람들이 土蓮토련이라고 부른다고 설명되어 있으나, 식물에 대한 설명은 거의 없다.

『향약구급방』에 나오는 민간 이름 毛立모립은 모립으로 읽히는데, 15세기에는 토란에 밀려 사라진 이름으로 추정된다.[1778] 또한 모리 정도로

1776 정태현 외(1937), 43쪽.
1777 『*Flora of China*, Vol. 4』(1999), 282쪽.
1778 남풍현(1981), 103쪽.

도 읽히는데 다음에 나오는 이름과 전혀 관련성이 없는 것으로 평가된다.[1779] 『향약집성방』에 鄕名향명이 土卵토란으로 병기되어 있는데, 이후 한자음을 그대로 읽은 토란이 『동의보감』에 병기되어 있어, 토란이라는 우리말 이름이 널리 사용되었다.

중국에서는 芋우를 토란*Colocasia esculenta* (Linnaeus) Schott으로 간주하고 있으며, 중국을 비롯한 동남아시아 열대 지방 원산으로 알려져 있다.[1780] 우리나라에는 자생하지 않으나 널리 식재하고 있는데, 언제 우리나라에 도입되었는지는 확실하지 않다. 우리나라에서는 토란의 학명으로 *C. antiquorum* Schott를 사용했으나,[1781] 이 종은 오늘날 *C. esculenta*와 같은 종으로 간주되고 있다.[1782] 국가생약정보에는 우 또는 토란의 공정서 생약과 민간생약으로 토란*C. esculenta*이 소개되어 있다.

1779 이은규(2009), 505쪽.

1780 『中國植物志, 13(2)卷』(1979), 68쪽.

1781 Mori(1922), 79쪽; 정태현 외(1937), 27쪽; 이덕봉d(1963), 72쪽.

1782 『*Flora of China*』 Vol. 23(2010), 73쪽.

110 도인桃人

향약구급방	味苦甘無毒 又云溫 殺三虫 止心痛 七月採取人 陰乾 (이하 생략)
국명	복숭아나무
학명	*Prunus persica* (Linnaeus) Batsch
생약정보	복숭아나무(*Prunus persica* (Linnaeus) Batsch)와 산복사나무 (*P. davidiana* (Carriere) Franchet)

「초부」에는 민간 이름도 식물에 대한 설명도 없다. 단지 「본문」에는 桃人도인이 복숭아 열매 안에 들어 있는 씨[1783]로 설명되어 있다. 『향약집성방』과 『동의보감』에는 표제어가 桃核仁도핵인으로 되어 있는데, 『향약구급방』에 나오는 桃人도인에서 人인은 과일의 씨를 지칭하며 仁인으로도 표기하고, 桃仁도인과 桃核仁도핵인을 같은 의미로 사용하므로,[1784] 桃核仁도핵인과 桃人도인은 같은 약재명으로 판단된다. 『향약집성방』에는 鄕名향명은 없고 음력 3월에 꽃을 따서 말리는 것으로 설명되어 있을 뿐, 식물에 대한 설명도 거의 없다. 『동의보감』에는 우리말 이름으로 복숑화삐가 병기되어 있을 뿐, 식물에 대한 설명은 거의 없다. 복숑화삐는 복숑화와 삐로 구분되며, 복숑화는 오늘날 복숭아를 지칭하는 것으로 판단된다.

중국에서는 복숭아나무*Prunus persica* (Linnaeus) Batsch를 桃도로, 산복사나무

1783 桃人桃核之實. 단지 之(지)는 해독이 불가능하나, 신영일(1994, 86쪽)은 일본 궁내청 도서관에 있는 원본을 대조 후 之(지)로 간주했다. 복숭아의 경우 사람이 먹을 수 있는 과육이 있고, 과육 안쪽에 딱딱한 핵이 존재하는데, 이 핵 속에 들어 있는 씨를 의미하는 것으로 보인다. 과육을 덮고 있는 껍질, 과육 그리고 딱딱한 핵을 합쳐서 열매 부위라고 부른다.

1784 https://baike.baidu.com/item/桃仁提取物/6541480?fr=aladdin

P. davidiana (Carriere) Franchet를 山桃산도로 간주하고 있다.[1785] 그러나 『향약집성방』에는 山桃산도의 씨는 사용하지 않는다고[1786] 되어 있어, 우리나라에서는 桃人도인으로 山桃산도는 제외하고 桃도만 약재로 사용했던 것으로 보인다. 우리나라에서는 일제강점기에 Mori가 *P. persica* Stokes에 桃도, 복숭아, 복사나무라는 이름을 일치시켰고,[1787] 정태현 등도 *P. persica* Stokes에 복숭아나무와 桃도라는 이름을 일치시켜[1788] 오늘에 이르고 있다. 단지 오늘날 *P. persica*를 *Amygdalus persica* Linnaeus라는 학명으로 사용하기도 하며,[1789] Mori와 정태현 등이 사용한 'Stokes'라는 명명자는 '(Linnaeus) Batsch'의 오기로 판단된다. 국가생약정보에는 도인의 공정서 생약으로 복숭아나무*P. persica*와 산복사나무*P. davidiana*가 소개되어 있다.

111 호마胡麻

향약구급방	俗云荏子 味甘无毒 如油麻 角小烏者良
국명	**참깨**
학명	*Sesamum indicum* Linnaeus
생약정보	**흑지마(黑脂麻), 흑호마(黑胡麻), 참깨(*Sesamum indicum* Linnaeus)**

「초부」에는 민간 이름으로 荏子임자가 표기되어 있으며, 油麻유마와 같다

1785 http://www.zysj.com.cn/zhongyaocai/yaocai_t/taoren.html

1786 又有山桃, 其仁不堪用.

1787 Mori(1922), 209쪽.

1788 정태현 외(1937), 95쪽.

1789 『*Flora of China*, Vol. 9』(2003), 393쪽.

고 설명되어 있는데, 「본문」에는 荏子임자를 鄕名향명으로 설명했으며, 胡麻호마 대신 油麻유마로 표기되어 있다. 『향약집성방』에는 胡麻호마를 黑荏子흑임자라고도 부르는 것으로 설명되어 있으나, 줄기가 네모져 있다는 설명 이외에 식물에 대한 설명은 거의 없다. 『동의보감』에는 우리말 이름으로 거믄춤빼가 병기되어 있으며, 식물에 대한 설명은 거의 없다.

중국에서는 胡麻호마를 참깨*Sesamum indicum* Linnaeus로 간주하고 있으며,[1790] 芝麻지마, 脂麻지마, 油麻유마 등으로 부르는 반면, 荏子임자는 *Perilla frutescens* (Linnaeus) Britton을 지칭하고 있다.[1791] 그런데 『향약구급방』과 『동의보감』, 그리고 『증류본초』에서는 胡麻호마를 米穀部미곡부 또는 穀部곡부에서 설명하고 있는 반면, 『증류본초』에서는 荏子임자를 菜部채부에서 설명하고 있다. 그리고 『훈몽자회』에서는 荏임이 "듧깨인데, 蘇子소자라고 부르며, 소자로 짠 기름을 重油중유라고 부른다. 또한 춤깨는 白荏백임인데, 脂麻지마라고도 부르는"[1792] 것으로 설명되어 있어, 우리나라에서는 荏임이라는 글자로 두 종류의 식물인 들깨, 즉 蘇子[1793]소자와 참깨, 즉 白荏백임을 지칭했던 것으로 보인다. 白荏백임은 하얀 참깨를, 胡麻호마는 黑荏子흑임자, 즉 검은 참깨를 지칭했던 것으로 풀이되는데, 『향약구급방』에는 蘇子소자가 독립된 항목으로 설명되어 있다.

우리나라에서는 일제강점기에 Mori가 *Sesamum indicum*에 胡麻호마, 芝麻지마, 脂麻지마 그리고 참깨라는 이름을 일치시켰고,[1794] 정태현 등도 胡麻

1790 『中國植物志, 69卷』(1990), 63쪽.

1791 『中國植物志, 66卷』(1977), 282쪽.

1792 듧깨임 或呼蘇子其油曰重油又춤깨曰白荏又曰脂麻

1793 차조기(*Perilla frutescens*)이다. 129번 항목 소자(蘇子)를 참조하시오.

1794 Mori(1922), 319쪽.

호마와 참깨라는 이름을 부여했으며,[1795] 오늘에 이르고 있다. 단지 참깨의 품종으로 흑색, 백색, 황색 3종류가 재배되었던 것으로 알려져 있는데,[1796] 이 가운데 胡麻호마는 흑색 품종이다. 국가생약정보에는 흑지마의 공정서 생약으로 참깨*S. indicum*가 소개되어 있다.

112 적소두赤小豆

향약구급방	味甘酸平無毒 主下水 排擁腫膿血 亦主丹毒
국명	**팥**
학명	*Vigna angularis* (Willdenow) Ohwi & Ohashi
생약정보	팥(*Vigna angularis* (Willdenow) Ohwi & Ohashi)와 덩굴팥(*V. umbellata* (Thunberg) Ohwi & Ohashi)

「초부」에는 민간 이름도 식물에 대한 설명도 없으나, 「본문」에는 小豆소두로도 표기되어 있다. 『향약집성방』에도 鄕名향명과 식물에 대한 설명은 거의 없다. 『동의보감』에는 우리말 이름으로 블근퐃이 병기되어 있으나, 식물에 대한 설명은 거의 없다.

중국에서는 덩굴팥*Vigna umbellata* (Thunberg) Ohwi & Ohashi과 팥*V. angularis* (Willdenow) Ohwi & Ohashi의 건조한 종자를 赤小豆적소두라고 부르는데,[1797] 덩굴팥

1795 정태현 외(1937), 148쪽.
1796 이선희(2009), 3쪽.
1797 https://baike.baidu.com/item/赤小豆/16074569?fr=aladdin

V. umbellata만을 『신농본초경』에서 언급한 赤小豆적소두라고 부르며,[1798] 팥V. angularis은 『당본초』에서 언급한 赤豆적두 또는 『이아』에서 언급한 小豆소두라고 부르고[1799] 있다. 이 두 종은 탁엽의 크기와 덩굴성 여부로 구분되는데, 덩굴팥V. umbellata은 탁엽이 10~15mm이고, 잎은 난형 또는 피침형이고 덩굴성이나, 팥V. angularis은 탁엽이 8~10mm이며, 잎은 마름모꼴 난형이고, 다소 직립성이다.[1800] 그러나 이러한 차이로 이 두 종을 구분할 만한 정보가 『향약집성방』과 『동의보감』에는 실려 있지 않다.

우리나라에서는 일제강점기에 Mori가 *Phaseolus chrysanthos* Savi에 小豆소두, 赤小豆적소두, 팟 등의 이름을 일치시켰고,[1801] 이후 정태현 등도 이 학명에 팥과 小豆소두라는 이름을 부여했다.[1802] 그런데 *P. chrysanthos*라는 학명은 오늘날 덩굴팥Vigna umbellata[1803] 또는 팥V. angularis의 분류학적 이명으로[1804] 간주되고 있다. 우리나라에서는 후자의 견해를 따르고 있는데,[1805] 분류학적 견해가 일치하지 않고 있는 상황이며, 두 종 모두 약재로 사용한다고 설명되어 있어, 오늘날 옛 문헌에 나오는 赤小豆적소두를 정확하게 파악하는 것은 불가능할 것으로 판단된다. 그러나 우리나라에서는 잎이 마름모꼴로 생긴 종류인 팥V. angularis을 널리 재배하고 있어, *V. angularis*를 赤小豆적소두 또는 팥으로 불렀던 것으로 사료된다. 단지 『동의보감』에 블근퐃이라는 우리말 이름이 병기되어 있으므로, 단순히 팥이라고 부르는

1798 『中國植物志, 41卷』(1995), 288쪽.
1799 『中國植物志, 41卷』(1995), 287쪽.
1800 『*Flora of China*, Vol. 10』(2010), 255쪽.
1801 Mori(1922), 220쪽.
1802 정태현 외(1937), 100쪽.
1803 『*Flora of China*, Vol. 10』(2010), 258쪽.
1804 http://www.theplantlist.org/tpl1.1/record/ild-41193
1805 이우철a(1996), 610쪽.

대신 붉은팥으로 부르는 것이 더 타당할 것이다. 국가생약정보에는 적소두의 공정서 생약으로 팥*V. angularis*와 덩굴팥*V. umbellata*이 소개되어 있다.

한편 小豆소두를 팥으로 해석하는 대신, 生藿생곽[1806]을 콩으로 풀이하면서 쥐눈이콩과 같은 작은 콩이라는 의미로 풀이하기도 한다.[1807] 그러나 「본문」에는 大小豆대소두로도 표기되어 있다. 이러한 표현은 대두와 소두를 한꺼번에 표기한 것이므로, 대두는 콩, 소두는 작은 콩이 아니라 팥으로 간주하는 것이 타당할 것이다.

113 생곽生藿

향약구급방	小豆葉也
국명	**팥**
학명	*Vigna angularis* (Willdenow) Ohwi & Ohashi
생약정보	**항목 없음**

「초부」에는 민간 이름은 없고 단순히 小豆소두 잎이라고만 설명되어 있다. 『향약집성방』에는 生藿생곽 항목이 없으나, 赤小豆적소두 항목에서 赤小豆적소두의 잎을 藿곽으로 부른다는 설명이 있고, 『동의보감』에는 赤小豆적소두의 잎을 풋닙으로 부른다는 설명이 있다. 小豆소두와 赤小豆적소두를 팥*Vigna angularis* (Willdenow) Ohwi & Ohashi으로 간주하므로, 生藿생곽은 이 식물의 잎, 즉 팥의 잎을 지칭한 것으로 보인다.

1806 113번 항목 생곽(生藿)을 참조하시오.
1807 이경록(2018), 67쪽.

중국에서는 콩과식물의 잎을 통칭해서 藿곽 으로 부르고 있으며,[1808] 『동의보감』에도 大豆대두, 즉 콩의 어린 잎을 藿곽 이라고 부르면서 나물로 만들어 먹는다고 하는데,[1809] 小豆소두 와 大豆대두 잎 모두를 藿곽 으로 부르는 것으로 설명되어 있다.[1810] 실제로 우리나라 한자사전에도 藿곽 을 '콩잎 곽'으로 설명하고 있으며,[1811] 충청 이남 지역의 산간 지방을 중심으로 콩잎, 즉 대두 잎을 많이 즐겨 먹은 것으로 알려져 있어,[1812] 藿곽 을 좁은 의미로는 팥의 잎으로, 넓은 의미로는 콩의 잎까지도 포함했던 것으로 판단된다.

114 대두황大豆黃

향약구급방	以大豆爲蘖 待其芽出 曝乹用之
국명	콩, 대두
학명	*Glycine max* (Linnaeus) Merrill
생약정보	대두황권(大豆黃卷), 콩(*Glycine max* (Linnaeus) Merrill)

「초부」에는 민간 이름도 식물에 대한 설명도 거의 없는데, 단지 大豆대두 싹을 햇빛에 말려 사용한다고 설명되어 있다. 『향약집성방』과 『동의보감』에는 大豆黃卷대두황권 이라는 이름이 나오는데, 『동의보감』에서는 大豆

1808 https://hanyu.baidu.com/zici/s?wd=藿&query=藿&srcid=28232&from=kg0
1809 大豆嫩葉, 亦謂之藿. 可作菜食之.
1810 정양완 외(1997), 49쪽.
1811 https://hanja.dict.naver.com/#/search?query=藿&range=all
1812 이선아 외(2008), 112쪽.

大豆대두에 속하는 표제어로 나오며, 우리말 이름으로 콩기룸이 병기되어 있다. 大豆黃卷대두황권은 『향약집성방』에서는 大豆대두의 어린싹으로, 『동의보감』에서는 生豆생두의 어린싹으로 설명되어 있다. 그런데 『향약집성방』에는 生大豆생대두라는 표제어가 있으며, 生大豆생대두를 生豆생두라고도 부르는 것으로 설명되어 있어, 大豆대두와 生豆생두는 같은 식물명으로 판단된다. 한편, 콩기룸의 변화는 파악되지 않았는데, 기르다 또는 기ᄅᆞ다에서 온 것으로 추정되며, 콩을 재배해서 만든 어린싹, 즉 콩나물을 콩기름으로 불렀다.[1813]

『동의보감』에는 大豆대두의 우리말 이름으로 흰콩이 병기되어 있으며, 大豆대두에 딸려 있는 穭豆여두의 우리말 이름으로는 효근거믄콩이 병기되어 있다. 그리고 『향약집성방』에는 穭豆여두가 잘고 까만 것으로 설명되어 있어, 大豆대두는 오늘날 콩 종류에서 약간 노란 콩을,[1814] 穭豆여두는 콩 종류 중에서 검은 콩을[1815] 지칭했던 것으로 판단된다. 오늘날 이 두 종류는 콩*Glycine max* (Linnaeus) Merrill에 속하는 품종으로 간주되고 있다.

한편 임태치와 정태현은 *Lathyrus maritimus* Bigel을 大豆黃卷대두황권, 대두황권으로 간주했으나, 이후 정태현 등은 이 학명에 갯완두라는 이름을 부여해서, 오늘에 이르고 있다. 대만에서는 大豆黃卷대두황권을 갯완두*L. maritimus*로 간주하고 있는데,[1816] 효능에 대한 연구가 필요할 것이다. 국가생약정보에는 대두황권의 공정서 생약으로 콩*Glycine max*이, 민간생약으로 갯완두*L. maritimus*가 소개되어 있다.

1813 남광우(2017), 1339쪽.
1814 https://baike.baidu.com/item/大豆/567793?fr=aladdin
1815 https://baike.baidu.com/item/穭豆/22509716?fr=aladdin
1816 최고야 외(2013), 106쪽.

115 녹두菉豆

향약구급방	味甘寒無毒 圓小錄[1817]者尤佳
국명	녹두
학명	*Vigna radiata* (Linnaeus) Wilczek
생약정보	녹두(*Vigna radiatus* Wilczek)

「초부」에는 민간 이름도 식물에 대한 설명도 거의 없는데, 단지 둥글고 녹색을 띠는 것이 좋은 것이라는 설명만 있다. 「본문」에서는 碌豆녹두로 표기되어 있다. 『향약집성방』에도 鄕名향명과 식물에 대한 설명은 거의 없다. 『동의보감』에는 우리말 이름으로 녹두가 병기되어 있으나, 식물에 대한 설명은 거의 없다. 오늘날 菉豆녹두는 녹두*Vigna radiata* (Linnaeus) Wilczek로 간주되고 있다. 菉豆녹두를 碌豆녹두 또는 綠豆녹두로도 표기한다.

1817 원문에는 錄으로 되어 있으나, 綠으로 간주하는 것이 더 좋을 것 같다.

116 소맥小麥

향약구급방	俗云眞麥 味甘微寒無毒
국명	밀
학명	*Triticum aestivum* Linnaeus
생약정보	부소맥(浮小麥), 밀(*Triticum aestivum* Linnaeus)

「초부」에는 민간 이름을 眞麥진맥으로 표기했으나, 식물에 대한 설명은 없다. 「본문」 중에는 麵면, 즉 밀가루로 표기되어 있다. 『향약집성방』에도 鄕名향명과 식물에 대한 설명은 없다. 『동의보감』에는 우리말 이름으로 밀이 병기되어 있으나, 가을에 심어 봄에 이삭을 패고 여름에 익는 것으로 설명되어 있을 뿐, 식물에 대한 설명은 거의 없다. 『향약구급방』에 병기된 민간 이름 眞麥진맥은 참밀 정도로 해독되는데,[1818] 『동의보감』에는 단순히 밀로만 표기되어 있고, 麵면이라는 부수 항목에서 밀ᄀᆞᄅᆞ라는 우리말 이름이 병기되어 있다. 오늘날 小麥소맥은 밀*Triticum aestivum* Linnaeus로 간주된다.

1818 남풍현(1981), 93쪽.

117 서미黍米

향약구급방	俗云只叱 味甘溫無毒 主益氣
국명	기장
학명	*Panicum miliaceum* Linnaeus
생약정보	항목 없음

「초부」에는 민간 이름이 只叱지질로 표기되어 있으나, 식물에 대한 설명은 없다. 『향약집성방』에도 鄕名향명과 식물에 대한 설명이 없다. 『동의보감』에는 우리말 이름으로 기장쌀이 병기되어 있으나, 식물에 대한 설명은 없다. 『향약구급방』에 나오는 민간 이름 只叱지질은 깃으로 해독되나,[1819] 『동의보감』의 기장과의 연결성은 모호하다. 오늘날 黍米서미는 기장*Panicum miliaceum* Linnaeus으로 간주된다.

1819 남풍현(1981), 88쪽.

118 대맥大麥

향약구급방	俗云包來 味鹹溫微寒無毒
국명	보리
학명	*Hordeum vulgare* Linnaeus
생약정보	보리(*Hordeum vulgare* Linnaeus)

「초부」에는 민간 이름이 包來포래로 표기되어 있으나, 식물에 대한 설명은 없다. 「본문」에는 민간 이름으로 包衣포의라고 부르고, 大麥麵대맥면의 鄕名향명이 包衣末포의말로 표기되어 있다. 『향약집성방』에는 鄕名향명은 없으나, 겉모양이 小麥소맥[1820] 비슷한데 좀 크고 껍질이 두꺼운[1821] 것으로 설명되어 있다. 『동의보감』에는 우리말 이름으로 보리쌀이 병기되어 있으나, 식물에 대한 설명은 없다.

『향약구급방』에 나오는 민간 이름 包來포래의 경우, 包포는 보로 음가되고, 來래는 릭로 음가되어 보릭로 해독되고, 大麥麵대맥면의 鄕名향명 包衣末포의말의 경우, 包포는 보로 음가되고, 衣의는 의로 음가되고, 末말은 ᄀᆞᄅᆞ로 훈독되므로 보릭ᄀᆞᄅᆞ로 해독되어,[1822] 『동의보감』에 나오는 보리쌀과 연결된다. 오늘날 大麥대맥은 보리*Hordeum vulgare* Linnaeus로 간주된다.

국가생약정보에는 맥아의 공정서 생약으로 보리의 품종인 여섯줄보리*Hordeum vulgare* var. *hexastichon* Ascheron가, 대맥의 민간생약으로 보리*H. vulgare*가 소개되어 있다. 보리는 크게 겉보리피맥와 쌀보리나맥로 구분되는데, 겉보

1820 밀(*Triticum aestivum*)이다. 116번 항목 소맥(小麥)을 참조하시오.
1821 是形似小麥而大, 皮厚, 故謂大麥.
1822 남풍현(1981), 62쪽.

리는 씨방 벽에서 끈끈한 물질이 분비돼 껍질이 알맹이에서 잘 떨어지지 않는 반면 쌀보리는 껍질이 쉽게 분리된다. 그리고 낟알이 달리는 방식에 따라 두줄보리와 여섯줄보리로 구분되는데, 낟알이 두 열로 배열해서 달리면 두줄보리, 6열로 달리면 여섯줄보리라고 부른다. 약전에는 여섯줄보리를 약재로 사용하는 것으로 설명하고 있다.

119 교맥蕎麥

향약구급방	俗云木麥 味甘寒无毒 不宜多食
국명	메밀
학명	*Fagopyrum esculentum* Moench
생약정보	메밀(*Fagopyrum esculentum* Moench)

「초부」에는 민간 이름이 木麥목맥으로 표기되어 있으나, 식물에 대한 설명은 없다. 단지 「본문」 중에는 木麥之類목맥지류라는 이름으로 표기되어 있다. 『향약집성방』에는 鄕名향명이 木麥목맥으로 표기되어 있으나, 식물에 대한 설명은 없다. 『동의보감』에는 우리말 이름으로 메밀이 병기되어 있으나, 식물에 대한 설명은 역시 없다.

『향약구급방』에 나오는 민간 이름 木麥목맥의 경우, 木목은 모로 음가되고, 麥맥은 밀로 훈독되어 모밀로 해독되는데,[1823] 『동의보감』의 메밀과 연결된다. 木麥목맥을 한자 식물명으로 읽고, 방언으로 毛密모밀이라고

1823 남풍현(1981), 49쪽.

도 표기했으나, 가차표기와 한자어가 비슷해서 나타난 일로 파악되고 있다.[1824] 오늘날 蕎麥교맥은 메밀*Fagopyrum esculentum* Moench로 간주된다. 국가생약정보에는 교맥의 공정서 생약은 소개되어 있지 않지만, 민간생약으로 메밀*F. esculentum*이 소개되어 있다.

120 나미糯米

향약구급방	俗云粘米 性寒 作酒則熱 發風動氣
국명	벼, 찹쌀
학명	*Oryza sativa* Linnaeus
생약정보	항목 없음

「초부」에는 민간 이름이 粘米점미로 병기되어 있으나, 식물에 대한 설명은 없다. 「본문」 중에는 粘米점미가 찹쌀이라고 설명되어 있고, 다른 이름으로 仁粘米인점미가 표기되어 있는데, 粳米갱미도 약재로 사용했다는 내용이 있다. 『향약집성방』에는 糯米나미라는 항목은 없고 대신 稻米도미라는 항목 내에서 糯米나미에 대한 설명이 나오는데, 稻米도미의 鄕名향명은 없고 식물에 대한 설명도 거의 없으나, 糯米나미가 점성을 지닌[1825] 것으로 설명되어 있다. 『동의보감』에는 우리말 이름으로 니ᄎᆞᆯ이 병기되어 있고, 糯米나미의 세부 항목으로 나온 糯稻稈나도간의 우리말 이름으로 출벼딥이 병기되어 있다.

1824 남풍현(1981), 49쪽.
1825 糯, 粘稻也.

『향약구급방』에 나오는 민간 이름 粘米점미의 경우, 粘점은 출로 훈독되고, 米미는 발로 훈독되어 출발로 해독되는데[1826] 『동의보감』에 나오는 니ᄎᆞᆯ과는 약간 차이를 보이나, 같은 식물명으로 판단된다. 한편 仁粘米인점미는 인절미와 비슷하나, 仁인이 씨란 의미를 지니고 있어, 씨가 바로 점미[1827]라고 해석될 수도 있다.[1828] 오늘날 糯米나미는 쌀*Oryza sativa* Linnaeus 가운데 점성이 강한 찹쌀로 간주되며, 粳米갱미는 점성이 약한 멥쌀로 간주된다.

121 부비화腐婢花

향약구급방	小豆花也, 七月採, 陰乾
국명	팥
학명	*Vigna angularis* (Willdenow) Ohwi & Ohashi
생약정보	항목 없음

「초부」에는 민간 이름은 없으나 小豆소두[1829]의 꽃으로 설명되어 있다. 『향약집성방』에도 腐婢花부비화가 小豆소두의 꽃으로 간주되어 있는데, 葛갈[1830]의 꽃으로 간주하는 것은 잘못이라고[1831] 하면서도 赤小豆적소두[1832]의

1826 남풍현(1981), 51쪽.

1827 仁即粘米.

1828 남풍현(1981), 51쪽.

1829 팥(*Vigna angularis*)이다. 112번 항목 적소두(赤小豆)를 참조하시오.

1830 칡(*Pueraria montana* var. *lobata*)이다. 31번 항목 갈근(葛根)을 참조하시오.

1831 葛花是腐婢非也.

1832 팥(*Vigna angularis*)이다. 112번 항목 적소두(赤小豆)를 참조하시오.

꽃도 腐婢부비라고 부른다고[1833] 설명되어 있다. 『동의보감』에는 赤小豆적소두의 꽃을 腐婢부비라고 부른다고[1834] 설명되어 있다.

그러나 중국에서는 식물 이름으로 腐婢부비를 콩과 식물이 아닌 마편초과Verbenaceae에 속하는 *Premna microphylla* Turczaninow로 간주하고 있으나,[1835] 약재로서 腐婢부비는 小豆소두의 꽃으로 간주하고 있다.[1836] 우리나라에서도 腐婢부비를 小豆소두 또는 赤小豆적소두의 꽃으로 간주하거나, 燕覆子연복자 또는 通草통초의 열매로 간주하고 있다.[1837] 최근 燕覆子연복자는 애기메꽃*Calystegia hederacea* Wallich으로 간주하며,[1838] 通草통초는 통달목*Tetrapanax papyriferus* (Hooker) K. Koch으로 간주하기도 한다.[1839]

하지만 이들 식물을 비교 검토할 수 있는 자료가 부족한 상태이다. 그럼에도 『향약구급방』과 『향약집성방』에서 腐婢花부비화를 小豆소두의 꽃으로 간주했고, 『동의보감』에는 赤小豆적소두에 딸린 부수 항목인 花화에서 腐婢花부비화를 설명하고 있어, 小豆소두 또는 赤小豆적소두, 즉 팥*Vigna angularis* (Willdenow) Ohwi & Ohashi의 꽃으로 간주하는 것이 타당할 것이다.

1833 赤小豆花名腐婢.
1834 一名腐婢, 卽赤小豆花也.
1835 『中國植物志, 65(1)卷』(1982), 88쪽.
1836 http://qihuangzhishu.com/471/1476.htm
1837 정양완 외(1997), 231쪽.
1838 https://baike.baidu.com/item/燕覆子/55218473?fr=aladdin
1839 https://baike.baidu.com/item/通草/16181248?fr=aladdin; 그러나 우리나라에서는 으름덩굴(*Akebia quinata*)을 지칭하고 있다. 35번 항목 통초(通草)를 참조하시오.

122 마자麻子

향약구급방	俗云与乙 味甘平无毒 九月採用 其花味苦微熱无毒
국명	삼
학명	*Cannabis sativa* Linnaeus
생약정보	대마(*Cannabis sativa* Linnaeus)

「초부」에는 민간 이름을 与乙여을이라고 부르는 것으로 설명되어 있으나, 식물에 대한 설명은 없다. 「본문」 중에는 大麻子대마자로도 나오는데, 大麻子대마자의 鄕名향명이 與乙여을이라고 설명되어 있다. 한편, 『향약구급방』 중간본에서는 발견되지 않은 처방 7가지가 『향약집성방』에서 발견되는데, 이 중에는 麻子마자가 冬麻子동마자로 표기되어 있다.[1840] 『향약집성방』에는 麻蕡마분이라는 항목이 있는데, 麻蕡마분을 麻花上粉마화상분이라고도 부르며 꽃이 아니라 麻마의 씨라고 설명하면서 麻子마자에 대해서도 설명하고 있다. 그러나 식물에 대한 설명은 없다. 『동의보감』에는 우리말 이름으로 삼씨 또는 열씨가 병기되어 있으나, 식물에 대한 설명은 거의 없다.

『향약구급방』에 나오는 민간 이름 与乙여을의 경우, 与여는 여로 음가되고, 乙을은 'ㄹ'로 음가되어 열로 해독되는데,[1841] 『동의보감』에도 열로 표기되어 있다. 그러나 이후 열이라는 우리말 이름은 사라진 것으로 추정되는데, 1800년대에 편찬된 물명고류에는 大麻대마의 우리말 이름으로 삼

1840 신영일(1994), 174쪽.
1841 남풍현(1981), 65쪽.

만 표기되어 있다.[1842] 오늘날 痲子마자 또는 大痲대마를 삼 또는 대마*Cannabis sativa* Linnaeus로 간주하고 있다.

123 편두萹豆

향약구급방	俗云汝注乙豆 白溫黑冷
국명	편두 → 너즐콩이나 변두콩으로 수정 요
학명	*Lablab purpureus* (Linnaeus) Sweet
생약정보	편두(*Lablab purpureus* (Linnaeus) Sweet)

「초부」에는 민간 이름이 汝注乙豆여주을두로 표기되어 있으며, 백색과 흑색 두 종류의 콩이 맺히는 것으로 설명되어 있으나, 식물에 대한 보다 상세한 설명은 없다. 蠷螋구수 항목에는 扁豆편두로 표기되어 있다. 『향약집성방』과 『동의보감』에는 萹豆편두 항목이 없으나, 藊豆변두 항목이 있다. 그런데 萹豆편두를 扁豆편두라고도 부르며,[1843] 扁豆편두를 藊豆변두라고도 부르고 있고,[1844] 특히 『동의보감』에서 藊豆변두에는 검은 것과 흰 것 두 종류가 있다고 설명하면서[1845] 藊豆변두를 흰 扁豆편두라고 설명하고 있어,[1846] 『향약집성방』과 『동의보감』에 나오는 藊豆변두를 『향약구급방』에 나오는 萹豆편두와 동일한 식물명으로 간주해도 될 것이다.

1842 정양완 외(1997), 129쪽.

1843 https://www.cidianwang.com/cd/b/biandou303351.htm

1844 https://baike.baidu.com/item/藊豆/7169502?fr=aladdin

1845 其實有黑白二種, 白者溫而黑者小冷, 入藥當用白者.

1846 卽白扁豆也.

『향약집성방』에는 향명은 없고, 인가 주변에 자라는 덩굴성 식물로 잎은 크고, 꽃은 작은데 하얀색과 자주색 두 종류로 피며, 콩꼬투리로 열매가 맺는데 백색과 흑색 두 종류가 있는 것으로[1847] 설명되어 있다. 『동의보감』에는 우리말 이름이 변두콩으로 병기되어 있으나, 식물에 대한 특별한 설명은 없다.

『향약구급방』에 나오는 민간 이름 汝注乙豆여주을두는 너즐콩으로 해독되는데, 汝注乙여주을은 덩굴을 의미하는 너출로 풀이하고 있다.[1848] 그러나 이 이름은 후대까지 이어지지 않았는데,[1849] 『훈몽자회』에는 豍변을 "변두 변"으로 설명하고 있고, 豍변이 우리나라에서는 扁豆편두를 지칭하므로,[1850] 조선시대로 접어들면서 너즐콩은 사라지고 변두로 읽었던 것으로 판단된다.

중국에서는 *Lablab purpureus* (Linnaeus) Sweet를 扁豆편두 또는 藊豆변두로 부르고 있다.[1851] 우리나라에서는 일제강점기에 Mori가 *L. purpureus*의 명명법상 이명인 *Dolichos lablab* Linnaeus에 蘇豆소두, 鵲豆작두, 蛾眉豆파미두 그리고 각두라는 이름을 일치시켰고,[1852] 이후 정태현 등은 이 학명에 까치콩이라는 이름을 부여했는데,[1853] 鵲豆작두의 鵲작이 '까치 작'이니, 이를 우리말로 풀어서 표기한 것으로 추정된다. 그럼에도 오늘날에는 편두라는 이름으로 부르고 있으나,[1854] 편두보다는 『향약구급방』에 나오는 汝

1847 人家多種於籬落間, 蔓延而上, 大葉細花, 花有白, 紫二色, 莢生花下, 其實亦有黑白二種.
1848 남풍현(1981), 132쪽.
1849 이은규(2009), 508쪽.
1850 https://zidian.911cha.com/zi27c0f.html
1851 『中國植物志, 41卷』(1995), 271쪽.
1852 Mori(1922), 214쪽.
1853 정태현 외(1937), 97쪽.
1854 이우철a(1996), 567쪽.

注乙豆여주을두를 해독한 너즐콩이나 『동의보감』에 나오는 변두콩이라는 이름으로 부르는 것이 더 타당할 것이다. 편두의 잘 익은 종자를 白扁豆백편두라고도 부른다.[1855] 국가생약정보에는 백편두와 편두의 공정서 생약으로 편두*L. purpureus*가 소개되어 있다.

124 만청자蔓菁子

향약구급방	俗云眞菁實 味苦溫無毒
국명	순무
학명	*Brassicas rapa* Linnaeus
생약정보	항목 없음

「초부」에는 민간 이름으로 眞菁實진청실이 표기되어 있으나, 식물에 대한 설명은 없고, 「본문」에는 眞菁實진청실이 鄕名향명으로 간주되어 있다. 『향약집성방』에는 蔓菁子만청자라는 표제어는 없으나, 하나의 표제어로 된 蕪菁무청과 蘆菔노복[1856] 항목에서 蔓菁만청이 蕪菁무청이라고 설명되어 있고, 蕪菁무청의 鄕名향명으로 禾菁화청이 병기되어 있다. 『동의보감』에는 우리말 이름으로 쉰무우가 병기되어 있으나, 식물에 대한 설명은 없다.

『향약구급방』에 나오는 민간 이름 眞菁實진청실의 경우, 眞진은 춤으로 훈독되고, 菁청은 무수 또는 무수로 훈독되고, 實실은 삐로 훈독되어 춤무

1855 『본초감별도감, 제3권』(2017), 152쪽.
1856 항목 이름이 "蕪菁及蘆葍(무청급노복)"이다.

수씨 또는 참무수씨로 해독된다.[1857] 또한 『향약집성방』에 나오는 鄕名향명 禾菁화청의 경우, 禾화는 쉬로 훈가되고, 菁청은 무수로 훈독되어 쉿무우로 해독되어,[1858] 『동의보감』에 나오는 쉰무우와 연결된다. 단지 『향약구급방』에서 좀 더 뒤에 나오는 蘿葍나복[1859]을 중국에서 유입된 식물이라는 의미로 唐菁당청이라고 불렀던 것에 비해 眞菁진청의 眞진은 우리나라에서 예로부터 재배했던 식물이라는 의미로 풀이된다.[1860]

오늘날 蔓菁만청은 *Brassicas rapa* Linnaeus를 지칭하며, 우리말 이름으로 순무[1861] 또는 숫무[1862]가 사용되고 있는데, 순이 '다른 것이 섞이지 아니하여 온전한'이라는 의미를 지닌 반면,[1863] 숫이 '더럽혀지지 않아 깨끗한'이라는 의미를 지니고 있어,[1864] 숫무보다는 순무로 사용하는 것이 『향약구급방』에 나오는 민간 이름 眞菁진청의 의미를 더 잘 살린다고 판단된다.

1857 남풍현(1981), 67쪽.

1858 손병태(1996), 182쪽.

1859 무(*Raphanus sativus*)이다. 127번 항목 나복(蘿葍)을 참조하시오.

1860 손병태(1996), 182쪽.

1861 『The genera of vascular plants of Korea』(2007), 438쪽.

1862 정태현 외(1937), 75쪽.

1863 https://stdict.korean.go.kr/search/searchResult.do?pageSize=10&searchKeyword=순

1864 https://stdict.korean.go.kr/search/searchResult.do?pageSize=10&searchKeyword=숫

125 과체瓜蔕

향약구급방	味苦寒有毒 入藥當用靑瓜蔕 七月採 陰乾
국명	참외
학명	*Cucumis melo* Linnaeus
생약정보	참외(*Cucumis melo* Linnaeus)

「초부」에는 민간 이름도 식물에 대한 설명도 없다. 『향약집성방』에도 鄕名향명은 없으나, 甛瓜蔕첨과체라고도 부르는[1865] 것으로 설명되어 있다. 『동의보감』에는 甛瓜첨과 항목에 부속된 항목으로 瓜蔕과체가 나오는데, 우리말 이름이 甛瓜첨과에는 춤외로, 瓜蔕과체에는 춤외고고리로 병기되어 있으나, 식물에 대한 설명은 없다. 고고리는 꼭지를 의미하는 옛 단어이므로,[1866] 瓜蔕과체, 즉 춤외고고리는 참외꼭지로 꽃이 달리던 소화경을 의미한다. 오늘날 참외는 *Cucumis melo* Linnaeus를 지칭하며, 여러 품종들이 존재한다.

1865 瓜蔕卽甛瓜蔕也.

1866 남광우(2017), 92쪽.

126 동과冬瓜

향약구급방	味甘寒無毒
국명	동아
학명	*Benincasa hispida* (Thunberg) Cogniaux
생약정보	동과자(冬瓜子), 동아(*Benincasa cerifera* Savi)

「초부」에는 민간 이름도 식물에 대한 설명도 없으나, 「본문」에는 冬苽동고로 표기되어 있다. 『향약집성방』과 『동의보감』에는 冬瓜동과 항목은 없다. 대신 白冬瓜백동과 항목이 있는데, 『향약집성방』에는 白冬瓜백동과 항목에서 冬瓜동과를 설명하고 있으며, 『동의보감』에는 白冬瓜백동과 항목에 부수적인 白冬瓜子백동과자를 설명하면서 冬瓜동과의 씨라고[1867] 설명하고 있어, 『향약구급방』의 冬瓜동과와 『향약집성방』과 『동의보감』에 나오는 白冬瓜백동과는 같은 식물로 판단된다. 『향약집성방』에는 鄕名향명도 없고, 식물에 대한 설명도 거의 없다. 『동의보감』에는 白冬瓜백동과의 우리말 이름으로 동화가 병기되어 있을 뿐, 식물에 대한 설명은 거의 없다. 瓜과와 苽고가 다른 글자임에도 불구하고 같은 글자로 간주했던 것으로 판단된다.

중국에서는 冬瓜동과를 *Benincasa hispida* (Thunberg) Cogniaux로 간주하고 있으며, 우리나라도 마찬가지이다. 단지 최근에는 우리말 이름으로 동아를 사용하고 있다. 우리나라에서는 일제강점기에 Mori가 오늘날 *B. hispida*의 이명으로 밝혀진 *B. cerifera* Savi에 冬瓜동과, 白瓜백과, 동아 등의 이름을 일치시켰다.[1868] 이후 정태현 등이 오늘날 사용하는 학

1867 卽冬瓜子也.

1868 Mori(1922), 334쪽.

명인 *B. hispida*에 冬瓜동과와 동아라는 이름을 일치시킨 것이[1869] 오늘에 이르고 있다. 冬瓜동과는 중국을 통해서 우리나라에 전래된 것으로 추정하고 있다.[1870]

127 나복蘿蔔

향약구급방	俗云唐菁 一名萊菔 根味辛甘无毒
국명	무
학명	*Raphanus sativus* Linnaeus
생약정보	내복자, 무(*Raphanus sativus* Linnaeus)

「초부」에는 민간 이름이 唐菁당청으로, 다른 한자 이름이 萊菔내복으로 표기되어 있으나, 식물에 대한 설명은 없다. 「본문」에는 蘿蔔子나복자를 唐菁實당청실로 부르는 것으로 설명되어 있다. 『향약집성방』과 『동의보감』에는 蘿蔔나복 항목은 없고, 대신 萊菔내복 항목이 있다. 『향약집성방』에는 표제어가 萊菔根내복근으로 되어 있는데, 이는 萊菔내복의 뿌리라는 의미이며, 鄕名향명으로 唐菁당청이 병기되어 있으나, 식물에 대한 설명은 거의 없다. 『동의보감』에는 우리말 이름으로 댄무우가 병기되어 있으나, 식물에 대한 설명은 없다.

『향약구급방』에 나오는 민간 이름 唐菁당청의 경우, 唐당은 대로 훈독되

1869 정태현 외(1937), 156쪽.

1870 http://encykorea.aks.ac.kr/Contents/Item/E0016614

고, 菁청은 무수로 훈독되기에 대무수로 해독되어,[1871] 『동의보감』에 나오는 댄무우와 연결되는데, 오늘날에는 대가 누락되고 무만 남은 것으로 추정된다. 한편, 唐당은 원산지 또는 전래지를 의미하는데,[1872] 중국을 뜻하는 것으로 추정된다. 오늘날 蘿菖나복 또는 萊菔내복은 무*Raphanus sativus* Linnaeus로 간주하고 있다.

128 숭菘

향약구급방	味甘溫无毒 梗短葉闊厚而肥 与眞菁相類 多毛者菘, 紫花曰紫崧
국명	배추
학명	*Brassica rapa* Linnaeus var. *glabra* Regel
생약정보	항목 없음

「초부」에는 민간 이름은 없으나, 줄기는 짧고 잎은 넓고 두꺼우며 眞菁진청[1873]과 비슷하나 털이 많으며, 일부 개체는 자주색 꽃을 피우는 것으로 설명되어 있다. 「본문」에는 菘菜숭채라고 나오며, 無[1874]蘇무소라는 다른 이름이 병기되어 있다. 『향약집성방』에는 菘숭 항목이 없다. 『동의보감』에는 표제어가 菘菜숭채로 되어 있으며, 우리말 이름으로 빅치가 병기되어 있으나, 식물에 대한 설명은 거의 없다.

1871 손병태(1996), 181쪽.

1872 남풍현(1981), 51쪽.

1873 순무(*Brassica rapa*)이다. 124번 항목 만청자(蔓菁子)를 참조하시오.

1874 신영일(1994, 124쪽)과 녕옥청(2010, 102쪽)은 兼(겸)으로 간주했으나, 원문이 해독하기 힘들다.

『향약구급방』에 나오는 無蘇무소의 경우 無무는 무로 음가되고, 蘇소는 소로 음가되어 무소로 해독되는데, 모음조화에 따라 무수를 표기한 것으로 추정하고 있다. 따라서 숭菘은 무의 한 종류이거나 무처럼 발달하는 뿌리를 가진 재배종으로 추정된다.[1875] 그러나 『동의보감』에 나오는 빅치는 오늘날 배추로 간주되어,[1876] 『향약구급방』과 『동의보감』이 서로 연결되지 않는다.

그럼에도 오늘날 菘숭은 白菜백채로 간주되는데,[1877] 白菜백채를 *Brassica pekinensis* (Loureiro) Ruprecht로 간주하였으나,[1878] 최근에는 *B. rapa* Linnaeus var. *glabra* Regel로 간주하면서 *B. pekinensis*라는 학명은 분류학적 이명으로 간주하여 사용하지 않는다.[1879] 또한 菘숭을 *B. campestris* Linnaeus로 간주하기도 하나,[1880] 이 학명은 *B. rapa*의 이명으로 간주된다.[1881]

한편 『동의보감』에는 白菜백채 항목이 따로 있으며 우리말 이름으로 머휘가 표기되어 있는데, 실제로 조선시대에는 白菜백채라는 단어가 배추와 머위, 두 식물명으로 사용되었다.[1882] 머위는 *Petasites japonicus* (Siebold & Zuccarini) Maximowicz이다.

1875 남풍현(1981), 94쪽.
1876 남광우(2017), 761쪽.
1877 https://baike.baidu.com/item/菘/6435525?fr=aladdin
1878 『中國植物志, 33卷』(1987), 23쪽.
1879 『*Flora of China*, Vol. 8』(2001), 20쪽.
1880 이덕봉d(1963), 75쪽.
1881 https://powo.science.kew.org/taxon/urn:lsid:ipni.org:names:30076075~2
1882 김종덕과 이은희(2007), 22쪽.

129 소자蘇子

향약구급방	俗云紫蘇實 味辛溫 夏採莖葉 秋採實 用之
국명	차조기, 들깨
학명	*Perilla frutescens* (Linnaeus) Britton
생약정보	자소자(紫蘇子), 차조기(*Perilla frutescens* (Linnaeus) Britton var. *acuta* (Thunberg) Kudo)와 주름소엽(*P. frutescens* var. *crispa* Decaisne)

「초부」에는 민간 이름이 紫蘇實자소실로 쓰여 있으나, 식물에 대한 설명은 없다. 「본문」에는 紫蘇子자소자 또는 단순히 蘇소라는 이름으로 표기되어 있다. 『향약집성방』에는 표제어가 蘇소로만 되어 있으며, 蘇소가 바로 紫蘇자소라는[1883] 설명 내용에 紫蘇子자소자도 나온다. 식물에 대한 설명은 거의 없으나, 잎의 앞뒷면이 자색이고 냄새가 대단히 향기롭다는[1884] 설명만 있을 뿐이다. 『동의보감』에도 표제어는 紫蘇자소로 되어 있으며, 우리말 이름으로 ᄎᆞ소기가 병기되어 있으나, 식물에 대한 설명은 거의 없다. 단지 잎에 자줏빛이 돌지 않고 향기롭지 않은 것을 野蘇야소[1885]라고 부르면서 약재로 사용하지 않는다는[1886] 설명이 있다.

『향약구급방』에 나오는 민간 이름 紫蘇實자소실의 경우 紫자는 ᄌᆞ로 음독되고, 蘇소는 소로 음독되고, 實실은 씨로 훈독되어 ᄌᆞ소씨로 해독되는

1883 蘇, 即紫蘇.

1884 葉下紫色而氣甚香.

1885 방아풀(*Plectranthus japonica*)로 추정되는데, 이 식물 역시 약재로 사용된다.

1886 其無紫色不香者, 名曰野蘇, 不堪用.

데,[1887] 후일 ᄎᆞ소기를 거쳐 차조기로 발달한 것으로 풀이되고 있다.[1888] 한편 『훈몽자회』에는 蘇[소]가 "ᄎᆞ소기 소"로 되어 있고, 紫蘇[자소]로도 부르는데, 紫蘇[자소]의 씨를 한글로는 들빼, 한자로는 蘇子[소자]라고 부르는 것으로[1889] 설명되어 있다.

중국에서는 *Perilla frutescens* (Linnaeus) Britton을 紫蘇[자소]로 간주하고 있다.[1890] 단지 최근에는 3변종으로 구분하고 있는데, 이 가운데 var. *frutescens*를 紫蘇[자소]로, var. *purpurascens* (Hayata) H.W. Li를 野生紫蘇[야생자소]로, 그리고 var. *crispa* (Bentham) Deane ex Bailey를 回回素[회회소]로 부르고 있다.[1891] 우리나라에서는 일제강점기에 이시도야가 *P. nankinensis* Decaisne를 차죠기라고 불렀고, 줄기와 잎은 紫蘇[자소]로, 종자는 蘇子[소자]라고 부르면서,[1892] 蘇子[소자]에 대한 실체가 파악되기 시작했다. 이후 Mori는 *P. arguta* Bentham과 *P. nankinensis* 모두에 紫蘇[자소], 소엽, 차즈기라는 이름을 일치시켰고, *P. ocimoides* Linnaeus에는 荏[임], 蘇[소], 蘇麻[소마], 둘ᄭᆡ라는 이름을 일치시켰다.[1893] 그리고 정태현 등은 *P. nankinensis*에 차즈기와 紫蘇[자소]를, *P. ocimoides*에는 들깨와 荏[임]이라는 이름을 일치시켰다.[1894]

최근에는 *Perilla arguta*와 *P. nankinensis*는 모두 *P. frutescens* var. *crispa*와 같은 분류군으로 간주하고, *P. ocimoides*는 *P. frutescens* var. *frutescens*와 같은 분류군으로 간주하면서, var. *frutescens*의 씨로는 기름을 얻고 있으

1887 남풍현(1981), 93쪽.
1888 손병태(1996), 185쪽.
1889 蘇, ᄎᆞ소기 소, 俗呼紫蘇又들빼曰蘇子.
1890 『中國植物志, 66卷』(1977), 282쪽.
1891 『*Flora of China*, Vol. 17』(1994), 241쪽.
1892 이시도야(1917), 14~15쪽.
1893 Mori(1922), 303~304쪽.
1894 정태현 외(1937), 142쪽.

며, var. *crispa*의 잎과 꽃은 야채로 사용하는 것으로 보고되었다.[1895] 우리나라에서는 var. *acuta* Thunberg Kudo를 차조기로, var. *japonica* (Hasskarl) Hara를 들깨로 부르고 있었으나,[1896] var. *acuta*는 var. *frutescens*와 동일한 분류군으로,[1897] 또한 var. *japonica*도 var. *frutescens*와 동일한 분류군으로 간주되었다.[1898] 그리고 var. *frutescens*를 들깨로, var. *purpurascens*를 소엽으로 부르고 있으며, var. *crispa*는 우리나라에 분포하지 않은 것으로 간주하고 있다.[1899] 반면에 들깨를 var. *purpurascens*로, 차조기를 var. *crispa*로 간주하거나,[1900] 역으로 var. *crispa*를 주름소엽과 들깨로, var. *acuta*를 차조기로 부르기도 한다.[1901]

그러나 『훈몽자회』에 따르면 紫蘇자소는 식물을 지칭하는 이름으로, 蘇子소자는 씨, 즉 들깨를 지칭하는 이름으로 사용되었고, 『동의보감』에서도 紫蘇자소를 설명하고 紫蘇자소에 부수된 항목으로 子자를 따로 설명하고 있어, 紫蘇자소는 식물명을, 蘇子소자는 식물의 한 부분을 설명하는 명칭으로 사용했던 것으로 판단된다. 따라서 紫蘇자소의 우리말 이름인 차조기와 들깨는 서로 다른 식물을 지칭하는 식물명으로 간주해서는 안 될 것이다. 또한 『향약집성방』에는 紫蘇자소의 줄기와 잎을 약재로 사용한 것으로 설명되어 있어, 紫蘇자소의 잎을 지칭하는 蘇葉소엽 역시 식물명으로 간주해서도 안 될 것이다.

따라서 『향약구급방』에 나오는 蘇子소자는 紫蘇자소, 즉 차조기의 씨인

1895 『*FloraofChina*, Vol. 17』(1994), 241쪽.
1896 이우철a(1996), 958~959쪽.
1897 『Flora of Japan, Vol. IIIa』(1993), 286쪽.
1898 『*FloraofChina*, Vol. 17』(1994), 241쪽.
1899 『The genera of vascular plants of Korea』(2007), 837쪽.
1900 정지나 외(2009), 270쪽; 사규진 외(2018), 48쪽.
1901 『본초감별도감, 제2권』(2015), 252쪽.

들깨이며, 학명은 *Perilla frutescens*를 사용하는 것이 타당할 것이다. 단지 오늘날 차조기로 불리는 var. *crispa*는 주름차조기로,[1902] 소엽으로 불리는 var. *purpurascens*는 야생소엽으로[1903] 부르는 것이 적절할 것으로 판단된다.

국가생약정보에는 자소엽과 자소자의 공정서 생약으로 차조기*Perilla frutescens* var. *acuta* 와 주름소엽*P. frutescens* var. *crispa* 이, 자소경의 민간생약으로 소엽*P. frutescens* var. *purpurascens* 과 주름소엽이, 그리고 자소엽의 민간생약으로 소엽이 소개되어 있다.

130 마치현馬齒莧

향약구급방	俗云金非音 以木槌碎 向東作架, 曝之兩三日 卽乾 入藥則去莖節
국명	쇠비름
학명	*Portulaca oleracea* Linnaeus
생약정보	쇠비름(*Portulaca oleracea* Linnaeus)

「초부」에는 민간 이름으로 金非音금비음이 표기되어 있을 뿐, 식물에 대한 설명은 없다. 「본문」에는 金非陵音금비릉음이 병기되어 있다. 『향약집성방』에는 鄕名향명으로 金非廩금비름이 병기되어 있고, 식물에 대한 설명은 거의 없다. 『동의보감』에는 우리말 이름으로 쇠비름이 병기되어 있으나,

1902 신민교(2015), 336쪽.

1903 https://species.nibr.go.kr/ktsn/home/spc/spc07001v.do?searchType =&searchField=&ktsn=120000063113

잎의 생김새가 말의 이빨과 같다는[1904] 설명 이외에는 식물에 대한 설명이 거의 없다.

『향약구급방』에 나오는 민간 이름 金非音[금비음]의 경우, 金[금]은 쇠로 훈독되고, 非[비]는 비로 음가되고, 音[음]은 음으로 음가되어 쇠비음으로 해독되고, 金非陵音[금비릉음]의 경우 陵[릉]이 'ㄹ'로 약음가되어 쇠비름으로 해독되며, 『향약집성방』에 나오는 金非廩[금비름]의 경우 廩[름]이 름으로 음가되어 역시 쇠비름으로 해독되어,[1905] 『동의보감』에 나오는 우리말 이름 쇠비름과 연결된다.

중국에서는 馬齒莧[마치현]을 *Portulaca oleracea* Linnaeus로 간주하고 있다.[1906] 우리나라에서는 일제강점기에 이시도야가 이 종의 줄기와 잎을 馬齒莧[마치현]이라고 부른다고 설명하면서,[1907] 실체가 파악되기 시작했다. 이후 Mori는 이 학명에 馬齒莧[마치현], 瓜子菜[과자채], 馬莧[마현], 마치멱 그리고 쇠비름이라는 이름을 일치시켰고,[1908] 정태현 등도 이 학명에 馬齒莧[마치현]과 쇠비름이라는 이름을 일치시켜,[1909] 오늘날에도 馬齒莧[마치현]을 쇠비름[*P. oleracea*]으로 간주하고 있다.

1904 葉形如馬齒, 故以名之.
1905 손병태(1996), 183쪽.
1906 『中國植物志, 26卷』(1996), 37쪽.
1907 이시도야(1917), 37쪽.
1908 Mori(1922), 141쪽.
1909 정태현 외(1937), 59쪽.

131 박하薄荷

향약구급방	俗云芳荷 味辛苦溫无毒 夏秋採莖葉 曝乾
국명	박하
학명	*Mentha sachalinensis* (Miyabe ex Miyake) Kudo
생약정보	박하(*Mentha arvensis* Linnaeus var. *piperascens* Malinvaud ex Holmes)

「초부」에는 민간 이름으로 芳荷방하가 표기되어 있으나, 식물에 대한 설명은 없다. 『향약집성방』에는 鄕名향명으로 英生영생이 병기되어 있고, 줄기와 잎은 荏임[1910]과 비슷하나 뾰족하고 길며, 겨울에도 뿌리가 죽지 않는다고[1911] 중국 문헌에 있는 설명이 인용되어 있다. 『동의보감』에는 우리말 이름으로 영싱이 병기되어 있으나, 식물에 대한 설명은 없다.

『향약구급방』에 나오는 민간 이름 芳荷방하의 경우, 芳방은 방으로 음가되고, 荷하는 하로 음독되어 방하로 해독되는데,[1912] 15세기에 영싱이란 이름이 생겨난 이후 공존되다가,[1913] 1800년대에 편찬된 물명고류에는 영싱이만 기록되어 있다.[1914] 단지 『향약집성방』에는 水芳荷수방하라는 이름이 水蘇수소[1915]의 鄕名향명으로 표기되어 있다.

중국에서는 薄荷박하를 *Mentha haplocalyx* Briquet으로 간주했다가,[1916]

1910 들깨(*Perilla frutescens*)이다. 129번 항목 소자(蘇子)를 참조하시오.
1911 莖葉似荏而尖長, 經冬根不死.
1912 남풍현(1981), 75쪽.
1913 이은규(2009), 489쪽.
1914 정양완 외(1997), 193쪽.
1915 석잠풀(*Stachys japonica*)이다.
1916 『中國植物志, 66卷』(1977), 262쪽.

최근에는 *M. canadensis* Linnaeus로 간주하고 있다.[1917] 우리나라에서는 일제강점기에 이시도야가 *M. arvensis* Linnaeus를 식물명으로 영싱이라고 부르며, 이 식물의 줄기와 잎을 박하라고 부른다고 설명하면서,[1918] 실체가 파악되기 시작했다. 이후 Mori는 *M. haplocalyx* 에 薄荷박하, 野薄荷야박하, 박하, 영성이라는 이름을 일치시켰고,[1919] 정태현 등은 이 학명에 薄荷박하와 박하라는 이름만 일치시켰을 뿐, 영성이라는 이름을 제외했다.[1920]

최근에는 *Mentha arvensis*를 유럽에 분포하는 종으로 간주하고 있으며,[1921] *M. haplocalyx*는 *M. canadensis*와 같은 종으로 간주하고 있어, 우리나라에서는 *M. arvensis* var. *piperascens* Holmes를 박하로 간주하고 있다.[1922] 하지만 이 종은 *M. sachalinensis* (Miyabe ex Miyake) Kudo의 분류학적 이명으로 간주되고 있는데,[1923] 종 수준에서는 *M. sachalinensis*가, 변종 수준에서는 *M. arvensis* var. *piperascens*가 명명규약에 맞는 이름으로 판단된다. 그리고 중국에서는 *M. sachalinensis*를 東北薄荷동북박하로 간주하고 있는데, 중국에서 薄荷박하로 간주하는 *M. canadensis*는 주로 동남아시아에 분포하고 있어, 비록 우리나라를 이 종의 분포지로 언급은 하고 있지만,[1924] 우리나라에서의 분포는 의심스럽다. 실제로 우리나라에서 채집된 박하로 간주되는 개체들은 줄기가 많이 나누어지지 않으며, 줄기에 털이 조금 많은 편이어서, 줄기가 많이 나누어지며 털이 거의 달리지 않

1917 Mori(1922), 303쪽.
1918 『*Flora of China*, Vol. 17』(1994), 236쪽.
1919 이시도야(1917), 14쪽.
1920 정태현 외(1937), 142쪽.
1921 『Flora of Japan, Vol. IIIa』(1993), 280쪽.
1922 『The genera of vascular plants of Korea』(2007), 835쪽.
1923 『*Flora of China*, Vol. 17』(1994), 236쪽.
1924 『*Flora of China*, Vol. 17』(1994), 236쪽.

는 *M. canadensis*보다는 *M. sachalinensis*와 더 유사하게 보인다. 따라서 우리 옛 문헌에서 언급한 薄荷박하는 중국과는 다르게, 중국명으로는 東北薄荷동북박하인 *M. sachalinensis*로 판단된다.

국가생약정보에는 박하의 공정서 생약으로 박하*M. arvensis* var. *piperascens*가, 박하유의 민간생약으로 박하*M. canadensis*가 소개되어 있는, 박하라는 한 이름에 두 종의 식물이 일치되어 있다.

한편 薄荷박하의 민간 이름으로 『향약구급방』에서 언급된 芳荷방하는 방하나 방아로 읽힐 수 있다. 실제로 식물 이름은 아니지만 芳荷방하를 방아로 읽기도 했다.[1925] 그런데 芳荷방하, 즉 방아에서 기원했을 것으로 추정되는 방아풀이라는 식물명은 *Plectranthus japonicus* (Burmann) Koidzumi에,[1926] 방아잎 또는 방앳잎은 *Agastache rugosa* (Fischer ex Meyer) O. Kuntze에 부여되어 있다.[1927] 추후 이들 이름에 나오는 '방아'의 유래에 대해 규명되어야 할 것이다.

1925 남광우(2017), 684쪽.
1926 이우철a(1996), 962쪽.
1927 이우철a(1996), 938쪽.

132 고호苦瓠

향약구급방	俗云朴 味苦寒有毒
국명	박
학명	*Lagenaria siceraria* (Molina) Standley
생약정보	항목 없음

「초부」에는 민간 이름으로 朴박만 표기되어 있을 뿐, 식물에 대한 설명은 없다. 「본문」에서는 苦瓠葉고호엽으로 표기되어 있고, 朴葉박엽이라고 부르며, 신라인들은 瓠호를 朴박이라고 불렀다는 내용이 삼국사기에 나온다고[1928] 설명되어 있다. 『향약집성방』에는 鄕名향명은 없고 苦瓢고표라고 부르는 것으로 설명되어 있으며, 冬瓜동과[1929]나 瓠瓠호루[1930]와는 전혀 다른 식물로,[1931] 瓠호는 긴 것이 30cm 넘고, 꼭지 쪽과 반대쪽이 서로 비슷한데, 여름에 익어 늦가을에 마르는[1932] 것으로 설명되어 있다. 『동의보감』에는 苦瓠고호가 甜瓠첨호 항목에 부수된 소항목으로 설명되어 있다. 우리말 이름이 甜瓠첨호에는 ᄃᆞᆫ박으로, 苦瓠고호에는 ᄡᅳᆫ박으로 병기되어 있는데, 甜瓠첨호는 단맛이 나고, 苦瓠고호는 맛이 쓴 것으로 설명되어 있다.

『향약구급방』에 나오는 민간 이름 朴박은 박으로 해독되고, 朴葉박엽은 박닙으로 해독되어,[1933] 『동의보감』에 나오는 甜瓠첨호의 우리말 이름 ᄃᆞᆫ박

1928 朴葉 羅人謂瓠爲朴 三國史出三.

1929 동아(*Benincasa hispida*)이다. 126번 항목 동과(冬瓜)를 참조하시오.

1930 어떤 식물인지 확인할 수가 없다. 추후 검토가 필요하다.

1931 瓠與冬瓜瓠瓠全非類例.

1932 瓠味皆甛, 時有苦者, 而似越瓜, 長者尺餘, 頭尾相似. 其瓠瓠形狀大小、非一瓠. 夏中便熟, 秋末幷枯.

1933 남풍현(1981), 37쪽.

과 苦瓠고호의 우리말 이름 쁜박과도 연결된다.

중국에서는 苦瓠고호를 匏瓜포과와 같은 식물명으로 사용하는데,[1934] 匏瓜포과를 *Lagenaria siceraria* (Molina) Standley var. *depressa* (Seringe) H. Hara로 간주했다가,[1935] 최근에는 열매 형태별로 구분했던 변종들을 인정하지 않고 *L. siceraria*로 간주하고 있다.[1936] 우리나라에서는 일제강점기에 Mori가 *L. vulgaris* Seringe에 蒲蘆포로, 瓠호, 葫蘆호로 그리고 박이라는 이름을 일치시켰고,[1937] 이후 정태현 등은 이 학명에 葫蘆호로와 박이라는 이름을 일치시켜,[1938] 오늘날에는 박으로 부르고 있다. 苦瓠고호를 *L. leucantha* Rusby로 간주하기도 하나,[1939] 이 종은 *L. siceraria*와 같은 종으로 간주되고 있다.

1934 https://baike.baidu.com/item/苦瓠/8138329?fr=aladdin
1935 『中國植物志, 73(1)』(1986), 216쪽.
1936 『*Flora of China*, Vol. 19』(2011), 53쪽.
1937 Mori(1922), 335쪽.
1938 정태현 외(1937), 157쪽.
1939 이덕봉d(1963), 75쪽.

133 형개荊芥

향약구급방	一名假蘇 味辛溫无毒 取實 曝乹
국명	개박하 → 형개나 정가로 수정 요
학명	*Nepeta cataria* Linnaeus
생약정보	형개(*Schizonepeta tenuifolia* Briquet)

「초부」에는 한자로 假蘇가소라고 부른다는 설명 이외에 식물에 대한 설명은 없다. 「본문」에는 荊芥穗형개수로 표기되어 있고, 鄕名향명으로 泔只감지[1940]라고 부르는 것으로 설명되어 있다. 『향약집성방』에는 표제어가 假蘇가소로 되어 있으며, 鄕名향명으로 鄭芥정개가 병기되어 있고, 중국 문헌에 있는 내용이 인용되어 있다. 假蘇가소는 荊芥형개이며, 잎은 落藜나려[1941]와 비슷하나 가늘며,[1942] 꽃과 열매가 길게 발달하는[1943] 것으로 설명되어 있다. 『동의보감』에는 우리말 이름으로 뎡가가 병기되어 있고, 본래 이름 假蘇가소는 냄새와 맛이 紫蘇자소[1944]와 비슷하기 때문이라고 설명되어 있다. 『동의보감』에 나오는 우리말 이름 뎡가는 『향약집성방』에 나오는 鄭芥정개를 우리말로 표기한 것으로 보이는데,[1945] 오늘날에는 사용되지 않고 있다.

1940 남풍현(1981, 136쪽)은 ㅁㅁ汝只[ㅁㅁ여지]로 간주하면서 앞의 두 글자 또는 한 글자가 결각된 것으로 파악하며, 汝只[여지]를 너기로 해독했고, 이경록(2018, 226쪽)도 앞의 두 글자는 해독이 안 되는데, '향명(鄕名)'일 가능성이 높다고 설명했다. 그러나 신영일(1994, 102쪽)과 녕옥청(2010, 85쪽)은 '鄕名(향명)'으로 간주했다. 신영일의 논문에 있는 원문에서도 판독이 불가능하나, 본 연구에서는 鄕名(향명)으로 간주하고자 한다.

1941 흰명아주(*Chenopodium album*)이다.

1942 假蘇, 荊芥也. 今處處有之. 葉似落藜而細.

1943 幷取花實成穗者曝乾.

1944 차조기(*Perilla frutescens*)이다. 129번 항목 소자(蘇子)를 참조하시오.

1945 남광우(2017), 406쪽.

중국에서는 荊芥형개를 *Nepeta cataria* Linnaeus로 간주하고 있으며,[1946] 假蘇가소라고도 부르며,[1947] 일반 사람들은 新羅荊芥신라형개라고 불렀던 것으로 알려져 있다.[1948] 우리나라에서는 일제강점기에 이시도야가 *N. japonica* Maximowicz를 『동의보감』에 나오는 뎡가로 간주하고, 이 식물의 줄기와 잎을 荊芥형개라고 부른다고 설명하면서,[1949] 실체가 파악되기 시작했다. 이후 Mori는 *N. cataria*, *N. koreana* Nakai, *N. lavendulaceae* Linnaeus 등을 한국산 식물로 나열했으나, 이들 식물에 대한 한글명은 병기하지 않았다.[1950] 그리고 정태현 등은 *N. cataria*에 개박하와 일본명 イヌハクカ이누하쿠카라는 이름만 일치시켰을 뿐, 荊芥형개와 뎡가라는 이름을 제외했다.[1951]

오늘날 *Nepeta japonica*라는 학명은 *N. tenuifolia* Bentham의 분류학적 이명으로 간주되거나,[1952] 이 종의 변종으로 일본이 원산인 식물로 간주되고 있다.[1953] 우리나라에서는 *N. tenuifolia*를 형개라고 부르고 있으나,[1954] 영문으로 된 일본식물지에는 이 종이 게재되어 있지 않아,[1955] 추후 분류학적 검토 및 우리말 이름에 대한 검토가 수행되어야 할 것이다. 그리고 *N. koreana*는 *N. manchuriensis S.* Moore의 분류학적 이명으로 간주되며,[1956] 우리나라에는 분포하지 않는 것으로 알려져 있다. 이밖에 *N.*

1946 『中國植物志, 65(2)』(1977), 298쪽.
1947 https://baike.baidu.com/item/假苏/2999440?fr=aladdin
1948 이현숙(2015), 277쪽.
1949 이시도야(1917), 14쪽.
1950 Mori(1922), 303쪽.
1951 정태현 외(1937), 142쪽.
1952 http://www.theplantlist.org/tpl/record/kew-134692
1953 『*Flora of China*, Vol. 17』(1994), 118쪽.
1954 『The genera of vascular plants of Korea』(2007), 824쪽.
1955 『Flora of Japan, Vol. IIIa』(1993), 291쪽.
1956 http://www.theplantlist.org/tpl1.1/record/kew-134712

*lavendulaceae*는 오늘날 *N. multifida* Linnaeus와 동일한 종으로 간주되며, 우리나라에는 분포하지 않는 것으로 보고되었다.[1957]

우리나라에는 개박하속*Nepeta* 식물로 간장풀*N. stewartiana*, 개박하*N. cataria*, 형개*N. tenuifolia* 등이 보고되어 있다. 그리고 『향약구급방』에 나오는 荊芥형개를 형개*N. tenuifolia*로 간주하기도 하나,[1958] 간장풀*N. stewartiana*과 형개*N. tenuifolia*는 모두 중국의 사천과 운남 일대에 분포하는 것으로 보고되어,[1959] 옛 문헌에 나오는 荊芥형개 또는 뎡가는 개박하*N. cataria*로 판단된다. 따라서 형개라는 이름을 *N. tenuifolia*에 사용해서는 안 될 것이다. 그런데 우리나라도 형개*N. tenuifolia*의 자생지로 간주해서, 형개*N. tenuifolia*를 荊芥형개로 간주하기도 하나,[1960] 형개*N. tenuifolia*는 중국 원산으로 우리나라에서는 약초원 등지에서 재배하거나[1961] 농가에서 재배해왔으며 최근에는 중국에서 수입하고 있다.[1962] 新羅荊芥신라형개라고 부르던 개박하*N. cataria*의 약효에 대한 연구가 필요할 것이다. 국가생약정보에는 형개의 공정서 생약과 민간생약으로 형개가 소개되어 있는데, 공정서 생약의 형개의 학명은 *Schizonepeta tenuifolia*으로, 민간생약의 형개의 학명은 *Nepeta tenuifolia*으로 표기되어 있어, 추후 국명과 학명에 대한 검토가 필요하다.

단지 정태현 등이 맨 처음 *Nepeta cataria*에 개박하라는 한글명을 병기했는데, 이 이름에 사용된 '개'는 "야생 상태의 또는 질이 떨어지는, 흡사하지만 다른"[1963]의 뜻을 지닌 접두사로 받아들여 야생에 있는 박하라는

1957 『*Flora of China*, Vol. 17』(1994), 113쪽.
1958 이덕봉d(1963), 76쪽.
1959 『*Flora of China*, Vol. 17』(1994), 113쪽.
1960 『본초감별도감, 제2권』(2015), 388쪽.
1961 배갈마 외(2009), 46~47쪽.
1962 이상복 외(1993), 55쪽.
1963 https://stdict.korean.go.kr/search/searchResult.do?pageSize=10&searchKeyword=개

의미로 풀이할 수도 있다. 하지만, 정태현 등은 일본명으로 이누하쿠카イヌハクカ를 나열하고 있는데, 일본명 이누하쿠카イヌハクカ는 개를 의미하는 이누イヌ와 박하[1964]를 의미하는 하쿠카ハクカ가 합성된 것이기에 '개'를 야생 상태나 질이 떨어진다는 의미로 해석하는 것은 무리라고 판단된다. 따라서 개박하라는 일본어를 번역한 한글 이름 대신 『동의보감』에 병기된 덩가의 현대적 표현인 정가 또는 한자를 그대로 읽은 형개라는 이름을 사용하는 것이 더 타당할 것이다.

134 난자亂子

향약구급방	俗云月乙老 味辛溫有毒 五月五日採之
국명	산달래 → 달래로 수정 요
학명	*Allium macrostemon* Bunge
생약정보	항목 없음.

「초부」에는 민간 이름이 月乙老월을로라고 설명되어 있을 뿐, 식물에 대한 설명은 없다. 「본문」에는 亂子난자를 小蒜根소산근이라는 이름으로 부른다고 설명되어 있고, 小蒜소산은 月老월로라고 부르는 것으로 설명되어 있다. 이밖에도 薤白해백이라는 식물명이 나오는데, 海菜白根해채백근이라고 부르는 것으로 설명되어 있다. 『향약집성방』에는 亂子난자 항목이 없으나, 蒜산 항목 내용 중 蒜산의 뿌리를 亂子난자로 부른다고[1965] 설명되어 있

1964 131번 항목 박하(薄荷)를 참조하시오.

1965 至五月葉枯, 取根名亂子.

다. 『동의보감』에도 䔫子난자 항목은 없으나, 大蒜대산 항목에 부수되어 있는 小蒜소산 항목에서 小蒜소산의 뿌리를 䔫子난자라고 부르는[1966] 것으로 설명되어 있다. 따라서 『향약구급방』의 䔫子난자, 『향약집성방』의 蒜산, 그리고 『동의보감』의 小蒜소산 항목은 모두 같은 식물을 설명하는 것으로 판단된다. 『향약집성방』에는 鄕名향명이 月乙賴伊월을뢰이로, 『동의보감』에는 우리말 이름이 족지로 병기되어 있으나, 문헌 모두 식물에 대한 설명은 거의 없다. 단지 『향약집성방』에는 주로 밭이나 들에서 야생하는 것으로 설명되어 있다.

『향약구급방』에 나오는 민간 이름 月乙老월을로의 경우, 月월은 돌로 음가되고, 乙을은 'ㄹ'로 음가되고, 老로는 로로 음가되어, 돌로로 해독되며, 月老월로 역시 돌로로 해독된다.[1967] 그리고 『향약집성방』에 나오는 月乙賴伊월을뢰이는 돌뢰로 읽히는데,[1968] 『동의보감』에 나오는 족지와는 연결이 되지 않는다. 『훈몽자회』에는 小蒜소산을 돌뢰로, 野蒜야산[1969]을 족지로 불렀으나, 『동의보감』에는 野蒜야산을 돌랑괴라는 이름으로 부르고 있어, 한때 小蒜소산과 野蒜야산을 혼동했던 것으로 판단된다. 한편, 『향약구급방』에 나오는 민간 이름 海菜해채는 오늘날 해채로 읽고 있다.[1970]

중국에서는 小蒜소산과 野蒜야산 모두 薤白해백, 즉 산달래*Allium macrostemon* Bunge를 지칭하고 있어,[1971] 다소 혼란스러운 상황인데, 산달래*A. macroste-*

1966 根名䔫子.

1967 남풍현(1981), 54쪽.

1968 남풍현(2012), 183쪽.

1969 산달래(*Allium macrostemon*)이다.

1970 국립국어원에서 운영하는 표준국어대사전에 항목 이름이 "해채(薤菜)"로 되어 있다. https://stdict.korean.go.kr/search/searchResult.do?pageSize=10&searchKeyword=해채#none

1971 https://baike.baidu.com/item/薤白头/4670128?fromtitle=小蒜&fromid=1998788&-

*mon*만을 薤白해백으로 부르기도 한다.[1972] 우리나라에서는 일제강점기에 Mori가 *A. macrostemon*에는 한글명을 병기하지 않고 단지 Chosen-nobiru조선노비루[1973]라는 이름을 일치시켰고, *A. monanthum* Maximowicz에는 한글명 없이 히메비루ヒメビル라는 일본어 이름을, 그리고 *A. nipponicum* Franchet & Savatier에는 山蒜산산, 澤蒜택산, 달내라는 이름을 일치시켰다.[1974] 이후 정태현 등은 *A. monanthum*에는 달래를, *A. nipponicum*에는 산달래라는 이름을 일치시켰고,[1975] 이덕봉은 亂子난자를 달래*A. monanthum*로 간주했다.[1976]

오늘날 *Allium nipponicum*은 *A. macrostemon*과 동일한 종으로 간주되고 있으며,[1977] *A. macrostemon*을 산달래로 부르고 있는데,[1978] 산달래라는 이름은 정태현 등이 맨 처음 사용한 것으로 알려져 있다.[1979] 한편 『향약구급방』과 『향약집성방』에 나오는 달래를 오늘날 *A. monanthum*으로 간주하고 있는데,[1980] 이 종은 중국에서는 하북성, 흑룡강성, 길림성, 요녕성 등지에 분포하며, 약재보다는[1981] 식용 자원으로 알려져 있다.[1982] 또한 *A. monanthum*은 숲속 그늘진 곳에서 자라는 반면, *A. macrostemon*은 해가

fr=aladdin

1972 『中國植物志, 14卷』(1980), 265쪽.

1973 nobiru는 일어로 노비루(のびる)로 추정되는데, 산달래(*Allium macrostemon*)를 지칭한다.

1974 Mori(1922), 85~86쪽.

1975 정태현 외(1937), 28~29쪽.

1976 이덕봉d(1963), 76쪽.

1977 『中國植物志, 14卷』(1980), 265쪽.

1978 이우철a(1996), 1239쪽.

1979 이우철a(1996), 1239쪽.

1980 이우철a(1996), 1240쪽.

1981 중국식물지에는 *Allium monanthum*을 약재로 사용했다는 기록이 없다.

1982 李琴琴(2015), 8쪽.

비치는 초지나 숲 가장자리 등지에서 자라는 차이를 보이고 있다.[1983] 이 밖에도 *A. macrostemon*은 지상부의 생육이 3월부터 3~4개월 지속되는 반면, *A. monanthum*은 저지대에서는 3월부터, 고지대에서는 4월부터 약 1개월 지속되는 차이를 보이고 있다.[1984]

따라서 옛 문헌에 나오는 䕼子난자, 小蒜소산 그리고 蒜산은 숲속에서 자라며 5월이면 사그라지는 오늘날의 달래*Allium monanthum*가 아니라, 해가 비치는 곳에서 자라며 『향약구급방』에 적절한 채집시기로 알려진 음력 5월 5일까지 지상부가 유지되는 오늘날의 산달래*A. macrostemon*로 간주해야만 할 것이다. 따라서 *A. monanthum*에 부여된 '달래'라는 이름과 *A. macrostemon*에 부여된 '산달래'라는 이름은 서로 바뀌어야만 할 것이다.

135 낙소落蘇

향약구급방	本名茄子 味甘寒平无毒 不可多食 動氣 根及枯莖 理凍瘡
국명	가지
학명	*Solanum melongena* Linnaeus
생약정보	항목 없음

「초부」에 민간 이름은 없고, 落蘇낙소의 본명이 茄子가자라고 설명되어 있을 뿐, 식물에 대한 설명은 없다. 『향약집성방』에는 표제어가 茄子가자로 되어 있으나, 鄕名향명이 없고 식물에 대한 설명도 없다. 『동의보감』에

1983 최혁재 외(2004), 7~9쪽.
1984 김경민 외(2009), 254쪽.

도 표제어는 茄子가자로 되어 있고, 우리말 이름으로 가지가 병기되어 있으며, 식물에 대한 설명은 없는데, 落蘇낙소라고 부르기도 하며, 신라에서 나는 한 가지 종류는 약간 반들반들하면서 연한 자줏빛이 돌고 꼭지가 길고 맛이 달다고[1985] 설명되어 있다.

오늘날 茄子가자는 가지*Solanum melongena* Linnaeus로 간주한다.[1986] 원산지는 인도로 추정하고 있으며, 우리나라에는 중국을 통해 전래된 것으로 파악하고 있다. 『동의보감』에 신라에서 나는 종류가 있다고 설명되어 있는 점으로 보아, 삼국시대에 전래된 것으로 간주하고 있다.

136 대산大蒜

향약구급방	俗云亇法乙 味辛溫有毒 五月五日採用
국명	마늘
학명	*Allium sativum* Linnaeus
생약정보	마늘(*Allium sativum* Linnaeus)

「초부」에는 민간 이름이 亇汝乙마여을로 기록되어 있을 뿐, 식물에 대한 설명은 없다. 「본문」에는 蒜산으로 표기되어 있는데, 蒜산을 大蒜대산으로도 표기한다고 설명되어 있고, 獨頭[1987]蒜독두산이라는 이름으로도 표기되

1985 新羅國出一種, 淡光微紫色, 蔕長味甘.
1986 『中國植物志, 67(1)』(1978), 118쪽.
1987 이경록a(2010, 369쪽)은 獨顆蒜(독과산)으로 표기했으나, 獨頭蒜(독두산)으로 표기하는 것이 타당한 것으로 보인다.

어 있다. 『향약집성방』에는 大蒜대산이라는 표제어는 없고, 대신 葫호라는 항목에서 사람들이 葫호를 大蒜대산으로, 蒜산을 소산小蒜으로 간주하고 있다고 설명되어 있어,[1988] 蒜산이 두 종류의 식물을 지칭했던 것으로 추정된다. 그러나 식물에 대한 설명은 없다. 『동의보감』에는 우리말 이름으로 마늘이 병기되어 있으나, 식물에 대한 설명은 없다.

『향약구급방』에 나오는 민간 이름 亇汝乙마여을의 경우, 亇는 마로 음가되고, 汝여는 너로 음가되고, 乙을은 'ㄹ'로 음가되어 마널로 해독되는데, 『동의보감』에 병기된 마늘을 표기한 것으로 추정된다.[1989] 특히 가운데 글자를 法법으로 간주하기도 하는데,[1990] 汝여를 잘못 새긴 것으로 간주하고 있다.[1991] 오늘날 大蒜대산은 마늘*Allium sativum* Linnaeus로 간주하고 있다.[1992] 한편 獨頭蒜독두산은 마늘의 한 품종으로 간주되는데, 마늘이 대개 6~10개 조각으로 이루어진 반면, 獨頭蒜독두산은 한 개의 조각으로 이루어져 있어서[1993] 오늘날 외톨마늘이라고 부르는데, 『동의보감』에는 도야마늘이라는 이름으로 표기되어 있다.

우리나라에서는 일제강점기에 Mori가 *Allium scorodoprasum* Linnaeus var. *viviparum* Regel을 葫호, 蒜산, 마늘로 부른 이후,[1994] 정태현 등도 이 종을 蒜산과 마늘로 불렀으나,[1995] 오늘날 *A. sativum*과 같은 종으로 처리되

1988 今人謂葫爲大蒜, 謂蒜爲小蒜,

1989 남풍현(1981), 62쪽.

1990 신영일(1994, 158쪽)과 녕옥청(2010, 117쪽)은 法(법)으로 간주했으나, 남풍현(1981, 62쪽)과 홍문화(1972, 5쪽)는 汝(여)로 간주했다.

1991 이경록(2018), 309쪽.

1992 이덕봉e(1963), 37쪽.

1993 https://baike.baidu.com/item/独蒜/8618124?fromtitle=独头蒜&fromid=2132193&-fr=aladdin

1994 Mori(1922), 86쪽.

1995 정태현 외(1937), 30쪽.

고 있다.[1996] 한편 大蒜대산을 *A. scorodoprasum*으로 간주하기도 했으나,[1997] 이 종은 유럽 일대에만 분포한다.[1998]

137 해薤

향약구급방	俗云海菜 味苦辛温无毒
국명	염교
학명	*Allium chinense* G. Don
생약정보	해백(薤白), 산달래(*Allium macrostemon* Bunge)와 염교(*A. chinense* G. Don)

「초부」에는 민간 이름으로 海菜해채라고 부르는 것으로 설명되어 있으며, 「본문」 중에는 薤해의 鄕名향명으로 解菜해채가 표기되어 있을 뿐, 식물에 대한 설명은 없다. 이밖에 薤白해백이라는 식물명도 나오는데, 薤白해백의 이름으로 海菜白根해채백근이 표기되어 있다. 『향약집성방』에는 鄕名향명으로 付菜부채가 병기되어 있으며, 韭구[1999]와 비슷하나 잎이 넓고 흰 빛이 많으며 씨가 없는 점이 다르고,[2000] 山薤산해[2001]와도 비슷하나 뿌리가 길고 잎이 조금 큰 것이 다르다고[2002] 설명되어 있다. 『동의보감』에는 표제어

1996 https://wcsp.science.kew.org/namedetail.do?name_id=310323
1997 이영노(1959), 371쪽.
1998 https://powo.science.kew.org/taxon/urn:lsid:ipni.org:names:528834-1
1999 부추(*Allium tuberosum*)이다. 139번 항목 구(韭)를 참조하시오.
2000 似韭而葉濶, 多白, 無實.
2001 산부추(*Allium thunbergii*)이다.
2002 山薤莖葉亦與家薤相類, 而根差長, 葉差大.

가 薤菜해채로 되어 있고, 우리말 이름으로 염교가 병기되어 있으며, 잎이 넓고 광택이 나는 것으로 설명되어 있다.

『향약구급방』에 나오는 민간 이름 海菜해채는 해치 또는 히치로 해독되며, 鄕名향명 解菜해채 역시 이와 비슷할 것으로 추정되는데, 『향약집성방』의 付菜부채는 부추로 해독되며,[2003] 『훈몽자회』에는 薤해가 "부치 혜"로 설명되어 있어, 이들과 『동의보감』에 나오는 우리말 이름 염교와는 연결이 되지 않는다. 단지 『훈몽자회』에는 韮구가 "염교 구"라고 설명되어 있다. 이런 차이에 대해 韮구, 韭구, 薤해를 고유어인 염교, 부치, 졸, 정구지 등에 대응하는 한자어로 설명하기도 하나,[2004] 『향약구급방』과 『향약집성방』에는 韭구라는 표제어에 厚菜후채와 蘇勑소래라는 이름이 각각 병기되어 있고, 『동의보감』에는 부치라는 우리말 이름과 함께 韭菜구채라는 표제어가 따로 존재하기에, 韮구 또는 韭구와 薤해는 별개의 식물로 간주해야만 할 것이다. 厚菜후채는 부치로 읽힐 수 있어 오늘날 부추로, 蘇勑소래는 솔로 간주할 수 있는데, 부추나 솔은 같은 식물을 지칭하는 이름이다. 따라서 『향약집성방』에 薤해의 鄕名향명으로 병기된 付菜부채는 『동의보감』에 韭구의 우리말 이름으로 나오는 부치와 연결되므로 재검토가 필요할 것이다.

이러한 혼란은 薤해와 薤白해백을 같은 식물로 간주하면서 나타난 것으로 추정되는데, 이 둘을 구분하면 설명이 가능할 것으로 보인다. 즉, 海菜해채라고 부르는 『향약구급방』에 나오는 薤해와 염교라고 부르는 『동의보감』에 나오는 薤菜해채, 그리고 『훈몽자회』에 "염교 구"라고 풀이한 韮구가 한 종류의 식물로 추정되며, 『향약구급방』에 나오는 薤白해백과 付菜부채라고 부르는 『향약집성방』에 나오는 薤해, 그리고 『훈몽자회』에 "부치 혜"라고

2003 손병태(1996), 185쪽.

2004 이은규(2009), 485쪽.

풀이한 薤해가 또 한 종류의 식물로 추정된다.[2005] 중국에서는 薤해를 염교 *Allium chinense* G. Don로, 薤白해백을 산달래*A. macrostemon* Bunge로 간주하고 있다.

중국에서는 薤해를 *Allium chinense*로 간주하는데, 우리나라에는 분포하지 않는다.[2006] 우리나라에서는 일제강점기에 Mori가 *A. bakeri* Regel에 薤해, 野葍頭子야복두자와 염 등의 이름을, *A. odorum* Linnaeus에는 韮구, 부쵸와 보취 등의 이름을 일치시켰다.[2007] 이후 정태현 등은 *A. bakeri*에는 염부추와 염교를, *A. odorum*에는 韮구와 부추, 정구지 등을 일치시켰다.[2008] 그리고 이덕봉은 薤해를 *A. bakeri*로 간주했다.[2009] 그런데 오늘날 *A. bakeri*는 *A. chinense*와 같은 분류군으로 간주되고, *A. odorum*은 *A. ramosum* Linnaeus와 같은 분류군으로 간주되는데, 이 종들은 모두 우리나라에는 분포하지 않은 것으로 알려져 있다.[2010] 오늘날 부추는 *A. tuberosum* Rottler ex Sprengel이라는 학명으로 부르고 있다.[2011]

단지 최근에 염교*Allium chinense*를 일본어 랏쿄辣韮를 음차한 락교로 부르고 있다. 우리나라에서는 염교를 1920년경 전남 나주 지방에서 재배한 것으로 알려져 있으나,[2012] 『동의보감』에서 薤해를 우리말 이름인 염교로 부르고 있어, 이보다는 훨씬 이전부터 재배했던 것으로 추정된다.

국가생약정보에는 薤白해백의 공정서 생약으로 산달래*Allium macrostemon*

2005 韮白(해백)에 대한 논의는 134번 항목 난자(亂子)를 참조하시오.

2006 『中國植物志, 14卷』(1980), 259쪽.

2007 Mori(1922), 84~85쪽.

2008 정태현 외(1937), 29~30쪽.

2009 이덕봉e(1963), 37쪽.

2010 『*Flora of China*, Vol. 24』(2000), 180쪽(*A. ramosum*과 *A. odorum*), 196쪽(*A. chinense*와 *A. bakeri*); 최혁재 외(2004, 7~9쪽)도 이 종들을 우리나라에 분포하지 않은 것으로 간주했다.

2011 139번 항목 구(韭)를 참조하시오.

2012 문용식(1984), 122쪽.

와 염교*A. chinense*가 소개되어 있는데, 일부 본초서에도 이렇게 처리되어 있다.[2013] 薤해와 薤白해백을 구분하지 않고 하나의 식물로 간주한 것으로 보이는데, 추후 재검토가 필요할 것이다. 그런가 하면 薤해를 산부추*A. thunbergii* D. Don로 간주하거나,[2014] 산달래를 비롯하여 염교*A. chinense*와 산부추*A. thunbergii*를 모두 薤白해백으로 간주하기도 한다.[2015]

138 번루繁蔞

향약구급방	俗云見甘介 五月五日日中採乾 或云陰乾
국명	**별꽃**
학명	*Stellaria media* (Linnaeus) Villars
생약정보	항목 없음

「초부」에는 민간 이름으로 見甘介견감개라고 부르는 것으로 설명되어 있으나, 식물에 대한 설명은 없다. 「본문」에는 蘩蔞번루로 표기되어 있다. 『향약집성방』에는 鄕名향명으로 雞矣十加非계의십가비가 병기되어 있으며, 雞腸草계장초가 바로 繁蔞번루이며,[2016] 습지나 개울가에서 자라고, 줄기는 덩굴성인데 가늘고 속이 비어 있는데, 끊으면 실이 나오며, 잎은 荇菜행채[2017]와 비슷하나 작고, 꽃은 여름과 가을 사이에 하얀색 또는 황백색으로 피

2013 권동열 외(2020), 490쪽; 『본초감별도감, 제3권』(2017), 348쪽.

2014 신전휘·신용욱(2013), 366쪽.

2015 신민교(2015), 487쪽.

2016 蘩蔞卽雞腸草也.

2017 노랑어리연(*Nymphoides peltata*)이다.

는[2018] 것으로 설명되어 있다. 그러나 『향약집성방』에는 蘩蔞번루와는 구분되게 鷄腸草계장초 항목이 있다. 『동의보감』에는 우리말 이름으로 ᄃᆞᆯᄀᆡ십자기가 병기되어 있으며, 雞腸草계장초라고 부르는 것으로 설명되어 있다. 한편, 유희는 『동의보감』에서 蘩蔞번루를 鴨跖압척으로 간주한 것을 실수라고 주장하면서, 우리말 이름은 잣ᄂᆞ물이라고 주장했다.[2019] 그러나 『동의보감』에 있는 蘩蔞번루 항목에서 鴨跖압척은 검색되지 않는다.

『향약구급방』에 나오는 민간 이름 見甘介견감개를 어떻게 읽었을지 분명하지 않은데, 見견은 보로 훈독했을 것이고, 甘감은 ᄃᆞᆯ 또는 ᄃᆞᆫ으로 훈독하고, 介개는 개로 음독해서, 보ᄃᆞᆯ개 정도로 읽힐 수 있으나, 이후 문헌에서는 전혀 나타나지 않아, 15세기에 소멸했을 것으로 추정하고 있다.[2020] 『향약집성방』에 나오는 雞矣十加非계의십가비의 경우 雞계를 ᄃᆞᆰ으로, 矣의는 ᄋᆡ로, 十加非십가비는 십가지로 읽혀지는데,[2021] 『동의보감』에 나오는 ᄃᆞᆯᄀᆡ십자기와 연결된다. 그리고 이 이름은 蘩蔞번루의 우리말 이름이라기보다는 雞腸草계장초에 대한 번역 차용어로 간주하고 있어,[2022] 『향약구급방』에 나오는 見甘介견감개와는 전혀 연결성이 없다. 蘩蔞번루를 고려시대에는 見甘介견감개로 부르다가, 조선시대로 넘어오면서 雞矣十加非계의십가비로 부른 것으로 추정된다.

오늘날 중국에서는 蘩蔞번루를 별꽃*Stellaria media* (Linnaeus) Villars으로 간주하며, 이 식물의 줄기와 잎, 그리고 종자를 약재로 사용하고 있다.[2023] 우리나

2018 近京下濕地亦或有之. 葉似荇菜而小. 夏秋間生小白黃花. 其莖梗作蔓,斷之有絲縷. 又細而中空,似雞腸,因得此名也.

2019 김형태a(2019),377쪽.

2020 조항범(2014),49~50쪽.

2021 조항범(2014),53쪽.

2022 조항범(2014),53쪽.

2023 『中國植物志, 26卷』(1996),104쪽.

라에서는 일제강점기에 Mori가 *S. media*와 *S. aquatica* Scopoli에 繁縷번루라는 이름을 일치시켰고,[2024] 정태현 등은 *S. media*에는 별꽃을, *S. aquatica*에는 쇠별꽃이라는 이름을 일치시켰다.[2025] 유희는 繁蔞번루의 씨가 葶藶정력[2026]의 씨와 같이 작다고 설명하고 있는데, 별꽃의 씨는 1~1.2mm 정도로 葶藶정력, 즉 꽃다지*Draba nemorosa* Linnaeus의 1mm도 되지 않은 씨처럼 작다.

한편, 雞腸草계장초의 경우, 중국에서는 두 종류의 식물명으로 사용되고 있다. 하나는 石胡荾석호유의 다른 이름으로 간주하는데,[2027] 石胡荾석호유는 중대가리풀*Centipeda minima* (Linnaeus) A. Braun & Ascherson이며, 鵝不食草아불식초라고도 부른다.[2028] 다른 하나는 附地菜부지채의 다른 이름으로 간주하는데,[2029] 附地菜부지채는 꽃마리*Trigonotis peduncularis* (Treviranus) Bentham ex Baker & Moore이다.[2030] 이밖에 『본초강목』에는 蘩蔞번루가 鵝腸菜아장채이며 雞腸草계장초는 아니라고 설명되어 있는데, 오늘날 鵝腸菜아장채는 쇠별꽃*Myosoton aquaticum* (Linnaeus) Moench으로 간주하며 *Stellaria aquatica*와 같은 종으로 간주한다.[2031]

그런데, 중대가리풀*Centipeda minima*은 잎이 荇菜행채, 즉 노랑어리연*Nymphoides peltata* (Gmelin) Britten과 비슷하나 노란색 꽃이 피는 점이 옛 문헌에 나오는 설명과 다르며, 꽃마리*Trigonotis peduncularis*는 『증류본초』에 나오는 蘩蔞번루의 꽃 그림처럼 꽃부리가 5갈래로 갈라져 있으나, 꽃색이 연보라색인 점이 다르며, 쇠별꽃*Myosoton aquaticum*은 별꽃*Stellaria media*과 비슷하여 한

2024 Mori(1922), 147쪽.
2025 정태현 외(1937), 62쪽.
2026 54번 항목 정력(葶藶)을 참조하시오.
2027 https://baike.baidu.com/item/鸡肠草/10206537?fr=aladdin
2028 『中國植物志』 76(1)卷(1983), 132쪽
2029 https://baike.baidu.com/item/附地菜/1423105?fr=aladdin
2030 『中國植物志, 64(2)卷』(1989), 104쪽.
2031 『中國植物志, 26卷』(1996), 74쪽.

때 蘩蔞번루를 쇠별꽃S. aquatica으로 간주했다. 그러나 별꽃속Stellaria 식물은 열매에 달리는 톱니의 수가 암술대 수와 같은 반면 쇠별꽃속Myosoton 식물은 열매에 달리는 톱니의 수가 암술대 수의 2배인 점에서 구분되는데,[2032] 이런 특징이 옛 문헌에 기록되지 않았다.

한편, 오늘날 우리나라에서는 『향약집성방』에 나오는 雞矢十加非계의십가비와 『동의보감』에 나오는 ᄃᆞᆯ기십자기를 닭의장풀Commelina communis Linnaeus로 간주하고 있어, 중국의 견해와는 차이가 난다. 아마도 일제강점기에 Mori가 이 학명에 『동의보감』에 나오는 ᄃᆞᆯ기십자기와 유사한 달기밋시기와 달기비, 鴨跖草압척초와 竹葉菜죽엽채라는 이름을 닭의장풀C. communis에 일치시키면서[2033] 나타난 것으로 판단된다. 이후 정태현 등도 이 학명에 鴨跖草압척초를 비롯하여 닭의밑씻개, 닭기씻개비, 닭개비, 닭기장출, 닭의꼬꼬 등의 이름을 일치시켰다.[2034] 그러나 『향약집성방』과 『동의보감』에는 鴨跖草압척초에 대한 설명이 없다.[2035] 오늘날 중국에서는 鴨跖草압척초를 닭의장풀C. communis로 간주하고 있다. 그러나 꽃이 푸른색으로 피는 닭의장풀은 『향약집성방』과 『동의보감』에 하얀색 또는 황백색 꽃이 피는 蘩蔞번루의 설명과 일치하지 않는다. 단지 닭의장풀은 한자 이름 鷄腸草계장초에 대한 번역어로 풀이하고 있다.[2036]

아마도 이러한 혼란은 유희가 『동의보감』에서 蘩蔞번루를 鴨跖압척으로 간주한 것을 실수라고 주장하면서, 蘩蔞번루에는 우리말 이름으로 잣ᄂᆞ물

2032 『Flora of China, Vol. 6.』(2001), 2쪽.

2033 Mori(1922), 81쪽.

2034 정태현 외(1937), 28쪽.

2035 한의학고전DB(https://mediclassics.kr/)에서 鴨跖草(압척초)로 검색하면 『향약집성방』과 『동의보감』의 내용에서는 鴨跖草(압척초)가 검색되지 않는다.

2036 조항범(2014), 67쪽.

을, 鴨跖압척에는 ᄃᆞᆰ의십갑이라는 이름을 부여하면서[2037] 발생한 것으로 판단된다. 그는 淡竹담죽을 鴨跖압척으로 간주하면서 이 두 한자 식물명에 우리말 이름으로 ᄃᆞᆰ의십갑이라는 이름을 부여했다.[2038] 이는 『본초강목』에서 淡竹葉담죽엽과 淡竹담죽을 구분해서 설명했고, 淡竹葉담죽엽은 초본에서, 淡竹담죽은 목본에서 설명하고 있으며, 淡竹葉담죽엽의 다른 이름으로 鴨跖압척이 나오기 때문으로 추정된다. 그러나 『동의보감』에서는 淡竹葉담죽엽을 목본에서 설명하고 있을 뿐만 아니라 篁竹근죽과 苦竹고죽 등과도 같이 설명하고 있고, 淡竹담죽은 솜대나 조릿대풀을 지칭하기에,[2039] 유희의 실수로 판단된다. 단지 유희의 실수로 인하여, 일제강점기에 학자들이 이러한 견해를 받아들임에 따라, 오늘날 蘩蔞번루를 닭의장풀과 같은 식물로 오해하게 만든 것으로 추정된다.

그럼에도 『향약구급방』, 『향약집성방』 그리고 『동의보감』에서 설명하는 蘩蔞번루의 실체는 명확하게 파악할 수가 없다. 이들 문헌에 식물에 대한 정보가 너무나 부족하기 때문인데, 이덕봉은 蘩蔞번루를 별꽃*Stellaria media*로, 鷄腸草계장초를 꽃마리*Trigonotis peduncularis*로 간주했다. 그러나 중국에서의 견해에 따라 蘩蔞번루를 별꽃*S. media*으로 간주하는 것이 타당할 것이다. 실제로도 별꽃의 줄기를 자르면 실같은 것이 나온다.[2040] 추후 보다 상세한 연구가 수행되어야만 할 것인데, 잣ᄂᆞ물과 ᄃᆞᆯᄀᆡ십자기라는 이름은 추후 검토에 필요하다.

국가생약정보와 본초서에는 繁蔞번루 항목이 검색되지 않는다. 그러나

2037 정양완 외(1997), 214쪽(蘩蔞), 347쪽(鴨跖).
2038 정양완 외(1997), 124쪽(淡竹), 347쪽(鴨跖).
2039 92번 항목 담죽엽(淡竹葉)을 참조하시오.
2040 http://www.diegobonetto.com/blog/on-the-wondrful-chickweed-and-the-poisonous-lookalike

蘩蔞번루와 鷄腸草계장초를 구분하여 蘩蔞번루는 별꽃*Stellaria media*과 쇠별꽃*S. aquatica*으로 간주하며, 鷄腸草계장초는 꽃마리*Trigonotis peduncularis*로 간주하고,[2041] 鴨跖草압척초는 닭의장풀*Commelina communis*로 간주하고 있다.[2042]

139 구韭

향약구급방	俗云厚菜 味辛酸
국명	부추
학명	*Allium tuberosum* Rottler ex Spreng
생약정보	구자(韭子), 부추(*Allium tuberosum* Rottler ex Spreng)

「초부」에는 민간 이름으로 厚菜후채라고 부른다고 설명되어 있을 뿐, 식물에 대한 설명은 없다. 「본문」에는 韮白구백으로도 표기되어 있다. 『향약집성방』에는 표제어가 韮구로 되어 있는데, 韭구와 韮구는 같은 글자이다.[2043] 『향약집성방』에는 鄕名향명으로 蘇勑소래가 병기되어 있으나, 식물에 대한 설명은 거의 없다. 『동의보감』에는 표제어가 韭菜구채로 되어 있으며, 우리말 이름으로 부칙가 병기되어 있으나, 식물에 대한 설명은 거의 없다.

『향약구급방』에 나오는 민간 이름 厚菜후채의 경우, 厚후는 후로 음가되

2041 신전휘·신용욱(2013), 381~382쪽.
2042 권동열 외(2020), 208쪽; 신민교(2015), 683쪽.
2043 https://hanyu.baidu.com/zici/s?wd=韮&query=韮&srcid=28232&from=kg0

고, 菜채는 치로 음독되어 후치로 해독되는데,[2044] 韭구와 厚후가 음가가 같은 것으로 간주하여, 후세에 부치로 변경되었다. 『향약집성방』에 나오는 蘇勑소래의 경우 蘇소는 소로 음가되고, 勑래는 래로 음가되어 솔로 해독된다.[2045] 솔은 오늘날 부추의 방언이다.[2046] 오늘날 韭구는 부추*Allium tuberosum* Rottler ex Spreng로 간주된다.[2047]

140 규자葵子

향약구급방	常食阿夫實也
국명	아욱
학명	*Malva verticillata* Linnaeus
생약정보	동규자(冬葵子), 아욱(*Malva verticillata* Linnaeus)

「초부」에 있는 설명은 "평상시 먹는 아부阿夫의 열매" 정도로 풀이되어,[2048] 阿夫아부가 민간 이름으로 부르던 식물명이며, 阿夫實아부실은 阿夫아부의 씨로 추정하고 있다.[2049] 「본문」에 陳葵子진규자라는 약재명이 나오는데, 겨울을 넘겨도 다시 살아나는 개체라고 설명되어 있다. 『향약집성방』과 『동의보감』에는 葵子규자라는 항목이 없다. 단지 『향약집성방』에는 冬

2044 남풍현(1981), 41쪽.
2045 손병태(1996), 183쪽.
2046 https://wordrow.kr/사투리/200848/솔/
2047 『中國植物志, 14卷』(1980), 221쪽.
2048 이경록(2018), 310쪽.
2049 남풍현(1981), 45쪽.

葵子동규자의 鄕名향명으로 阿郁아욱이 병기되어 있고, 『동의보감』에는 冬葵子동규자의 우리말 이름으로 돌아욱이 병기되어 있어, 『향약구급방』에 나오는 葵子규자와 『향약집성방』과 『동의보감』에 나오는 冬葵子동규자는 같은 식물명으로 판단된다. 그런데 『향약구급방』에는 冬葵子동규자가 독립된 항목으로 설명되어 있어, 葵子규자와 冬葵子동규자가 서로 다른 식물을 지칭하는 이름일 가능성도 있다.

그럼에도 중국에서는 葵子규자를 冬葵子동규자와 같은 식물을 지칭하는 이름으로 간주하고 있다.[2050] 『향약구급방』에서도 冬葵子동규자에 대해 "가을에 葵규를 심으면"[2051]이라고 설명하고 있어, 葵子규자와 冬葵子동규자를 같은 식물을 지칭하는 이름으로 간주하는 것이 타당하다고 판단된다. 또한 우리나라에서는 『향약채취월령』과 『향약집성방』에 병기된 冬葵子동규자의 鄕名향명인 阿郁아욱과 연관시켜 『향약구급방』에 나오는 阿夫아부를 아욱의 어원으로 간주하고 있는데,[2052] 阿夫아부의 경우 阿아는 아로 음가되고, 夫부는 부로 음가되어, 아부로 해독된다.[2053] 오늘날 冬葵子동규자를 아욱*Malva verticillata* Linnaeus으로 간주한다.[2054]

한편, 식물명에 葵규라는 글자가 들어간 식물로 『향약집성방』에 나오는 黃蜀葵花황촉규화와 蜀葵촉규, 『동의보감』에 나오는 紅蜀葵홍촉규, 黃蜀葵花황촉규화, 龍葵용규 등은 추후 검토가 필요하다.

2050 https://zhongyibaike.com/wiki/葵菜子

2051 秋種葵

2052 김종덕과 고병희(1999), 226쪽.

2053 남풍현(1981), 48쪽.

2054 143번 항목 동규자(冬葵子)를 참조하시오.

141 와거萵苣

향약구급방	俗云紫夫豆 冷无毒
국명	상추
학명	*Lactuca sativa* Linnaeus
생약정보	항목 없음

「초부」에는 민간 이름으로 紫夫豆자부두라고 부르는 것으로 설명되어 있으나, 식물에 대한 설명은 없다. 「본문」에는 이름이 紫夫豆菜자부두채로 표기되어 있다. 『향약집성방』에는 萵苣와거라는 항목이 없으나, 白苣백거 항목에서 萵苣와거에 대해 白苣백거와 비슷하지만 잎에 흰털이 없는 것으로 설명되어 있다. 萵苣와거의 鄕名향명은 없다. 『동의보감』에는 우리말 이름으로 부루가 병기되어 있으나, 식물에 대한 설명은 거의 없다.

『향약구급방』에 나오는 민간 이름 紫夫豆자부두의 경우 紫자는 ᄌᆞ로 음독되고, 夫부는 부로 음가되고, 豆두는 두로 음가되어 ᄌᆞ부두로 해독되며, 紫夫豆菜자부두채의 경우, 菜채가 ᄂᆞᄆᆞᆯ로 훈독되므로 ᄌᆞ부두ᄂᆞᄆᆞᆯ로 해독되는데, 이들 민간 이름에서 자주색을 의미하는 紫자는 하얀색의 白苣[2055]백거와 구별하기 위하여 첨가된 것으로 풀이되고 있다.[2056] 夫豆부두는 『동의보감』에 나오는 부루로, 그리고 이후 유희의 『물명고』에 나오는 부로로 변했을 것으로 추정하고 있다.[2057]

오늘날 중국에서는 萵苣와거를 *Lactuca sativa* Linnaeus로 간주하고 있으

2055 142번 항목 백거(白苣를) 참조하시오.
2056 남풍현(1981), 102쪽.
2057 손병태(1996), 180쪽.

며, 우리나라에서는 상추로 부르고 있는데, 1800년대에 편찬된 것으로 추정된 『광재물보』에 나오는 상취에서[2058] 유래한 것으로 판단된다.

142 백거白苣

향약구급방	味苦寒平 葉有白毛 産後不可食之
국명	**상추**
학명	*Lactuca sativa* Linnaeus
생약정보	**항목 없음**

「초부」에는 민간 이름은 없으나, 잎에 하얀색 털이 달려 있다고 설명되어 있다. 『향약집성방』에는 鄕名향명으로 斜羅夫老사라부로가 병기되어 있으며, 잎에 흰 털이 있으며, 자주색이 도는 것을 태워서 약으로 쓰는 것으로 설명되어 있다. 『동의보감』에는 우리말 이름이 없으며, 식물에 대한 특별한 설명도 없다. 유희의 『물명고』에는 방귀아디, 저자 미상의 『광재물보』에는 방귀아리라는 이름이 있다.[2059] 『향약집성방』에 나오는 斜羅夫老사라부로에서 斜羅사라는 하얀색을 의미하는 숣과 관련이 있으며, 夫老[2060]부로는 상추를 의미하는 부로로 해석된다.[2061] 방귀아디는 상추의 옛말로 판단된다.[2062]

오늘날에는 白苣백거를 상추*Lactuca sativa* Linnaeus의 재배품종으로 간주하는

2058 정양완 외(1997), 399쪽.

2059 정양완 외(1997), 203쪽.

2060 141번 항목 와거(萵苣)를 참조하시오.

2061 손병태(1996), 180쪽.

2062 남광우(2017), 661쪽.

데[2063] 종 수준에서만 고찰하고자 한다.

143 동규자冬葵子

향약구급방	味甘寒无毒 秋種葵至春作子 古今方 入藥最多
국명	아욱
학명	*Malva verticillata* Linnaeus
생약정보	아욱(*Malva verticillata* Linnaeus)

「초부」에는 민간 이름도 식물에 대한 설명도 없다. 「본문」에는 陳葵子진규자라는 이름이 나온다.[2064] 『향약집성방』에는 鄕名향명으로 阿郁아욱이 병기되어 있으나, 식물에 대한 설명은 거의 없다. 단지 葵규에는 여러 종류가 있다고 설명하면서, 冬葵子동규자가 아닌 다른 葵규 종류들만 설명되어 있다. 『동의보감』에는 우리말 이름으로 돌아욱씨가 병기되어 있으나, 식물에 대한 특별한 설명은 없다.

오늘날 冬葵子동규자는 冬葵동규, 즉 아욱*Malva verticillata* Linnaeus var. *crispa* Linnaeus의 씨로 간주한다.[2065] 그러나 최근 冬葵동규를 원예식물로 재배하기에, 이와 비슷하며 약재로 사용했던 식물들은 *M. verticillata* var. *verticillata*로 간주하고 있다.[2066] 그런데 많은 자료에서 var. *crispa*를 var. *verticillata*의

2063 https://baike.baidu.com/item/白苣/22507739?fr=aladdin
2064 過冬葵在田更生者. 140번 항목 규자(葵子)를 참조하시오.
2065 https://baike.baidu.com/item/冬葵/19902959?fr=aladdin
2066 『*Flora of China*, Vol. 12』(2007), 267쪽.

분류학적 이명으로 간주하고 있다.[2067] 따라서 분류학적 검토가 필요하지만, 冬葵동규를 아욱*M. verticillata*으로 간주하는 것이 타당할 것이다.

우리나라에서는 일제강점기에 Mori가 *Malva olitoria* Nakai에 아욱이라는 이름을, *M. sylvestris* Linnaeus var. *mauritiana* Boissieu에 錦葵금규와 冬葵菜동규채라는 이름을 일치시켰고,[2068] 이후 정태현 등은 *M. olitoria*에는 아욱을, *M. sylvestris* var. *mauritiana*에는 당아욱을 일치시켰다.[2069] 그러나 *M. olitoria*는 *M. verticillata*의 분류학적 이명으로 간주되고 있다.[2070] 따라서 *M. verticillata*를 아욱으로 부르는 것이 타당할 것이며, Mori가 *M. sylvestris* var. *mauritiana*에 冬葵菜동규채라고 불렀던 것은 오류로 판단된다.

144 총葱

향약구급방	味苦溫无毒 有數種
국명	파
학명	*Allium fistulosum* Linnaeus
생약정보	총백(蔥白), 파(*Allium fistulosum* Linnaeus)

「초부」에는 민간 이름도 식물에 대한 설명도 없으나, 단지 여러 종류의 식물을 총칭해서 葱총으로 불렀다고 설명되어 있다. 『향약집성방』에

2067 http://plantsoftheworldonline.org/taxon/urn:lsid:ipni.org:names:60463093~2
2068 Mori(1922), 250쪽.
2069 정태현 외(1937), 115쪽.
2070 https://mpns.science.kew.org/mpns-portal/searchName?

는 표제어가 蔥實총실로 되어 있는데, 鄕名향명도 식물에 대한 설명도 없다. 단지 여러 종류의 蔥총에 대한 설명만 있다. 『동의보감』에는 우리말 이름으로 파흰믿이 병기되어 있으나, 식물에 대한 설명은 없다. 『동의보감』에 나오는 우리말 이름 파흰믿은 파의 아래쪽 하얀 부분을 의미하는 것으로 풀이된다. 오늘날 蔥총을 파*Allium fistulosum* Linnaeus로 간주한다.

145 양하蘘荷

향약구급방	味溫 主諸惡瘡 殺虫, 有二種 白者入藥 赤者堪食
국명	양하
학명	*Zingiber mioga* (Thunberg) Roscoe
생약정보	양하(*Zingiber mioga* (Thunberg) Roscoe)

「초부」에는 민간 이름도 식물에 대한 설명도 없다. 단지 백색인 것은 약용으로, 붉은색인 것은 식용으로 사용한다는 설명만 있고, 「본문」에는 鄕名향명이 寸問[2071]촌문으로 표기되어 있다. 『향약집성방』에는 표제어가 白蘘荷백양하로 되어 있으며, 鄕名향명은 없고, 잎이 甘蕉감초[2072]와 비슷하며 뿌리는 薑강[2073]과 비슷하면서도 조금은 두꺼우며, 그늘에서 잘 자라는[2074] 것으로 설명되어 있다. 『동의보감』에는 우리말 이름으로 양하가 병기되

2071 이경록(2018, 114쪽)은 원본 상태가 애매하지만, 글자 형태와 문맥상 '역동(亦同)'으로 판독했다.

2072 파초(*Musa basjoo*)이다. 66번 항목 파초(芭蕉)를 참조하시오.

2073 생강(*Zingiber officinale*)이다. 「본문」2번 항목 강(薑)을 참조하시오.

2074 葉似甘蕉, 根似薑而肥, 其根莖堪爲葅. 其性好陰,

어 있고, 『향약집성방』에 있는 식물에 대한 내용이 나열되어 있으며, 우리나라 남쪽에서 자라는 것으로 설명되어 있다.

오늘날 蘘荷양하를 양하*Zingiber mioga* Thunberg Roscoe로 간주하고 있다. 열대 아시아 원산으로 알려져 있으나, 우리나라에서는 옛날부터 재배해 왔으며, 일부는 귀화식물로 주로 한반도 남부와 제주도 등지에서 자란다.[2075]

146 산조酸棗

향약구급방	俗云三弥大棗 味酸无毒 實圓 八月采, 陰乹四十日 或云日乹
국명	묏대추
학명	*Ziziphus jujuba* Miller var. *spinosa* (Bunge) Hu ex H.F How
생약정보	산조(*Ziziphus jujuba* Miller var. *spinosa* (Bunge) Hu ex H.F How)

「초부」에는 민간 이름으로 三弥[2076] 大棗삼미대조라고 부르는 것으로 설명되어 있으나, 식물에 대한 설명은 없다. 『향약집성방』에는 鄕名향명으로 三彌尼大棗삼미니대조가 병기되어 있고, 맛이 시큼하며,[2077] 들에서 자라는데 흔히 언덕이나 성채 곁에 자라며, 棗木조목[2078]과 비슷하나 껍질이 얇고 나무속이 붉으며, 음력 8월에 결실하는데 홍자색인[2079] 것으로 설명되어 있

2075 Ikeda, H. et al. (2021), 100쪽.

2076 글자가 확실하지 않은데, 신영일(1994, 159쪽)과 녕옥청(2010, 117쪽)은 彌(미)로, 남풍현(1981, 85쪽)은 弥(미)로, 이경록(2018, 311쪽)은 於(미)로 판독했다. 그러나 모두 '미'로 읽을 수 있고, 원본의 글자 상태가 彌(미)라기 보다는 弥(미)나 於(미)와 비슷하여, 남풍현의 견해에 따라 弥(미)로 간주했다.

2077 酸棗旣是棗中之酸.

2078 대추(*Ziziphus jujuba*)이다. 107번 항목 대조(大棗를 참조하시오.

다. 『동의보감』에는 표제어가 酸棗仁산조인으로 되어 있으며, 우리말 이름으로 묏대쵸씨가 병기되어 있다. 仁인을 흔히 씨로 풀이하기에, 酸棗仁산조인은 酸棗산조의 씨, 즉 묏대추의 씨로 풀이된다. 『향약집성방』에 있는 식물에 대한 설명이 반복되어 있다.

『향약구급방』에 나오는 민간 이름 三弥大棗삼미대조의 경우, 三삼은 삼으로 음가되고, 弥미는 미로 음가되고, 大대는 대로 음독되고, 棗조는 조로 음독되어 삼미대조로 해독된다.[2080] 『향약집성방』에 나오는 鄕名향명 三彌尼大棗삼미니대조의 경우도 비슷한데, 단지 尼니는 니로 음가되어 삼미니대조로 해독된다. 그리고 三삼은 산으로, 弥미는 뫼로 풀이되어 三弥삼미가 뫼 또는 산으로 해독되는데, 결국 三弥大棗삼미대조와 三彌尼大棗삼미니대조는 『동의보감』에 병기된 묏대쵸로 연결되어 묏대추를 거쳐 산대추로 변한 것으로 추정하고 있다.[2081]

중국에서는 酸棗산조를 묏대추*Ziziphus jujuba* Miller var. *spinosa* Bunge Hu ex H.F How로 간주하고 있다.[2082] 우리나라에서는 일제강점기에 Mori가 *Z. sativa* Gaertner var. *spinosa* Schneider에 묏대추, 산초, 酸棗산조라는 이름을 일치시켰고,[2083] 이후 정태현 등은 이 학명에 묏대추라는 이름만 일치시켰다.[2084] 그런데 *Z. sativa* var. *spinosa*는 *Z. jujuba* var. *spinosa*의 명명법상 이명으로 간주되고 있다.[2085]

2079 野生多在陂阪及城壘間. 似棗木而皮細, 其木心赤色, 莖葉俱靑, 花似棗花. 八月結實, 紫紅色.

2080 남풍현(1981), 85쪽.

2081 손병태(1996), 171~172쪽.

2082 『中國植物志, 48(1)卷』(1982), 133쪽.

2083 Mori(1922), 245쪽.

2084 정태현 외(1937), 113쪽.

2085 『*Flora of China*, Vol. 12』(2007), 119쪽.

147 천문동天門冬

향약구급방	味苦甘大寒无毒 主理諸風 (…중략…) 百部根相似 百部根細長味苦 (…중략…) 春生藤蔓 大如釵股 高至丈余 入伏后 无花暗結子 其根, 大如手指 長二三寸 一二十枚同撮 二三七八月採根
국명	천문동
학명	*Asparagus cochinchinensis* (Loureiro) Merrill
생약정보	천문동(*Asparagus cochinchinensis* (Loureiro) Merrill)

「초부」에는 민간 이름은 없고, 식물에 대해 百部根백부근[2086]과 비슷하나, 백부근은 가늘고 길며, 뿌리는 손가락만 한데 길이가 6~9cm 정도이며, 10~20개의 뿌리가 함께 자란다. 봄에 덩굴성 줄기가 나오는데, 釵股채고[2087]와 비슷하고 높이 3m 정도 자라며, 여름에 꽃이 없는 상태에서 어두운 색으로 열매가 맺는 것으로 설명되어 있다. 『향약집성방』에는 鄕名향명이 없으며, 중국 문헌에 있는 식물에 대한 설명이 인용되어 있다. 잎은 茴香회향[2088]처럼 끝이 뾰족하고 가늘며 매끈한데 가시가 있으며, 거칠고 가시가 없는 잎은 실처럼 가늘고 성글게 달린다. 여름에 흰 꽃이나 노란 꽃이 피며, 가을에 검은 열매가 맺히는데, 때로 꽃도 피지 않고 열매가 달리는 경우도 있다고[2089] 설명되어 있다. 『동의보감』에는 우리말 이름은 없

2086 *Stemona japonica* (Blume) Miquel을 지칭하는데, 우리나라에는 자라지 않으나, 만생백부라는 이름으로 부르는 것으로 대한민국약전외한약(생약)규격집에 나와 있다.

2087 작살 또는 비녀로 번역되는데, 난과 식물 가운데 *Luisia morsei* Rolfe를 钗子股(채자고)라고 부르며 줄기가 원기둥처럼 생겼다. 이 식물로 풀이해도 큰 문제는 없을 것으로 생각된다.

2088 회향(*Foeniculum vulgare*)이다. 75번 항목 회향자(茴香子)를 참조하시오.

2089 葉如茴香, 極尖細而疏滑, 有逆刺. 亦有澁而無刺者, 其葉如絲杉而細散, 皆名天門冬. 夏生白花, 亦有黃色者. 秋結黑子, 在其根枝. 傍入伏後無花暗結子.

으나, 충청도, 전라도, 경상도에서만 나는 것으로[2090] 설명되어 있다.

중국에서는 天門冬천문동을 천문동*Asparagus cochinchinensis* (Loureiro) Merrill으로 간주하고 있다.[2091] 우리나라에서는 일제강점기에 이시도야가 *A. lucidus* Lindly의 비대한 뿌리를 天門冬천문동이라고 부르면서, 한글명으로 홀아지좃을 일치시켰다.[2092] 이후 Mori는 이 학명에 天門冬천문동, 地門冬지문동, 턴문동, 부지깅나물이라는 이름을 일치시켰고,[2093] 정태현 등은 天門冬천문동, 천문둥, 홀아지좃이라는 이름을 일치시켰다.[2094] 유희의 『물명고』에는 天門冬천문동을 설명하면서 홀아비쏫이라는 이름을 병기했는데,[2095] 유래는 불분명하다. 『향약구급방』에 꽃이 없는 상태에서 어두운 색으로 열매가 맺는[2096] 것으로 되어 있는데, 이는 천문동이나 나리 종류들에서 흔히 볼 수 있는 줄기의 엽액에 달리는 주아으뜸눈이라고도 부름가 달린다는 설명으로 보인다. 실제로 천문동에서 주아가 달리는 것으로 알려져 있다.[2097]

오늘날 *Asparagus lucidus*는 *A. cochinchinensis*의 분류학적 이명으로 간주된다.[2098] 우리나라에는 비짜루속*Asparagus* 식물로 5종이 분포하고 있는데, 천문동*A. cochinchinensis* 만이 충청도를 비롯하여 전라남북도와 경상남도의 해안가와 내륙 지방에 분포하고 있다.[2099]

2090 我國, 惟忠淸全羅慶尙道有之.
2091 『中國植物志, 15卷』(1978), 106쪽.
2092 이시도야(1917), 44쪽.
2093 Mori(1922), 87쪽.
2094 정태현 외(1937), 30쪽.
2095 정양완 외(1997), 549쪽.
2096 入伏后无花暗結子.
2097 http://www.ohmynews.com/NWS_Web/View/at_pg.aspx?CNTN_CD=A0000098307
2098 『*Flora of China*, Vol. 24』(2000), 211쪽.
2099 조성현과 김영동(2012), 188쪽.

제4장

『향약구급방』, 「본문」에만 나오는 식물들

『향약구급방』「본문」과 「방중향약목 초부」는 서로 다른 시기에 집필된 것으로 알려져 있다. 이런 원인인지는 확실하지 않으나, 『향약구급방』「본문」에는 나오는데, 「방중향약목 초부」에는 나오지 않는 식물들이 발견된다. 녕옥청은 甘草감초, 黑豆흑두, 薑강, 杏仁행인, 生苽생고, 梨이, 榛子진자, 蓼요, 漆칠, 楸추, 柿子시자, 臘茶납다, 破古丸파고환, 芥子개자 그리고 檎子금자 등 15종의 식물 약재가 『향약구급방』「본문」에만 나타난다고 주장했다.[1] 이들 이외에도 이경록은 防風방풍, 牛蒡우방, 栗율, 恒山항산 그리고 葡萄포도 등 5종류도 『향약구급방』「본문」에 나오는 식물로 나열했다.[2] 그리고 이들에 추가하여 莙군, 桐子동자, 附子부자, 粟米속미, 蓴순, 烏頭오두, 天雄천웅, 巴豆파두, 香附子향부자 그리고 莧현 등 10종류의 약재도 『향약구급방』「본문」에 나오는 것으로 확인되었다. 이밖에 蕈심이 「본문」에서 星茸성이라는 이름과 함께 나타나나 버섯 종류를 지칭하고, 海藻해조는 해조류 종류를 지칭하고 있어, 이 책에서는 논의하지 않았다.

---

1 녕옥청(2010), 133~134쪽. 녕옥청은 이밖에도 松脂(송지), 竹葉(죽엽), 竹筍皮(죽순피), 竹瀝(죽력) 그리고 竹根(죽근)도 「본문」에 나오는 것으로 설명하고 있으나, 松脂(송지)는 82번 항목 송(松)에서, 나머지 竹(죽)과 관련된 항목들은 92번 항목 담죽엽(淡竹葉)에서 논의했다.

2 이경록a(2010), 367~371쪽.

01 감초甘草

국명	감초
학명	*Glycyrrhiza uralensis* Fischer ex Candolle
생약정보	감초(*Glycyrrhiza uralensis* Fischer ex Candolle), 광과감초(*G. glabra* Linnaeus), 그리고 창과감초(*G. inflata* Batal)

甘草감초는 『향약구급방』에 나오는 약재 331종 가운데 9번째로 많이 사용되었고, 첫 항목에서부터 감초 효능을 인상 깊게 서술했음에도 불구하고,[3] 「방중향약목 초부」에는 나오지 않는다. 鄕名향명이나 민간 이름도 없는데, 甘草감초가 고려에서 생산되지 않은 수입 약재였기 때문으로 풀이된다. 실제로 「본문」에는 甘草감초가 우리나라에서 생산되지 않으나, 이를 보관하고 있는 사람들이 많은데, 감초가 해독에 탁월하므로 없어서는 안 된다고 하면서 대체하려는 움직임도 있다고[4] 설명되어 있다. 그러다가 조선시대 세종 30년1448년에 전라도와 함길도에서 일본으로부터 유입된 감초를 재배하기 시작했다.[5] 따라서 세종 15년1433년에 편찬된 『향약집성방』에는 감초가 실려 있지 않았는데, 이후에 편찬된 『동의보감』에는 초부草部 上상 부분의 5번째 약재로 실렸으나, 우리말 이름은 없다. 『동의보감』에는 감초를 중국에서 들여와 우리나라 여기저기에 심었으나 잘 자라지 않았는데, 다만 함경북도에서 자란 것이 가장 좋다고[6] 설명되어 있다. 오

3 이경록(2015), 424쪽.

4 甘草 虽非我國所生 往往儲貯者多 而解毒尤妙 故不可闕焉 亦有代之旨. 이경록(2018, 58쪽)은 수입 감초를 국내 생산으로 대체하려는 움직임으로 풀이하고 있다.

5 이경록(2015), 430쪽.

6 自中原, 移植於諸道各邑, 而不爲繁殖. 惟咸鏡北道所産最好.

늘날 *Glycyrrhiza uralensis* Fischer ex Candolle를 甘草감초로 간주하고 있다.

02 강薑

국명	생강
학명	*Zingiber officinale* Roscoe
생약정보	생강(*Zingiber officinale* Roscoe)

薑강은 말리지 않은 生薑생강과 말린 乾薑건강으로 구분하나, 생강이라는 식물명으로 흔히 부르고 있다. 생강은 원래 동남아시아가 원산지로 우리나라에서 자라던 식물은 아니다. 우리나라에는 1300여 년 전인 고려시대에 중국 사신으로 갔던 신만석이 중국 봉성현에서 들여온 것으로,[7] 그때부터 생강을 재배하기 시작했는데, 생강을 재배하는 지역을 강소薑所라고 불렀다.[8] 그리고 『향약구급방』「본문」에는 생강을 약재로 사용했다고 설명되어 있으나, 鄕名향명이나 민간 이름은 없다. 생강의 산출량이 적어 약재로 널리 사용되지 못했기 때문에 「방중향약목 초부」에는 나오지 않는 것으로 추정된다. 이후 조선시대로 접어들면서 생강 생산 지역이 넓어짐에 따라,[9] 『향약집성방』에는 조선의 약재로 설명되어 있으나, 鄕名향명은 없다. 『동의보감』에는 우리말 이름으로 싱강이 병기되어 있다. 오늘날 *Zingiber officinale* Roscoe를 생강으로 간주한다.

7 농민신문 2014년 2월 7일 자 기사, "한의사 이상곤의 토물기완(36) 생강"

8 이경록a(2010), 220쪽.

9 이경록c(2010), 242쪽.

03 개자芥子

국명	백개자
학명	*Sinapis alba* Linnaeus
생약정보	갓, 겨자(*Brassica juncea* (Linnaeus) Czernajew)

「본문」에는 黃芥子황개자[10]와 芥子개자 두 식물명으로 나오나, 민간 이름이나 식물에 대한 설명은 없다. 『향약집성방』에는 芥개와 白芥백개라는 항목이 있으나 鄕名향명은 없고, 黃芥子황개자에 대한 설명은 아예 없고, 귀가 아플 때 사용하는 약재로 설명되어 있다. 『동의보감』에는 芥菜개채가 나오며, 芥菜개채에 부수되는 소항목으로 白芥백개도 설명되어 있다. 芥菜개채는 우리말 이름으로 갓과 계ᄌᆞ가, 白芥백개에는 흰계ᄌᆞ가 병기되어 있다. 또한 芥菜개채에는 黃芥황개, 紫芥자개, 白芥백개도 있는데, 黃芥황개와 紫芥자개[11]는 절여서 먹는 반면, 白芥백개는 약에 넣어 사용하는[12] 것으로 설명되어 있다.

중국에서는 芥子를 白芥백개, *Sinapis alba* Linnaeus와 芥개, *Brassica juncea* (Linnaeus) Czernajew의 잘 익은 씨로 간주하는데, 白芥백개의 씨를 白芥子백개자로, 芥개의 씨를 黃芥子황개자로 간주하고 있다.[13] 그런데 『동의보감』에서 黃芥황개는 식용으로, 白芥백개는 약용으로 사용한다고 설명했고, 약재로서 芥子개자의 효능에 더 부합하는 식물은 白芥子백개자로 알려져 있어,[14] 芥子개자는 *S.*

10 갓(*Brassica juncea*)이다. 본문 30번 항목 황개자(黃芥子)를 참조하시오.

11 자화개(*Malcolmia africana*)로 추정되나, 추후 검토가 필요하다.

12 有黃芥・紫芥・白芥. 黃芥紫芥, 作虀食之最美, 白芥入藥.

13 https://baike.baidu.com/item/芥子/996736?fr=aladdin

14 최고야 외(2013), 106쪽.

*alba*로 간주하는 것이 타당할 것이다. 그러나 이 종이 우리나라에 분포하지 않지만, 하지만 『동의보감』에 芥菜개체의 우리말 이름으로 갓과 계ᄌᆞ가 있는 점으로 보아 黃芥子황개자를 芥子개자로 부르면서 약재로 사용한 것으로 추정된다. 국가생약정보에는 芥子개자의 공정서 생약으로 갓*B. juncea*이, 민간생약으로 백개*S. alba*가 소개되어 있다.

04 군莙

국명	근대
학명	*Beta vulgaris* Linnaeus var. *cicla* Linnaeus
생약정보	검색 안 됨

「본문」에는 약재로 사용한다는 내용만 있을 뿐, 민간 이름이나 식물에 대한 설명이 전혀 없다. 『향약집성방』에는 항목 자체가 없다. 『동의보감』에는 항목이 莙薘군달로 되어 있고, 우리말 이름으로 근대가 병기되어 있으나, 식물에 대한 설명은 거의 없다. 『훈몽자회』에는 莙군이 "근대 근"으로, 薘달이 "근댓 달"로 설명되어 있어, 『향약구급방』에 나오는 莙군과 『동의보감』에 나오는 莙薘군달은 같은 식물이며 우리말로는 근대라고 불렀던 것으로 판단된다. 중국에서는 莙군을 莙荙菜군달채와 같은 이름으로 간주하며, 莙荙菜군달채는 근대*Beta vulgaris* Linnaeus var. *cicla* Linnaeus로 간주하고 있다.[15]

15 『中國植物志, 25(2)卷』(1979), 10쪽.

그런데 유희의 『물명고』에는 莙蓬군달 항목은 없으나 莙군이 聚藻취조로, 『광재물보』에는 莙蓬군달 항목과는 별개로 莙군이 牛藻우조로 설명되어 있다. 그리고 한자 사전에는 버들말즘으로 검색된다.[16] 『향약구급방』에서 莙군이 포함된 부분은 『의방유취』에 근거한 설명으로 간주되는데,[17] 한의학고전DB에는 莙蓬군달로 나온다. 또한 『증류본초』에는 莙蓬군달 항목이 있는데도 물속에서 자란다는 설명은 없고, 『본초강목』에는 莙군과 관련된 항목이 검색되지 않는다. 水藻수조를 聚藻취조로 간주하기도 하나,[18] 莙군을 수생식물로 간주한 근거는 추후 검토되어야 할 것이다.

05 금자檎子

국명	능금나무
학명	*Malus asiatica* Nakai
생약정보	검색 안 됨

林檎임금의 열매를 檎子금자라고 부르는 것으로 추정된다. 『향약집성방』에는 林檎임금이 柰내와 비슷하나, 열매가 크고 긴 것은 내柰로 간주하고, 둥근 것은 임금林檎으로 간주한다고[19] 설명되어 있다. 『동의보감』에는 우리말 이름이 님금으로 병기되어 있는데, 열매가 柰내와 비슷하나 둥그런

16 https://hanja.dict.naver.com/#/search?query=莙&range=all

17 신영일(1994), 123쪽.

18 49번 항목 수조(水藻)를 참조하시오.

19 大長者爲柰, 圓者林檎.

것으로[20] 설명되어 있다.

오늘날 林檎임금은 능금나무*Malus asiatica* Nakai로,[21] 내柰는 사과나무*Malus pumila* Miller로[22] 간주하고 있다. 사과나무는 우리나라에서 자라던 식물이 아니고 중국을 통해 도입된 것으로 간주하나, 능금나무는 우리나라에서 널리 자라던 식물로 간주되고 있다.[23]

06 납다臘茶

국명	차나무, 작설차
학명	*Camellia sinensis* (Linnaeus) Kuntze
생약정보	다엽가루, 차나무(*Camellia sinensis* (Linnaeus) Kuntze)

차나무의 어린 새싹을 따서 만든 차로, 찻잎이 참새의 혓바닥 크기만 할 때 따서 만든다는 의미로 작설차라고 부른다. 『향약집성방』에는 표제어가 茗苦茶茗명고다명으로 되어 있으며, 鄕名향명으로 眞茶진다가 병기되어 있다. 일찍 채취한 것을 茶다라고 부르며, 늦게 채취한 것을 茗명으로 부른다고 설명되어 있다. 『동의보감』에는 겨울에 잎이 나는데 일찍 딴 것을 茶다로 부르는 것으로 설명되어 있고, 우리말 이름으로 쟉셜차가 병기되어 있다. 차나무*camellia sinensis* (Linnaeus) kuntze이다.

20 其樹似柰樹, 實形圓如柰.

21 『中國植物志, 36卷』(1974), 383쪽.

22 『中國植物志, 36卷』(1974), 381쪽.

23 김종덕과 고병희(1998) 논문과 이성우 외(1976) 논문을 참조하시오.

07 동자桐子

국명	이나무
학명	*Idesia polycarpa* Maximowicz
생약정보	검색 안 됨

「본문」에 桐子동자는 약재로 사용된 것이 아니라, 환으로 만든 약의 크기를 비교하기 위해 사용되었다. 『향약집성방』과 『동의보감』에는 나오지 않는다. 중국에서는 桐子동자를 山桐子산동자와 같은 식물 이름으로 사용하는데,[24] 山桐子산동자는 이나무*Idesia polycarpa* Maximowicz로 간주한다.[25]

08 방풍防風

국명	갯방풍
학명	*Glehnia littoralis* F. Schmidt ex Miquel
생약정보	방풍(*Saposhnikovia divaricata* Schischkin)

「본문」에 鄕名향명을 표기할 때처럼 작은 글씨로 剉좌라고 표기되어 있으나, 剉좌가 약재를 잘게 썰어서 사용하는 방법으로 설명되어 있어, 식물 이름은 아닌 것으로 판단된다. 『향약집성방』에는 鄕名향명이 없으나, 뿌리

24 https://baike.baidu.com/item/桐子/6535200?fr=aladdin
25 『中國植物志, 52(1)卷』(1999), 56쪽.

는 토황색으로 蜀葵[26]촉규의 뿌리와 비슷하고, 줄기와 잎은 모두 청록색인데 갓 돋은 것은 연하고 자주색을 띠며, 음력 5월에 작은 흰 꽃이 피는데 가운데로 모여서 큰 송이를 이룬 것이 마치 時蘿시라[27]와 비슷하고, 꽃과 열매는 胡荽호유[28]와 비슷하지만 조금 더 큰[29] 것으로 설명되어 있다. 『동의보감』에는 우리말 이름이 병풀ᄂᆞ믈로 병기되어 있으며, 식물에 대한 설명은 거의 없다.

중국에서는 防風방풍을 *Saposhnikovia divaricata* Schischkin으로 간주하고 있으나,[30] 이 종은 우리나라 북쪽 지방에서만 자란다.[31] 우리나라에서는 갯방풍*Glehnia littoralis* F. Schmidt ex Miquel과 갯기름나물*Peucedanum japonicum* Thunberg을 각각 원방풍元防風과 식방풍植防風이라는 이름으로 사용하고 있다.[32] 『세종실록지리지』에도 防風방풍은 충청도, 경상도, 전라도, 황해도, 강원도, 평안도 그리고 함길도의 토산 약재로 기록되어 있다.[33] 따라서 우리나라에서는 防風방풍을 중국과는 다르게 갯방풍 또는 갯기름나물로 간주했던 것으로 추정[34]된다.

그런데 갯기름나물*Peucedanum japonicum*은 꽃잎이 주로 자주색을 띠며 중

26 접시꽃(*Althaea rosea* (Linnaeus) Cavanilles)이다.

27 딜(*Anethum graveolens*)이다. 산형과(Apiaceae)에 속하는 허브식물로, 딜 또는 소회향이라 부른다.

28 고수(*Coriandrum sativum*)이다.

29 根土黃色, 與蜀葵根, 相類. 莖葉俱靑綠色, 莖深而葉淡, 似靑蒿而短小. 初時嫩紫, 作菜茹, 極爽口. 五月開細白花, 中心攢聚, 作大房, 似時蘿, 花實, 似胡荽而大.

30 『中國植物志, 55(3)卷』(1992), 222쪽.

31 『조선식물지, 5』(1998), 156쪽.

32 최호영 외(1996), 241쪽.

33 손홍열(1996), 256~258쪽.

34 신전휘·신용욱(2013), 61~62쪽.

국에서는 약재로 사용하지 않은 반면,[35] 갯방풍*Glehnia littoralis*은 주로 백색을 띠며 北沙蔘북사삼이라는 약재명으로 사용하고 있어,[36] 우리 옛 문헌에 나오는 防風방풍은 갯방풍으로 추정된다. 그러나 한의학연구원에서 편찬한 『본초감별도감』에는 갯기름나물이 防風방풍으로 간주되어 있는데,[37] 갯기름나물의 꽃이 백색이나 때로 자색을 띠기도 하며, 다 자란 식물체의 줄기가 자주색을 띠어,[38] 防風방풍으로 간주하기에는 조금 의심스럽다. 그리고 옛 문헌의 자료만으로는 갯방풍과 갯기름나물을 구분하기가 어려우며, 추후 보다 상세한 검토가 필요하다.

국가생약정보에는 防風방풍의 공정서 생약으로 방풍*Saposhnikovia divaricata*이 소개되어 있으며, 본초서에도 마찬가지이다.[39] 그러나 갯방풍*Glehnia littoralis*을 海防風해방풍으로, 갯기름나물*Peucedanum japonicum*을 植防風식방풍으로 부르기도 한다.[40] 그리고 국가생약정보에 식방풍의 공정서 생약으로 갯기름나물*P. japonicum*이 소개되어 있다.

우리나라에서는 일제강점기에 이시도야가 *Phellopterus littoralis* (F. Schmidt ex Miquel) Bentham을 『동의보감』에 나오는 병풍니말이라고 설명하면서 실체가 파악되기 시작했다.[41] 이후 Mori는 *P. littoralis*가 제주도와 해금강에 분포하는 것으로 보고하면서 우리말 이름을 병기하지 않았는데, 오늘날은 *P. littoralis* 대신 *Glehnia littoralis*라는 학명을 사용하고 있다. 또한 그는 *Peucedanum japonicum*에 防葵방규와 房苑방원이라는 이름

35 『中國植物志, 55(3)卷』(1992), 144쪽.
36 『中國植物志, 55(3)卷』(1992), 77쪽.
37 『본초감별도감, 제1권』(2014), 132쪽.
38 김경희(2019), 441~442쪽.
39 권동열 외(2020), 143쪽; 신민교(2015), 332쪽.
40 신전휘 · 신용욱(2013), 61~62쪽.
41 이시도야(1917), 19쪽.

을 일치시키면서 제주도와 울릉도, 그리고 부산에 분포하는 것으로 설명했다.[42] 이후 정태현 등은 *Phellopterus littoralis*에는 갯방풍이라는 이름을, *Peucedanum japonicum*에는 갯기름나물이라는 이름을 일치시켰고,[43] 오늘에 이르고 있다.

한편, *Cacalia firma* Komarov를 Mori가 병풍으로 부른[44] 이후, 정태현 등은 *C. firma*에 큰병풍, *C. pseudo-taimingasa* Nakai에 어리병풍이라는 이름을 부여했다.[45] 오늘날 *C. firma*를 병풍쌈으로 부르면서 산채류로 재배하고 있는데,[46] 『동의보감』에 防風방풍의 우리말 이름으로 병풍나물을 병기하고 있어, 국명에 대한 재검토가 필요할 것이다.

09 부자附子

국명	부자
학명	*Aconitum carmichaelii* Debeaux
생약정보	오두(烏頭, *Aconitum carmichaelii* Debeaux)의 뿌리

「본문」에는 附子부자가 약재로 사용한 것이 아니라 독을 포함한 약재로, 이 식물을 먹은 후 대처 방안에 대해서 설명하고 있다.[47] 그리고 민간 이

42 Mori(1922), 271~272쪽.
43 정태현 외(1937), 126~127쪽.
44 Mori(1922), 350쪽.
45 정태현 외(1937), 162쪽.
46 윤준혁 외(2014), 66쪽.
47 이경록(2018), 68쪽.

름이나 식물에 대한 설명은 거의 없다. 『향약채취월령』과 『향약집성방』에는 附子부자 항목이 없다. 『동의보감』에는 식물에 대한 설명이 거의 없고, 烏頭오두, 烏喙오훼, 天雄천웅, 附子부자, 側子측자는 기원 식물이 같은데, 까마귀의 머리같이 생긴 것이 烏頭오두, 2갈래로 갈라진 것이 烏喙오훼, 가늘면서 약 10cm 정도로 긴 것이 天雄천웅, 뿌리 옆에 토란처럼 흩어져 자라는 것이 附子부자, 그 옆에 덧붙어 자란 것이 側子측자라고[48] 설명되어 있다. 또한 "唐당"이라는 표시가 있어, 우리나라에는 자라지 않고 중국에서 수입한 약재로 추정된다.

중국에서는 附子부자를 烏頭오두, *Aconitum carmichaelii* Debeaux의[49] 곁뿌리를 건조한 것으로 간주하고 있는데,[50] 우리나라에서는 이 식물이 자라지 않으나 약간은 재배하고 있다.[51] 『향약채취월령』과 『향약집성방』에는 白附子백부자가 白波串백파곶이라는 鄕名향명과 같이 나오는데, 附子부자와는 다른 식물인 백부자*A. koreanum* R. Raymund로 추정하고 있다.[52] 국가생약정보에는 부자의 공정서 생약으로 오두*A. carmichaelii*가 소개되어 있다.

48 烏頭・烏喙・天雄・附子・側子, 皆一物也. 形似烏頭者爲烏頭, 兩岐者爲烏喙, 細長至三四寸者爲天雄, 根傍如芋散生者爲附子, 傍連生者爲側子, 五物同出而異名也

49 『中國植物志, 27卷』(1979), 264쪽.

50 金珍 외(2001), 362쪽; https://baike.baidu.com/item/附子/682839?fr=aladdin

51 신민교(2015), 299쪽.

52 신민교(2015), 799쪽.

10 생고生菰

국명	오이
학명	*Cucumis sativus* Linnaeus
생약정보	황과, 오이(*Cucumis sativus* Linnaeus)

生菰생고라는 식물명은 검색이 되지 않아, 어떤 식물인지 확인하기가 불가능하다. 그러나 菰고와 瓜과를 혼용하므로, 生瓜생과로 간주할 수 있는데, 生瓜생과는 黃瓜황과,[53] 즉 오이*Cucumis sativus* Linnaeus를 지칭한다. 『향약집성방』과 『동의보감』에 胡瓜호과 항목이 있는데, 黃瓜황과라고도 부르는 것으로 설명되어 있다. 『향약집성방』에는 胡瓜호과를 菰고라고 설명하고 있으며, 『동의보감』에는 우리말 이름으로 외가 병기되어 있다.

그러나 중국에서는 生瓜생과를 菜瓜채과라고도 부르면서 *Cucumis melo* Linnaues var. *flexuosus* Naudin으로 간주하나,[54] 이 학명은 검색되지 않아, 참외*C. melo*의 원예품종으로 추정된다. 그런데 참외는 瓜蔕과체라는 이름으로 『향약구급방』에 설명되어 있다.[55] 따라서 『향약구급방』「본문」에만 나오는 生菰생고를 黃瓜황과, 즉 오이*C. sativus*로 간주하는 것이 타당할 것이다. 국가생약정보에는 황과의 민간생약으로 오이가 소개되어 있다.

53 녕옥청(2010), 7쪽.

54 http://www.baiven.com/baike/222/322432.html

55 125번 항목 과체(瓜蔕)를 참조하시오.

11 속미粟米

국명	조
학명	*Setaria italica* (Linnaeus) P. Beauvois
생약정보	검색 안 됨

중국에서는 *Setaria italica* (Linnaeus) P. Beauvois를 粱양으로, 이 종의 변종인 var. *germanica* (Miller) Schreder를 粟속으로 구분하기도 하였으나,[56] 최근에는 변종을 인정하지 않고 있다. 따라서 粱양과 粟속은 조*S. italica*로 간주된다. 국가생약정보에서 속미는 검색되지 않으나, 조*S. italica*는 곡아, 구미초라는 이름의 민간생약으로 소개되어 있다.

12 순蓴

국명	순채
학명	*Brasenia schreberi* J.F. Gmelin
생약정보	검색 안 됨

『향약구급방』에 약재로 나오는 식물은 아니며, 기름진 재료로 소개되었을 뿐이다. 민간 이름이나 식물에 대한 설명은 전혀 없다. 『향약집성방』에는 鄕名향명이 없고, 잎은 鳧葵부규[57]와 비슷하고, 물 위에 떠서 자라

56 『中國植物志, 10(1)卷』(1990), 353쪽.

57 순채의 다른 이름으로 검색된다.

며, 꽃은 황백색이고, 씨는 보라색으로[58] 설명되어 있다. 『동의보감』에는 표제어가 蓴菜순채로 되어 있으며, 우리말 이름으로 슌이 병기되어 있으며, 물에서 자라는 식물로 설명되어 있다. 『훈몽자회』에도 蓴순이 "슌 슌"으로 설명되어 있다. 오늘날 蓴순[59] 또는 蓴菜순채는 *Brasenia schreberi* J. F. Gmelin으로 간주한다.

13 시자柿子

국명	감나무
학명	*Diospyros kaki* Thunberg
생약정보	시체(柿蒂). 감나무(*Diospyros kaki* Thunberg)

「본문」에는 乾柿子건시자로 표기되어 있는데, 말린 감, 즉 곶감을 부르는 이름으로, 柿시는 감나무*Diospyros kaki* Thunberg이다. 『향약집성방』에는 항목 이름이 柿시로 되어 있으나, 鄕名향명은 없다. 『동의보감』에는 紅柿홍시라는 항목에 烏柿오시, 白柿백시, 小柿소시, 椑柿비시 등의 세부 항목이 설명되어 있다. 紅柿홍시에는 우리말 이름으로 감이, 小柿소시에는 고욤이 병기되어 있다. 국가생약정보에는 시체라는 이름의 공정서 생약으로 감나무*D. kaki*가 소개되어 있는데, 시체는 감나무 열매에 달려있던 꽃받침을 햇볕에 말린 것으로 설명되어 있다.

---

58 葉似鳧葵, 浮水上, 採莖堪噉. 花黃白, 子紫色,

59 이경록(2018, 260쪽)은 葵蓴(규순)을 하나의 식물명으로 간주했으나, 葵(규)와 蓴(순)으로 구분하는 것이 타당할 것이다. 葵(규)는 140번 항목 규자(葵子)를 참조하시오.

14 오두烏頭

국명	오두
학명	*Aconitum carmichaelii* Debeaux
생약정보	검색 안 됨

「본문」에서 烏頭오두는 약재로 사용한 것이 아니라 독을 포함한 약재로, 이 식물을 먹은 후 대처 방안에 대해서 설명하고 있으나,[60] 민간 이름이나 식물에 대한 설명은 거의 없다. 『향약집성방』과 『향약채취월령』에는 烏頭오두 항목이 없다. 『동의보감』에는 식물에 대한 설명이 거의 없고, "唐당" 이라는 표시가 있어, 국내에는 자라지 않고 중국에서 수입한 약재로 추정된다. 중국에서는 烏頭오두를 두 가지 의미로 사용하는데, 하나는 식물 이름, 즉 *Aconitum carmichaelii* Debeaux이며, 다른 하나는 이 식물의 원뿌리를 의미한다.[61] 烏頭오두의 곁뿌리는 附子부자라는 약재명으로 부른다. 『향약채취월령』에는 草烏頭초오두가 波事파사라는 이름과 같이 나오는데, 烏頭오두와는 다른 이삭바꽃*A. kusnezoffii* Reichenbach으로 추정되며,[62] 추후 상세한 검토가 필요하다. 중국에서는 *A. carmichaelii*를 草烏초오라고 부르고 있는데,[63] 국가생약정보에는 천오라는 약재의 공정서 생약으로 오두*A. carmichaelii*가 소개되어 있다.

60 이경록(2018), 68쪽.

61 https://baike.baidu.com/item/乌头/1117420?fr=aladdin

62 신민교(2015), 307쪽.

63 『中國植物志, 27卷』(1979), 264쪽.

15 우방牛蒡

국명	우엉
학명	*Arctium lappa* Linnaeus
생약정보	우엉(*Arctium lappa* Linnaeus)

「본문」에 鄕名향명도 牛蒡우방으로 부른다고 설명되어 있을 뿐, 식물에 대한 설명은 없다. 『향약채취월령』에는 항목 이름이 惡實악실로 되어 있으며, 苦牛旁子고우방자라는 이름으로 부르는 것으로 설명되어 있다. 『향약집성방』에도 苦牛旁子고우방자라고 부르는 것으로 설명되어 있으며, 잎이 토란과 비슷하나 다소 길고, 열매는 포도 씨와 비슷한 갈색이며, 열매 겉껍질은 도토리깍지처럼 생겼는데 작고 가시가 많은[64] 것으로 설명되어 있다. 『동의보감』에는 우리말 이름으로 우웡씨가 병기되어 있으나, 식물에 대한 설명은 거의 없다.

중국에서는 牛蒡우방을 우엉*Arctium lappa* Linnaeus으로 간주하고,[65] 열매를 牛蒡子우방자라고 부른다. 우리나라에서는 일제강점기에 이시도야가 *A. lappa*를 우엉이라고 부른 이후, Mori와 정태현 등이 우웡으로 불렀다가,[66] 오늘날에는 우엉으로 부르고 있다. 국가생약정보에는 우방자의 공정서 생약으로 우엉*A. lappa*이 소개되어 있다.

64 葉如芋而長. 實似葡萄核而褐色, 外殼如櫟梂, 小而多刺.

65 『中國植物志, 78(1)卷』(1987), 58쪽.

66 Mori(1922), 342쪽; 정태현 외(1937), 159쪽.

16 요蓼

국명	여뀌 → 물여뀌로 수정 요
학명	*Polygonum hydropiper* Linnaeus
생약정보	검색 안 됨

「본문」에는 蓼요에 대한 설명이 전혀 없는데, 『훈몽자회』에는 "엿귀 료"로 설명되어 있고, 『향약집성방』에는 표제어가 水蓼수료로 되어 있으며, 鄕名향명은 병기되어 있지 않고, 얕은 물이나 못에서 자라므로 水蓼수료라고 부르는[67] 것으로 설명되어 있다. 『동의보감』에도 표제어가 水蓼수료로 되어 있으며, 우리말 이름으로 믈여귀가 병기되어 있다. 믈여귀는 오늘날 표현으로 물여뀌 정도로 풀이된다.

중국에서는 식물명 蓼요를 마디풀속*Polygonum* 식물을 부르는 이름이거나,[68] 水蓼수료를 지칭하는 이름으로 사용된다.[69] 그리고 水蓼수료는 여뀌*P. hydropiper* Linnaeus로 간주한다.[70] 그런데 오늘날 물여뀌는 *P. amphibium* Linnaeus로 간주하고 있다.[71] 이러한 차이는 일제강점기에 Mori가 *Persicaria hydropiper*[72] (Linnaeus) Spach에 水蓼수료, 蓄蓄복축, 승애, 희박이라는 이름을 일치시킴과 동시에, *Persicaria amphibia* (Linnaeus) Delarbre에도 水蓼수료와 天蓼천료라는 이름을 일치시켰기[73] 때문에 시작된 것으로 추정된

67 生淺水澤中, 故名水蓼.

68 『中國植物志, 25(1)卷』(1998), 3쪽.

69 https://baike.baidu.com/item/蓼/52668372?fr=aladdin

70 『中國植物志, 25(1)卷』(1998), 27쪽.

71 『The genera of vascular plants of Korea』(2007), 347쪽.

72 오늘날 *Persicaria*를 *Polygonum*과 같은 속으로 간주하고 있다.

73 Mori(1922), 131~132쪽.

다. 이후 정태현 등은 *Persicaria hydropiper*에는 버들역귀라는 새로운 이름을 부여했고,[74] *Persicaria amphibia*에는 물여귀를, *Persicaria hydropiper* var. *vulgaris* Ohki[75]에는 여뀌, 버들여뀌, 해박을 일치시켜[76] 오늘에 이르고 있다. 물여뀌라는 이름을 *Polygonum hydropiper*에 일치시켜야 함에도 불구하고, 이 이름은 *Polygonum amphibium*에 적용되고, *Polygonum hydropiper*에는 여뀌라는 이름이 적용된 것이다.

따라서 *Polygonum hydropiper*에 물여뀌라는 이름을 적용시키고, *P. amphibium*에는 다른 이름을 부여해야만 할 것이다. 중국에서는 *P. hydropiper*를 약재로 사용하나,[77] *P. amphibium*은 약재로 사용하지 않고 있다.[78]

17 율栗

국명	밤나무
학명	*Castanea crenata* Siebold & Zuccarini
생약정보	건율, 율자, 밤나무(*Castanea crenata* Siebold & Zuccarini)

「본문」에는 栗木白皮율목백피와 栗刺율자를 약재로 사용하는 것으로 설명되어 있는데, 栗木白皮율목백피는 밤나무 수피를 지칭하고, 栗刺율자는 밤을 싸고 있는 깍정이에 달린 가시로 중국에서는 栗毛球율모구라고 부른다. 중

74 정태현 외(1937), 55쪽.

75 오늘날에는 *Polygonum hydropiper*와 같은 분류군으로 처리되고 있다.

76 정태현 외a(1949), 33쪽.

77 『中國植物志, 25(1)卷』(1998), 27쪽.

78 『中國植物志, 25(1)卷』(1998), 17쪽.

국에서는 약밤나무Castanea mollissima Blume를 栗율로, 밤나무C. crenata Siebold & Zuccarini를 日本栗일본율로 부르는데, 밤나무C. crenata는 중국이 우리나라에서 1910년경에 도입한 것으로 알려져 있다.[79] 우리나라에서는 밤나무가 널리 자라고 있었으며, 약밤나무는 고려시대에 중국으로부터 도입하여 평안남도 일대에서 재배된 것으로 알려져 있다.[80] 따라서 『향약구급방』에 나오는 栗율이 밤나무인지 약밤나무인지 확실하지가 않다. 그러나 약밤나무가 평안도 일대에서 재배된 반면, 밤나무는 함경도와 평안도를 제외한 거의 전국에서 재배되었으므로, 『향약구급방』에 나오는 栗율은 밤나무C. crenata로 간주하는 것이 타당할 것이다. 국가생약정보에는 건율의 공정서 생약으로 밤나무C. crenata가, 민간생약으로 약밤나무C. mollissima가 소개되어 있다.

18 이梨

국명	돌배나무
학명	*Pyrus pyrifolia* (N. L. Burman) Nakai
생약정보	이자(梨子), 문배나무(*Pyrus ussuriensis* Maximowicz var. *seoulensis* (Nakai) T.B. Lee)

「본문」에는 민간 이름이나 식물에 대한 설명이 없다. 『훈몽자회』에는 "빈 리"로 설명되어 있는데, 빈는 배로 추정된다. 『향약집성방』에는 鄕名

79 『Flora of China, Vol. 4』(1999), 315쪽.
80 김지문(1966), 174쪽.

향명도 식물에 대한 설명도 거의 없다. 『동의보감』에는 항목 이름이 梨子리자로 되어 있고, 우리말 이름으로 빈가 병기되어 있으나, 식물에 대한 설명은 거의 없다. 중국에서는 梨리를 돌배나무*Pyrus pyrifolia* (N. L. Burman) Nakai로 간주하고 있는데,[81] 우리나라에서는 돌배나무를 기본종으로 하여 일본에서 개량된 품종인 일본배var. *culta* (Makino) Nakai를 배나무로 부르며 널리 재배하고 있다.[82]

국가생약정보에는 梨子리자의 민간생약으로 문배나무*Pyrus ussuriensis* Maximowicz var. *seoulensis* (Nakai) T. B. Lee가 소개되어 있다. 그런데 문배나무는 우리나라 고유종으로 알려져 있는데, *P. ussuriensis* var. *seoulensis*를 *P. ussuriensis*와 같은 종으로 처리하며, 중국에서는 주로 동북부 지역에 분포한다.

19 진자榛子

국명	닌티잎개암나무 → 개암나무로 수정 요
학명	*Corylus heterophylla* Fischer ex Trautvetter
생약정보	검색 안 됨

「본문」에는 민간 이름이나 식물에 대한 설명이 없다. 『훈몽자회』에는 "개옴 진"으로 설명되어 있다. 『향약집성방』에는 鄕名향명이 없고, 씨가 작은 밤과 비슷하다는[83] 식물에 대한 설명이 있으며, 신라에서 나는 개암이

81 『中國植物志, 36卷』(1974), 365쪽.

82 김정호 외(1991), 123쪽.

83 子如小栗.

사람을 희고 살찌게 하고, 허기를 멈추게 하며, 속을 조절하고 위를 여는 데 효과가 높은[84] 것으로 설명되어 있다. 『동의보감』에는 우리말 이름으로 가얌이 병기되어 있을 뿐, 식물에 대한 설명은 거의 없다.

중국에서는 榛子진자를 난티잎개암나무*Corylus heterophylla* Fischer ex Trautvetter로 간주하고 있다. 우리나라에서는 일제강점기에 Mori가 *C. heterophylla*에 개얌나무와 개암나무, 榛진, 山白果산백과라는 이름을 일치시키면서[85] 榛子진자의 실체가 규명되기 시작했다. 이시도야와 정태현은 이 종을 기암나무로 불렀고,[86] 임태치와 정태현은 榛子진자, 개암나무로 불렀다.[87] 그러나 이후 정태현 등은 *C. heterophylla*에 난티닢개암나무를, *C. heterophylla* var. *thunbergii* Blume에 개암나무라는 이름을 일치시켰다.[88] 최근에는 var. *thunbergii*를 독립된 변종으로 인정하지 않고 *C. heterophylla*에 포함시키면서 우리말 이름을 난티잎개암나무로 사용하게 되어[89] 개암나무라는 이름은 더 이상 사용하지 않게 되었다. 그러나 *C. heterophylla*에 맨 처음 적용된 이름이 개암나무이므로, 榛子진자의 국명은 난티잎개암나무보다는 개암나무를 사용하는 것이 타당할 것이다. 한편 개암나무의 '개'가 밤에 비해 품질이 낮거나 진짜가 아닌 뜻으로 풀이되기도 하나, 이러한 풀이를 검토해야 한다는 지적도 있다.[90]

84 新羅榛子, 肥白人, 止飢, 調中開胃, 甚驗.
85 Mori(1922), 117쪽.
86 이시도야 · 정태현(1923), 18쪽.
87 임태치 · 정태현(1936), 67쪽.
88 정태현 외(1937), 46쪽.
89 『Flora of Korea, Vol. 2b Hamamelidae』(2019), 71쪽.
90 조항범(2020), 54쪽.

20 천웅天雄

국명	오두
학명	*Aconitum carmichaelii* Debeaux
생약정보	검색 안 됨

「본문」에서 天雄천웅은 약재로 사용한 것이 아니라 독을 포함한 약재로, 이 식물을 먹은 후 대처 방안에 대해서 설명하고 있다.[91] 그리고 민간 이름이나 식물에 대한 설명은 거의 없다. 『향약집성방』과 『향약채취월령』에는 항목이 없다. 『동의보감』에는 식물에 대한 설명이 거의 없고, "唐당" 이라는 표시가 있어, 우리나라에는 자라지 않고 중국에서 수입한 약재로 추정된다. 중국에서는 烏頭오두, *Aconitum carmichaelii* Debeaux의 덩이뿌리를 天雄천웅이라고 부른다.[92] 원뿌리가 비대해져 덩이뿌리로 된 것으로 추정되는데, 비대해지지 않은 원뿌리는 烏頭오두라고 부른다.

91 이경록(2018), 68쪽.

92 https://baike.baidu.com/item/天雄/4509205?fr=aladdin

21 추楸

국명	가래나무
학명	*Juglans mandshurica* Maximowicz
생약정보	검색 안 됨

「본문」에는 민간 이름도 식물에 대한 설명도 없다. 『향약집성방』에는 鄕名향명이 없으며, 중국 문헌에 설명된 식물에 대한 내용이 인용되어 있는데, 梓樹재수[93]와 비슷하나 근본적으로는 다르다고[94] 설명되어 있다. 『동의보감』에는 우리말 이름으로 ᄀᆞ래나못겁질이 병기되어 있으며, 곳곳에서 자라는데 산 속에 많고, 아무 때나 채취하는데, 나무가 단단하여 여러 가지 도구를 만드는 용도로 적합하다고 설명되어 있다.[95]

중국에서는 楸추를 당개오동*Catalpa bungei* C. A. Meyer으로 간주하는데,[96] 이 종은 중국에만 분포한다.[97] 우리나라에서도 이 종을 식재하고 있으나 언제부터 식재하였는지는 알려져 있지 않다. 그런데, 『훈몽자회』에는 楸추가 "ᄀᆞ래 츄"로 설명되어 있고, 『동의보감』에도 ᄀᆞ래나모라는 우리말 이름이 표기되어 있다. 또한 중국 동북 지방에서는 가래나무*Juglans mandshurica* Maximowicz를 楸추로 부르고 있으며,[98] 중국에서도 가래나무를 胡桃楸호도추 또는 核桃楸핵도추로 부르고 있어,[99] 우리나라에서는 楸추를 당개오동이 아

93 개오동(*Catalpa ovata*)이다.

94 與梓樹本同末異.

95 處處有之, 多生山中. 採無時, 木性堅硬, 可爲器用.《俗方》

96 Li(1973), 98쪽.

97 http://foc.eflora.cn/content.aspx?TaxonId=200021394

98 https://baike.baidu.com/item/%E6%A5%B8%E6%9C%A8/10915763?fr=aladdin

99 http://frps.eflora.cn/frps/Juglans%20mandshurica

닌 가래나무로 간주한 것으로 보인다. 지금까지 우리나라에서는 楸추를 당개오동나무,[100] 가래나무로 간주했으나,[101] 가래나무로 간주해야 할 것이다.

22 칠漆

국명	옻나무
학명	*Toxicodendron vernicifluum* (Stokes) F.A. Barkley
생약정보	옻나무(*Rhus verniciflua* Stokes)

옻나무*Toxicodendron vernicifluum* (Stokes) F.A. Barkley 줄기에 상처를 내어 흘러나오는 수액을 건조한 것으로, 학명을 *Rhus verniciflua* Stokes로 사용하기도 한다. 옻나무는 인도와 중국이 원산지로, 우리나라에는 삼국시대 이전에 도입되어 재배한 것으로 추정되고 있다.[102] 실제로 신라시대에는 옻나무 재배를 권장했으며, 관직으로 식기방飾器房이란 漆典칠전이 경덕왕 이전에 있었던 것으로 알려졌다.[103] 『향약집성방』에는 鄕名향명은 없다. 『동의보감』에는 우리말 이름으로 ᄆᆞ른옷이 병기되어 있다. 국가생약정보에는 건칠이라는 약재명의 공정서 생약으로 옻나무*R. verniciflua*가 소개되어 있다.

100 신민교 외(1998), 1904쪽.
101 서강태 외(1997), 24쪽.
102 정재민(1995), 167쪽.
103 전영우(1998), 18쪽.

23 파고환破古丸[104]

국명	보골지, 파고지
학명	*Psoralea corylifolia* Linnaeus
생약정보	파고지(*Psoralea corylifolia* Linnaeus)의 씨

「본문」에 破古丸파고환으로 나올 뿐, 민간 이름이나 식물에 대한 설명은 없다. 『향약집성방』과 『동의보감』에는 표제어가 補骨脂보골지로 되어 있으며, 破古紙파고지라고도 부르는 것으로 설명되어 있다. 파고환과 보골지가 같은 식물을 지칭했던 것으로 판단된다. 『동의보감』에는 중국 약재임을 의미하는 "唐당"이 표기되어 있다. 중국 운남성과 사천성 일대에 자라는 파고지*Psoralea corylifolia* Linnaeus이다.[105] 국가생약정보에는 보골지의 공정서 생약으로 보골지*P. corylifolia*가 소개되어 있으며, 보골지의 다른 이름으로 파고지가 나열되어 있다.

104 신영일(1994, 83쪽)과 녕옥청(2010, 71쪽)은 丸(환)으로 간주했으나, 이경록(2018, 191쪽)은 瓦(와)로 간주했다. 특히 이경록은 문맥상 紙(지)의 오각으로 판단했다. 단지 이들 모두 破古紙(파고지)로 해석했다.

105 『中國植物志, 41卷』(1995), 344쪽.

24 파두巴豆

국명	파두
학명	*Croton tiglium* Linnaeus
생약정보	파두(*Croton tiglium* Linnaeus)의 씨

「본문」에서 巴豆파두는 약재로 사용한 것이 아니라 독을 포함한 약재로, 이 식물을 먹은 후 대처 방안에 대해서 설명하고 있다.[106] 그리고 민간 이름이나 식물에 대한 설명은 거의 없다. 『향약집성방』과 『향약채취월령』에는 항목이 없다. 『동의보감』에는 식물에 대한 설명이 거의 없고, "唐당"이라는 표시가 있어, 우리나라에는 자라지 않고 중국에서 수입한 약재로 추정된다. 중국에서는 파두를 *Croton tiglium* Linnaeus로 간주하고 있다.[107]

25 포도葡萄

국명	포도
학명	*Vitis vinifera* Linnaeus
생약정보	검색 안 됨

葡萄포도는 현존하는 『향약구급방』에 기록되어 있지 않고, 『향약제생집

106 이경록(2018), 60쪽.
107 『中國植物志, 44(2)卷』(1996), 133쪽.

성방』의 남아 있는 처방에 나온다.[108] 『향약집성방』에는 鄕名향명은 없고, 덩굴에서 싹이 나오며, 잎은 蘡薁영욱[109]과 비슷하나 크고, 씨는 보라색과 흰색 2종류가 있는[110] 것으로 설명되어 있다. 포도는 우리나라에서 자생하는 것은 아니고, 한나라 시절 중국을 거쳐 우리나라에 도입된 것으로 추정하고 있는데,[111] 삼국시대에 사용된 기와에 포도 문양이 나타난다.[112] 국가생약정보에는 포도의 민간생약으로 포도*Vitis vinifera* Linnaeus가 소개되어 있다.

26 항산恒山

국명	상산
학명	*Dichroa febrifuga* Loureiro
생약정보	상산(*Dichroa febrifuga* Loureiro)

「본문」에는 恒山항산을 常山상산이라고도 부르며, 모래와 자갈로 된 땅에서 무리지어 자라는 경우가 많은데, 줄기는 가늘고 연한 황적색을 띠며 잎 2장이 마주보며 달리고, 가을에 팥처럼 생긴 담자색 열매가 맺는[113] 것으로 설명되어 있다. 恒山항산 대신 常山상산이라고 표기된 곳도 있다. 『향

108 이경록a(2010), 329쪽.

109 *Vitis bryoniifolia*이다. 우리나라에는 분포하지 않는다. 우리나라에서는 머루로 흔히 번역하고 있는데, 같은 포도속(*Vitis*) 식물이다.

110 蔓生苗, 葉似蘡薁而大, 子有紫白二色,

111 박세욱(2006), 249쪽.

112 박세욱(2006), 252쪽.

113 一名常山 多生沙石地叢生 細莖莖 微黃赤色 兩葉相對 秋結實 如小豆淡紫色.

약채취월령』과 『향약집성방』에는 常山상산 항목이 없다. 『동의보감』에는 우리말 이름으로 조팝나못불휘가 병기되어 있으며, 蜀漆촉칠의 뿌리라고[114] 설명되어 있는데, 常山상산의 부수 항목인 蜀漆촉칠에는 常山상산의 싹이라고[115] 설명되어 있다.

중국에서는 恒山항산 또는 常山상산을 *Dichroa febrifuga* Loureiro로 간주하나, 우리나라에는 자라지 않으며,[116] 蜀漆촉칠은 이 종의 어린 나뭇가지를 지칭하고 있다.[117] 우리나라에서는 *Orixa japonica* Thunberg를 상산으로 부르나,[118] 중국에서는 臭常山취상산으로 부르고 있어[119] 차이가 난다. 한편 『동의보감』에 병기된 우리말 이름 조팝나모에서 유래한 것으로 추정되는 조팝나무는 *Spiraea prunfolia* Siebold & Zuccarini var. *simplicifolia* Nakai로 간주하고 있다.[120] 이 3종은 모두 초본식물은 아니나, 높이 1~3m 정도 자라는 관목식물이다.

이러한 차이는 Mori가 *Spiraea prunfolia* var. *simplicifolia*에 常山상산, 조밥나무, 상산이라는 이름을, 그리고 *Orixa japonica*에 常山상산이라는 이름을 부여하면서[121] 시작된 것으로 추정된다. 이후 이시도야와 정태현, 그리고 임태치와 정태현은 *S. prunifolia* var. *simplicifolia*에 木常山목상산을 부여했고,[122] 정태현 등은 이 학명에 조팝나무와 木常山목상산을 일치시켰

114 卽蜀漆根也.

115 卽常山苗也.

116 『中國植物志, 35(1)卷』(1995), 178쪽.

117 https://baike.baidu.com/item/蜀漆/4509299?fr=aladdin

118 이우철a(1966), 641쪽.

119 『中國植物志, 43(2)卷』(1997), 54쪽.

120 이우철, 『한국식물명고』(1996), 549쪽.

121 Mori(1922), 189쪽(*Spiraea prunifolia*), 230쪽(*Orixa japonica*).

122 이시도야·정태현(1923), 50쪽; 임태치·정태현(1936), 116쪽.

다.[123] 그러나 정태현은 *O. japonica*에는 상산과 常山상산을 부여하고, *S. prunifolia* var. *simplicifolia*에는 조팝나무를 일치시켰다.[124] 그리고 일제강점기가 끝난 후 정태현 등이 *O. japonica*에 常山상산이라는 이름을, *S. prunifolia* var. *simplicifolia*에는 조팝나무와 木常山목상산이라는 이름을 일치시켜[125] 오늘날까지 이어진 것이다. 이에 대해 常山상산을 *S. prunifolia* var. *simplicifolia*로 간주하는 것은 잘못이며, *Dichroa febrifuga*로 간주해야 한다는 주장[126]도 제기되었다. 우리나라에는 *Dichroa febrifuga*가 분포하지 않아 중국에서 臭常山취상산이라고 부르는 *O. japonica*를 대용품으로 사용하는 것으로 알려져 있으나,[127] 약효 등에 대한 검토가 필요할 것이다.

그런데 우리나라에서 상산常山이라고 부르는 식물로는 중국에서 常山상산이라고 부르나 우리나라에는 없는 常山상산, *Dichroa febrifuga*을 비롯하여 우리나라에서 자생하는 여러 종류의 식물을 '常山상산'이 들어간 약재명으로 부르고 있다. 이들로는 ① 목상산木常山이라 부르는 조팝나무*Spiraea prunifolia*, ② 초상산草常山이라고 부르는 백미꽃*Cynanchum atratum* Bunge, ③ 취상산臭常山이라고 부르며 중국에서 常山상산이라고 부르는 식물과 구분하려고 일본상산이라고도 부르는 상산*Orixa japonica*, ④ 해주상산海州常山이라고 부르는 누리장나무*Clerodendron trichotomum* Thunberg, ⑤ 산상산山常山이라고 부르는 매발톱나무*Berberis amurensis* Ruprecht와 당매자나무*B. poiretii* C.K. Schneider 등이 알려져 있고, 이 가운데 당매자나무의 뿌리가 한약재 시장에서 常山상산으로

123 정태현 외(1937), 84쪽.
124 정태현(1943), 271쪽(조팝나무), 411쪽(상산)
125 정태현 외b(1949), 44쪽(조팝나무), 61쪽(상산).
126 이상인(1992), 24쪽.
127 최수빈(2014), 3쪽.

오랫동안 유통되었다.[128]

이들 가운데 어떤 종이 『향약구급방』과 『동의보감』에 나오는 常山상산인지 파악하는 것은 거의 불가능한 것처럼 보인다. 그러나 『동의보감』에는 중국에서 수입한 약재라는 표시인 "唐당"이라는 글자가 常山상산에 표기되어 있지 않고, 오히려 조팝나모라는 우리말 이름이 있는 점으로 볼 때, 우리나라에서 자라는 식물 가운데 중국의 常山상산과 비슷한 약효를 내는 식물을 한자명 "常山상산"으로 불렀을 가능성이 있다. 유희는 『물명고』에서 常山상산과 恒山항산은 같은 식물을 지칭하는 이름이며, 식물에 대한 설명은 중국 문헌에 있는 내용을 인용했는데, 우리말 이름으로 조밥나모라고 표기했다.[129] 그런데 조밥나모는 『동의보감』에 나오는 조팝나모에서 유래한 것으로 추정되는데, 오늘날 조팝나무*Spiraea prunifolia* var. *simplicifolia*를 우리나라에서는 약재로 사용하지 않고 있다.[130]

그리고 누리장나무*Clerodendron trichotomum*는 떨기나무로 산 계곡 등지에 분포하여 항산恒山이 모래나 자갈로 된 곳에 분포한다는 『향약구급방』의 설명과 상충된다. 그리고 백미꽃*Cynanchum atratum*의 열매는 다소 긴 타원형으로 성숙하여 열매가 팥처럼 생겼다는 항산恒山과 다르며, 상산*Orixa japonica*은 열매가 녹갈색으로 성숙하고, 매발톱나무*Berberis amurensis* Ruprecht와 당매자나무*B. poiretii*는 여름에 붉게 익어 담자색으로 열매가 익다는 항산恒山과는 다르다.

따라서 『향약구급방』과 『동의보감』에 나오는 常山상산을 중국에서 약재로 사용하는 常山상산, *Dichroa febrifuga*으로 간주하는 것이 타당할 것이나, 추

128 한약재 감별 정보-77. 『한의신문』, 2018년 9월 27일자 기사.
129 정양완 외(1997), 270쪽.
130 신민교(2015)와 권동열 외(2020)의 본초학 관련 도서에 조팝나무는 누락되어 있다.

후 보다 상세한 검토가 필요하다. 국가생약정보에는 상산의 공정서 생약으로 상산*D. febrifuga*이 소개되어 있다. 한편 두 종류의 식물 이름으로 사용되는 상산이 주는 혼동을 피하기 위해 *Orixa japonica*에 부여된 상산이라는 이름을 다른 이름으로 변경하는 것이 필요할 것이다.

27 향부자香附子

국명	향부자
학명	*Cyperus rotundus* Linnaeus
생약정보	향부자(*Cyperus rotundus* Linnaeus)

『향약구급방』 중간본에는 나타나지 않은 7개 처방이 있는데, 이 처방 가운데 香附子향부자가 나오나,[131] 민간 이름이나 식물에 대한 설명이 전혀 없다. 「본문」에는 香附子향부자라는 항목은 없으나, 莎草根사초근 항목에서 莎草根사초근을 香附子향부자라고 부르는 것으로 설명되어 있고,[132] 식물에 대한 설명이 있다. 싹, 줄기, 잎이 모두 三稜삼릉[133]과 비슷하고, 뿌리는 附子부자[134]와 비슷하나 잔털이 많으며, 싹과 잎이 薤해[135]의 잎처럼 가늘고, 뿌리는 젓가락 꼭지만 한[136] 것으로 설명되어 있다. 『동의보감』에도 표제

131 신영일(1994), 174쪽.

132 莎草根, 又名香附子.

133 큰매자기(*Bolboschoenus fluviatilis*)이다. 51번 항목 경삼릉(京三棱)을 참조하시오.

134 부자(*Aconitum carmichaelii*)이다. 「본문」 11번 항목 부자(附子)를 참조하시오.

135 염교(*Allium chinense*)이다. 137번 항목 해(薤)를 참조하시오.

136 苗莖葉都似三稜, 根若附子, 周匝多毛, 今近道者苗葉如薤而瘦, 根如筋頭大.

어는 莎草根사초근으로 되어 있고, 우리말 이름으로 향부즈가 병기되어 있으나, 식물에 대한 설명은 거의 없다. 오늘날 香附子향부자를 *Cyperus rotundus* Linnaeus로 간주하고 있다. 국가생약정보에는 향부자의 공정서 생약으로 향부자*C. rotundus*가 소개되어 있다.

28 행인杏仁

국명	살구나무
학명	*Prunus armeniaca* Linnaeus
생약정보	살구나무(*Prunus armeniaca* Linnaeus var. *ansu* Maximowicz), 개살구나무(*P. mandshurica* Koehne var. *glabra* Nakai), 시베리아살구(*P. sibirica* Linnaeus) 그리고 아르메니아살구(*P. armeniaca* Linnaeus)

「본문」에는 杏仁행인과 杏人행인으로 표기되어 있으나, 같은 이름으로 간주된다. 민간 이름이나 향명은 제시되어 있지 않다. 『향약집성방』과 『동의보감』에는 표제어가 杏核仁행핵인으로 되어 있으며, 『향약집성방』에는 鄕名향명이 표기되어 있지 않으나, 『동의보감』에는 솔고씨라는 우리말 이름이 병기되어 있다.

杏仁행인은 杏행의 씨로 간주되며, 중국에서는 杏행을 *Armeniaca vulgaris* Lamarck로 간주하며,[137] 山杏산행, *P. sibirica* Linnaeus의 씨도 杏仁행인으로 사용

137 『中國植物志, 38卷』(1986), 25쪽.

하기도 한다.[138] 그런데 *Armeniaca vulgaris*를 *Prunus armeniaca* Linnaeus 라는 학명으로 사용하기도 하며, 우리나라에서는 이 종을 살구나무로 부르고 있다. 그리고 국가생약정보에는 행인의 공정서 생약으로 살구나무 이외에 개살구나무*P. mandshurica* Koehne var. *glabra* Nakai, 시베리아살구*P. sibirica* Linnaeus, 아르메니아살구*P. armeniaca* Linnaeus 등도 소개되어 있다.

29 현채莧菜

국명	색비름 → 비름으로 수정요
학명	*Amaranthus tricolor* Linnaeus
생약정보	검색 안 됨

「본문」에는 민간 이름이나 식물에 대한 설명은 전혀 없다. 莧현이라는 글자가 포함된 식물명으로 馬齒莧마치현과 莧菜현채가 『향약구급방』에 나오는데, 馬齒莧마치현은 金非音금비음과 金非陵音금비릉음이라는 민간 이름으로 부르는 것으로 설명되어 있어,[139] 莧菜현채는 馬齒莧마치현과 구분되는 독립된 식물로 판단된다. 『훈몽자회』에는 莧현을 "민간에서 莧菜현채라고 부르거나 荏苻인행이라고 칭하며, 쇠비름은 馬齒莧마치현"[140]이라고 설명되어 있다. 『향약집성방』과 『동의보감』에는 표제어가 莧實현실로 되어 있다. 『향약집성방』에는 鄕名향명으로 非凜子비름자로 부른다고 설명되어 있으나, 식

138 https://baike.baidu.com/item/杏仁/580304?fr=aladdin

139 133번 항목 마치현(馬齒莧)을 참조하시오. 쇠비름(*Portulaca oleracea*)이다.

140 俗呼莧菜又稱荏苻又쇠비름曰馬齒莧.

물에 대한 설명은 거의 없다. 단지 莧현으로 부르는 식물로는 인현人莧, 적현赤莧, 백현白莧, 자현紫莧, 마현馬莧, 오색현五色莧 등 6종이 있는데, 마현馬莧이 馬齒莧마치현이라는 설명이[141] 있다. 『동의보감』에는 우리말 이름으로 비름씨가 병기되어 있으나, 식물에 대한 설명은 거의 없다.

중국에서는 莧현을 색비름*Amaranthus tricolor* Linnaeus으로 간주하며,[142] 우리나라에서는 원예종으로 재배하는 것으로 알려져 있다.[143] 우리나라에서는 일제강점기에 Mori가 *Euxolus viridis* (Linnaeus) Moquin에 莧菜현채, 비름, 비지미라는 이름을 부여하고, *A. mangostanus* Linnaeus에는 莧현이라는 이름을 일치시키면서[144] 실체가 파악되기 시작했는데, 莧현과 莧菜현채를 서로 다른 식물로 간주했다. 이후 정태현 등은 *A. gangeticus* Linnaeus에 색비름을, *E. viridis*에는 비름이라는 이름을 일치시켰다.[145] 그러나 오늘날 *E. viridis*는 *A. viridis* Linnaeus라는 학명으로 대치되었으며, *A. gangeticus*와 *A. mangostanus*는 *A. tricolor*와 같은 종으로 처리되고 있는데, 열대 아시아 원산으로 중국에서 널리 재배하는 것으로 보고되었다.[146] 한편 우리나라에서는 *A. viridis*를 청비름으로 부르고 있다.[147]

옛 문헌에 기재된 내용만으로 *A. tricolor*와 *A. viridis*를 구분하는 것은 불가능한 것으로 판단된다. 그러나 우리나라에서 *A. mangostanus*를 소규모로 재배하고 있으며,[148] 『향약집성방』에 나오는 莧實현실을 비름이라는

141 莧有六種 有人莧, 赤莧, 白莧, 紫莧, 馬莧, 五色莧. 馬莧卽馬齒莧也.
142 『中國植物志, 25(2)卷』(1979), 212쪽.
143 이우철a(1996), 286쪽.
144 Mori(1922), 140쪽.
145 정태현 외(1937), 58쪽.
146 『*Flora of China*, Vol. 5』(2003), 417~421쪽.
147 이우철a(1996), 286쪽.
148 박홍열 외(2012), 55쪽; 전창욱 외(2020), 1쪽; 최정윤 외(2018), 167쪽.

이름으로 *A. mangostanus*로 간주하고 있어,[149] 『향약구급방』을 비롯하여 『향약집성방』과 『동의보감』에 나오는 莧현과 莧實현실은 *A. mangostanus*, 즉 *A. tricolor*로 간주하는 것이 타당한 것으로 판단된다. 그리고 *A. tricolor*의 우리말 이름은 색비름이 아니라 비름으로 수정하는 것이 타당할 것이다.

30 황개자黃芥子

국명	갓
학명	*Brassica juncea* (Linnaeus) Czernajew
생약정보	개자(芥子), 갓(*Brassica juncea* (Linnaeus) Czernajew)

「본문」에는 黃芥子황개자와 芥子개자[150] 두 식물명으로 나오나, 민간 이름이나 식물에 대한 설명은 없다. 『향약집성방』에는 黃芥子황개자라는 식물에 대한 설명은 없으나, 귀가 아플 때 사용하는 약재로 설명되어 있다. 『동의보감』에는 芥菜개채에는 黃芥황개, 紫芥자개, 白芥백개도 있는데, 黃芥황개와 紫芥자개[151]는 절여서 먹는 반면, 白芥백개는 약에 넣어 사용하는[152] 것으로 설명되어 있다. 중국에서는 芥子를 白芥백개, *Sinapis alba* Linnaeus와 芥개, *Brassica juncea* (Linnaeus) Czernajew의 잘 익은 씨로 간주하는데, 白芥백개의 씨를 白芥

149 신전휘 · 신용욱(2013), 350쪽.

150 백개자(*Sinapis alba*)이다. 본문 3번 항목 개자(芥子)를 참조하시오.

151 자화개(*Malcolmia africana*)로 추정되나, 추후 검토가 필요하다.

152 有黃芥 · 紫芥 · 白芥. 黃芥紫芥, 作虀食之最美, 白芥入藥.

子백개자로, 芥개의 씨를 黃芥子황개자로 간주하고 있다.[153] 그런데 白芥백개는 우리나라에 분포하지 않고 있어, 우리나라에서는 芥개, *B. juncea*를 黃芥子황개자로 간주하고 약재로 사용했던 것으로 추정된다. 국가생약정보에는 개자의 공정서 생약으로 갓*B. juncea* Linnaeus이 소개되어 있다.

31 흑두黑豆

국명	콩
학명	*Glycine max* (Linnaeus) Merrill
생약정보	콩(*Glycine max* (Linnaeus) Merrill)

「본문」에는 黑豆흑두를 약재로 많이 사용했지만, 黑豆흑두에 대한 설명은 없고, 민간 이름이나 향명도 없다. 『동의보감』에는 콩 종류로 검은 것과 흰 것 2가지가 있는데, 검은 것은 약재로 사용하지만, 흰 것은 약으로 쓰지 않고 식용하는[154] 것으로 설명되어 있다. 따라서 黑豆흑두는 콩*Glycine max* (Linnaeus) Merrill으로 간주하는 것이 타당할 것이다.

153 https://baike.baidu.com/item/芥子/996736?fr=aladdin

154 豆有黑白二種. 黑者入藥, 白者不用, 但食之而已.

제5장

『향약구급방』에 나오는 식물명의 의미

1. 식물 종 수

『향약구급방』의 「방중향약목 초부」에는 147종류의 약재명이 나오며, 「본문」에는 「방중향약목 초부」에서 언급되지 않은 31종류의 약재명이 나와, 총 178종류의 약재명이 나온다. 이 가운데, 「방중향약목 초부」에 나오는 茯苓복령은 버섯 종류이고, 燕窠褥연과욕과 藍柒남칠은 상세한 설명이 없어 이들의 실체를 파악할 수가 없다. 단지 藍柒남칠은 한 가지 가능성만 논의가 가능할 뿐이다. 또한 「방중향약목 초부」에 나오는 葵子규자와 冬葵子동규자, 赤小豆적소두와 生藿생곽, 그리고 腐脾花부비화 이외에 「본문」에 나오는 附子부자와 天雄천웅, 그리고 烏頭오두는 한 식물을 지칭하는 여러 이름으로 확인되었다.

결국 藍柒남칠을 포함하여 『향약구급방』에 약재로 사용된 식물 171종의 실체가 파악되는데, 「방중향약목 초부」에 나오는 147종의 약재로부터 142종의 식물과, 「본문」에만 나오는 31종의 약재로부터 29종의 식물이 확인된다.표1 한편 山茱萸산수유, 五加皮오가피 등 18종은표2 「방중향약목 초부」에는 나오나 「본문」에는 나오지 않아 『향약구급방』 중간본이 편찬되면서 「초부」에 추가된 것으로 보인다. 따라서 이들을 제외하면 『향약구급방』 초간본에는 153종의 식물명이 소개된 것으로 추정된다.표1

『향약구급방』 초간본에서 약재로 사용된 식물의 수가 중간본에 비해 줄어들었는데, 『향약구급방』 중간본을 편찬하면서 초간본이 완전하게 잘 보이지 않아 확실하게 보이는 내용만이 선택되었기에, 현재 전해 내려오는 중간본은 초간본에 비해 내용이 어느 정도 탈루되었다고[1] 할 수 있을 것이다. 실제로 葡萄포도는 「방중향약목 초부」에도, 현존하는 중간본 「본문」에서도 발견되지 않으나, 『향약제집성방』의 남아 있는 처방에서는 나오고 있다.[2] 추후 또 다른 자료가 발견된다면, 『향약구급방』 초간본에서 약재로 사용된 식물의 수는 더 늘어날 것이다.

표 1. 『향약구급방』에 나오는 식물의 유형별 수와 중국과 같은 종으로 간주되는 식물명 수

유형	약재명 수	식물 종 수 (A)	중국과 동일한 종 수 (B)	동일한 종 비율 (B/A. %)
「방중향약목 초부」의 식물	147	142	114	80.3
「초부」에만 나오는 식물	18	18	17	94.4
「본문」에만 나오는 식물	31	29	26	89.7
합계	178	171	140	81.9
초간본에 나오는 식물	160	153	123	80.4

표 2. 「방중향약목 초부」에는 나오나 「본문」에는 나오지 않는 식물[3]

식물명	종류 수
瓜蒂(과체), 淡竹葉(담죽엽), 獨活(독활), 藍柒(남칠), 藜蘆(여로), 山茱萸(산수유), 酸棗(산조), 橡實(상실), 薯蕷(서여), 水楊(수양), 五加皮(오가피), 遠志(원지), 人蔘(인삼), 茵陳蒿(인진호), 楮實(저실), 剪草(전초), 秦皮(진피), 扁豆(편두)	18

1 신영일(1994), 183쪽.

2 이경록a(2010), 329쪽.

3 녕옥청(2010, 133쪽)은 18종류 이외에도 菘(숭), 天門冬(천문동), 萵苣(와거), 蕎麥(교맥) 등 4종도 「본문」에는 나오지 않는다고 설명하고 있으나, 이들은 모두 「본문」에서 검색된다.

2. 중국과 같은 식물

「방중향약목 초부」에 나오는 苦蔘고삼, 大戟대극, 蒺藜子질려자 등 114종과 「본문」에만 나오는 甘草감초, 牛蒡우방 등 26종은 중국과 우리나라에서 같은 식물을 동일한 식물명으로 부르는 것으로 파악되었는데, 171종 가운데 140종이 같은 종으로 확인되었다.표 3 따라서 중국과 우리나라에서 같은 약재명으로 사용하는 식물은 전체 종 수의 81.9%로 조사되었다. 그리고 『향약구급방』 초간본에 나오는 153종의 식물로 한정하면, 123종이 중국과 우리나라에서 같은 식물을 약재로 사용하고 있어 80.4%로 조사되었다.표 1

표 3. 「방중향약목 초부」와 「본문」에 나오는 식물 가운데 중국과 우리나라에서 같은 종으로 간주하는 이름들

구분	식물명	종류 수
「초부」	葛根(갈근), 乾藕(건우), 牽牛子(견우자), 決明子(결명자), 京三棱(경삼릉), 戒火(계화), 苦蔘(고삼), 苦瓠(고호), 瓜蔕(과체), 栝樓(괄루), 槐(괴), 蕎麥(교맥), 韭(구), 枸杞(구기), 菊花(국화), 吉梗(길경), 糯米(나미), 蘿蔔(나복), 狼牙(낭아), 大戟(대극), 大豆黃(대두황), 大麥(대맥), 大蒜(대산), 大棗(대조), 桃人(도인), 冬瓜(동과), 冬葵子(동규자, 葵子(규자) 포함), 落蘇(낙소), 藍汁(남즙), 藍漆(남칠), 藜蘆(여로), 蠡實(려실), 藺茹(여여), 蘆根(노근), 菉豆(녹두), 柳(류), 麻子(마자), 馬齒莧(마치현), 蔓菁子(만청자), 麥門冬(맥문동), 茅錐(모추), 茅香花(모향화), 木串子(목관자), 牧丹皮(목단피), 木賊(목적), 半夏(반하), 白苣(백거), 白斂(백렴), 繁蔞(번루), 浮萍(부평), 萆麻子(비마자), 射干(사간), 蛇床子(사상자), 蒴藋(삭조), 山茱萸(산수유), 酸棗(산조), 桑根白皮(상근백피), 商陸(상륙), 橡實(상실), 黍米(서미), 薯蕷(서여), 石葦(석위), 旋覆花(선복화), 細辛(세신), 小麥(소맥), 蘇子(소자), 水楊(수양), 菘(숭), 艾葉(애엽), 夜合花(야합화), 蘘荷(양하), 燕脂(연지), 五加皮(오가피), 吳茱萸(오수유), 萵苣(와거), 薍子(란자), 芋(우), 遠志(원지), 薏苡人(의이인), 人蔘(인삼), 茵陣蒿(인진호), 紫菀(자완), 芍藥(작약), 楮實(저실), 剪草(전초), 葶藶(정력), 地膚苗(지부묘), 枳實(지실), 地榆(지유), 地黃(지황), 蒺藜子(질려자), 車前子(차전자), 蒼耳(창이), 菖蒲(창포), 天南星(천남성), 天門冬(천문동), 葱(총), 茺蔚子(충울자), 梔子(치자), 漆姑(칠고), 澤漆(택칠), 芭蕉(파초), 萹豆(편두), 蒲黃(포황), 楓(풍), 鶴虱(학슬), 薤(해), 荊芥(형개), 胡桃(호도), 胡麻(호마), 黃芩(황금), 黃耆(황기), 黃蘗(황벽), 茴香子(회향자)	114

구분	식물명	종류 수
「본문」	甘草(감초), 薑(강), 芥子(개자), 莙(군), 檎子(금자), 臘茶(납다), 桐子(동자), 附子(부자, 烏頭(오두), 天雄(천웅) 포함), 生菰(생고), 粟米(속미), 蓴(순), 柿(시), 牛蒡(우방), 蓼(요), 梨(이), 榛子(진자), 漆(칠), 破古丸(파고환), 巴豆(파두), 葡萄(포도), 恒山(항산), 香附子(향부자), 杏仁(행인), 莧菜(현채), 黃芥子(황개자), 黑豆(흑두)	26

이러한 결과는 중국에서 약재로 사용한 식물 가운데 우리나라에서도 자라는 식물을 약재로 널리 사용했음을 보여준다. 실제로 『향약구급방』은 중국 진나라시대에 편찬된 『주후방』을 비롯하여 당나라시대에 편찬된 『천금요방』과 『외대비요』, 송나라시대에 편찬된 『태평성혜방』의 내용을 인용했고, 「방중향약목 초부」는 『증류본초』의 편찬 순서를 따른 것으로 알려졌다.[4] 결국 『향약구급방』이 고려시대에 편찬된 『비예백요방』을 중요한 의학 참고서로 삼아서 우리나라에서 편찬된 의학 서적이라고는 하지만, 중국 문헌에 있는 중국의 식물이 『향약구급방』에 나타날 수밖에 없었을 것이다. 단지 이들 식물이 중국에 분포하지만, 우리나라에 분포하는 식물에 수많은 민간 이름俗云과 鄕名향명을 일치시킨 것은 "약재를 우리나라 사람들이 쉽게 알아 볼 수 있고 쉽게 구할 수 있도록" 『향약구급방』을 편찬했다는 『향약구급방』 跋文발문에 실린 글의 의미에서 찾을 수 있을 것이다.

또한 중국에는 2,600여 종의 양치식물, 200여 종의 나자식물, 그리고 25,000여 종의 피자식물이 분포하고 있는 반면 우리나라에는 4,000~5,000여 종의 식물이 분포하는데, 우리나라에서만 자라는 고유한 식물은 10% 정도로 알려져 있으며, 이들 고유종에 대한 한의학 관점에서의 조사나 연구가 오늘날에도 미진하기에, 고려시대에 이들을 약재로 사용했을 가능

4 신영일(1994), 182쪽.

성은 매우 낮아 보인다. 그럼에도 중국에서만 발견되는 고유종은 피자식물 가운데 17,300여 종에 달해,[5] 중국에는 분포하지만 우리나라에는 없는 식물들도 많이 있다. 따라서 우리나라에서는 중국에 자라는 식물들과 같거나 비슷한 식물을 약재로 사용했던 것으로 추정된다.

예를 들어, 當歸당귀를 중국에서는 *Angelica sinensis* (Oliver) Diels로 간주하나, 이 종은 중국 내에만 분포할 뿐, 우리나라에는 분포하지 않는다. 단지 우리나라에서는 이 종과 비슷한 *A. gigas* Nakai를 당귀라고 부르면서 약재로 사용하고 있다. 이처럼 서로 다른 식물을 중국과 우리나라에서 같은 약재명으로 부르기도 하나, 『향약구급방』에 나오는 當歸당귀, 蕪荑무이, 松송 등 31종류 약재는 이름은 같지만 서로 다른 식물로 간주되었다.표 4

이들 가운데 當歸당귀, 蕪荑무이, 柴胡시호 등 22종은 식물분류학적으로 같은 속屬에 속하는 서로 다른 종을 같은 약재명으로 사용하는 경우이며, 芎藭궁궁, 防風방풍, 雀麥작맥 등 3종은 같은 과科에 속하나 서로 다른 속에 속하는 식물을, 그리고 獨活독활, 水藻수조, 威靈仙위령선, 楸추, 土瓜토과, 通草통초 등 6종은 서로 다른 과科에 속하는 식물을 같은 약재명으로 사용하고 있는 것으로 파악되었다.표 4

표 4. 중국과 우리나라에서 분류학적 실체를 다르게 간주하는 식물(31종류).

*표시가 있는 식물명은 「본문」에 나오며, 표시가 없는 식물명은 「방중향약목 초부」에 나오는 식물임.

한자명	한글명	우리나라	중국	비고*
瞿麥	구맥	*Dianthus chinensis*	*Dianthus superbus*	1
芎藭	궁궁	*Angelica polymorpha*	*Ligusticum sinense*	2
淡竹葉	담죽엽	*Phyllostachys nigra* var. *henonis*	*Phyllostachys glauca*	1
當歸	당귀	*Angelica gigas*	*Angelica sinensis*	1

5 Chris과 Zhang(2008), 13~14쪽.

한자명	한글명	우리나라	중국	비고*
獨走根	독주근	*Aristolochia contorta*	*Aristolochia debilis*	1
獨活	독활	*Aralia cordata*	*Angelica biserrata*	3
蕪荑	무이	*Ulmus pumila*	*Ulmus macrocarpa*	1
薄荷	박하	*Mentha sachalinensis*	*Mentha canadensis*	1
防風*	방풍	*Glehnia littoralis*	*Saposhnikovia divari-cata*	2
白朮	백출	*Atractylodes japonica*	*Atractylodes macro-cephala*	1
百合	백합	*Lilium concolor*	*Lilium brownii*	1
松	송	*Pinus densiflora*	*Pinus tabuliformis*	1
水藻	수조	*Potamogeton crispus*	*Myriophyllum spica-tum*	3
升麻	승마	*Cimicifuga heracleifo-lia*	*Cimicifuga foetida*	1
柴胡	시호	*Bupleurum komarovi-anum*	*Bupleurum chinense*	1
牛膝	우슬	*Achyranthes japonica*	*Achyranthes bidentata*	1
郁李人	욱리인	*Prunusjaponica* var. *nakaii*	*Prunus japonica*	1
栗*	율	*Castanea crenata*	*Castanea mollissima*	1
威靈仙	위령선	*Veronicastrum sibiri-cum*	*Clematis chinensis*	3
雀麥	작맥	*Avena sativa*	*Bromus japonicus*	2
赤小豆	적소두	*Vigna angularis*	*Vigna umbellata*	1
薺苨	제니	*Adenophora remotiflo-ra*	*Adenophora trachelioi-des*	1
皂莢	조협	*Gleditsia japonica*	*Gleditsia sinensis*	1
秦皮	진피	*Fraxinu rhynchophylla*	*Fraxinus chinensis*	1
川椒	천초	Zanthoxylum piperi-tum	Zanthoxylum bun-geanum	1
楸*	추	Juglans mandshurica	Catalpa bungei	3

한자명	한글명	우리나라	중국	비고*
澤瀉	택사	*Alisma orientale*	*Alisma plantago-aquatica*	1
土瓜	토과	*Thladiantha dubia*	*Trichosanthes cucumeroides*	3
通草	통초	*Akebia quinata*	*Tetrapanax papyrifer, Akebia quinata*	?(3)
玄蔘	현삼	*Scrophularia buergeriana*	*Scrophularia ningpoensis*	1
免絲子	토사자	*Cuscuta australis*	*Cuscuta chinenis*	1

1 : 속 수준에서 다른 종 / 2 : 과 수준에서 다른 종 / 3 : 과를 달리 하는 종 / ? : 두 종으로 간주된 종

3. 자생식물과 도입식물

중국에서 파악된 식물들의 약효를 근거로 우리나라에서도 자라는 식물을 『향약구급방』에서 설명했는데, 중국에서 약재로 사용하는 식물과 『향약구급방』에서 약재로 사용하는 식물은 80% 정도가 같은 식물로 파악되었다. 이는 우리나라에서 자라는 식물들 중에서 겨우 20% 정도만이 약재로 사용했다는 의미로 보여서, 『향약구급방』의 의미가 다소 퇴색될 수도 있다. 그러나 『향약구급방』에서 약재로 사용한 식물들을 『향약집성방』과 『동의보감』에서 구분한 방식과 비슷하게 초본과 목본, 과일과 채소 이하 과채류로 표기함, 그리고 「본문」에 나오는 식물들로 구분해보면 또 다른 의미를 찾을 수 있다.

『향약구급방』에 나오는 식물 171종 가운데 초본 식물이 가장 많은 80종이었다.표 5 그 다음으로 과채류가 38종이었으며, 목본 식물이 제일 적은 24종이었다. 그런데 초본과 목본 식물의 경우 20% 이상이 중국에서

사용되는 약재 식물과 다름이 확인되나, 과채류는 薄荷박하와 赤小豆적소두 2종에 불과해 5% 수준이었다. 달리 말해 초본과 목본의 20% 정도는 중국에서 사용하는 약재 이름으로 종은 다르나 우리나라에서 자생하는 식물을 약재로 사용해온 것으로 파악되는데,표 5 이들은 대부분 야생식물이므로 고려시대에 이미 한반도에 자생하는 다양한 식물들을 약재로 사용하고 있음을 알 수 있다. 초본 식물로 澤瀉택사, 玄蔘현삼, 薺苨제니 등 19종과, 목본 식물로 蕪荑무이, 松송 등 7종은 우리나라 산과 들에서 자라는 식물들이다.

표 5. 중국과 우리나라에서 다른 종을 같은 약재명으로 부르는 종 수와 우리나라에서 자생하지 않고 외국에서 들어와 약재로 사용된 종 수

유형	약재명 수	종 수(A)	중국과 다른 종 수(B)	중국과 다른 종 수 비율 (%, B/A)	도입된 종 수 (C)	도입된 종 비율 (%, C/A)
초본	82	80	19	23.8	13	15.9
목본	24	24	7	29.2	11	45.8
과채류	41	38	2	5.3	30	73.2
본문	31	29	3	10.3	19	61.3
합계	178	171	31	18.1*	73	42.7*

*: 합계가 아니라 종 수의 합계와 중국과 다른 종 수의 합계 그리고 도입된 종 수의 합계에 대한 비율임

한편 『향약구급방』에 나오는 식물 171종을 자생식물과 도입식물로 구분해보면,[6] 98종이 우리나라에서 자생하는 식물이며, 73종은 외국에서 들어온 식물로 파악되었다.표 5·6 특히 38종의 과채류 종류 가운데 30종이 외국에서, 주로 중국을 거쳐 들어온 도입식물로 파악되어, 옛날부터

6 식물의 도입 여부는 이덕봉b(1966)의 연구 결과를 토대로 하여, 영국 큐식물원에서 운영하는 Plants of the World Online 홈페이지에서 확인했다. 단지 이덕봉은 皂莢(조협)을 조각자나무(*Gliditsia sinensis*)로 간주했으나, 이 책에서는 皂莢(조협)을 우리나라에 자생하는 주엽나무로도 간주했으므로, 皂莢(조협)을 도입된 식물로 간주하지 않았다

외국과의 교류를 통해 많은 농작물들이 우리나라에 유입되었고, 이들 농작물을 약재로도 사용했던 것으로 풀이된다. 그리고 이러한 과채류로 인하여 우리나라와 중국에서 같은 식물을 약재로 사용하는 비율이 81.9% 정도까지 높아진 것으로 사료된다. 반면 『향약구급방』에 80종이 소개되어 제일 많은 초본 식물의 경우 牽牛子견우자, 燕脂연지, 牧丹皮목단피 등 13종만이 도입된 식물로 파악되어, 상당히 많은 이 땅의 야생식물을 약재로 사용해왔음을 보여준다. 이는 앞에서도 언급한 "약재를 우리나라 사람들이 쉽게 알아 볼 수 있고, 쉽게 구할 수 있는 것으로" 편찬했다는 『향약구급방』 跋文발문의 취지를 이해할 수 있도록 해준다.

표 6. 『향약구급방』에 나오는 식물 가운데 도입된 식물

구분	식물명	종 수
초부(草部)	牽牛子(견우자), 決明子(결명자), 菊花(국화), 芎藭(궁궁), 藍汁(남즙), 牧丹皮(목단피), 萆麻子(비마자), 商陸(상륙), 燕脂(연지), 地膚苗(지부묘), 地黃(지황), 芭蕉(파초), 茴香子(회향자)	13
목부(木部)	枸杞(구기), 木串子(목관자), 槐(괴), 山茱萸(산수유), 楮實(저실), 枳實(지실), 梔子(치자), 吳茱萸(오수유), 楓(풍), 柳(류), 淡竹葉(담죽엽)	11
과채부(果菜部)	白苣(백거), 乾藕(건우), 瓜蔕(과체), 蕎麥(교맥), 韭(구), 葵子(규자), 蘿蔔(나복), 落蘇(낙소), 菉豆(녹두), 大豆黃(대두황), 大麥(대맥), 大蒜(대산), 大棗(대조), 桃仁(도인), 冬瓜(동과), 麻子(마자), 蔓菁子(만청자), 黍米(서미), 糯米(나미), 小麥(소맥), 蘇子(소자), 菘(숭), 萵苣(와거), 芋(우), 赤小豆(적소두), 葱(총), 荊芥(형개), 胡桃(호도), 胡麻(호마), 蘘荷(양하)	30
본문	甘草(감초), 薑(강), 芥子(개자), 莙(군), 檎子(금자), 臘茶(납다), 桐子(동자), 附子(부자), 生苽(생고), 粟米(속미), 柿子(시자), 梨(이), 破古丸(파고환), 巴豆(파두), 葡萄(포도), 恒山(항산), 杏仁(행인), 莧菜(현채), 黃芥子(황개자)	19

4. 민간 이름과 향명

『향약구급방』에 나오는 178개의 약재명 가운데 「본문」에 나오는 31종류와 「방중향약목 초부」에 나오는 37종류, 그리고 茯苓복령, 生藿생곽, 燕窠褥연과욕 등을 제외한 107종류의 약재에는 민간 이름俗云과 鄕名향명이 부여되어 있다.[표 7] 이들에 부여된 이름은 모두 164개로, 1종당 1개에서 3개까지 부여되었는데, 종당 평균 1.5개의 이름이 부여되었다. 단 한 개만 부여된 경우는 白朮백출의 沙邑菜사읍채, 免絲子토사자의 鳥伊麻조이마 등 58종류였으며, 2개가 부여된 경우는 오늘날 달래를 지칭하는 亂子난자의 月乙老월을로와 月老월로나 개미취를 지칭하는 紫菀자완의 地加乙지가을과 迨加乙태가을 등 42종류, 그리고 3개가 부여된 경우는 蛇休草사휴초, 蛇避草사피초, 芎芎草궁궁초등이 부여된 窮芎궁궁 등 7종류였다.

표 7. 『향약구급방』 「방중향약목 초부」에 나온 민간 이름 또는 향명과 『향약집성방』, 『동의보감』 그리고 현대에 사용하는 식물명 비교. 한자명은 『향약구급방』에 나오는 순서로 배열되어 있다.

한자명	한글명	향약구급방	향약집성방	동의보감	현대 식물명
菖蒲	창포	松衣亇[송의마]		석창포	창포
菖蒲		消衣亇[소의마]			
人蔘	인삼	-	-	심	인삼
白朮	백출	沙邑菜[사읍채]		샵듓불휘	삽주
免絲子	토사자	鳥伊麻[조이마]	鳥麻[조마]	새삼삐	새삼
牛膝	우슬	牛膝草[우슬초]	牛無樓邑[우무루읍]	쇠무룹디기	쇠무릎
柴胡	시호	山叱水乃立[산질수내립]		묃미나리	시호, 묏미나리
		椒菜[초채]			
		猪矣水乃立[저의수내립]			

한자명	한글명	향약구급방	향약집성방	동의보감	현대 식물명
茺蔚子	충울자	目非也次[목비야차]	目非也叱[목비야질]	암눈비얏ᄡᅵ	익모초
		目非阿叱[목비아질]			
麥門冬	맥문동	冬沙伊[동사이]		겨으사리불휘	소엽맥문동
		冬乙沙伊[동을사이]			
獨活	독활	虎驚草[호경초]	地頭乙戶邑[지두을호읍]	ᄯᅡᆺ둘훕	땅두릅
升麻	승마	雉骨木[치골목]		씌뎔가릿불휘	승마
		雉鳥老草[치조로초]			
車前子	차전자	吉刑菜實[길형채실]	布伊作只[포이작지]	길경이ᄡᅵ	질경이
		大角古□			
薯蕷	서여	亇支[마지]	山藥(산약)	마	마
薏苡人	의이인	伊乙梅[이을매]		율ᄆᆡᄡᆞᆯ	율무
		豆訟[두송]			
澤瀉	택사	牛耳菜[우이채]	牛耳菜[우이채]	쇠귀ᄂᆞᄆᆞᆯ	소귀나물, 택사
遠志	원지	非師豆刀草[비사두도초]		아기플불휘	원지, 애기풀
		阿只草[아지초]			
細辛	세신	洗心[세심]		족두리풀	족도리풀
藍柒	남칠	-	加士草[가사초]	가ᄉᆞ새	
藍汁	남즙	靑台[청대]		족ᄡᅵ	쪽
芎藭	궁궁	蛇休草[사휴초]		궁궁이	궁궁이, 천궁
		蛇避草[사피초]			
		芎芎草[궁궁초]			
蒺藜子	질려자	古冬非居參[고동비거삼]		납거ᄉᆡ	남가새

한자명	한글명	향약구급방	향약집성방	동의보감	현대 식물명
黃耆	황기	數板麻[수판마]	甘板麻[감판마]	ᄃᆞᆫ너삼불휘	황기
		目白甘板麻 [목백감판마]			
蒲黃	포황	助背槌[조배추]		부들ᄭᅩᆺᄀᆞᄅᆞ	부들
		蒲鎚上黃粉 (포추상황분)			
決明子	결명자	狄小豆[적소두]		초결명	결명자
蛇床子	사상자	蛇牀子[사상자]	蛇都羅叱[사도라질]	ᄇᆡ얌도랏ᄡᅵ	벌사상자
		蛇音置良只菜實 [사음치량지채실]			
		蛇牀菜子 [사상채자]			
地膚苗	지부묘	唐杻[당뉴], 唐杻伊[당뉴이]	대ᄡᅡ리	댑싸리	
戒火	계화	塔菜[탑채]		집우디기	꿩의비름
茵陣蒿	인진호	加火左只 [가화좌지]	加外左只[가외좌지]	더위자기	더위지기, 사철쑥
蒼耳	창이	刀古休伊 [도고휴이]		돋고마리	도꼬마리
		升古亇伊 [승고마이]			
葛根	갈근	叱乙根[질을근]		ᄎᆞᆰ불휘	칡
括樓	괄루	天乙根[천을근]	天叱月伊[천질월이]	하ᄂᆞᆯ타리불휘	하늘타리
		天原乙[천원을]			
		天叱月乙 [천질월을]			
苦蔘	고삼	板麻[판마]	板麻[판마]	ᄡᅳᆫ너삼불휘	고삼

한자명	한글명	향약구급방	향약집성방	동의보감	현대 식물명
當歸	당귀	且貴草[차귀초]	僧庵草[승암초]	승엄초불휘	당귀
		當歸菜根 [당귀채근]			
		當歸菜[당귀채]			
通草	통초	伊屹鳥音 [이흘조음]		이흐름너출	으름덩굴
		伊乙吾音蔓 [이을오음만]			
芍藥	작약	-	大朴花[대박화]	함박곳불휘	작약
蠡實	려실	芼花[모화]		붇곳여름	붓꽃
瞿麥	구맥	鳩目花[구목화]	石竹花(석죽화)	셕듁화	패랭이꽃
		石竹花[석죽화]			
玄蔘	현삼	心廻草[심회초],	能消草(능소초)		현삼
		心回草[심회초]			
茅錐	모추	置伊存[치이존]		삣불휘	띠
		置伊存根 [치이존근]			
百合	백합	犬乃里花 [견내리화]	介伊日伊[개이일이]	개나리불휘	하늘나리
		犬伊那里根 [견이나리근]			
黃芩	황금	精朽草[정후초]	裏朽斤草[이후근초]	속서근플	황금
		所邑朽斤草 [소읍후근초]			
紫菀	자완	地加乙[지가을]		팅알	개미취
		迨加乙[태가을]			
艾葉	애엽	-	-	ᄉᆞ직발쑥	황해쑥
土瓜	토과	鼠瓜[서과], 王瓜(왕과)	鼠瓜[서과]	쥐춤외불휘	왕과
		鼠苽根[서고근]			

한자명	한글명	향약구급방	향약집성방	동의보감	현대 식물명
浮萍	부평	魚食[어식]	-	머구ᄅᆡ밥	좀개구리밥
		魚矣食[어의식]			
地榆	지유	瓜菜[과채], 苽菜[고채]	苽菜[고채]	외ᄂᆞ믈불휘	오이풀
水藻	수조	勿[물], 馬乙[마을]	-	-	말즘
薺苨	제니	獐矣皮[장의피]	季奴只[계노지]	계로기	모시대
		獐矣加次 [장의가차]			
京三棱	경삼릉	結叱加次根 [결질가차근]	-	-	흑삼릉
		結次邑笠根 [결차읍립근]			
		牛天月乙 [우천월을]			
茅香花	모향화	-	-	흰ᄠᅱᄭᅩᆺ	향모
半夏	반하	雉矣毛立 [치의모립]	雉毛奴邑[치모노읍]	ᄭᅴ믈옷	반하
		雉矣毛老邑 [치의모로읍]			
葶藶	정력	豆音矣薺 [두음의제]	豆音矣羅[두음의라]	두루믜나이	꽃다지
		豆衣乃耳 [두의내이]			
旋覆花	선복화	-	夏菊[하국]	하국	금불초
吉梗	길경	刀ᄉ次[도라차]	道乙羅叱[도을라질]	도랏	도라지
		道羅次[도라차]			
藜蘆	여로	箔草[박초]	朴草[박초]	박새	참여로
射干	사간	虎矣扇[호의선]	虎矣扇[호의선]	범부체	범부채

한자명	한글명	향약구급방	향약집성방	동의보감	현대 식물명
白斂	백렴	犬伊刀叱草[견이도질초]	-	가회톱	가회톱
		犬刀叱草[견도질초]			
大戟	대극	楊等柒[양등칠]	柳漆[유칠]	버들옷	대극
商陸	상륙	章柳根[장류근]	這里君[저리군]	쟈리공불휘	자리공
		者里宮根[저리궁근]			
狼牙	낭아	狼矣牙[낭의아]	-	낭아초	물양지꽃
威靈仙	위령선	車衣菜[차의채]	-	술위ᄂᆞᄆᆞᆯ불휘	위령선
芭蕉	파초	-	-	반쵸불휘	파초
萆麻子	비마자	阿次加伊[아차가이]	-	아ᄌᆞᆺ가리	피마자
		阿叱加伊實[아질가이실]			
蒴藋	삭조	馬尿木[마뇨목]	-	ᄆᆞᆯ오좀나모	말오줌나무
天南星	천남성	豆也味次[두야미차]	豆也末注作只[두야말주작지]	두여머조자기	천남성
		豆也亇次火[두야마차화]			
蘆根	노근	葦乙根[위을근]	-	ᄀᆞᆯ불휘	갈대
鶴虱	학슬	狐矣尿[고의뇨]	狐矣尿[고의뇨]	여의오좀	담배풀
藺茹	여여	五得浮得[오득부득]	吾獨毒只[오독독지]	-	붉은대극
		烏得夫得[오득부득]			
雀麥	작맥	鼠苞衣[서포의]	-	귀보리	귀리
		鼠矣包衣[서의포의]			

<table>
<thead>
<tr><th>한자명</th><th>한글명</th><th>향약구급방</th><th>향약집성방</th><th>동의보감</th><th>현대 식물명</th></tr>
</thead>
<tbody>
<tr><td rowspan="3">獨走根</td><td rowspan="3">독주근</td><td>勿兒隱提良
[물아은제량]</td><td rowspan="2">勿兒隱冬乙乃
[물아은동을내]</td><td>쥐방울</td><td>쥐방울덩굴</td></tr>
<tr><td>勿叱隱阿背
[물질은아배]</td><td></td><td></td></tr>
<tr><td>勿叱隱提阿
[물질은제아]</td><td></td><td></td><td></td></tr>
<tr><td>茴香子</td><td>회향자</td><td>茴香草(회향초)</td><td>-</td><td>-</td><td>회향</td></tr>
<tr><td>燕脂</td><td>연지</td><td>你叱花[니질화]</td><td>紅花(홍화)</td><td>닛</td><td>잇꽃</td></tr>
<tr><td>牧丹皮</td><td>목단피</td><td>-</td><td>-</td><td>모란ᄭᅩᆺ불휘</td><td>모란</td></tr>
<tr><td>木賊</td><td>목적</td><td>省只草[성지초]</td><td>束草[속초]</td><td>속새</td><td>속새</td></tr>
<tr><td rowspan="2">漆姑</td><td rowspan="2">칠고</td><td>漆矣母[칠의모]</td><td>-</td><td>-</td><td>개미자리</td></tr>
<tr><td>漆矣於耳
[칠의어이]</td><td></td><td></td><td></td></tr>
<tr><td>剪草</td><td>전초</td><td>騾耳草[라이초]</td><td>-</td><td>-</td><td>홀아비꽃대</td></tr>
<tr><td>松</td><td>송</td><td>-</td><td>-</td><td>소나모</td><td>소나무</td></tr>
<tr><td>槐</td><td>괴</td><td>廻之木[회지목]</td><td>-</td><td>회화나모</td><td>회화나무</td></tr>
<tr><td>五加皮</td><td>오가피</td><td>-</td><td>-</td><td>ᄯᅡᆺ둘흅</td><td>섬오갈피나무</td></tr>
<tr><td>枸杞</td><td>구기</td><td>-</td><td>-</td><td>괴좃나모</td><td>구기자나무</td></tr>
<tr><td>黃蘗</td><td>황벽</td><td>-</td><td>-</td><td>황벽나모</td><td>황벽나무</td></tr>
<tr><td>蕪荑</td><td>무이</td><td>白楡實[백유실]</td><td>楡醬出江界
[유장출강계]</td><td>느릅나모겁질</td><td>비술나무</td></tr>
<tr><td>楮實</td><td>저실</td><td>多只[다지]</td><td>-</td><td>닥나모</td><td>꾸지나무</td></tr>
<tr><td>桑</td><td>상</td><td>-</td><td>-</td><td>ᄲᅩᆼ나모</td><td>뽕나무</td></tr>
<tr><td>梔子</td><td>치자</td><td>-</td><td>-</td><td>지지</td><td>치자나무</td></tr>
<tr><td>淡竹葉</td><td>담죽엽</td><td>-</td><td>-</td><td>소옴댓닙</td><td>솜대, 분죽</td></tr>
<tr><td>枳實</td><td>지실</td><td>只沙伊[지사이]</td><td>-</td><td>ᄐᆡᇰᄌᆞ</td><td>탱자나무</td></tr>
<tr><td>秦皮</td><td>진피</td><td>水青木皮
[수청목피]</td><td>水青木[수청목]</td><td>무프렛겁질</td><td>물푸레나무</td></tr>
<tr><td>山茱萸</td><td>산수유</td><td>數要木實
[수요목실]</td><td>-</td><td>-</td><td>산수유</td></tr>
</tbody>
</table>

한자명	한글명	향약구급방	향약집성방	동의보감	현대 식물명
川椒	천초	眞椒[진초]	椒皮[초피]	쵸피나모여름	초피나무
郁李人	욱리인	山梅子[산매자]	山梅子[산매자]	묏이스랏씨, 산ᄆᆞᄌᆞ	이스라지나무
		山叱伊賜羅次[산질이장라차]			
木串子	목관자	夫背也只木實[부배야지목실]	-	모관쥬나못	무환자나무
橡實	상실	猪矣栗[저의율]	加邑可乙木實[가읍가을목실]	굴근도토리	상수리나무
夜合花	야합화	沙乙木花[사을목화]	佐歸木[좌귀목]	자괴나모	자귀나무
皂莢	조협	鼠厭木實[서염목실]	-	주엽나모여름	주엽나무
		注也邑[주야읍]			
水楊	수양	-	沙瑟木[사슬목]	사ᄉᆞ나못겁질	사시나무
柳	류	-	-	버들가야지	수양버들
乾藕	건우	蓮根[연근]	蓮子(연자)	년밤	연
大棗	대조	-	-	대츄	대추나무
胡桃	호도	唐楸子[당추자]	唐楸子[당추자]	당츄ᄌᆞ	호두나무
芋	우	毛立[모립]	土卵(토란)	토란	토란
桃人	도인	-	-	복숑화씨	복숭아
胡麻	호마	荏子[임자]	黑荏子(흑임자)	거믄ᄎᆞᆷᄢᅢ	참깨, 검은깨
赤小豆	적소두	-	-	블근ᄑᆞᆺ	팥
大豆黃	대두황	-	-	콩기룸	콩, 대두
菉豆	녹두	-	-	녹두	녹두
小麥	소맥	眞麥[진맥]	-	밀	밀
黍米	서미	只叱[지질]	-	기장쌀	기장

한자명	한글명	향약구급방	향약집성방	동의보감	현대 식물명
大麥	대맥	包來[포래], 包衣[포의]		보리ᄡᆞᆯ	보리
蕎麥	교맥	木麥[목맥]	木麥[목맥]	메밀	메밀, 모밀
糯米	나미	粘米[점미]	-	니ᄎᆞᄡᆞᆯ	벼, 찹쌀
麻子	마자	与乙[여을], 與乙[여을]	-	삼씨, 열씨	대마, 삼
萹豆	편두	汝注乙豆 [여주을두]	-	변두콩	편두
蔓菁子	만청자	眞菁實[진청실]	禾菁[화청]	쉰무우	순무
瓜蔕	과체	-	-	ᄎᆞᆷ외고고리	참외
冬瓜	동과	-	-	동화	동아
蘿蔔	나복	唐菁[당청]	唐菁[당청]	ᄃᆡᆫ무우	무
菘	숭	無蘇[무소]	-	ᄇᆡᄎᆡ	배추
蘇子	소자	紫蘇實[자소실]	-	ᄎᆞ소기	차조기, 들깨
		紫蘇子(자소자)			
馬齒莧	마치현	金非音[금비음]	金非廩[금비름]	쇠비름	쇠비름
		金非陵音 [금비릉음]			
薄荷	박하	芳荷[방하]	英生[영생]	영ᄉᆡᆼ	박하
苦瓠	고호	朴[박]	-	ᄡᅳᆫ박	박
荊芥	형개	泔只[감지]	鄭芥[정개]	뎡가	개박하
蒚子	란자	月乙老[월을로]	月乙賴伊[월을뢰이]	족지	산달래
		月老[월로]			
落蘇	낙소	-	-	가지	가지
大蒜	대산	亇汝乙[마여을]	-	마ᄂᆞᆯ	마늘
薤	해	海菜[해채], 解菜[해채]	付菜[부채]	염교	염교
繁蔞	번루	見甘介[견감개]	雞矣十加非 [계의십가비]	ᄃᆞᆯᄀᆡ십자기	별꽃
韭	구	厚菜[후채]	蘇勑[소래]	부ᄎᆡ	부추

한자명	한글명	향약구급방	향약집성방	동의보감	현대 식물명
葵子	규자	아부[阿夫]	阿郁(아욱)	돌아욱	아욱
萵苣	와거	紫夫豆[자부두]	-	부루	상추
		紫夫豆菜[자부두채]			
白苣	백거	-	斜羅夫老[사라부로]	-	상추
冬葵子	동규자	-	阿郁(아욱)	돌아욱씨	아욱
葱	총	-	-	파흰밑	파
蘘荷	양하	寸問[촌문]	-	양하	양하
酸棗	산조	三弥大棗[삼미대조]	三彌尼大棗[삼미니대조]	묏대쵸씨	묏대추

한편 『향약구급방』에 민간 이름이 부여되지 않은 약재의 경우라도, 이후 『향약집성방』에는 鄕名[향명]이, 동의보감에는 우리말 이름이 부여되기도 했다.[표 8] 藍柒[남칠]과 冬葵子[동규자]를 비롯하여 6종류의 경우는 『향약집성방』에 鄕名[향명]이 부여되어 있으며, 瓜蔕[과체]와 艾葉[애엽]을 비롯하여 22종류에는 『동의보감』에 한글로 이름이 부여되어 있다. 예를 들어 藍柒[남칠]은 加土草[가사초], 冬葵子[동규자]는 阿郁[아욱], 瓜蔕[과체]는 ᄎᆞᆷ외고고리, 艾葉[애엽]은 ᄉᆞ직발쑥이라는 이름이 부여되어 있다. 오늘날 加土草[가사초]로 부르던 藍柒[남칠]은 실체를 파악할 수 없으나, 阿郁[아욱]으로 부르던 冬葵子[동규자]는 아욱으로, ᄎᆞᆷ외고고리로 부르던 瓜蔕[과체]는 참외로, 그리고 ᄉᆞ직발쑥으로 부르던 艾葉[애엽]은 사자발쑥 또는 사재발쑥으로 부르고 있다.

표 8. 『향약구급방』에 민간 이름과 향명이 부여되지 않은 약재에 추후 이름이 부여된 현황*

구분	약재명	종류 수
『향약집성방』	藍柒(남칠), 冬葵子(동규자), 白苣(백거), 旋覆花(선복화), 水楊(수양), 芍藥(작약)	6
『동의보감』	瓜蔕(과체), 枸杞(구기), 淡竹葉(담죽엽), 大豆黃(대두황), 大棗(대조), 桃人(도인), 冬瓜(동과), 落蘇(낙소), 菉豆(녹두), 柳(류), 茅香花(모향화), 牧丹皮(목단피), 桑根白皮(상근백피), 松(송), 艾葉(애엽), 五加皮(오가피), 人蔘(인삼), 赤小豆(적소두), 葱(총), 梔子(치자), 芭蕉(파초), 黃蘗(황벽)	22
부여되지 않음	牽牛子(견우자), 菊花(국화), 腐婢花(부비화), 石葦(석위), 吳茱萸(오수유), 地黃(지황), 天門冬(천문동), 澤漆(택칠), 楓(풍)	9

* 『향약채취월령』과 『훈몽자회』에도 민간 이름, 鄕名(향명) 또는 우리말 이름이 있으나, 이 자료에는 포함하지 않았다.

하지만 『향약구급방』에 나오는 많은 이름들이 조선시대를 거치면서 사라져버려 오늘날에는 어떻게 읽어야 할지도 가늠하기 힘들어졌다. 오늘날 菖蒲창포를 부르던 松衣亇송의마와 消衣亇소의마를 비롯하여, 오늘날 자귀나무를 지칭하는 夜合花야합화를 부르던 沙乙木花사을목화, 黃芩황금을 부르던 精朽草정후초, 호두나무를 지칭하는 胡桃호도를 부르던 唐楸子당추자 등은 더 이상 사람 입에서 나오지 않고 문자로만 남아 있다. 이렇게 사라진 이름만도 73개에 달했다. 일반 사람들이 쉽게 접하는 민간 이름이 더 이상 사용되지 않게 된 이유는 여러 가지가 있겠지만, 한글의 제정과 이용에 따라 非師豆刀草비사두도초나 古冬非居參고동비거삼과 같은 이두식 표현이 사라진 것도 한몫을 했을 것으로 추정되며, 漆姑칠고나 剪草전초, 水藻수조 등과 같이 『향약구급방』에서는 약용 식물로 설명하고 있으나 『향약집성방』이나 『동의보감』에서는 언급하지 않은 식물들도 있었기 때문으로 사료된다.

5. 오늘날 식물명의 어원으로서 『향약구급방』의 민간 이름

『향약구급방』에 나오는 107종류의 약재에 부여된 민간 이름俗云과 鄕名향명 가운데 50개 이름은 오늘날 식물명의 근원 또는 식물명 그 자체로 사용되고 있다.표 9 예를 들어 吉梗길경의 민간 이름은 『향약구급방』에 刀亽次도라차와 道羅次도라차로 표기되어 있는데, 이들은 모두 도랏으로 해석되어 오늘날 도라지*Platycodon grandiflorus*라고 부르는 식물 이름의 어원으로 판단된다. 그리고 木賊목적의 민간 이름이 省只草성지초로 표기되어 있는데, 省성은 소로 음가되고, 只지는 "ㄱ"으로 음가되고, 草초는 새로 훈독되어 속새로 해독되어, 오늘날 속새*Equisetum hyemale*라는 식물의 이름으로 사용되고 있다.

표 9. 향약구급방에 나오는 식물명의 민간 이름 가운데 오늘날까지 사용하는 식물 이름

한자명	한글명	향약구급방	한글 표기	동의보감	현대 식물명
白朮	백출	沙邑菜[사읍채]	삽ᄎᆡ	샵듀	삽주
兎絲子	토사자	鳥伊麻[조이마]	새삼	새삼	새삼
牛膝	우슬	牛膝草[우슬초]	쇠무릎플	쇠무룹디기	쇠무릎
柴胡	시호	山叱水乃立 [산질수내립]	뫼미나리	묏미나리	시호, 묏미나리
車前子	차전자	吉刑菜實 [길형채실]	길형나ᄆᆞᆯ	길경이	질경이
薯蕷	서여	亇支[마지]	마디→마	마	마
薏苡人	의이인	伊乙梅[이을매]	일ᄆᆡ	율ᄆᆡᄡᆞᆯ	율무
遠志	원지	阿只草[아지초]	아기플	아기플불휘	원지, 애기풀
窮芎	궁궁	芎芎草[궁궁초]	궁궁플	궁궁이	궁궁이, 천궁
地膚苗	지부묘	唐杻[당뉴], 唐杻伊[당뉴이]	대빠리	대ᄡᆞ리	댑싸리

한자명	한글명	향약구급방	한글 표기	동의보감	현대 식물명
茵陳蒿	인진호	加火左只 [가화좌지]	더외지기	더위자기	더위지기
蒼耳	창이	刀古休伊 [도고휴이]	도고말리	돋고마리	도꼬마리
葛根	갈근	叱乙根[질을근]	즐	츩	칡
括樓	괄루	天叱月原 [천질월원]	하ᄂᆞᆶᄃᆞᆯ	하ᄂᆞᆯ타리	하늘타리
通草	통초	伊乙吾音蔓 [이을오음만]	이을음너출	이흐름너출	으름덩굴
蠡實	려실	芼花[모화]	붇곳	붇곳여름	붓꽃
地楡	지유	瓜菜[과채], 苽菜[고채]	외ᄂᆞ믈	외ᄂᆞ믈불휘	오이풀
吉梗	길경	刀亽次[도라차], 道羅次[도라차]	도랒	도랒	도라지
藜蘆	여로	箔草[박초]	박새	박새	참여로
射干	사간	虎矣扇[호의선]	범의부채	범부체	범부채
白斂	백렴	犬伊刀叱草 [견이도질초]	가히돗플	가희톱	가희톱
商陸	상륙	者里宮[저리궁]	쟈리궁	쟈리공	자리공
萆麻子	비마자	阿次加伊 [아차가이]	아차가리	아ᄌᆞᆺ가리	피마자
蒴藋	삭조	馬尿木[마뇨목]	ᄆᆞᆯ오좀나모	ᄆᆞᆯ오좀나모	말오줌나무
蘆根	노근	葦乙根[위을근]	ᄀᆞᆯ불휘	ᄀᆞᆯ불휘	갈대
鶴虱	학슬	狐矣尿[고의뇨]	여ᅀᆞ오좀	여의오좀	담배풀
燕脂	연지	你叱花[니질화]	닛곳	닛	잇꽃
木賊	목적	省只草[성지초]	속새	속새	속새
槐	괴	廻之木[회지목]	홰나모	회화나모	회화나무
楮實	저실	多只[다지]	닥	닥나모	꾸지나무
秦皮	진피	水青木皮 [수청목피]	믈프레나모	무프렛겁질	물푸레나무
郁李人	욱리인	山梅子[산매자]	산ᄆᆞᄌᆞ	산ᄆᆞᄌᆞ	이스라지나무

한자명	한글명	향약구급방	한글 표기	동의보감	현대 식물명
		山叱伊賜羅次[산질이장라차]	묏이ᄉᆞ랏	묏이스랏	
皂莢	조협	鼠厭木[서염목]	쥐염나모	주엽나모	주엽나무
		注也邑[주야읍]	주얍→주엽		
大麥	대맥	包來[포래]	보ᄅᆡ	보리ᄡᆞᆯ	보리
蕎麥	교맥	木麥[목맥]	모밀	메밀	메밀, 모밀
糯米	나미	粘米[점미]	ᄎᆞᆯᄡᆞᆯ	니ᄎᆞᄡᆞᆯ	벼, 찹쌀
蔓菁子	만청자	眞菁實[진청실]	참무수	쉰무우	순무
馬齒莧	마치현	金非音[금비음]	쇠비음	쇠비름	쇠비름
		金非陵音[금비릉음]	쇠비름		
薄荷	박하	芳荷[방하]	방하	영ᄉᆡᆼ	박하
苦瓠	고호	朴[박]	박	쁜박	박
亂子	란자	月乙老[월을로], 月老[월로]	ᄃᆞᆯ로	족지	산달래
大蒜	대산	亇汝乙[마여을]	마널	마ᄂᆞᆯ	마늘
韭	구	厚菜[후채]	후ᄎᆡ→부ᄎᆡ	부ᄎᆡ	부추

그런데 『향약구급방』에 나오는 민간 이름이 많은 사람들에게 소개되어 있지 않아 식물명과 관련해서 오해가 만들어지기도 한다. 『향약구급방』에는 馬齒莧마치현의 민간 이름이 金非音금비음과 金非陵音금비릉음으로 표기되어 있는데, 오늘날 쇠비음과 쇠비름으로 해독된다.[7] 따라서 오늘날 부르는 쇠비름이라는 이름은 『향약구급방』에서부터 시작된 것으로 간주할 수 있을 것이다. 물론 『향약구급방』 이전의 문헌에서 金非音금비음과 金非陵音금비릉음이 발견될 수는 있을 것이나, 지금까지는 확인되지 않고 있다. 그럼에도 불구하고 일각에서는 쇠비름처럼 '쇠'가 붙어있는 식물명

7 130번 항목 마치현(馬齒莧)을 참조하시오.

의 기원을 설명하면서 "쇠비름스베리휴"라고 표기하여,[8] 쇠비름이라는 이름이 마치 일본어 스베리휴スベリヒユ에서 온 것처럼 설명하고 있다. 스베리スベリ는 미끄러지는 것을 의미하며, 휴ヒユ는 비름을 의미하기에, 스베리휴スベリヒユ는 잎이 광택이 나서 물체가 잎에 떨어져도 미끄러지는[9] 비름이라는 의미로 설명한 것으로 보인다. 우리나라 식물명의 기원을 파악하는 데 혼란을 야기할 수도 있는 상황이 벌어지고 있다.[10]

6. 오늘날 식물명에 잘못 적용된 『향약구급방』의 민간 이름

『향약구급방』에 나오는 일부 민간 이름이 오늘날 원래 식물 종이 아닌 다른 식물 종에 적용되어 있는 사례도 흔히 발견된다. 예를 들어 免絲子토사자의 민간 이름이 鳥伊麻조이마로 표기되어 있는데, 鳥조는 새로 훈독되고 伊이는 이로 훈독되고 麻마는 마로 훈독되어 새이마 또는 새삼으로 해석되는데, 『향약집성방』에는 伊이가 탈락하고 鳥麻조마로 표기되어 있어 새삼으로 읽힌다. 새삼은 오늘날 *Cuscuta japonica*라는 학명의 국명으로 사용되고 있다. 그러나 『향약구급방』을 비롯하여 『향약집성방』과 『동의보감』에서 설명하는 免絲子토사자는 *C. japonica*가 아니라 *C. australis*라는 종인데, 이 종에는 새삼이 아니라 실새삼이라는 이름이 부여되어 있다. 따라서 *C. australis*를 실새삼이 아니라 옛 문헌에 따라 새삼으로 부르고, *C.*

8 이윤옥(2016), 58쪽.
9 https://ja.wikipedia.org/wiki/スベリヒユ
10 신현철(2019), 258쪽.

*japonica*에는 또 다른 이름이 부여되어야만 할 것이다.

또 다른 사례로 달래를 들 수 있다. 『향약구급방』에 나오는 亂子란자의 민간 이름은 月乙老월을로, 月老월로로 표기되어 있는데, 돌로로 해독되며, 달래로 변한 것으로 추정하고 있다.[11] 또한 『향약구급방』에는 亂子란자를 小蒜소산의 뿌리로 설명하고 있다. 그리고 오늘날 달래, 즉 小蒜을 *Allium monanthum*으로 간주하고 있다. 그러나 『향약구급방』에서 설명하는 亂子란자와 『향약집성방』과 『동의보감』에서 설명하는 小蒜소산의 식물학적 특성은 *A. monanthum*의 특성이 아니라 *A. macrostemon*의 특성과 일치하는데, 이 종에는 산달래라는 이름이 붙어 있다. 따라서 *A. macrostemon*을 산달래가 아닌 달래로 불러야만 하며, *A. monanthum*에는 새로운 이름을 부여해야만 할 것이다.

그런가 하면 한자 이름과 민간 이름이 같은 식물을 불렀으나, 이 두 이름이 서로 다른 식물에 적용된 경우도 있다. 예를 들면, 澤瀉택사의 민간 이름이 牛耳菜우이채로 『향약구급방』에 표기되어 있다. 그런데 牛耳菜우이채의 경우, 牛우는 소로, 耳이는 귀로, 菜채는 나물로 해독할 수 있어, 소귀나물로 풀이된다. 그럼에도 오늘날 택사라는 이름은 *Alisma canaliculatum*에, 소귀나물은 *Sagittaria sigittifolia* var. *edulis*에 붙어 있다. 이와 비슷한 사례로 遠志원지와 민간 이름 阿只草아지초를 들 수 있는데, 阿아는 아로, 只지는 기로, 草초는 플로 해독되어 아기풀로 풀이된다. 그런데 오늘날 원지라는 이름은 *Polygala tenuifolia*에, 아기풀에서 유래한 것으로 보이는 애기풀이라는 이름은 *P. japonica*에 붙어 있다. 한 종을 지칭하던 이름이 두 식물명으로 분리된 것이다.

11 134번 항목 난자(亂子)를 참조하시오.

새삼과 달래의 사례는 옛 문헌에 나오는 식물명을 잘못 이해하면서 나타난 결과인데, 아홉 사례가 확인되었으며표 10, 택사와 원지 사례는 옛 문헌에서 한 종의 식물을 지칭하던 이름을 두 종의 식물에 부여하면서 나타난 결과로 여덟 사례가 확인되었다.표 11 이 사례에 해당하는 식물명은 옛 문헌과의 일치성을 고려하고 혼란을 피하기 위해 가능한 빨리 수정하는 것이 좋을 것으로 사료된다.

표 10. 분류학적 실체를 다르게 간주하면서 나타난 식물명의 오적용 사례

이번 연구에서 파악된 분류학적 실체
→ 기존 연구에서 사용하던 학명과 국명

한자명	한글명	학명	국명
麥門冬	맥문동	*Ophiopogon japonicus* → *Liriope platyphylla*	소엽맥문동 → 맥문동
蛇床子	사상자	*Cnidium monnieri* → *Torilis japonica*	벌사상자 → 사상자
蠡實	여실	*Iris lactea* var. *lactea* → *I. sanguinea*	타래붓꽃 → 붓꽃
浮萍	부평	*Lemna minor* → *Spirodela polyrhiza*	좀개구리밥 → 개구리밥
五加皮	오가피	*Eleutherococcus gracilistylus* → *E. sessiliflorum*	섬오갈피나무 → 오갈피나무
蕪荑	무이	*Ulmus pumilia* → *U. davidiana* var. *japonica*	비술나무 → 느릅나무
楮實	저실	*Broussonetia kazinoki* → *B. papyrifera*	꾸지나무 → 닥나무
橡實	상실	*Quercus acutissima* → *Q. dentata*	상수리나무 → 떡갈나무
薍子	란자	*Allium macrostemon* → *A. monanthum*	산달래 → 달래

표 11. 한 식물명이 둘 이상의 식물에 적용된 사례

『향약구급방』에 나오는 민간 이름				분류학적 실체에 맞는 학명	현재 이름
薯蕷	서여	亇支[마지]	마	*Dioscorea polystachya* →*Dioscorea japonica*	마 →참마, 서여
澤瀉	택사	牛耳菜 [우이채]	소귀나물	*Alisma canaliculatum* →*Sagittaria sagittifolia*	택사 →소귀나물
遠志	원지	阿只草 [아지초]	아기풀 = 애기풀	var. *edulis*	원지 →애기풀
茵陣蒿	인진호	加火左只 [가화좌지]	더블노기 = 더위지기	*Polygala tenuifolia* →*P. japonica*	사철쑥 →더위지기 →더위지기
土瓜	토과	鼠瓜[서과]	쥐춤외 = 쥐참외	*Artemisia capillaris* →*A. iwayomogi* →*A. gmelinii*	왕과 →쥐참외
藜蘆	여로	箔草[박초]	박새	*Thlandiantha dubia* →*Trichosanthes kirilowii*	참여로 →박새
鶴虱	학슬	孤矣尿 [고의뇨]	여ᄋᆞ오줌 = 여우오줌	*Veratrum nigrum* →*V. oxysepalum*	담배풀 →여우오줌
薄荷	박하	芳阿[방아]	방아	*Carpesium abrotanoides* →*C. macrocephalum* *Mentha sachalinensis* →*Plectranthus japonicus* →*Agastache rugosa*	박하 →방아풀 →방아잎

제6장

우리나라 식물 이름의 유래와 제언

1. 식물이름이란?

식물에게 이름이란 어떤 의미가 있을까? 식물은 자신의 이름이 없어도 자신의 자리에서 살아왔고 앞으로도 살아갈 것이다. 특히 재배하는 식물을 제외하고 야생에서 살아가는 식물에게 이름이라는 것이 아무런 의미가 없었을 것이다. 그러나 사람들이 이 식물들을 여러 가지 방식으로 활용하면서 정보의 소통을 위해 이들 식물에 이름을 붙여주었을 것이다. 그러다 보니 국경이라는 장벽 없이 살아가던 식물에게 나라마다 독특한 이름을 붙여주었을 것이고, 식물과 관련된 소통의 어려움이라는 장벽도 만들어졌을 것이다. 그리고 사람들은 이러한 장벽을 없애려고 식물에 대한 설명을 하고, 이렇게 생긴 식물, 저렇게 생긴 식물, 그래도 소통이 안 되면 그림까지 그려 자신에게 필요한 식물을 얻으려 노력했을 것이다. 식물에 이름이 붙었고, 식물이 지니고 있는 특징도 소개되었다. 그럼에도 식물을 설명할 수 있는 용어가 극히 한정되었기에, 식물과 관련된 소통에는 어려움이 있었을 것이다.

아마도 사람들은 이러한 어려움을 조금이나마 줄이려고, 자신이 알고 있고 다른 사람도 알고 있을 것으로 생각되는 식물과 비교하면서 자신이 얻고자 하는 식물을 구했을 것이다. 이 식물은 저 식물과 대체로 비슷하게 생겼는데, 꽃이 이른 봄에 핀다. 이 식물은 저 식물과 비슷한데 이 식물의 열매는 엽전 크기이나, 저 식물의 열매는 쥐똥만 해서 다르다. 식물이 지닌 특징을 비교해서 식물들을 설명했을 것이다. 잎사귀가 타원형이고 항상 푸르다는 면에서는 월계수 잎과 비슷하지만 그보다는 약간 작다. 꽃은 월계수보다 늦게 피며, 달콤한 향기가 난다.[1] 질경이 잎이 땅에서 퍼져 올라오며 숟가락 비슷하고, 길이 30cm 정도로 커지는데 마치 쥐꼬리 같으며, 꽃은 매우 작고 청색이며, 씨는 약간 검붉은색을 띤다.[2] 동양이나 서양이나 다른 식물 또는 사물과 비교해서 식물을 설명함과 동시에 식물들을 구분했다. 그럼에도 엽전 크기와 쥐똥 크기를 모르면, 아니 오늘날 관점에서 모를 수도 있는데, 옛 사람들의 설명을 오늘날에는 전혀 이해할 수가 없게 된다.

그리고 이렇게 구분된 식물에게 자신들만의 언어나 글로 이름을 부여했다. 중국에서는 한자로 식물명을 표기했으나, 우리나라와 일본에서는 한자를 변형해서 표기했다. 우리나라에서는 도라지를 刀亽次도라차와 道羅次도라차, 박새를 箔草박초, 범의부채를 虎矣扇호의선과 같이 이두로 표기했고, 일본에서는 麥門冬맥문동을 也末須介ヤマスゲ, 야마스게, 車前子차전자를 於保波古オオバコ, 오오바코와 같이 조다이 니혼고上代日本語, 상대일본어로 표기했다. 그러다 우리나라에서는 한글이 만들어져서 한글로 식물 이름을 표기했고, 일본에서는 가나가 만들어져 가나로 식물 이름을 표기했다. 그러나 이렇게 표기된 식물명이 세월이 흘러감에 따라, 새로운 문자가 만들어지고 사용하지 않게 되면서 식물과 관련된 정보는 과거와 점점 단절될 수밖에 없었다. 또한 한자로 표기된 식물명도 중국과 우리나라에서 자라는 식물

1 구계원(2011), 45쪽.

2 13번 항목 차전자(車前子)를 참조하시오.

의 차이로 인하여, 같은 한자로 표기된 식물명이 실제로 같은 식물인지 아닌지를 규명하는 문제도 발생했다. 식물이 약재로 사용된다면, 같은 한자로 표기하고 부르던 식물이 같은 식물인지 여부를 더욱 명확하게 구분해야만 했을 것이다.

2. 우리나라에서 식물명 표기방식의 변화

우리나라에서 한글이 만들어지기 전까지 거의 모든 자료는 한자로 기록되었다. 물론 일부 자료는 한자를 변형해서 만든 이두로 기록되었으나, 식물과 관련된 자료는 많지 않은 것 같다. 단지 식물명을 한자로 기록한 자료들은 상당수 있는데, 『삼국사기』와 『삼국유사』 등을 꼽을 수 있을 것이다. 『삼국유사』에는 62개의 식물명이 나오며, 이 가운데 45개의 식물명은 실체를 파악할 수 있으나, 신단수를 비롯하여 17개의 식물명은 실체를 파악할 수 없고, 6종은 국내에 분포하지 않은 식물로 알려졌다.[3] 『삼국사기』에는 이보다는 적은 수의 식물이 나오는데,[4] 오래전 연구 결과이기에 재검토가 필요하다. 하지만 이들 문헌에 식물명이 이두로 표기되기는 않고, 한자로 표기된 것으로 보인다. 이런 점에서 볼 때 『향약구급방』에 나오는 식물명의 이두식 표기는 우리 땅에 자라는 식물을 대상으로 민간에서 부르던 이름을 기록했다는 데 큰 의미를 부여할 수 있을 것이다. 식물명의 이두식 표기는 조선초까지 유지되었는데, 『향약채취월령』과 『향약집성방』에도 흔적이 남아 있다.

3 신현철(1995), 204~205쪽.

4 이윤호(2002), 50쪽.

그러나 이후 한글이 반포됨에 따라 이후 식물명은 한글로도 표기되었다. 아마도 한글로 식물명이 본격적으로 표기된 맨 처음 기록은 『훈몽자회』가 될 것이다. 소나무를 의미하는 松송을 솔이라고 불렀다. 그리고 각종 문헌에서 식물명이 한글로 기록되다가, 1610년 『동의보감』이 편찬되었다. 『동의보감』에는 그 이전까지 鄕名향명이라고 불리던 식물 이름 대신 한글로 식물명을 병기했다. 菖蒲창포를 셕창포로, 藜蘆여로의 이두식 이름 朴草박초가 박새로, 木賊목적의 이두식 이름 省只草성지초와 束草속초가 속새로 표기되었고, 이들 이름은 오늘날까지도 사용되고 있다. 이후 한글로 표기된 식물 이름은 조선시대 후기로 넘어가면서 『산림경제』, 『임원경제지』 그리고 『물명고』 등에 널리 사용되었다.

하지만 이런 흐름은 계속되지 못했다. 일제강점기를 거치면서 한글 사용은 주춤해질 수밖에 없었다. 대신 일본어로 식물명을 널리 사용하게 되었다. 또한 식물분류학이라는 학문이 주로 일본 학자들에 의해 우리나라에 도입되면서 한반도에 널리 분포하던 다양한 식물들이 본격적으로 조사되었고, 이전까지 알려져 있지 않던 식물들이 알려지게 되었다. 단지 이 시기에 우리나라에서 자라고 있던 식물들에 대한 정보가 폭발적으로 늘어나면서 이들 식물 하나하나에 새로운 식물명을 부여해야만 하는 어려움도 파생되었다. 『향약구급방』에는 171종에 107개의 민간 이름이 기록되어 있으나, 이후에 편찬된 『향약집성방』에는 134개의 鄕名향명이, 『동의보감』에는 313개의 우리말 이름이, 『물명고』에는 795개의 우리말 이름이 있을 뿐이나, 일제강점기에 발간된 『조선식물향명집』에는 2,000여 개의 우리말 이름이 있다. 단기간에 식물 조사가 수행되었고, 그에 따라 우리말 식물 이름을 부여하는 고단한 작업도 진행되었을 것이다. 이렇게 붙여진 우리말 이름의 일부가 일본에서 사용하던 일본어 식물명이 번역된 것이어서, 논란거리가 되기도 한다. 그러나 『조선식물향명집』을 발간할 당시 조선어사건이 터졌고, 일제의 눈초기라 따가울 때였음을 감안할 필요도 있을 것이다. 일본어 교육을 위해 일본어 식물명을 우리말로 번역하는 일도 필요하다고 하면서 『조선식물향명집』을 발간했으니,[5] 당연히 일본 식물명이 번역될 수밖에 없었을 것이다.

일본어 식물명의 번역과 관련된 논의가 광복 이후에 진행되어야만 했다. 하지만 이런 일보다는 국가 재건과 학문 후속 세대의 교육이 더 중요해서, 논의는 진행되지 못한 것 같다. 그러다 최근에는 식물과 관련된 논문이나 책들이 영어 위주로 발간되고 있다. 또한 식물명에 대한 논의보다는 학명과 관련된 논의와 종의 분류학적 실체 규명이 연구의 핵심이 되었다. 널리 사용되는 식물명의 유래에 대해 학계에서는 관심을 거의 두지 않았다. 더욱이 우리말 이름 또는 국명에 대한 논의의 시작점을 우리나라에 식물분류학이 도입되어 학명과 결합된 이후로 간주하면서, 『조선식물향명집』이 국명의 시작점이 되어버렸다.[6] 『향약구급방』에도 많은 식물명이 나오고, 이후 『향약집성방』과 『동의보감』에도 식물명이 나오지만, 이에 대한 논의가 더 이상 진행되지 않게 된 것이다.

金達萊금달래라는 식물명은 우리나라에서만 진달래로 읽고 있음에도 불구하고,[7] 이러한 국명은 국내 명감류나 도감류에 소개되어 있지 않은 실정이다. 분류학이라는 학문을 서양학문으로 규정하면서 우리 전통 지식과 관련된 식물분류학적 지식은 거의 사장되었는데, 이를 되살리는 일도

5 이우철(2005), 4쪽.

6 이우철(1996)은 『한국식물명고』를 출판하면서, 『조선식물향명집』 이전에 사용했던 우리말 이름은 논의하지 않았다.

7 리득춘(1993), 271쪽.

시급한 일이 될 것이다. 국명에 대한 명명규약이 별도로 없다고 하더라도 유효출판물에 발표된 것은 선취권을 인정할 필요가 있다는 주장도 있다.[8] 만일 인정한다면, 『조선식물향명집』 이전에 우리나라에서 부르고 있던 이름이 기록된 『향약구급방』부터 시작하여 『동의보감』 또는 『물명고』에 기록된 식물명을 사용해야만 할 것이다. 단, 이들 식물명의 분류학적 실체가 먼저 규명되어야만 한다.

3. 옛 식물명의 분류학적 실체 규명

옛 문헌에 있는 한자 또는 이두 식물명의 분류학적 실체를 규명하는 일은 매우 어려운 일이다. 하지만 이러한 연구가 선행되지 않는다면, 국명의 정리가 불가능할 것이다. 그러나 옛 문헌에 있는 식물을 약재로 사용해왔기 때문에, 사람들 건강에도 잘못하면 해가 발생할 수도 있을 것이다. 『향약구급방』에 있는 처방도 많은 약재를 사용하는 것이 아니라 1~2개 약재만을 사용하고 있어, 약재로 사용하는 식물의 감별은 그 무엇보다도 중요했을 것이다. 조선 초기에 편찬된 『향약제생집성방』의 서문에도 이러한 점이 강조되어 있는데, "우리나라는 중국과 멀리 떨어져 있어 이 땅에서 생산하지 않은 약은 구하기 어려운 것을 몹시 걱정하였을 것이다. 그래서인지 우리나라 풍속이 흔히 한 가지 풀을 가지고 한 가지 병을 고치는 데 특효를 본다"고 쓰여져 있다.[9]

따라서 식물을 정확하게 감별해야만 하는 문제를 인식하고 우리나라

8 이우철(2005), 5쪽.

9 김남일(2019), 232쪽.

에서는 옛날부터 약재로 사용하는 식물 또는 약재 그 자체를 구별하려고 노력해왔다. 앞에서 살펴본 신선태을자금단에 들어가는 山紫菰산자고의 실체를 규명하려는 노력과 같은 일들이 이미 조선시대부터 시작된 것이다. 그리고 이미 세종 시기에 『향약구급방』에 실려 있는 처방에는 중국 의서에 근거하는 것이 너무 적은 데다 약재명이 중국 의서의 기록과 부합하지 않은 것이 많음도 확인되었다.[10] 이를 보완하려고 세종은 의학자인 노중례를 세종 5년1423과 세종 12년1430 두 차례에 걸쳐 중국으로 보내 우리나라 약재와 중국의 약재를 비교 검토하라고 했고, 그러한 결과들이 모여 『향약집성방』이 편찬되었다. 따라서 『향약집성방』은 우리나라 약재, 즉 鄕藥향약만으로 이루어진 처방의 모음집이라는 의미에서 붙은 이름으로 평가되고 있다.[11] 이후에도 조선에서는 중국에 사신을 보낼 때마다 의사가 수행하도록 했으며, 명나라 의사에게 의학과 관련된 질문을 하고 토론을 했다. 그리고 이러한 기록은 『의학의문』, 『조선의학입문』, 『답조선의』 등으로 책으로 남아 있는데, 이러한 기록이 지니는 중요한 점은 중국과 조선이 서로 자국의 약재 종류와 감별, 조선 약재와 중국 약재의 진위 여부 등과 관련된 약재 토론이었다.[12]

그럼에도 『향약집성방』에서 향약을 다루고 있는 「향약본초각론」은 전통 향약 지식과 단절되는 경향을 드러낸 것으로 평가된다. 실제로 삼국시대 이래로 우리나라 고유 약재였던 노봉방露蜂房, 속수자續隨子, 위령선威靈仙 등을 소개하면서 신라 관련 기록은 무시되었다.[13] 또한 「향약본초각

10 신동원(2017), 42쪽.
11 신동원(2017), 316쪽.
12 朱承宰(1998), 38~39쪽.
13 이경록c(2010), 233쪽.

론」에 소개된 361개의 식물 약재 가운데 鄕名향명이 부여된 경우는 134개에 불과하여, 전체의 37%였다. 이후 선조는 『동의보감』을 편찬한 허준에게 "외진 시골에는 의약이 없어 요절하는 사람이 많다. 우리나라에는 향약이 많이 생산되는데도 사람들이 알지 못하고 있으니, 그대는 약초를 분류하면서 향명鄕名을 함께 적어 백성들이 쉽게 알 수 있도록 하라"고 지시했다고 한다.[14] 그러나 연산군시대1495~1505를 기점으로 집권층이 지닌 화이사상華夷思想으로 인하여 우리나라에서의 향약 연구는 점차 쇠퇴하기 시작했고,[15] 일본과 중국의 침략과 그에 따른 약전藥田의 황폐로 조선의 향약鄕藥은 위축될 수 밖에 없었다.[16] 그리고 1719년 일본에서 조선으로 보낸 통신사 중 의관들이 조선 의관들과 필담을 나누면서, 일본 의관이 특정 약재가 조선에 자생하는가라는 질문에 조선 의관은 조선에는 약을 채취하는 사람들이 따로 있어 자신들은 그러한 구체적인 내용은 잘 모른다고 답한 것으로 전해진다. 조선 의관들이 의학 이론만 알고 구체적인 물산이나 약재에 대해서는 모른다고 답을 한 것이다.[17]

그러다 일제강점기에 일본인 학자들에 의해 이 땅에서 자라고 있는 약재 자원이 근대 학문이라는 관점에서 검토되었고, 오늘에 이르고 있다. 일본은 우리나라보다 일찍 개항하여 의학을 비롯한 여러 서구 학문을 받아들였다. 특히 의학을 받아들여 의과대학을 개설하여 기존의 본초학을 거의 무시한 반면, 우리나라에서는 근대적인 의학의 토대가 만들어지지 않아, 기존의 본초학 중심의 한의학 체계를 유지할 수밖에 없다고 생각하

14 신동원(2017), 164쪽.
15 朱承宰(1998), 22쪽.
16 손홍열(1996), 267쪽.
17 신동원(2017), 339쪽.

고, 한반도 일대의 약재 자원에 대한 조사를 실시했던 것이다. 그리고 우리나라 학자들이 이러한 조사 작업에 동참하면서, 이 땅에 자라는 식물들에 이름을 부여하기 시작해서 오늘에 이르게 된 것이다. 단지 1966년에 이덕봉 선생님이 『향약구급방』 「방중향약목 초부」에 나오는 식물들의 분류학적 실체를 규명하는 연구 결과를 발표했다. 그러나 이 연구 결과가 『약사회지』라는 잡지에 게재되어 식물분류학을 전공하는 사람이나 한의학을 전공하는 사람들의 관심에서 벗어나버렸고, 지속적인 연구도 진행되지 못했다.

4. 제언

옛 문헌에 있는 자료만으로 식물의 분류학적 실체를 규명하는 일은 매우 어려운 일이다. 정보가 극히 제한적이기 때문이다. 그럼에도 불구하고 우리나라에서 축적된 지식이라는 관점에서, 이들 문헌에 소개되어 있는 조그만 단서라도 잡아서 실체를 파악해야만 한다. 단순히 한자로 기록되어 있다고 해서 중국 약재로 간주해서는 안 될 것이다. 이 땅에 자라는 식물들을 한자로 표기했을 가능성도 있기 때문이다. 조금 더 명확하게 구분해야만 할 것이다.

또한 예부터 이 땅에서 사용했던 식물명에 대한 검토가 이루어져야만 할 것이다. 荊芥형개라는 식물이 있다. 향약구급방에는 泔只감지라고 불렀던 것으로 설명되어 있으나, 이 이름은 금방 사라진 것으로 보인다. 향약집성방에는 鄭芥정개라고 부른다고 설명되어 있는데, 동의보감에는 뎡가라는 우리말 이름으로 표기되어 있다. 그리고 오늘날에는 개박하라는 이름으로 부르고 있다. 鄭芥정개의 유래는 파악되지 않고 있는데, 그렇다고 해서 개박하라는 이름으로 부르는 것도 이상하다.

개박하의 경우 일본 이름을 우리말로 번역했다는 논란도 제기되었다. 그러나 오늘날 大戟대극을 한자를 그대로 우리말 대극으로 표기하면 맞고, 荊芥형개를 일본 이름을 우리말로 번역한 개박하로 부르는 것은 틀리다는 주장은 조금 이상하다. 大戟대극을 『향약구급방』에 나오는 楊等柒양등칠, 즉 버들옷으로 하면 왜 안 될까? 1800년대에 편찬된 물명고에 우리말 식물 이름이 800여 개에 불과했다는 점을 감안하면, 이 땅에 자라는 수많은 식물에 어떤 경우에는 중국 이름을 그대로 표기하거나 어떤 경우에는 일본 이름을 번역해서 표기할 수밖에 없을 것이다. 그래도 옛 문헌에 나오는 식물 이름은 되살려 사용하는 것이 필요할 것이다. 단지 지금까지 이러한 논의가 거의 이루어지지 않았을 뿐이다. 앞으로 옛 문헌에 나오는 식물 이름에 대한 검토와 논의를 보다 심도 있게 수행해보자고 제안해본다.

참고문헌

1. 영문문헌

Austin, D, F., K. Kitajima, Y. Yoneda and L. Qian., "A putative tropical American plant, *Ipomoea nil* (Convolvulaceae), in pre-Columbian Japanese art", *Economic Botany* 55, 2001.

Chris, K, and T. Zhang, *Biodiversity and its Conservation in China.Authorites,Mandates,and Conventions*, Alterra, 2008.

Chung, K.-F., W.H, Kuo, Y.-H. Hsu, Y.-H. Li, R. R. Rubiete and W.-B. Xu. "Molecular recircumscription of *Broussonetia* (Moraceae) and the identity and taxonomic status of *B. kaempferi* var. australis", *Botanical Studies*, 58:11, 2017.

Hiroe, M., *Umbelliferae of World*, Ariake Book Company, 1979.

Ikeda, H., B.-M, Nam, N, Yamamoto, H. Funakoshi, A. Takano and H.-T. Im., 'Chromosome number of myoga ginger (*Zingiber mioga* : Zingiberaceae)'. *Korean Journal* of *Plant Taxonomist* 51, 2021.

Ishidoya, T., *Chinesische Drogen II*, Verlag des Pharmakoogischn Institute der Kaiserlichen Universitat zu Keijo, 1934.

Lee, B, Y., "Character evolution in Apiaceae tribe Scandiceae inferred from ITS molecular phylogenies", *Korean Journal* of *Plant Taxonomy* 30, 2000.

Li, S, -C.(translated by Smith and Stuart), *Chinese Medicinal Herbs*, Dover Publications, INC, New York, 1973.

Mori, T, *An Enumeration of Plants Hitherto Known from Corea*, The Government of Chosen, 1922.

Ohba, H, and S. Akiyama. "*Broussonetia* (Moraceae) in Japan", *Journal of Japanese Botany* 89, 2014.

Park, M, S., B. M. Nam and G. Y. Chung, "Taxonomic revision of the *Artemsia sacrorum* group", *Korean Journal of Plant Taxonomy* 48, 2016.

Wang, Q.-Z, S.-D, Zhou, T.-Y. Liu, Y.-L. Pang, Y.-K. Wu and X.-J. He, "Phylogeny and classification of Chinese *Bupleurum* based on nuclear ribosomal DNA internal transcribed spacer and rps16", *Acta Biologica Cracoviensia Series Botanica* 50, 2008.

Wang, R., D, Wang, Z. Q., P. Li and C. Fu., "*Scrophularia koraiensis*, a new synonym to *Scrophularia kakudensis* (Lamiales : Scrophulariaceae)", *Phytotaxa* 202, 2015.

Zhu, X.-Y., "Revision of the *Astragalus penduliflorus* complex (Leguminosae-Papilionoidae)", *Nordic Journal of Botany* 23, 2005.

2. 연구논문

강민배, 「개량피리에 관한 연구」, 『전통문화연구』 1, 2002.
강영민 · 문병철 · 이아영 · 김호정, 「한약재 산약(山藥)의 기원식물인 마속(Genus *Dioscorea*) 한약자원식물의 형태적 특징과 재배 현황」, 『한약정보연구회지』 2, 2014.
강춘기, 「외국원산의 몇몇 유용식물의 도래고」, 『한국자원식물학회지』 2, 1989.
고성철 · 김윤식, 「한국산 천남성속(*Arisaema*)의 분류학적 연구」, 『식물분류학회지』 15, 1985.
권민철 · 김철희 · 김효성 · 이상희 · 최근표 · 박욱연 · 유상권 · 이현용, 「강화 사자발쑥의 항암 활성 증진을 위한 추출조건의 최적화」, 『한국약용작물학회지』 14, 2007.
김경민 · 김창길 · 오중열, 「한국에 자생하는 달래속 4종의 고도별 분포 특성」, 『한국농림기상학회지』 11, 2009.
김관수 · 채영암 · 이봉호, 「재배종 시호의 생육특성 및 생육시기별 변화」, 『약용작물학회지』 8, 2000.
김금숙 · 김정곤 · 성재덕 · 박창기 · 서형수 · 곽용호, 「택사의 재배조건이 수량 및 유효성분의 함량에 미치는 영향」, 『한국약용작물학회지』 4, 1996.
김명 · 유승엽 · 주종천, 「목통의 기원 및 사상의학적 효능 고찰」, 『대한한의정보학회지』 20, 2014.
김명찬 · 정태영 · 양민석, 「무환자나무 종자의 성분에 관한 연구」, 『한국식품과학회지』 9, 1966.
김상태 · 이상태, 「한국산 골무꽃속(꿀풀과) 식물의 분류」, 『식물분류학회지』 25, 1995.
김성수, 「신선태을자금단-조선의 만병통치약」, 『인문논총』 67, 2012.
김영화 · 김영선 · 채성욱 · 이미영, 「DNA 염기서열과 미각패턴 분석을 이용한 사상자와 벌사사장의 감별」, 『대한본초학회지』 28, 2013.
김욱, 「한국 전통 식물성염료에 관한 연구」, 『성신여자대학교 산업기술연구』 4, 1987.
김윤식 · 윤창영, 「한국산 시호속(*Bupleurum*)의 분류학적 연구」, 『식물분류학회지』 20, 1990.
김인락, 「《상한론》에서 환제의 크기와 복용방법」, 『대한본초학회지』 36, 2021.
______, 「지실의 기원에 대한 문헌적 고찰」, 『대한본초학회지』 20, 2005.
김일권, 「장서각 소장 국보 초간본 〈동의보감〉의 판본가치와 〈탕액본초편〉 〈초부〉 향명식물 목록화 연구」, 『장서각』 45, 2021.

김일권, 「장서각 소장본 〈향약집성방〉의 판본가치 재조명과 〈향약본초부〉 초부편의 향명식물 목록화 연구」, 『장서각』 41, 2019.

김일우, 「고려, 조선시대 '귤의 고장' 제주의 내력과 그 활용방안」, 『한국사진지리학회지』 19, 2009.

김재환 · 주영승, 「맥문동의 기원에 관한 형태학적 고찰」, 『대한본초학회지』 11, 1996.

김종덕 · 고병희, 「사과, 능금에 대한 문헌학적 고찰-林檎, 柰, 蘋果의 비교 고찰을 통하여」, 『대한한의학회지』 19, 1998.

____________, 「아욱(葵菜), 접시꽃(蜀葵), 닥풀(黃蜀葵), 해바라기(向日葵)에 대한 문헌 고찰」, 『사상체질의학회지』 11, 1999.

______ · 이은희, 「배추(菘)의 어원 연구」, 『사상체질의학회지』 19, 2007.

______, 「대나무의 품성과 효능에 대한 문헌연구」, 『농업사연구』 7, 2008.

______, 「율무(薏苡)의 품성과 효능에 대한 문헌연구」, 『농업사연구』 11, 2012.

김종현 · 손장호 · 이환희 · 김도훈, 「중국 본초서에 실린 우리나라 본초」, 『대한한의학원전학회지』 31, 2018.

김지문, 「한국산 밤나무속의 견과형성에 관한 발생학적 연구」, 『전북대학교 논문집』 7, 1966.

金珍 · 居明秋 · 居明乔, 「川烏及其子根的鑑別比較」, 『中草藥』 32, 2001.

김찬수 · 김수영 · 문명옥, 「우리나라 미기록 식물-남흑삼릉(흑삼릉과)」, 『식물분류학회지』 40, 2010.

김창석 · 정영재 · 오세훈, 「종자형태에 의한 새삼속(새삼과) 잡초의 분류학적 연구」, 『한국잡초학회지』 20, 2000.

김호, 「여말선초 '향약론'의 형성과 『향약집성방』」, 『진단학보』 6, 1999.

김호준 · 신현철 · 최홍근, 「한국산 가래속(가래과) 식물의 분류」, 『식물분류학회지』 32, 2002.

______________ · 선병윤 · 김현 · 최홍근, 「한국산 초피나무(*Zanthoxylum piperitum* DC)와 산초나무(*Fagara mantchurica* (Benn.) Honda)의 생식적 특성」, 『식물분류학회지』 25, 1995.

김홍석, 「『향약채취월령』에 나타난 향약명 연구(중)」, 『한어문교육』 10, 2002.

김홍준 · 김자영 · 최고야 · 정승일 · 주영승, 「독활의 외부 및 내부형태와 이화학패턴연구」, 『한국한의학연구원논문집』 12, 2006.

나란희 · 방창호 · 장석오 · 최지혜 · 고하늘 · 김래희 · 이윤진 · 김강산, 「인진호 관련 국내 연구동향 고찰」, 『동의생리병리학회지』 24, 2010.

나상혁 · 신용철 · 고성규, 「지부자의 신생혈관 및 염증매개 단백질 발현에 미치는 영향」, 『동의생리병리학회지』 20, 2006.

남풍현, 「향약집성방의 향명에 대하여」, 『진단학보』 42, 2012.

도정애, 「택사의 생약학적 연구」, 『생약학회지』 26, 1995.

李琴琴, 「中國葱屬(*Allium* L.) 食用植物資源種類的調查研究」, 『安徽農業科學』 43(13), 2015.

林有润, 「『本草綱目』 菊科植物考」, 『植物研究』 14(4), 1996.

문용식, 「염교(*Allium bakeri Regel*)의 재배조건이 생육 및 수량에 미치는 영향에 관한 연구」, 『조선대학교 농업연구소』 1, 1984.

박남수, 「752년 김태렴의 대일교역과 〈매신라물해(買新羅物解)〉의 香藥」, 『한국고대사연구』 9, 2009.

박명순 · 남보미 · 정규영, 「강화약쑥의 분류학적 실체」, 『식물분류학회지』 42, 2012.

박세욱, 「우리나라 포도와 포도주 전래에 관한 소고」, 『강원인문논총』 16, 2006.

박용기, 「토천궁과 일천궁의 효능 및 품질비교에 관한 연구(I)」, 『대한본초학회지』 12, 1998.

박은상 · 이세리 · 정종민 · 송명규 · 윤지현 · 주영승, 「사삼, 양유, 제니의 감별기준 연구」, 『대한본초학회지』 32, 2017.

박종휘 · 김정묘, 「승마의 생약학적 연구」, 『생약학회지』 39, 2008.

______ · 이유진 · 권성재, 「한국산 당귀의 생약학적 연구」, 『생약학회지』 36, 2005.

박춘순 · 정복희, 「연지화장 연구 I – 화장의 기원과 연지의 시원을 중심으로」, 『한국생활과학회지』 14, 2005.

박홍열 · 허성진 · 타파쉬리 · 유일호 · 조준몬 · 허장현, 「비름(*Amranthus mangostanus* L.) 중 acetamiprid 5% 액체의 잔류특성 및 안전성 평가」, 『강원 농업생명환경연구』 24, 2012.

배갈마 · 김명겸 · 노좋운 · 손화 · 양덕춘, 「염기서열을 이용한 한약재 형개의 기원 및 유연관계 분석」, 『한국약용작물학회지』 17, 2009.

사규진 · 홍탁기 · 박대현 · 이주경, 「들깨, 차조기 작물의 수확 후 저장 기간에 따른 종자 발아 변이」, 『한국작물학회지』 63, 2018.

서부일, 「통초의 독성과 부작용에 관한 문헌적 고찰」, 『제한동의학술원논문집』 10, 2012.

서영배 · 김영식 · 이채민 · 박지수 · 고혜진 · 이상찬 · 정진숙 · 최호영, 「조선왕조실록 갈피에서 발견된 잎 조각의 실체 및 천궁의 식물학적 기원」, 『생약학회지』 47, 2016.

손병태, 「식물성 향약명 어휘 연구」, 『영남어문집』 30, 1996.

송인근 · 안보람 · 서부일 · 박선중, 「천궁의 기원과 식별을 위한 분자마커」, 『대한본초학회지』 24, 2009.

송정호 · 장경환 · 임효인 · 박완근 · 배관호, 「느릅나무 자연집단의 시과, 종자 발아 및 생장특성 변이」, 『한국산림과학회지』 100, 2011.

신명섭 · 한효상 · 이영종, 「한국독활과 중국독활의 항산화효능 비교 연구」, 『대한본초학회지』 24, 2009.

신순식, 「고려시대 이전의 한의학문헌에 관한 연구」, 『의사학』 4(1), 1995.

신영일 · 박찬국, 「『향약구급방』에 관한 의사학적 연구」, 『대한한의학원전학회지』 5, 1991.

신정식 · 김원희 · 김종홍, 「한국산 맥문동속과 맥문아재비속의 생태학적 특성」, 『한국생태학회지』 25, 2002.

______, 「한국산 맥문동과 중국산 소엽맥문동의 사포닌 성분」, 『한국작물학회지』 47, 2002.

신현철 · 노무라 미찌요 · 김일권 · 홍승직, 「식물명 창포와 석창포의 재검토」, 『식물분류학회지』 47, 2017.

______ · 홍승직, 「『시경』과 한국 고전에 나오는 식물명 초(椒)의 재검토」, 『순천향 인문과학논총』 39, 2020.

______, 「삼국유사에 실려있는 식물들의 분류학적 실체와 민족식물학」, 『순천향자연과학연구』 1, 1995.

______, 「전통문화 이해를 위한 식물의 분류학적 실체 규명 필요성, 산수유 사례를 중심으로」, 『한국전통문화연구』 13, 2014.

______, 「일제 강점기 문헌에 나오는 식물명의 재검토 – 황정(黃精)과 위유(萎蕤)를 중심으로」, 『식물분류학회지』 49, 2019.

안영섭 · 김관수 · 김휘, 「수리분류를 이용한 쇠무릎 분류군의 외부형태 연구」, 『한국약용작물학회지』 20, 2012.

안진갑 · 이희천 · 김철환 · 임동옥 · 선병윤, 「울릉도 고유종인 섬시호를 중심으로 동북아시아 시호속 식물의 계통과 보전생물학」, 『한국환경생태학회지』 22, 2008.

양선규 · 김욱진 · 최고야 · 여상민 · 문병철, 「한약재 정력자(葶藶子, Lepidii seu Descurainiae Semen) 기원식물에 대한 형태학적 감별 연구」, 『한약정보연구회지』 4, 2016.

오명숙 · 김도럼 · 강지웅 · 김산웅 · 유태원 · 박정열 · 김동민 · 박완수 · 장문석 · 박수연 · 박성규, 「DPPH 방법을 통한 토사자, 보골지, 사상자, 음양곽의 항산화 활성에 대한 연구」, 『대한한의학방제학회지』 13, 2005.

오병운, 「한국산 족도리풀속의 분류학적 재검토」, 『식물분류학회지』 38, 2008.

오용자 · 이창숙 · 이희정, 「한국산 마속(*Dioscorea*) 마절과 부채마절 식물의 분류학적 연구 – 미세구조 및 화학적 접근」, 『식물분류학회지』 25, 1995.

오재근, 「약 하나로 병 하나 고치기(用一藥治一病) - 『동의보감』 단방의 편찬과 계승」, 『의사학』 22(1), 2013.
오지훈 · 김도림 · 박수연 · 장문석 · 박성규, 「Leydig Cell의 항산화에 미치는 벌사상자와 사상자의 비교연구」, 『대한본초학회지』 29, 2014.
유강수, 「지황의 수치에 관한 연구 - 숙지황 제조에 따른 유리환원당의 함량 변화」, 『경희대학교 논문집』 4, 1965.
윤경원 · 김무열, 「한국산 닥나무속(*Broussonetia*, 뽕나무과)의 분류학적 연구」, 『식물분류학회지』 39, 2009.
윤준혁 · 전권석 · 손기선 · 박용배 · 문용선 · 이도형, 「임간재배시 병풍쌈 유묘의 차광처리별 생장 및 생리 반응」, 『한국산림과학회지』 103, 2014.
이경록, 「고려와 조선 전기의 위령선 활용 - 동아시아 본초학의 한 사례」, 『대동문화연구』 77, 2012.
______, 「고려와 조선시대의 의학발전 단계 시론 - 의서를 중심으로」, 『이화사학연구』 58, 2019.
______「조선전기 감초의 토산화와 그 의미」, 『의사학』 24, 2015.
______, 「『향약집성방』의 편찬과 중국 의료의 조선화」, 『의사학』 20, 2011.
이경록b, 「조선초기 『향약제생집성방』의 간행과 향약의 발전」, 『동방학지』 149, 2010.
이경록c, 「조선 세종대 향약 개발의 두 방향」, 『태동고전연구』 26, 2010.
이경미, 「17~18세기 일본의 조선 약재 구청」, 『대구사학』 119, 2015.
이극노 · 박순달, 「삼릉에 대한 문헌적 고찰」, 『동서의학』 20, 1995.
이기문, 「13세기 중엽의 국어 자료 - 향약집성방의 가치」, 『동아문화』 1, 1963.
이덕봉a, 「향약구급방의 방중향약목 연구」, 『아세아연구』 6(1), 1963.
이덕봉b, 「향약구급방의 방중향약목 연구(완)」, 『아세아연구』 6(2), 1963.
이덕봉c, 「고려본초의 연구(I) - 향약구급방를 중심으로 한 한약재의 고증」, 『약사회지』 4(6), 1963.
이덕봉d, 「고려본초의 연구(II) - 향약구급방를 중심으로 한 한약재의 고증」, 『약사회지』 4(7), 1963.
이덕봉e, 「고려본초의 연구(III) - 향약구급방를 중심으로 한 한약재의 고증」, 『약사회지』 4(9), 1963.
이동민 · 길기정 · 이영종, 「회향 분말의 현미조직에 관한 연구」, 『대한본초학회지』 18, 2003.
이동영 · 김승현 · 김효진 · 성상현, 「근적외선분광법을 이용한 택사의 산지 판별법 연구」, 『생약학회지』 44, 2013.

이무진 · 안병관 · 정호경 · 이기호 · 김아현 · 이현주 · 장지훈 · 심미옥 · 김태묵 · 김민석 · 성태경 · 우경완 · 조정희 · 김종춘 · 조현우, 「결명자 추정추출물의 난소적출 랫드에서 항골다공증 효과」, 『생약학회지』 47, 2016.
이상남 · 김용현 · 서부일, 「상산의 독성에 관한 문헌적 고찰」, 『한약응용학회지』 13(2), 2013.
이상복 · 성충기 · 성병열 · 정동희, 「형개의 생육시기와 식물체 부위별 정유성분」, 『한국작물학회지』 38, 1993.
이상인 · 윤성중, 「토사자에 관한 문헌적 고찰」, 『대한본초학회지』 6(1), 1991.
_____, 「동의보감을 본초학영역에서 살펴본 특징과 끼친 영향–『동의보감』 탕액편을 중심으로」, 『대한본초학회지』 7, 1992.
이상훈 · 구성철 · 허목 · 이우문 · 장재기 · 한종원, 「강원남부지역의 지황 재배 적정성 평가」, 『한국자원식물학회지』 32, 2019.
이선아 · 박상영 · 안상우, 「콩잎에 대한 문헌적 고찰」, 『한국의사학회지』 21, 2008.
이성수, 「국악 피리의 규격화」, 『한국음향학회지』 6(1), 2001.
이성우 · 김광수 · 이강자, 「능금무리(Apples)의 중국도래에 관한 고찰」, 『한국영양식량학회지』 5(1), 1976.
이숙연, 「(제목 미확인)」, 『삼육대학교 논문집』 12, 1980(박용기(1998) 논문에서 인용함).
이영노, 「한국 마늘의 분류학적 연구」, 『한국문화연구원논총』 1, 1959.
이영종, 「사상자의 기원에 관한 고찰」, 『대전대학교 논문집』 4, 1985.
이윤호, 「한국의 고대식물관(식물상) 탐구–삼국사기와 삼국유사의 식물」, 『숲과 문화』 11, 2002.
이은경 · 천득염, 「「소쇄원48」영과 「소쇄원도」에 나타난 식물의 의미와 위치」, 『건축역사연구』 26, 2017.
이은규, 「향약명 어휘의 변천 연구」, 『국어교육연구』 45, 2009.
이재현 · 김윤경 · 홍선표 · 김정숙, 「백출과 창출의 기원에 대한 식물분류학적 연구」, 『한국한의학연구원논문집』 8, 2002.
이항우 · 조현국 · 박용기, 「토천궁과 일천궁의 효능 및 품질비교에 관한 연구(II)」, 『대한본초학회지』 14, 1999.
이현숙, 권복규, 「고려시대 전염병과 질병관–향약구급방을 중심으로」, 『사학연구』 88, 2007.
_____, 「한국고대의 본초–고조선, 백제, 신라를 중심으로」, 『신라사학보』 33, 2015.
이현우 · 박종욱, 「*Cimicifuga foetida* L. Complex 및 근연종(미나리아재비과)에 대한 분류학적 연구」, 『식물분류학회지』 37, 1994.

임창건 · 김주현 · 김영철 · 임채은 · 원효식, 「한반도 미기록식물 가는흑삼릉」, 『식물분류학회지』 47, 1995.
장권열, 「우리나라의 고농서－특수작물 도입년도 고증을 중심으로」, 『경상대학교 논문집』 30, 1991.
장향숙, 「고지방식이로 유발된 비만에 대한 택사의 항비만 효과」, 『대한본초학회지』 28, 2013.
장현도 · 오병운, 「형태학적 형질에 의한 한국산 현삼속(현삼과)의 분류학적 연구」, 『한국자원식물학회지』 26(2), 2013.
장혜연 · 김금진 · 황인현 · 조희재 · 이승호 · 나민균, 「경북산 현삼과 중국산 현삼의 비교－Harpagoside 함량 및 Nitric Oxide 저해활성」, 『생약학회지』 42, 2011.
전영우, 「옻나무와 우리 문화」, 『숲과 문화』 7, 1998.
전창욱 · 김다란 · 곽연식, 「Sclerotium rolsfii에 의한 비름 흰비단병 최초 보고 및 방제 약제 선발」, 『농약과학회지』 24, 2020.
정대희 · 정규영, 「한국산 마속(마과)의 외부형태형질에 의한 분류학적 연구」, 『식물분류학회지』 45, 2015.
정선화, 「전통한지의 제조 기술 및 우수성에 관한 논고」, 『문화재』 48, 2015.
정순덕 · 차웅석 · 김남일, 「허준의 『언해구급방』에 관한 연구」, 『한국의사학회지』 16, 2003.
정영호 · 김정희, 「한국산 돌나물속*Telephium*절 식물의 분류학적 연구」, 『식물학회지』 33(1), 1990.
정재민, 「한국산 옻나무과의 지리적 천연분포와 종의 특징」, 『한국자원식물학회지』 8, 1995.
정종덕 · 최홍근, 「한국산 광의의 고랭이속(사초과)의 분류학적 연구 1. 매자기속, 큰고랭이속, 올챙이골속, 고랭이속, 애기황새풀속의 형태적 특성」, 『식물분류학회지』 41, 2011.
정지나 · 유창연 · 김종화 · 이주경, 「한국, 일본에서 수집한 들깨와 차조기의 재배형 및 잡초형들의 종자발아 변이」, 『한국작물학회지』 54, 2009.
程波, 朱潤衡, 「川椒挥发油抗致病真菌作用的实验研究」, 『貴阳医学院学报』 16(1), 1991.
조성현 · 김영동, 「외부형태와 ITS 염기서열에 기초한 한국산 비짜루속 식물의 분류학적 고찰」, 『식물분류학회지』 42, 2012.
조항범, 「'닭의장풀' 관련 어휘의 어원에 대하여」, 『국어학』 72, 2014.
______, 「몇몇 나무 이름의 어휘사－개암나무, 고욤, 구기자나무, 물푸레나무를 중심으로」, 『우리말연구』 63, 2020.
지성진 · 오병운, 「한국산 대극속 3분류군의 분류학적 재검토」, 『식물분류학회지』 39, 2009.

최고야·강영민·문병철·김호경,「동북아 5개국 공정서의 식물성 한약재 기원종 비교-동명이속종을 중심으로」,『대한본초학회지』 28, 2013.
최기룡·박범진·박용목,「광조건이 미국자리공(*Phytolacca americana* L.)의 생장에 미치는 영향」,『한국잡초학회지』 29, 2009.
최인수·김소영·최병희,「한국산 황기의 분류학적 위치 및 유전적 분화」,『식물분류학회지』 43, 2013.
최정국·임경빈·이영종,「천궁의 형태에 관한 연구」,『대한본초학회지』 20, 2005.
최정윤·김지윤·이재원·허장현,「소면적 재배작물 비름(*Amaranthus mangostanus* L.) 중 dimethomorph 및 pyraclostrobin에 대한 잔류특성 연구」,『농약과학회지』 22, 2018.
최혁재·장창기·고성철·오병운,「한국산 부추속(*Allium*, Alliaceae)의 분류학적 재검토」,『식물분류학회지』 34, 2004.
최혜운·구달회·이우규·김수영·성정숙·성낙술·서영배·방재욱,「*Angelica*속 식물 7종의 세포유전학적 분석」,『한국약용작물학회지』 13, 2005.
최호영·서영배·이상인,「방풍의 규격화에 관한 연구」,『경희한의대논문집』 19, 1996.
탁우식·최충호·김태수,「채취 시기에 따른 느릅나무의 종자 형질 및 발아 특성 변화」,『한국산림과학회지』 95, 2006.
佟如新, 王普民,「辽宁青花椒与川椒急性毒性药理作用比较研究」,『辽宁中医杂志』 22(8), 1995.
冯志毅, 王小兰, 郑晓珂,「葶苈子的本草考证」,『世界科学技术-中医药现代化』 16, 2014.
한약재 품질표준화 연구사업단,『천궁(川芎) Cnidii Rhizoma』, 식품의약품안전처 식품의약품안전평가원 생약연구과, 연도미상.
홍문화,「우리의 이두향약명이 일본의 본초학에 미친 영향」,『생약학회지』 3(1), 1972.

3. 논문

김경희,「한반도산 미나리과(Apiaceae Lindl.) 식물의 분류학적 연구」, 서울대 박사논문, 2019.
김정호·김종천·고광출·박홍섭·김규래·이재창,『과수원예각론』 3판, 향문사, 1991.
남풍현,「가차표기법 연구-향약구급방의 향명표기를 중심으로」, 서울대 박사논문, 1981.
노정은,「동의보감 탕액편에 수록된 식물류 본초의 문헌적 연구」, 원광대 박사논문, 2007.
박명순,「한국산 쑥속(*Artemisia*)의 분류학적 연구」, 안동대 박사논문, 2012.
서강태,「동의보감 탕액편에 수록된 본초에 관한 식물분류학적 연구」, 경성대 박사논문, 1997.
신영일,「향약구급방에 대한 연구(복원 및 의사학적 연구)」, 경희대 박사논문, 1994.

닝옥칭(寧玉清), 「향약구급방에 대한 연구」, 원광대 석사논문, 2010.
이선희, 「다변량분석에 의한 참깨 품종간의 대사물 연구」, 목포대 석사논문, 2009.
장현도, 「동북아시아 현삼속(현삼과)의 분류학적 연구」, 충북대 박사논문, 2016.
정순덕, 「『구급방』의 의사학적 연구」, 경희대 박사논문, 2009.
정종덕, 「한국산 고랭이속(사초과)의 계통분류학적 연구」, 아주대 박사논문, 2010.
조성오, 「향약채취월령의 차자표기체계 연구」, 단국대 석사논문, 1982.
朱承宰, 「明代韓中本草發展的比較研究(公元 1368~1644年)」, 中國中医研究院医史文獻研究所 박사논문, 1998.
최고야, 「창포류 약재의 종별 감별 및 효능 비교」, 우석대 박사논문, 2011.
최문경, 「枳實 枳殼 橙皮의 기원 변천사와 공정서 규격 비교 연구」, 동의대 박사논문, 2010.
최수빈, 「상산나무 잎 추출물의 항균활성」, 한국과기대 석사논문, 2014.
최홍근, 「한국산 수생관속식물지」, 서울대 박사논문, 1986.
홍주연, 「뜰보리수(*Elaeagnus multiflora* Thunb.)의 유용성분과 생리활성에 관한 연구」, 대구한의대 박사논문, 2008.
황호림, 「동아시아 왕자귀나무의 종생물학」, 전남대 박사논문, 2021.

4. 단행본

애너 마보르드, 구계원 역, 『2천년 식물 탐구의 역사. 고대 희귀 필사본에서 근대 식물도감까지 식물 인문학의 모든 것』, 글항아리, 2011.
권동열 · 오명숙 · 부영민 · 서부일 · 최호영, 『한약기초와 임상응용 본초학』, 도서출판 영림사, 2020.
김남일, 『한의학에 미친 조선의 지식인들』, 들녘, 2019.
김형태a, 『물명고』 상, 소명출판, 2019.
김형태b, 『물명고』 하, 소명출판, 2019.
나카이, 『朝鮮森林植物篇』 19輯, 임업시험장, 1933.
______, 『지리산식물조사보고서』, 조선총독부, 1915.
남광우, 『교학 고어사전』, 교학사, 2017.
리득춘, 『한조 언어문자 관계사』, 서광학술자료사, 1993.
마키노(牧野富太郎), 『增訂草木圖說』, 成美堂, 1907.
박만규, 『우리나라 식물 명감』, 문교부, 1949.
______, 『한국쌍자엽식물지』 초본편, 정음사, 1974.
潘富俊, 『詩經植物圖鑑』, 上海書店出版社, 2003.

손홍열, 「선초 향약의 개발과 향약서의 편찬」, 『한국사의 이해―중산 정덕기 박사화갑기념논집』, 경인문화사, 1996.
신민교 · 박경 · 맹웅재, 『국역 향약집성방』 하권, 도서출판 영림사, 1998.
______, 『정화 임상본초학』, 도서출판 영림사, 2015.
신전휘 · 신용욱, 『향약집성방의 향약본초』, 계명대 출판부, 2013.
신현철 · 홍승직, 「중국의 식물명과 우리나라의 식물명―『시경』에 나오는 권이를 중심으로」, 『근현대 인문실크로드』, 보고서, 2022.
유희, 『물명고. 한국학중앙연구원 진주유시 서파유희전서』, 한국학중앙연구원, 2007.
이경록, 『국역 향약구급방』, 역사공간, 2018.
이경록a, 『고려시대 의료의 형성과 발전』, 혜안, 2010.
이경우, 『동의보감 탕액편에 수록된 본초의 분류』, 한국교원대 석사논문, 2002.
이시도야(石戶谷勉), 『조선한방약료식물조사서(朝鮮韓方藥料植物調査書)』, 조선총독부(朝鮮總督府), 1917.
________________, 정태현, 『조선삼림수목남요』, 조선총독부임업시험장, 1923.
이우철a, 『한국식물명고』, 아카데미서적, 1996.
이우철b, 『원색한국기준식물도감』, 아카데미서적, 1996.
_______, 『한국식물명의 유래』, 일조각, 2005.
이윤옥, 『창씨개명된 우리 풀꽃』, 인물과사상사, 2016.
이휘재, 『한국동식물도감 제6권 식물편(화훼류 II)』. 분교부. 1966.
임태치 · 정태현, 『조선산야생약용식물(朝鮮産韓野生藥用植物)』, 임업시험장보고(林業試驗場報告), 1936.
정동호, 『한국의 정원』, 민음사, 1986.
정양완 · 홍윤표 · 심경호 · 김건곤, 『선후기한자어휘검색사전―물명고, 광재물보』, 한국정신문화연구원, 1997.
정태현 · 도동섭 · 심학진b, 『조선식물명집 II―목본편』, 조선생물학회, 1949.
______ · 도봉섭 · 심학진a, 『조선식물명집 I―초본편』, 조선생물학회, 1949.
____________ · 이덕봉 · 이휘재, 『조선식물향명집(朝鮮植物鄕名集)』, 조선박물연구회(朝鮮博物硏究會), 1937.
______, 『조선삼림식물도설』, 조선박물연구회, 1943.
조재영 · 이은웅 · 김기준 · 김영준, 『신고 작물학개요』, 향문사, 1991.
최범영, 『말의 무늬』, 종려나무, 2010.
村田懋麿, 『土名對照滿鮮植物字彙』, 成光館書店, 1932.

『Flora of China』, Science Press.
『Flora of Japan』, Kodansha Ltd..
『Flora of Korea』, National Institute of Biological Resources.
『The genera of vascular plants of Korea』, Academic Publishing Co., 2007.
『국역 산림경제』, 한국학술정보(주), 2007.
『본초감별도감』 제1권, 한국한의학연구원, 2014.
『본초감별도감』 제2권, 한국한의학연구원, 2015.
『본초감별도감』 제3권, 한국한의학연구원, 2017.
『신편 대역 동의보감』, 법인문화사, 2005.
『조선식물지』, 과학기술출판사.
『中國植物志』, 科學出版社.
『한국수목도감』, 산림청 임업연구원, 1992.
『한글 신농본초경』, 도서출판 의성당, 2012.

박사학위를 취득할 무렵, 우리나라에서는 옛날에 어떻게 식물을 분류했을까라는 생각이 들었다. 박사학위 마지막 심사하는 날, 심사위원 한 분이 질문을 했다. "앞으로 어떤 일을 해보고 싶은가?", "시간을 거슬러 올라가 옛날에 우리나라에서 사용했던 식물과 관련된 일을 검토해보고 싶습니다"라고 대답했다. 젊은이가 패기가 없다고 질타했다. 그럴 수도 있을 것이다. 당시에는 DNA라는 물질에 대한 새로운 연구가 폭발하던 시기였고, 너도나도 이 물질에 대해 연구를 하려고 시도함과 동시에 유학을 떠났었다.

1994년에 대학에 자리를 잡고, 그해 가을에 「『삼국유사』에 실려 있는 식물들의 분류학적 실체」라는 논문을 발표했다. 『삼국유사』에 나오는 한자로 표기된 식물명이 오늘날 관점에서 어떤 종류의 식물인지, 즉 이들의 분류학적 실체를 규명한 논문이었다. 지금 보면 엉성하기 짝이 없는 논문이다. 하지만 당시에는 인터넷이라는 거대한 컴퓨터 통신망도 없던 시절이었기에, 논문은 본인이 발품 팔아 갖게 되는 극소수의 자료에 근거해서 작성할 수밖에 없었다. 좌절이라기보다는 어쩔 수 없는 한계만 느꼈다. 그리하여 옛 문헌에 나오는 식물에 대한 검토는 기약 없이 미루어져야만 했다.

그러던 중, 중어중문학과 교수와 이런저런 이야기를 나누다가 『시경』에 나오는 식물이 화제로 등장했다. 이 교수가 강조하여 말하기를 『시경』의 내용을 보다 정확하게 이해하기 위해서는 시에 나오는 식물들을 정확하게 이해해야 하는데도 자기들은 어쩔 수가 없다고 했다. 그러면서 "『시경』에 도꼬마리라는 식물을 캐도 캐도 한 바구니가 채워지지 않는다는 구절이 나오는데, 선생님 생각은 어때요?"라고 물었다. 나는 모름지기 한

뿌리만 캐도 바구니 하나 가득 채워지기 때문에 불가능하다고 했다. “『시경』에 나오는 식물을 같이 연구하면 어떨까요?”라는 제안 아닌 강요로 같이 연구를 하게 되었다. 그렇게 몇 편의 논문도 공저로 발표했다. 하지만 『시경』의 내용은 중국 것이다.

10여 년 전에 조선시대에 편찬된 유희의 『물명고』라는 자료를 접했다. 아니 누군가가 나에게 이런 자료가 있으니 참고하라고 했다. 말은 참고지만, 정리해달라는 부탁 아닌 협박이었다. 까짓것, 할 수 있으면 해보자는 원대한 계획을 세웠다. 이 자료에 나오는 식물 항목들을 전부 엑셀로 자료화했다. 하나하나 정리하면 언젠가는 끝내지 않을까라는 생각이었다. 그런데 이 작업을 하던 중, 한국학중앙연구원에 있는 후배에게서 연락이 왔다. 『향약집성방』과 『동의보감』에 나오는 식물들을 정리하려고 하는데, 같이 하겠느냐는 제안이었다. 당연히 후배 제안을 고맙게 받아들였다. 이들 책에 나오는 식물들의 일부를 정리했으나, 완전히 끝내지는 못하고 연구를 종료해야만 했다. 이번에는 좌절이었다. 다행스럽게도, 국립생물자원관에서 전통지식 연구 차원에서 우리나라 고전에 나오는 식물을 정리하겠다고 하는데, 또 다른 후배가 같이 연구하자고 연락이 왔다. 이 책은 이런 일의 성과 가운데 첫 번째이다.

『향약구급방』은 우리나라 개국 신화가 담겨 있는 『삼국유사』와 거의 동시대의 책으로, 『삼국유사』가 1281년에, 『향약구급방』이 1236년에 편찬되었다. 『삼국유사』를 보면 곰이 산蒜을 먹은 것으로 되어 있다. 이 산蒜을 오늘날 마늘로 간주하면 안 된다는 주장이 제기되었다. 민족의 정통성을 외래식물에게 부여하는 일이 될 수도 있기 때문일 것이다. 그런데 『삼국유사』보다 50여 년 앞서 편찬된 『향약구급방』에도 산蒜을 대산大蒜, 즉 마늘로 설명하고 있다.

『향약구급방』은 비록 의약서의 하나로 간주되나, 약재로 사용된 식물들은 우리나라의 옛 문화를 살펴볼 수 있는 단초를 제공하고 있다. 산蒜이 하나의 사례일 것이다. 단지 이 문헌에 나오는 한자로 표기된 식물명을 오늘날의 식물명으로 확인하는 작업은 고단한 일이었다. 그래도 지금까지 식물과 관련된 엄청난 연구 성과들이 나왔기에, 이 책과 같은 결과가 나올 수 있었던 것 같다. 지금까지 언급한 사람들의 도움과 참고문헌에 나열된 연구자들의 성과가 없었다면 이 책이 나올 수 없었을 것이다. 특히 신영일의 박사논문 「향약구급방에 대한 연구(복원 및 의사학적 연구)」, 영옥청의 석사논문 「향약구급방에 대한 연구」, 그리고 이경록의 『국역 향약구급방』은 이 책의 근간을 이루고 있음을 밝혀야만 할 것 같다. 이밖에 한의학고전DB가 없었다면 이 책이 나올 수가 없었을 것이다. 엄청난 연구와 방대한 작업을 해주신 많은 분들에게도 고맙다고 해야만 한다. 고맙습니다.

『향약구급방』에 대한 언급은 할 수가 없다. 이 분야에 대해 전혀 모르기 때문이다. 단지 이 책에서 논의한 부분은 약재로 사용된 식물들이다. 약재로 사용된 식물 이름이 모두 한자로 표기되어 있는데, 일부 식물들에는 속운俗云이라는 표기 다음에 이두로 표기된 이름이 나온다. 이들 이름을 얼핏하면 오늘날 이름과 전혀 달라 보이지만, 하나하나 찾아보면 크게 다른 이름이 아니다. 예를 들어, 오늘날 애기풀이라고 부르는 원지遠志의 이름이 阿只草아지초로 표기되어 있는데, 阿아는 음가인 아로, 只지는 음가인 기로, 草초는 훈독하여 플로 해독되어, 아기풀, 즉 애기풀로 추정된다. 그런가 하면 오늘날 사철쑥이라고 부르는 인진호茵蔯蒿에는 加火左只가화좌기라는 이름이 붙어 있다. 加火左只가화좌기의 경우에는 加가가 더로 훈가되고, 火화는 블로 훈독 되고, 左좌는 자로 음가 되고, 只지는 기로 음가 되어 더블자기로 해독되며, 오늘날에는 더위지기로 변한 것으로 간주하고 있다. 그러나 오늘날 사철쑥과 더위지기가 다른 식물로 간주하고 있어, 논란을 제공하고 있다. 『향약구급방』에 표기된 옛 식물명 하나하나를 찾아보는 과정은 먼 옛날로 시간 여행을 떠난 느낌이었다.

시간 여행을 끝냈다. 이 책에서 논의된 분류학적 견해가 반드시 옳다고는 할 수 없을 것이다. 단지 구할 수 있는 자료들은 가능한 구했고, 이들 자료에 있는 주장을 토대로 이 책이 완성되었다고 말할 수 있다. 따라서 더 귀중한 논문이나 자료가 확보되면, 이 책에서 피력된 분류학적 견해가 수정될 수도 있을 것이다. 책이 세상에 빛을 보는 순간, 이 책에 있는 분류학적 견해들에 대한 난상토론이 제기되었으면 하는 바람이다. 그래야만 우리 조상들의 전통지식에 한 걸음 더 다가설 수 있을 것이다.

고려 가요 중 하나인 청산별곡에 '살어리 살어리랏다 청산에 살어리랏다, 멀위랑 ᄃᆞ래랑 먹고 청산에 살어리랏다'라는 구절이 있다. 멀위는 오늘날 머루로 간주되는데, 일부 식물분류학자들은 이 머루가 우리나라에서는 울릉도에만 있다고 말한다. 그렇다면 청산별곡에 나오는 청산은 울릉도 성인봉이 되어야만 한다. 과연 그럴까? 옛 조상들이 사용했던 식물명에 대하여 조금 더 섬세한 검토가 필요한 것이 아닐까 싶다. 단지 이 책이 이러한 검토의 기초 자료가 되었으면 하는 바람일 뿐이다.

마지막으로 이 책의 독자가 누굴까라는 많은 궁금증이 있음에도 불구하고, 흔쾌히 출판을 허락해주신 소명출판 박성모 사장님께 감사드린다. 그리고 한자와 이두에다가 학명까지 여러 언어가 섞여 있어 읽기에도 힘든 내용을 깔끔하게 편집해주신 박건형 선생님께도 감사드린다.

2024년 1월

신현철 씀